全国高职高专机械设计制造类工学结合“十三五”规划系列教材

丛书顾问　陈吉红

电工电子技术基础

（第二版）

主　编　袁洪岭　印成清　张源淳

副主编　贾端红　史　洁　田　云　赵彩红

参　编　谢海良　余佑财　苏云辉

主　审　徐国洪

华中科技大学出版社

中国·武汉

内 容 提 要

"电工电子技术"是高职高专院校机电类及相关工科类专业学生必修的一门技术基础课程。本书以高职高专"工学结合"人才培养模式为指导，以强化基础知识、突出应用能力培养、注重实用性为原则，在总结近年来的教学改革与实践经验的基础上，参照当前有关技术标准编写而成。本书内容包括：直流电路，单相正弦交流电路，三相交流电路，磁路与变压器，异步电动机及其控制，常用半导体器件，基本放大电路，集成运算放大器，晶闸管及直流稳压电源，门电路及组合逻辑电路，触发器及时序逻辑电路。各章后都有小结和习题，以便学生加深理解，更好地掌握所学知识。

本书可作为高职高专机械制造、机电一体化、数控及相关工科类专业基础课程教材，也可供工程技术人员参考。

图书在版编目(CIP)数据

电工电子技术基础/袁洪岭，印成清，张源淳主编. —2版. —武汉：华中科技大学出版社，2017.1
全国高职高专机械设计制造类工学结合"十三五"规划系列教材
ISBN 978-7-5680-2494-5

Ⅰ.①电… Ⅱ.①袁… ②印… ③张… Ⅲ.①电工技术-高等职业教育-教材 ②电子技术-高等职业教育-教材 Ⅳ.①TM ②TN

中国版本图书馆 CIP 数据核字(2017)第 012262 号

电工电子技术基础(第二版)
Diangong Dianzi Jishu Jichu(Di-er Ban)

袁洪岭　印成清　张源淳　主编

策划编辑：汪　富
责任编辑：姚同梅
封面设计：范翠璇
责任校对：何　欢
责任监印：周治超
出版发行：华中科技大学出版社(中国·武汉)　电话：(027)81321913
武汉市东湖新技术开发区华工科技园　邮编：430223
录　排：武汉市洪山区佳年华文印部
印　刷：武汉市籍缘印刷厂
开　本：710mm×1000mm　1/16
印　张：18.75
字　数：375 千字
版　次：2013 年 1 月第 1 版　2017 年 1 月第 2 版第 1 次印刷
定　价：41.80 元

全国高职高专机械设计制造类工学结合“十三五”规划系列教材

编委会

第二版前言

本书系《电工电子技术基础》的修订版。修订版的内容根据近年高职高专电工电子技术课程教学的发展变化，并结合本书第一版使用者的意见建议而确定。同时编者还总结了多年的高职高专教学与实践经验，力求将全书的内容与学时设置得更为合理，以使本书更广泛地适用于各类高职高专院校相关专业的教学。

本修订版保持了第一版内容设置的特点，对原书排版印刷中的错误进行了更正。为方便教师授课，专门制作了与教材配套的多媒体教学软件免费提供给读者，若需要可向华中科技大学出版社或编者索取。

本书建议授课学时为60～90学时，其中实验教学学时不少于30%。

本书由袁洪岭、印成清、张源淳担任主编，由贾端红、史洁、田云、赵彩红担任副主编，参加本书编写的还有谢海良、余佑财、苏云辉。本书由袁洪岭统稿、定稿，徐国洪主审。

本书虽然在原版本的基础上根据各方面读者提出的建设性意见进行了一些改进，但受水平所限，不足之处在所难免，诚望广大读者予以批评指正。

编　者

2016年11月

第一版前言

为了满足新形势下高职教育高素质技能型专门人才培养要求，在总结近年来工学结合人才教学实践经验的基础上，来自多所工程职业技术学院的教学一线教师编写了本书。

本书在内容选择上注重与企业对人才的需求紧密结合，力求满足学科、教学和社会三方面的需求；在总体上，把握理论教学以必需、够用为度，避免复杂的公式推导，重点加强学生实践能力与应用能力的培养；在理论与实践的关系方面，更突出在理论指导下的可操作性，强调实际问题的解决方法。

本书为全国高职高专机械设计制造类工学结合“十二五”规划教材，具有以下特点。

(1) 以高职高专教育为主线，以工学结合人才培养模式为指导，以实际应用为目的，重点培养学生解决实际生产问题的能力。

(2) 考虑到课程的基础性和应用性，教材理论教学部分以够用为原则，删除了如动态电路、正弦量相量表示中极坐标表示法等与中学教育脱节的内容。电工设备上重点以工业领域最常用的三相异步电动机及其控制为主，略去了诸如直流电动机、控制电动机等应用相对较少的部分，以便于非机电类学生的学习。

(3) 教材内容以工程实践常用和推广应用的技术所需理论为主，通过实例来说明理论的实际应用。各章在紧扣基本内容的同时，增加了应用实例，介绍了一些实用电路。

(4) 考虑到各校实验条件的差异，本书没有编入实验部分。各校可以根据各自的实验条件，按照人才培养大纲的要求，自行安排本课程的实验教学。

本书可作为高职高专机械制造、机电一体化、数控及相关工科类专业“电工电子技术”课程或相近课程的教材，也可供工程技术人员参考。

本书由袁洪岭、印成清、张源淳任主编，由贾端红、史洁、田云、赵彩红任副主编，参加本书编写的还有谢海良、余佑财、苏云辉。本书由袁洪岭统稿、定稿，由徐国洪主审。具体编写分工为：第一章由袁洪岭编写；第二章和第三章由贾端红编写；第四章由谢海良编写；第五和第六章由张源淳编写；第七章由印成清编写；第八和第九章由史洁编写；第十和第十二章由田云编写；第十一章由赵彩红编写。

本书的编写得到了教育部高职高专机械设计制造类专业教学指导委员会主任委员陈吉红教授的亲切指导，以及各参编院校领导的大力支持，在此表示衷心的感谢。

由于工学结合教学改革尚在探索之中，且编者水平有限，书中定有错讹和不足之处，恳请广大读者批评指正。

编　者

2012 年 8 月

目　录

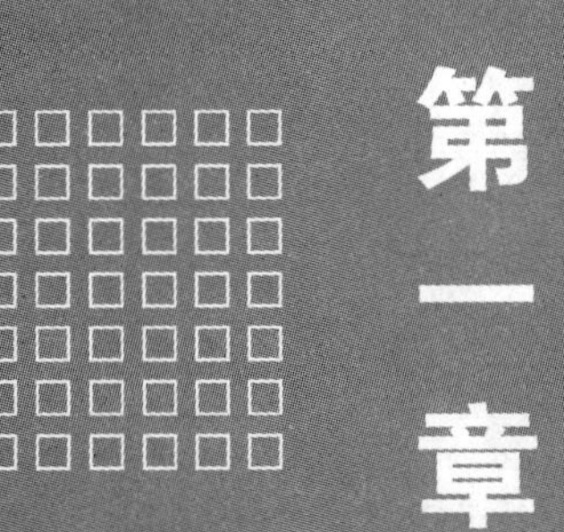

第一章 电路的基本知识和基本定律

学习目标：

- ▶掌握电路的基本定律及应用；
- ▶掌握电压电流参考方向的应用；
- ▶熟悉电路元件的基本特征及两种电源模型；
- ▶了解电路分析的其他方法，如叠加原理、戴维宁定理等。

第一节　电路和电路模型

一、电路的组成和作用

电路是电流的通路。电路是为了实现某种功能，由各种电气设备和器件按一定方式互相连接而成的。电源、中间环节和负载是电路的基本组成部分。实际电路种类繁多，按其功能的不同，可以分为两大类：电力电路（或称强电电路）和信号电路（或称弱电电路）。

图 1-1(a)所示为由两个干电池、一个灯泡通过导线和一个开关所构成的手电筒电路。用电路符号表示后，电路如图 1-1(b)所示，图中 R 表示灯泡，E 表示电源电动势。

电路的基本作用各有不同，但其主要功能都包括两个：电能的转换、传输与分配；信号的传递和处理。下面举例说明。

1. 电能的转换、传输和分配

最典型的例子是电力系统。发电厂的发电机组把水能或热能转换成电能，通过变压器、输电线路传送给各用户，用户又把电能转换成机械能、热能或光能等。发电机称为发电设备；变压器、输电线路称为输电设备；把电能转换成机械能的电动机、转换成光能的电灯、转换成热能的电炉等称为用电设备，也称为负

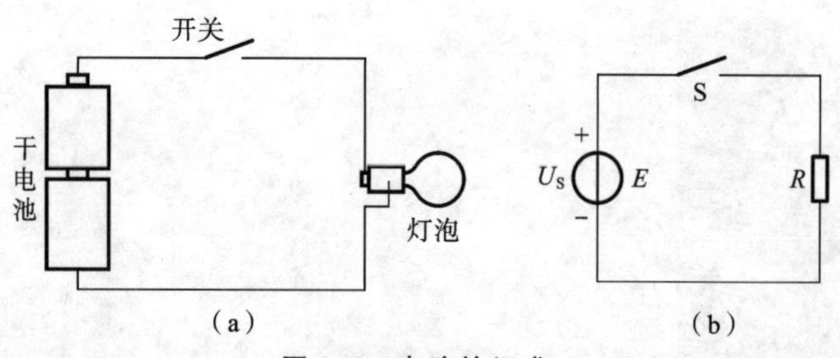

图 1-1　电路的组成

载。发电设备、输电设备、用电设备统称为电工设备,它们都是电路元件。

2. 信号的传递和处理

常见的例子很多,如扩音机把较弱的声音信号变成较强的信号。电视机接收各发射台发射的不同信号并进行放大等处理,将其转换成声音和图像。计算机也由电路组成,它能对键盘或其他输入设备输入的信号进行传递、处理,转换成图形或字符,输出到显示器或打印机。所有这些例子中,都是通过电路把施加的输入信号变换成所需要的输出信号。

二、电路模型

1. 理想电路元件

为了方便对实际电路进行定量的分析,必须在一定条件下对实际的电路元件进行理想化处理,即忽略它的次要性质,用一种足以表征其主要性能的模型来表示。例如,一个实际的电阻器,有电流通过时它消耗电能,表现为电阻的性质,同时还会产生磁场,因而兼具有电感的性质。而在低频电路中,它的电感性质可以忽略不计,就可以将这个电阻器视为一个理想电阻元件。

表示实际电路元件主要性能的模型称为理想电路元件。理想电路元件各自有理想化的单一电磁特性,并具有精确的数学定义。如只表示消耗电磁能的电阻元件;只表示电场现象的理想电容元件;只表示磁场现象的理想电感元件等。在电路模型中使用的最基本的理想元件只有少数几种,如理想的无源器件有电阻、电感、电容,理想的电源器件有电压源和电流源(见图 1-2)。

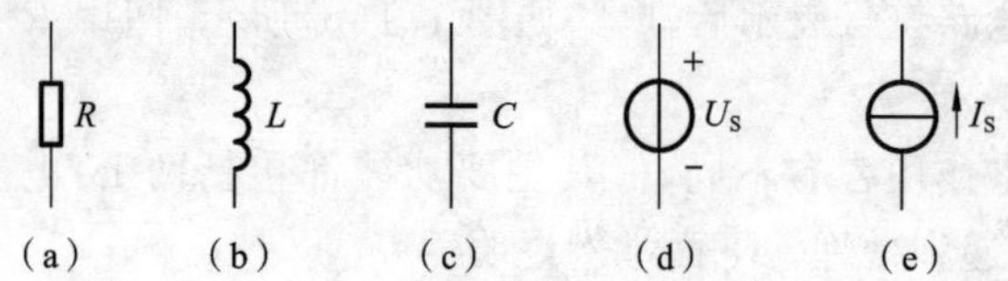

图 1-2　理想电路元件

(a) 电阻;(b) 电感;(c) 电容;(d) 理想电压源;(e) 理想电流源

2. 电路模型

由理想电路元件构成的电路称为电路模型。将实际电路中各个部件用其模型符号表示,这样画出的图称为实际电路的模型图,简称电路原理图。图 1-1(b)

即是图 1-1(a)的电路原理图。

三、电路中的基本物理量

1. 电流

电荷的定向运动形成电流。电流的大小用电流强度来衡量。电流强度为单位时间内通过导体任一横截面的电荷量，工程上就简称电流。电流不仅表示一种物理现象，而且还是一个物理量，常以字母 i 或 I 表示。

若在 Δt 时间内通过导体截面的电量为 Δq，则电流表示为

$$i=\frac{\Delta q}{\Delta t}$$

若电荷运动的速率是随时间的变化而变化的，此时电流是时间的函数，这种随时间变化的电流称为变动电流，其瞬时值表示为

$$i=\frac{\mathrm{d}q}{\mathrm{d}t} \tag{1-1}$$

如果此电流随时间的变化是周期性的，则称其为周期电流。若周期电流满足 $i=\frac{1}{T}\int_0^T i\mathrm{d}t=0$，$T$ 为周期电流的周期，则称之为交流电流，简称交流。

若电流不随时间的变化而变化，即在相同的时间间隔内通过的电量相等，则这种电流称为恒定电流，简称直流。直流的电流表达式为

$$I=\frac{Q}{T}$$

在国际单位制中，电流的单位是安培(A)，简称安。为了使用上的方便，常用的单位还有毫安(mA)、微安(μA)、千安(kA)。它们的关系是

$$1\ \mathrm{A}=10^3\ \mathrm{mA}=10^6\ \mu\mathrm{A}$$

$$1\ \mathrm{kA}=10^3\ \mathrm{A}$$

2. 电位及电压

电位是相对确定的参考点来说的。电路中某点 A 的电位是指单位正电荷在电场力作用下，自该点沿任意路径移动到参考点时电场力所做的功。A 点的电位用 V_A 表示。

对电位来说，参考点是至关重要的。第一，电位是相对的物理量，参考点未确定，讨论电位就没有意义。第二，在同一电路中当选定不同的参考点时，同一点的电位值是不同的。在分析电路时，电位的参考点只能选取一个。参考点选定后，各点的电位值就确定了。这就是所谓的“电位单值性”。在电工学中，如果所研究的电路里有接地点，通常选择接地点作为电位的参考点，用符号“⊥”表示。在电子线路中常取若干导线交汇点或机壳作为电位的参考点，并用符号“⊥”表示。

电路中两点之间的电位差称为这两点间的电压，用符号 u 或 U 表示。例如，电路中 A、B 两点之间的电压可写成

$$U_{AB}=V_A-V_B \tag{1-2}$$

在国际单位制中，电压的单位是伏特(V)，简称伏。为了使用上的方便，常用的单位还有千伏(kV)、毫伏(mV)、微伏(μV)。它们的关系是

$$1\ \text{kV}=10^3\ \text{V}$$

$$1\ \text{V}=10^3\ \text{mV}=10^6\ \mu\text{V}$$

3. 电动势

电动势是指单位正电荷在电场力作用下，自低电位端经电源内部移到高电位端电场力所做的功。其电源可以是因化学作用而产生的，也可以是因电磁感应作用而产生的。例如电池和发电机。

电动势用符号 e 或 E 表示，其单位也是伏特(V)。

4. 功率

在电路的分析与计算中，还经常用到另外一个物理量——功率。功率是指单位时间内电场力所做的功。用 p 或 P 表示。

单位时间内电场力所做的功，即功率为

$$p=\frac{\mathrm{d}w}{\mathrm{d}t}=ui \tag{1-3}$$

当电压的单位是伏特，电流的单位是安培时，功率的单位是瓦特(W)，简称瓦。功率的单位除瓦之外，还有千瓦(kW)或毫瓦(mW)。它们之间的关系是

$$1\ \text{kW}=10^3\ \text{W}=10^6\ \text{mW}$$

四、电压、电流的参考方向

在分析和解决较为复杂的电路问题时，比如多电源电路，各元件上电流、电压的实际方向在分析和计算之前很难确定。为此，可以假定一个参考方向。

1. 电流的参考方向

习惯上规定正电荷运动的方向为电流的方向。在简单的单电源电路中，电路中电流的正方向是可以按照上述规定判断出来的。而在复杂的多电源电路中，某些元件上电流的真实方向往往事先无法判明。特别是对于交流电路，由于电流的方向随时间的变化而交替变化，某一瞬时电流的真实方向更无法判明。为此，在分析计算电路问题时，必须先假定某一元件电流的方向作为参考方向(正方向)。

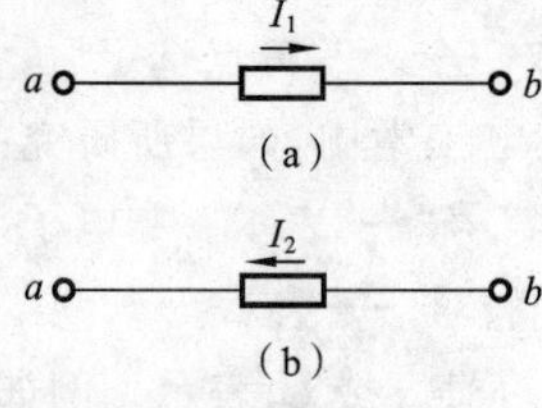

图 1-3　电流的参考方向

电流的参考方向一般用箭头表示，如图 1-3 所示。显然，$I_1=-I_2$。

电流的参考方向是研究电路的参照系，可以任意假定。在电流的参考方向确定后，如果计算出的电流为正值，说明电流的实际方向与参考方向一致，若计算出的电流为负值，则说明电流的实际方向与参考方

向相反。因而，电流是一个代数量，其绝对值代表电流的大小，符号表示电流的方向。在没有假定参考方向之前，分析电流的正负是毫无意义的。

2. 电压的参考方向

电路中两点之间电压的方向，是从高电位端指向低电位端的方向，即电位降的方向。在分析复杂电路问题时，通常也可以假定电压的参考方向。和电流的参考方向一样，电压的参考方向也是假定的。一般电压的参考方向用正(＋)、负(－)极性符号表示，有时还用双下标形式表示，如图 1-4 所示。

图 1-4(a)、(b)中两种表示方法都是指：由假定的高电位端(a 端)指向低电位端(b 端)。在电压的参考方向确定后，分析或计算出的电压若为正值，说明电压的实际方向与参考方向相同，若为负值则说明电压的实际方向和参考方向相反。因此，电压也是代数量。

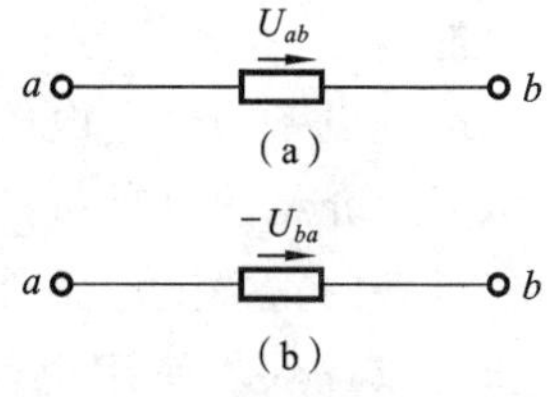

图 1-4　电压的参考方向

3. 电动势的参考方向

电动势的方向是在电源内部电位升高的方向，即从低电位指向高电位的方向，刚好与电源电压的方向相反。也就是说，对于同一电源，如果按其真实方向表示出电压、电动势的方向，则此时的电压、电动势均为正值。它们反映的是同一客观事实：电源正极电位高于电源负极电位。

作为分析与计算电路的一种方法，同样，也可以为电动势假定一个参考方向。因此，它和电压、电流一样也是代数量，参考方向的表示方法也相同。

4. 电压、电流的关联参考方向

从原则上讲，电压、电流的参考方向都是可以任意假定的。但对电阻元件来说，电压和电流的实际方向总有一固定关系：电压是从高电位端指向低电位端；电流是从高电位端流入，从低电位端流出。因此，为了分析、计算的方便，一般情况下，负载元件选取电压的参考方向与电流的参考方向一致，这就是电压、电流的关联参考方向。而电源的电流、电压参考方向常选取不关联的。

只有在元件关联参考方向时，欧姆定律才能表示为 $I=U/R$ 或 $U=IR$，一段电路上的功率才能表示为 $P=UI$。当用公式 $P=UI$ 计算的功率为正值时，表明该电路是吸收(消耗)电功率的，即将电功率转换为非电功率；反之，该电路是输出(产生)电功率的，即将非电功率转换为电功率。

第二节　电气设备的额定值和电路的基本状态

一、电气设备的额定值

电气设备(包括电缆、绝缘导线等)的导电部分都有一定的电阻。电流流过时，将消耗电能(转变为热能)，使电气设备的温度逐渐升高。由于物体的散热量

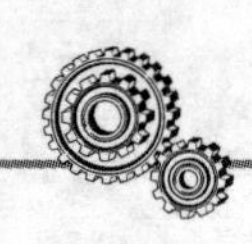

是同它与周围空气的温度差(又称温升)成正比的,经过一段时间(导线为几分钟,一般电动机为一两个小时),散热同发热平衡,温升就稳定下来。电流愈大,发热量也愈大,稳定的温升也就愈高。如果电气设备的温度超过了某一容许的数值,电气设备的绝缘材料便会迅速变脆,寿命缩短,甚至烧毁。因此,根据所用绝缘材料在正常寿命下的允许温升,电气设备都有一个在长期连续运行或规定工作条件下允许通过的最大电流,称为额定电流,用符号 I_N 表示。

电气设备还根据所用绝缘材料的耐压程度和容许温升等情况,规定正常工作时的电压,称为额定电压,用符号 U_N 表示。

电气设备的额定电压、额定电流和相应的额定功率 P_N 以及其他规定值(例如以后要介绍的电动机的额定转速等)称为电气设备的额定值。额定值表明了电气设备的正常工作条件、状态和容量,通常标在设备的铭牌上,在产品说明书中也可以查到。使用电气设备时一定要注意它的额定值,避免出现不正常的情况。

二、电路的基本状态

电路在使用时,可能出现三种状态,现就图 1-5 所示照明电路说明如下。

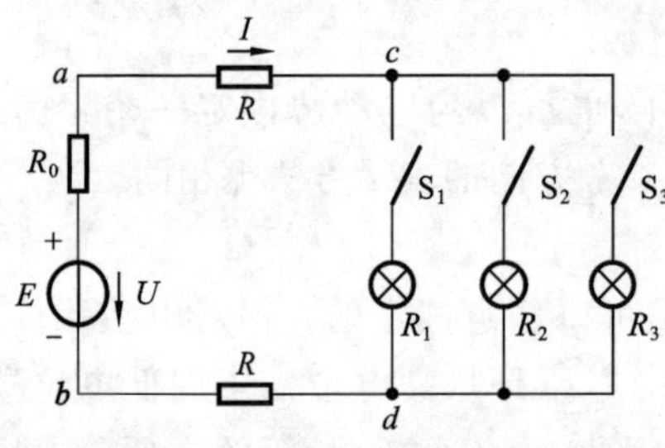

图 1-5　电路的几种状态举例

(1) 空载状态(也称开路状态):如图 1-5 所示电路,当所有电灯开关(S_1、S_2、S_3)都断开时,电路就处于空载状态。此时,电路中无电流($I=0$),电源不输出功率($P=UI=0$),电源端电压称为空载电压(也称开路电压),它与电源电动势相等($U=U_0=E$)。

(2) 负载状态:如图 1-5 所示电路,当有一些电灯开关接通时,电路就处于负载状态。设照明负载总等效电阻为 R_L,一根供电线的电阻为 R_l,电源内阻为 R_0,此时,电路中电流为

$$I=\frac{E}{R_L+2R_l+R_0}$$

其数值取决于负载电阻 R_L。一般用电设备都是并联于供电线上,因此,接入的电灯数愈多,负载电阻 R_L 愈小,电路中电流便愈大,负载功率也愈大。在电工技术上把这种情况称为负载增大。显然,所谓负载的大小指的是负载电流或功率的大小,而不是负载电阻的大小。电路中电流达到电源或供电线路的额定电流时的工作状态称为“满载”;超过额定电流时的工作状态称为“过载”;小于额定电流时的工作状态称为“欠载”。如前所述,导线和电气设备的温升达到稳定值需要一个过程,短时间的少量的过载还是可以的,长时间的过载是不允许的,使用时应当注意。

(3) 短路状态：如图 1-5 所示电路，当两根供电线（通常总是并在一起敷设，以减少所产生的电磁干扰）在某一点由于绝缘损坏而接通时，电路就处于短路状态。此时，电流不再流过负载而直接经短路接点流回电源，由于在整个回路中只有电源的内阻和部分导线电阻，电流（称为短路电流 I_{SC}）数值很大。最严重的情况是电源两端的短路（即图 1-5 所示电路中 a、b 两点接通），短路电流为

$$I_{SC}=\frac{E}{R_0}$$

短路电流远远超过电源和导线的额定电流，如不及时切断，将引起剧烈发热而使电源、导线以及电流流过的仪表等设备损坏。

为了防止短路所引起的事故，通常在电路中接入熔断器或断路器，一旦发生短路，它能迅速将事故电路自动切断。

例 1-1　某负载的电阻 $R_L=10.5\ \Omega$，由电动势 $E=110\ V$、内电阻 $R_0=0.3\ \Omega$ 的直流电源供电（见图 1-6）。连接导线的电阻 $R_l=0.2\ \Omega$。求：(1) 电路中的工作电流；(2) 负载和电源的电压；(3) 负载消耗的电功率、电源产生的电功率和输出的电功率；(4) 在负载端和电源端短路时电源的电流和电压。

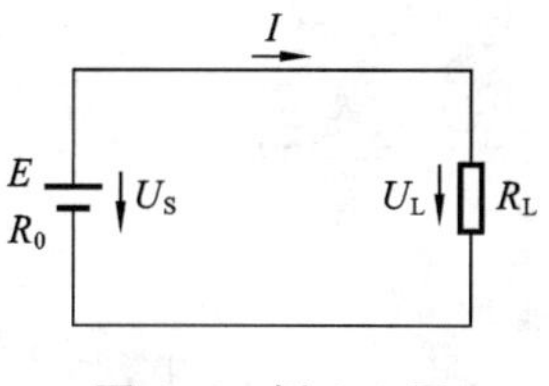

图 1-6　例 1-1 图

解　(1) 根据全电路欧姆定律，电路中的工作电流为

$$I=\frac{E}{R_0+R_L+R_l}=\frac{110}{0.3+10.5+0.2}\ A=10\ A$$

(2) 根据部分电路欧姆定律，负载电压为

$$U_L=R_L I=10.5\times10\ V=105\ V$$

电源电压为

$$U_S=(R_L+R_l)I=(10.5+0.2)\times10\ V=107\ V$$

或

$$U_S=E-R_0 I=110-0.3\times10\ V=107\ V$$

(3) 负载消耗的电功率为

$$P_L=U_L I=105\times10\ W=1\ 050\ W$$

电源产生的电功率为

$$P_E=EI=110\times10\ W=1\ 100\ W$$

电源输出的电功率为

$$P_S=U_S I=107\times10\ W=1\ 070\ W$$

(4) 当短路发生在负载端时，短路电流为

$$I_{LS}=\frac{E}{R_0+R_l}=\frac{110}{0.3+0.2}\ A=220\ A$$

这时的电源电压为

$$U_{SS}=R_l I=0.2\times220\ V=44\ V$$

当短路发生在电源端时，短路电流为

$$I_{SS}=\frac{E}{R_0}=\frac{110}{0.3}\ \text{A}=367\ \text{A}$$

这时的电源电压为

$$U_{SS}=0$$

可见,短路电流比正常工作电流大得多。

第三节 欧姆定律

一、部分电路欧姆定律

如图 1-7 所示的电路,不包含电源,只有负载和导线,称为部分电路。部分电路欧姆定律阐明了在一段电路中的电压、电流和电阻三者之间关系:通过电阻的电流与电阻两端的电压成正比,与电阻成反比,即

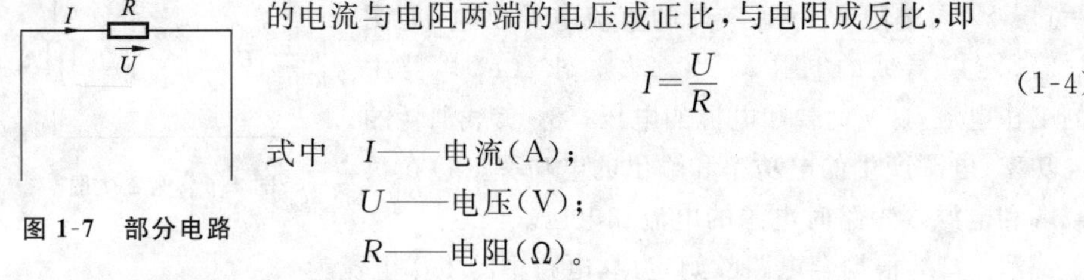

图 1-7 部分电路

$$I=\frac{U}{R} \tag{1-4}$$

式中 I——电流(A);

U——电压(V);

R——电阻(Ω)。

二、全电路欧姆定律

图 1-8 所示为最简单的完全电路,它由电源 E、用电器 R 及导线组成。全电路欧姆定律指出电路中流过的电流,其大小与电源电动势成正比,与全部电阻值成反比,即

$$I=\frac{E}{R+r} \tag{1-5}$$

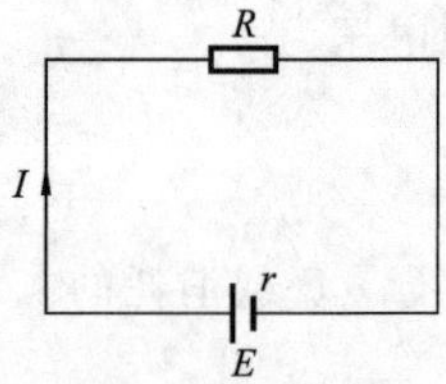

图 1-8 全电路

式中 I——电流(A);

E——电源电动势(V);

R——外电路电阻(Ω);

r——内电路电阻(Ω)。

例 1-2 有一电阻炉,额定功率为 800 W,额定电压为 220 V,求其额定电流及其电阻值。

解 在电工技术中,用下标"N"表示额定值。根据 $P=UI=I^2R$,可求得额定电流及电阻值分别为

$$I_N=\frac{P_N}{U_N}=\frac{800}{220}\ \text{A}=3.64\ \text{A}$$

$$R=\frac{P_N}{I^2}=\frac{800}{3.64^2}\ \Omega=60.4\ \Omega$$

第四节 基尔霍夫定律

基尔霍夫定律所阐明的是电路中电流和电压所遵循的基本规律，它是分析和计算电路问题的基础，具有十分重要的作用。

一、几个基本概念

在介绍基尔霍夫定律之前，首先介绍几个有关的名词术语。

1. 支路

电路中一个或若干个元件串联而成的一段电路称为支路。如图 1-9 中有三条支路。其中有的支路有电源，称之为有源支路，无电源的称为无源支路。

2. 节点

电路中三条或三条以上支路的连接点称为节点。如图 1-9 中的 a、b 两点都是节点，该电路中共有两个节点，其余各点都不是节点。

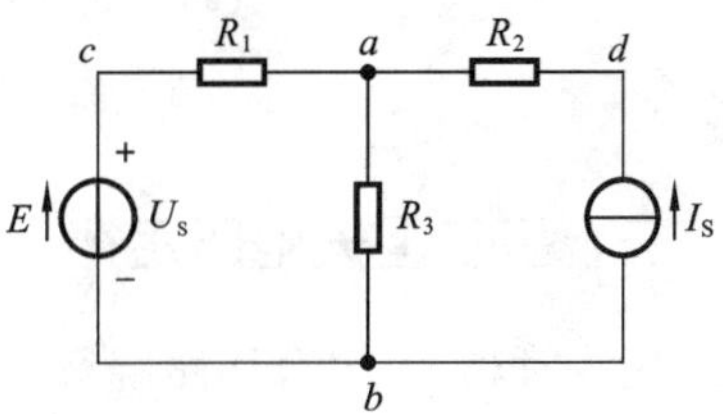

图 1-9 电路结构举例

3. 回路

由一条或若干条支路所组成的闭合路径称为回路。图 1-9 中有三条回路。如 $adba$、$abca$ 及 $adbca$ 都是回路。

二、基尔霍夫电流定律

任一时刻，对电路中任一节点，所有支路电流的代数和恒等于零。这就是基尔霍夫电流定律，又称节点电流定律，简称 KCL(Kirchhoff's current law)。其数学表达式为

$$\sum I = 0 \tag{1-6}$$

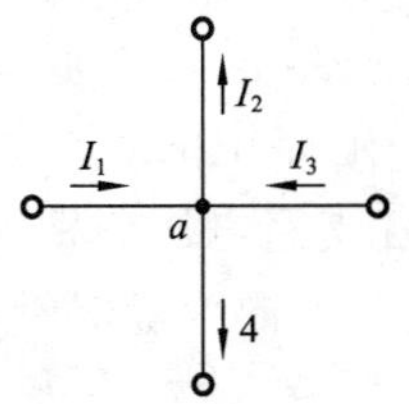

图 1-10 节点举例

若规定流入节点的电流取正值，则流出节点的电流取负值，反之亦可。因此，在列节点电流方程之前，必须首先假定各支路电流的参考方向，否则将无法列出方程。如图1-10所示的节点 a，在图示电流的参考方向下，可写出节点 a 的节点电流方程为

$$I_1 - I_2 + I_3 - I_4 = 0$$

基尔霍夫电流定律不仅适用于节点，也适用于电路中任一假设的封闭面，即在任一时刻，电路中任一封闭面上各支路电流的代数和恒等于零。这种假设的封闭面所包围的区域称为电路的广义节点。如图 1-11(a)所示，对于流入封闭面 S 的三条支路上的电流，有

$$I_1 + I_2 + I_3 = 0$$

如图 1-11(b)所示,电路 A 和电路 B 由一条导线相连。作一封闭面 S 包围电路 B,由上述定律得流过导线的电流必然为零。因此得出一个重要结论:电流只能在闭合的电路内流通。

基尔霍夫电流定律与各支路元件的性质无关。因此,不论是对线性电路还是对非线性电路而言,它都有普遍的适用性。

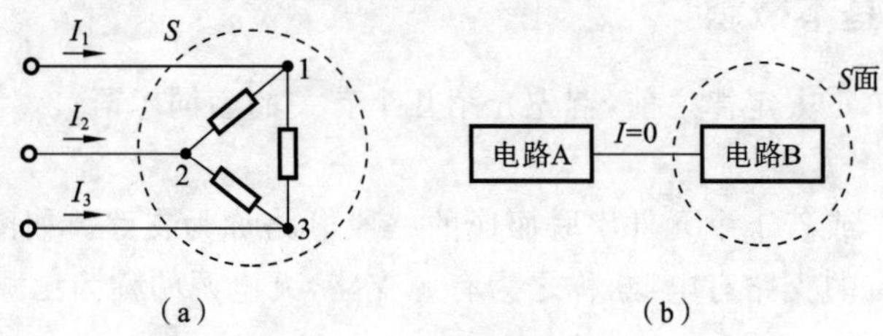

图 1-11　广义节点的应用

三、基尔霍夫电压定律

任一时刻,沿闭合回路绕行一周,各支路元件电压的代数和恒等于零。这就是基尔霍夫电压定律,又称回路电压定律,简称 KVL(Kirchhoff's voltage law)。其数学表达式为

$$\sum U = 0$$

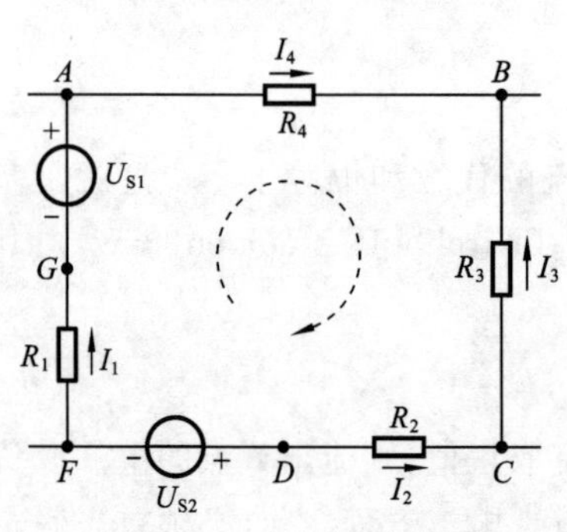

图 1-12　KVL 应用举例

在列回路电压方程时,必须首先假定各支路电流的参考方向和回路的绕行方向。凡电流的参考方向与回路绕行方向相同的,其电流在电阻上所形成的电压取正号,反之则取负号;凡电源电压的参考方向与回路的绕行方向相同的,其电压取正号,反之则取负号。如图 1-12 所示的某一电路中的一个回路,它由四条支路组成,选各支路电压分别为 U_{AB}、U_{BC}、U_{CF}、U_{FA},回路绕行方向为顺时针,则有

$$U_{AB} + U_{BC} + U_{CF} + U_{FA} = 0$$

根据元件电压、电流关系,有

$$U_{AB} = I_4 R_4$$

$$U_{BC} = -U_{CB} = -I_3 R_3$$

$$U_{CF} = U_{CD} + U_{DF} = -I_2 R_2 + U_{S2}$$

$$U_{FA} = U_{FG} + U_{GA} = I_1 R_1 - U_{AG} = I_1 R_1 - U_{S1}$$

由以上五式整理得

$$I_4R_4-I_3R_3-I_2R_2+U_{S2}+I_1R_1-U_{S1}=0$$

通过上面的例子我们可了解到，在列回路电压方程前，若不假设各支路电流的参考方向及回路的绕行方向，将无法列出回路电压方程。

将式 $U_{AB}+U_{BC}+U_{CF}+U_{FA}=0$ 移项得

$$U_{AB}=-(U_{BC}+U_{CF}+U_{FA})$$

或

$$U_{BA}=U_{BC}+U_{CF}+U_{FA} \tag{1-7}$$

式(1-7)表明了电路中两点间的电压与选择的路径无关这一重要性质。回路电压定律与节点电流定律一样，它也适用于线性电路和非线性电路。

在分析、计算电路问题时，只要由节点电流定律或回路电压定律列出方程，其求解就是纯数学问题。故这里不再讨论方程中正、负号的问题。

例 1-3　有一闭合回路如图 1-13 所示，已知 $U_1=15$ V，$U_2=-4$ V，$U_3=8$ V，试求电压 U_4 和 U_{AC}。

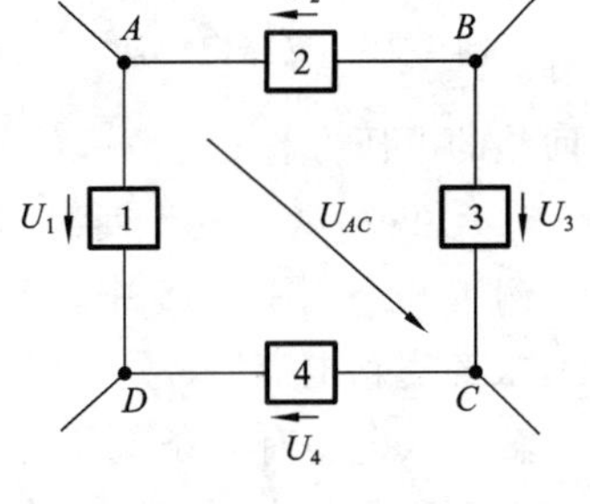

图 1-13　**例** 1-3 **图**

解　沿 $ABCDA$ 回路，根据各电压的参考方向，应用基尔霍夫电压定律可列出：

$$\sum U=U_2-U_3-U_4+U_1=0$$

即

$$U_4=U_1+U_2-U_3$$

代入数据得

$$U_4=[15+(-4)-8]\ \text{V}=3\ \text{V}$$

沿 $ACBA$ 回路，应用基尔霍夫电压定律可以列出

$$-U_{AC}+U_3-U_2=0$$

所以

$$U_{AC}=U_3-U_2=[8-(-4)]\ \text{V}=12\ \text{V}$$

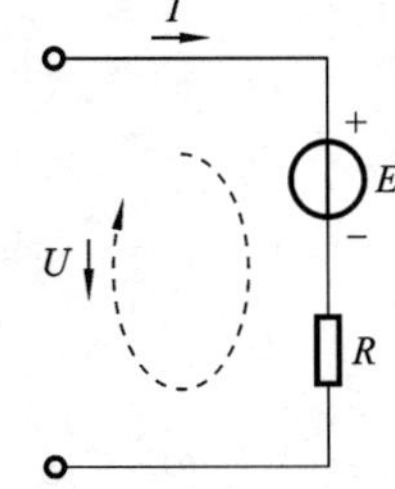

图 1-14　**例** 1-4 **图**

例 1-4　如图 1-14 所示的有源支路，已知 $E=12$ V，$U=8$ V，$R=5\ \Omega$，求电流 I。

解　沿闭合回路顺时针方向绕行一周，应用基尔霍夫电压定律，有

$$-E-RI+U=0$$

所以

$$I=\frac{U-E}{R}=\frac{8-12}{5}\ \text{A}=-0.8\ \text{A}$$

电流是负值，说明其实际方向与图中参考方向相反。

四、支路电流法

支路电流法是基尔霍夫定律的一个综合应用。

支路电流法是以支路电流为变量，根据 KCL 和 KVL 及欧姆定律，直接列出电路中的节点电流方程和回路电压方程，然后联立求解，求出各支路电流。

在电路中如果有 b 条支路，应用支路电流法计算各支路电流时，就必须列出

b 个独立的方程。网络拓扑学理论指出：若电路中有 b 条支路、n 个节点，将有 $n-1$ 个独立的节点电流方程和 $b-(n-1)$ 个独立的回路电压方程。

下面以图 1-15 所示电路为例说明采用支路电流法的解题方法及步骤。图中电压源 E_1、E_2 和电阻 R_1、R_2、R_3 均是已知的。

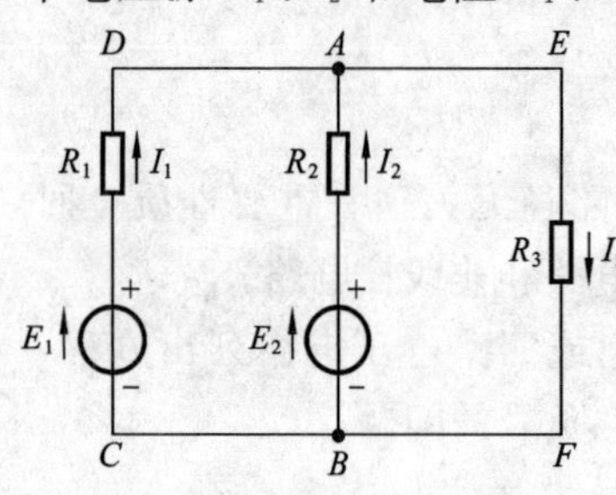

图 1-15 支路电流法

采用支路电流法分析计算电路的一般步骤如下：

(1) 找出电路中的支路数(b 条)、节点数(n 个)，给各支路设定电流并给出各支路电流参考方向，如图 1-15 所示；

(2) 根据 KCL，对 $n-1$ 个节点列节点电流方程；

(3) 根据 KVL，对 $b-(n-1)$ 个回路分别列出回路的电压方程；

(4) 将(2)、(3)两步列出的方程联立求解，即可求得各支路电流的值。

例 1-5 在图 1-15 中，若 $E_1=120$ V，$E_2=72$ V，$R_1=2$ Ω，$R_2=3$ Ω，$R_3=6$ Ω，求各支路电流。

解 该电路有 3 条支路，2 个节点，即 $b=3$，$n=2$。各支路电流及其参考方向如图中所示。应用 KCL，对节点 A 有

$$I_1+I_2-I_3=0 \quad ①$$

应用 KVL，对其中的 $ABCDA$ 回路、$AEFBA$ 回路分别可列出其回路方程，即

$$I_1R_1+I_3R_3=E_1$$
$$I_2R_2+I_3R_3=E_2$$

将已知数据代入，即得

$$2I_1+6I_3=120 \quad ②$$
$$3I_2+6I_3=72 \quad ③$$

联合①、②、③求解方程组，解得

$$I_1=18\ \text{A},\quad I_2=-4\ \text{A},\quad I_3=14\ \text{A}$$

例 1-6 在图 1-16 所示的桥式电路中，设 $U_S=12$ V，$R_1=R_2=5$ Ω，$R_3=10$ Ω，$R_4=5$ Ω。中间支路是一个检流计，其内阻 $R_G=10$ Ω。试求该检流计中的电流 I_G。

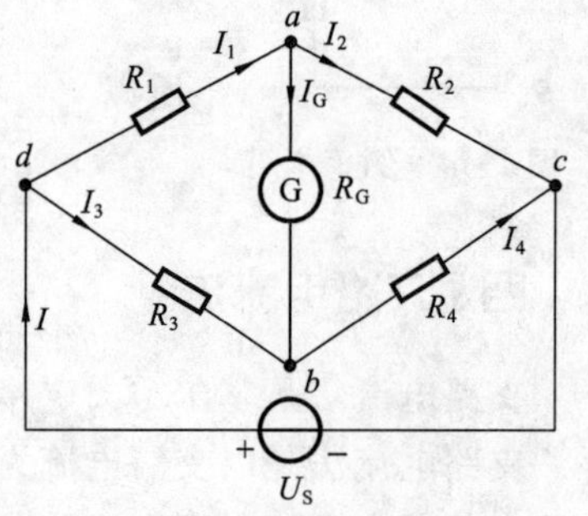

图 1-16 例 1-6 图

解 此桥式电路的支路数 $b=6$，节点数 $n=4$，各支路电流的参考方向如图 1-16 所示。应用 KCL 和 KVL 可列出以下 6 个方程：

节点 a $\quad I_1-I_2-I_G=0$

节点 b　　$I_3+I_G-I_4=0$

节点 c　　$I_2+I_4-I=0$

回路 $abda$　　$I_1R_1+I_GR_G-I_3R_3=0$

回路 $acba$　　$I_2R_2-I_4R_4-I_GR_G=0$

回路 $dbcd$　　$I_3R_3+I_4R_4-U_S=0$

解得

$$I_G=\frac{U_S(R_2R_3-R_1R_4)}{R_G(R_1+R_2)(R_3+R_4)+R_1R_2(R_3+R_4)+R_3R_4(R_1+R_2)}$$

将已知数值代入得

$$I_G=0.126\ \text{A}$$

当 $R_2R_3=R_1R_4$ 时，$I_G=0$，这时电桥平衡。电桥平衡时，除 $I_G=0$ 外，还满足 $U_{ab}=0$，故可视 ab 对角线为短路或开路或接入任意阻值电阻（都不会影响整个电路的计算）。因此，在遇到桥式电路时，应首先判断其是否满足电桥平衡的条件。若电桥平衡，电路的分析计算就简单了。

应用支路电流法的几点说明：

(1) 根据电路的支路电流设未知量，未知量数与支路数 b 相等；

(2) 找出电路的节点，根据基尔霍夫电流定律在节点上列出电流方程，所列方程数为 $n-1$ 个；

(3) 对于实际电路，如果支路数为 b、节点数为 n，利用 KVL 列出的回路电压方程数为 $b-(n-1)$ 个，即仅有 $b-(n-1)$ 个回路可被使用；

(4) 在支路电流法中，列出的电流方程必须是 $n-1$ 个，电压方程必须是 $b-(n-1)$ 个。

第五节　电路的等效

一、等效的概念

1. 二端网络

网络是电路的一种泛称，当一个网络中只有两个端点与外电路相连时，这个网络就称为二端网络。内部含有电源的二端网络称为有源二端网络；内部不含电源的二端网络称为无源二端网络。

2. 等效的概念

两个二端网络的端口伏安特性相同时，这两个二端网络对外电路互为等效二端网络。这就是说，两个二端网络尽管内部结构不同，但对外部电路而言，它们的影响完全相同。

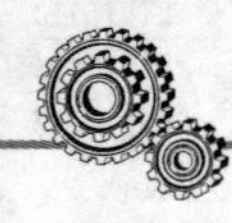

二、电阻电路的等效

1. 电阻的串联

电阻的串联是指将两个或两个以上的电阻依次连接，使电流只有一条通路的连接方式，如图 1-17(a)所示。

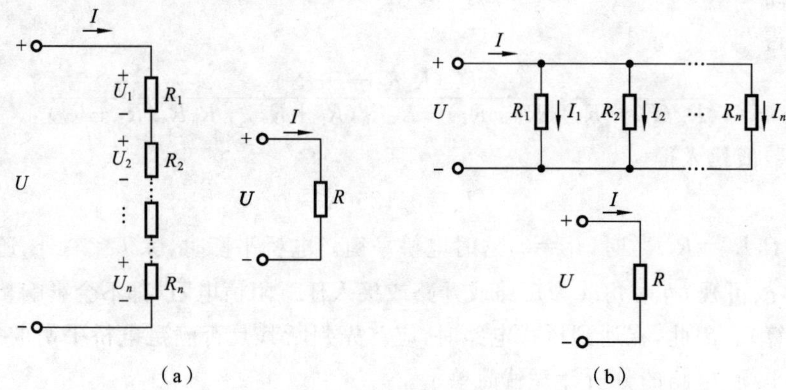

图 1-17 电阻的串联与并联

(a) 电阻的串联；(b) 电阻的并联

电阻串联电路的特点如下。

(1) 电阻串联时流过各电阻的电流相同，电路两端的总电压等于各个电阻两端电压之和，即

$$U=U_1+U_2+U_3+\cdots+U_n \tag{1-8}$$

(2) 串联的各电阻可以用一个等效电阻表示，其大小等于各串联电阻之和，即

$$R=R_1+R_2+R_3+\cdots+R_n \tag{1-9}$$

(3) 电阻串联时具有分压作用，各电阻上的电压与其阻值成正比，即

$$U_1:U_2:U_3=R_1:R_2:R_3 \tag{1-10}$$

如两个电阻串联，各电阻上分得的电压为

$$\begin{aligned}U_1&=\frac{R_1}{R_1+R_2}U\\U_2&=\frac{R_2}{R_1+R_2}U\end{aligned} \tag{1-11}$$

当电路两端的电压一定时，串联的电阻越多，电路中的电流就越小，即电阻串联还具有限流作用。

2. 电阻的并联

电阻的并联是指将两个或两个以上的电阻并列地连接在两点之间，使每个电阻两端都承受同一电压的连接方式，如图 1-17(b)所示。

电阻并联电路的特点如下。

(1) 电阻并联时各电阻两端的电压相同,电路中的总电流等于各个电阻上的电流之和,即

$$I = I_1 + I_2 + I_3 + \cdots + I_n \tag{1-12}$$

(2) 并联的各电阻可以用一个等效电阻表示,等效电阻的倒数等于各并联电阻倒数之和,即

$$\frac{1}{R} = \frac{1}{R_1} + \frac{1}{R_2} + \frac{1}{R_3} + \cdots + \frac{1}{R_n} \tag{1-13}$$

(3) 电阻并联时具有分流作用,各电阻上的电流与其阻值成反比,即

$$I_1 : I_2 : I_3 = \frac{1}{R_1} : \frac{1}{R_2} : \frac{1}{R_3} \tag{1-14}$$

如两个电阻并联,各电阻上分得的电流为

$$\begin{aligned} I_1 &= \frac{R_2}{R_1 + R_2} I \\ I_2 &= \frac{R_1}{R_1 + R_2} I \end{aligned} \tag{1-15}$$

3. 电阻的混联

电路中电阻元件既有串联,又有并联的连接方式称为混联。对于混联电路的计算,只要按串、并联的计算方法,一步步将电路化简,最后就可求出总的等效电阻。

例 1-7　求图 1-18(a)所示电路 ab 间的等效电阻 R,其中 $R_1 = R_2 = R_3 = 2\ \Omega$,$R_4 = R_5 = 4\ \Omega$。

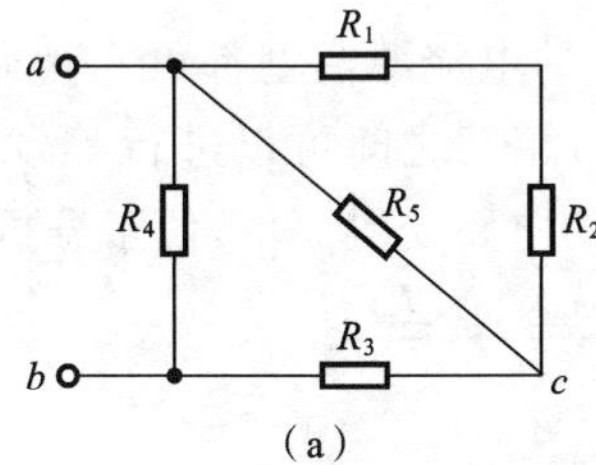

(a)

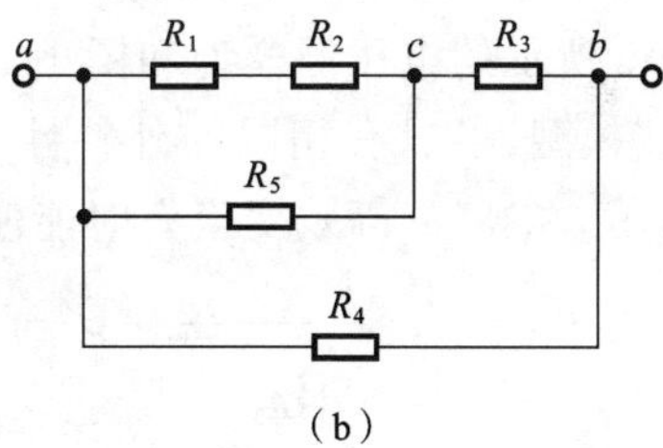

(b)

图 1-18　例 1-7 图

解　将图 1-18(a)所示电路根据电流的流向进行整理,可简化成图 1-18(b)所示电路。由等效电路可求出 ab 间的等效电阻,即

$$R_{12} = R_1 + R_2 = (2+2)\ \Omega = 4\ \Omega$$

$$R_{125} = R_5 /\!/ R_{12} = \frac{R_{12} R_5}{R_{12} + R_5} = \frac{4 \times 4}{4+4}\ \Omega = 2\ \Omega$$

$$R_{1253} = R_{125} + R_3 = (2+2)\ \Omega = 4\ \Omega$$

$$R = R_{1253} /\!/ R_4 = \frac{R_{1253} R_4}{R_{1253} + R_4} = \frac{4 \times 4}{4+4}\ \Omega = 2\ \Omega$$

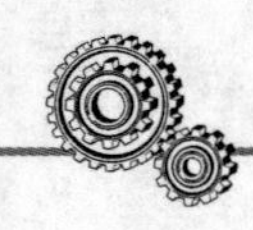

三、电源模型及其等效变换

在电路中,一个实际电源在提供电能的同时,必然还要消耗一部分电能。因此,实际电源的电路模型应由两部分组成:一是表征产生电能的理想电源元件,另一部分是表征消耗电能的理想电阻元件。由于理想电源元件有理想电压源和理想电流源两种,故实际电源的电路模型也有两种,即电压源模型和电流源模型。

1. 电压源模型

电压源模型是将实际电源用一个理想电压源 U_S 和一电阻(内阻 R_0)的串联模型表示,如图 1-19 所示。

2. 电流源模型

电流源模型是将实际电源用一个理想电流源 I_S 和电阻(内阻 R_0)的并联模型表示,如图 1-20 所示。

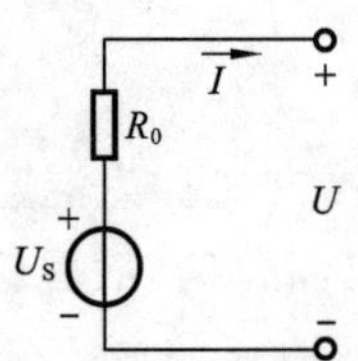

图 1-19　实际电压源

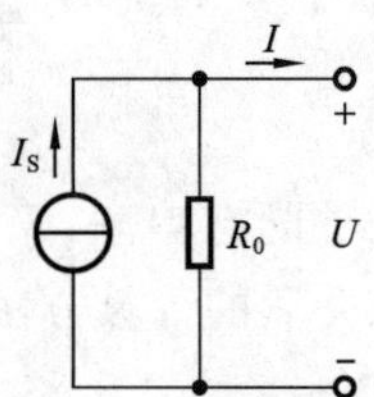

图 1-20　实际电流源

3. 电压源与电流源的等效变换

图 1-19 所示的电压源模型和图 1-20 所示的电流源模型都可作为同一实际电源的电路模型,可以有相同的外特性。因此,相互之间可以进行等效变换,如图 1-21 所示。电路的等效变换有时能使复杂的电路变得简单,便于分析计算。

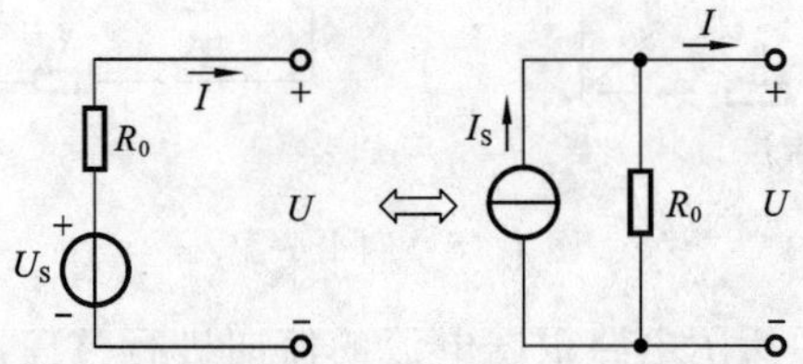

图 1-21　电压源模型与电流源模型的等效变换

电压源与电流源等效变换规则如下。

由电流源变成电压源的公式为

$$U_S = R_0 I_S \tag{1-16}$$

由电压源变成电流源的公式为

$$I_S = \frac{U_S}{R_0} \tag{1-17}$$

在等效变换中，电流源的并联电阻 R_0 与电压源的串联电阻 R_0 数值相同。

在进行电压源模型和电流源模型的等效变换时还需注意以下三个方面。

(1) 等效变换是对外电路等效，对电源内部是不等效的。例如当外电路开路时，电压源模型中无电流，内电阻不消耗功率，而电流源模型中仍有内部电流，内电阻要消耗一定的功率。

(2) 等效变换时两种电路模型的极性必须一致，即电流源模型流出电流的一端与电压源模型的正极性端相对应。

(3) 理想电压源和理想电流源之间不能进行等效变换。因为理想电压源的内阻 $R_0=0$，而理想电流源的内阻 $R_0=\infty$，两者不满足等效变换的条件。再者，理想电压源的电压恒定不变，电流随外电路而变，而理想电流源的电流恒定，电压随外电路而变，故二者不能等效。

例 1-8　化简图 1-22(a)所示电路。

解　化简过程如图 1-22 所示。

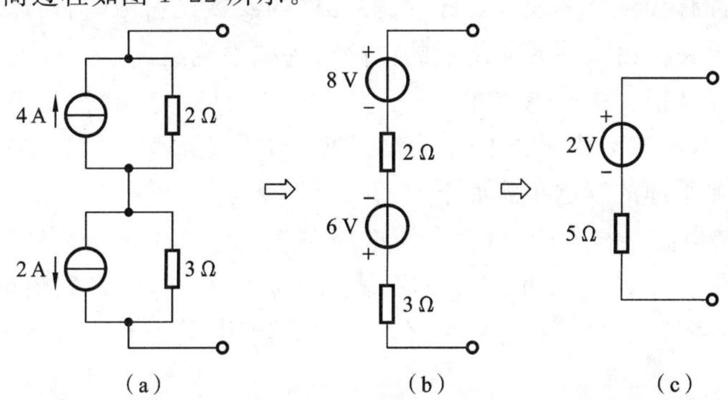

图 1-22　例 1-8 图

例 1-9　如图 1-23(a)所示电路，已知 $U_{S1}=130$ V，$U_{S2}=117$ V，$R_1=1$ Ω，$R_2=0.6$ Ω，$R=24$ Ω。试求负载 R 上的电流。

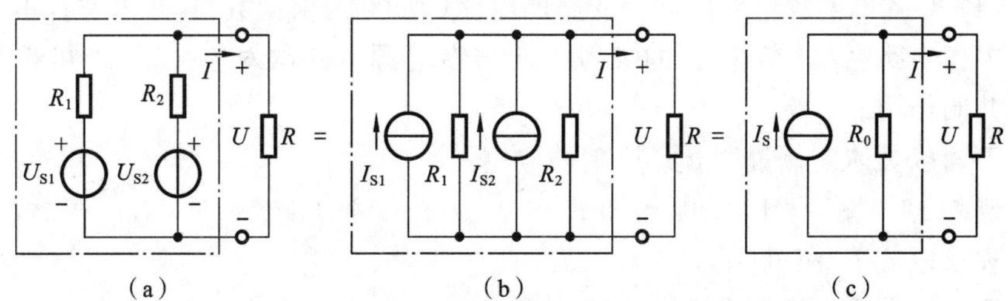

图 1-23　例 1-9 的电路及其等效变换

解　利用电压源模型与电流源模型的等效变换关系，将电压源模型变换成电流源模型，如图 1-23(b)所示，有

$$I_{S1}=\frac{U_{S1}}{R_1}=\frac{130}{1}\ \text{A}=130\ \text{A}$$

$$I_{S2}=\frac{U_{S2}}{R_2}=\frac{117}{0.6}\ \text{A}=195\ \text{A}$$

然后,将两个并联的电流源模型合成一个等效的电流源模型,如图 1-23(c)所示,有

$$I_S=I_{S1}+I_{S2}=(130+195)\ \text{A}=325\ \text{A}$$

$$R_0=\frac{R_1R_2}{R_1+R_2}=\frac{1\times0.6}{1+0.6}\ \Omega=0.375\ \Omega$$

所以负载电流为

$$I=\frac{R_0}{R_0+R}I_S=\frac{0.375}{0.375+24}\times325\ \text{A}=5\ \text{A}$$

第六节　叠加原理

电路元件有线性和非线性之分,线性元件的参数是常数,与所施加的电压和通过的电流无关。由线性元件组成的电路称为线性电路。

叠加原理是指在线性电路中,任一支路的电流(或电压)都是电路中各个独立电源作用时,在该支路所产生的电流(或电压)的代数和。

应用叠加原理的解题步骤如下。

(1) 保持电路结构不变,将多电源电路等效成各单电源分别作用于该电路,并求这些分别作用的代数和。当只考虑其中某一电源时,将其他电源视为零。具体做法是:将其他电压源短路,但保留其串联内阻;将其他电流源开路,但保留其并联内阻。

(2) 在各单电源电路图中标出各支路电流(或电压)的参考方向,既可以与原电路图中参考方向相同,也可以不同。

(3) 分别在各单电源电路中求解各支路电流(或电压)。

(4) 对各单电源电路的同一支路的电流(或电压)求代数和,并考虑各单电源电路中各支路电流(或电压)的参考方向与多电源电路的对应关系,即可得到多电源共同作用的结果。

下面以具体实例说明叠加原理的应用。

例 1-10　图 1-24(a)中,已知 $R_1=10\ \Omega$,$R_2=6\ \Omega$,$U_S=16\ \text{V}$,$I_S=8\ \text{A}$,用叠加原理求电流 I_1 和 I_2。

解　根据叠加原理求解。

(1) 画出电压源 U_S 单独作用时的电路,如图 1-24(b)所示,再画出电流源 I_S 单独作用时的电路,如图 1-24(c)所示。其中,各电流方向为参考方向。

(2) 由图 1-24(b)可求得

$$I_1'=I_2'=\frac{U_S}{R_1+R_2}=\frac{16}{10+6}\ \text{A}=1\ \text{A}$$

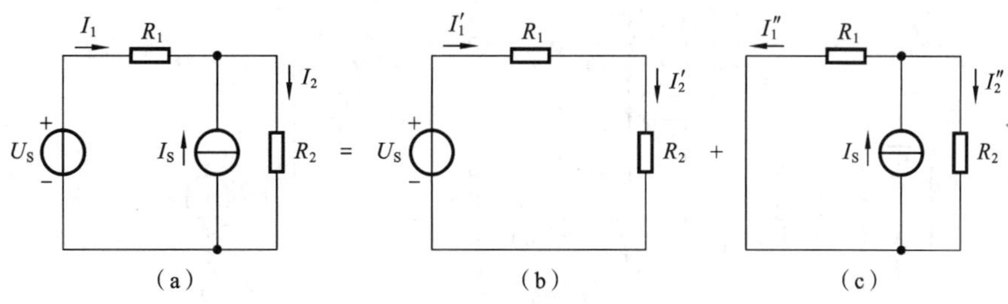

图 1-24　例 1-10 图

由图 1-24(c)可求得

$$I_1''=\frac{R_2}{R_1+R_2}I_S=\frac{6}{10+6}\times 8\ \text{A}=3\ \text{A}$$

$$I_2''=\frac{R_1}{R_1+R_2}I_S=\frac{10}{10+6}\times 8\ \text{A}=5\ \text{A}$$

(3) 电流 I_1、I_2 分别为

$$I_1=I_1'-I_1''=(1-3)\ \text{A}=-2\ \text{A}$$

$$I_2=I_2'+I_2''=(1+5)\ \text{A}=6\ \text{A}$$

使用叠加原理时需要注意的是,该方法只适用于线性电路中对电压和电流的计算,对功率的计算不适用。

第七节　戴维宁定理

在电路计算中,有时只需要计算电路中某一支路的电流,而其他支路电流并不需要计算出来。为了简化计算,可以把需要计算电流的支路单独划出来进行计算,而把其余部分视为一个有源二端网络。这个有源二端网络对所划出的支路而言,相当于一个电源,因为这条支路中的电流、电压、功率就是由它供给的。

一个有源二端网络对外电路而言,总可以等效为一个电压源模型。将有源二端网络等效为电压源模型的方法称为戴维宁定理,可表述如下。

任何线性有源二端网络都可以变换为一个等效电压源模型,该等效电压源模型的电压 U_S 等于有源二端网络的开路电压,等效电压源模型的内阻 R_0 等于相应的无源二端网络的等效电阻。

图 1-25 所示的为用戴维宁定理解题的步骤图,具体步骤如下。

(1) 将要求解的支路从电路中分离出来,如图 1-25(a)所示。求剩下的有源二端网络的开路电压 U_{OC},如图 1-25(b)所示。需要指出的是,图 1-25(a)中的电压 U 和图 1-25(b)中的电压 U_{OC} 是不同的,U 是原电路中 R_L 的负载电压,而 U_{OC} 则是该负载开路后的开路电压。

(2) 令有源二端网络的全部电源值为零(电压源短路、电流源开路,并分别保

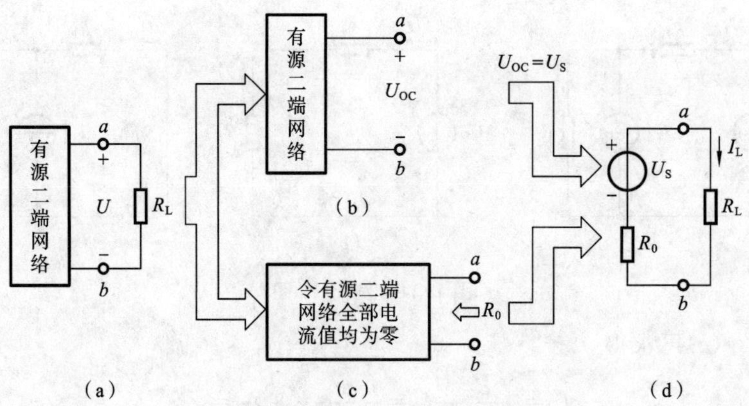

（a）（b）（c）（d）

图 1-25 戴维宁定理计算步骤

留其内阻)，求出从网络端口看进去的等效电阻 R_0，如图 1-25(c)所示。

(3) 按图 1-25(d)所示的简单回路计算出待求解的支路电流。其中，U_S 等于二端网络的开路电压 U_{OC}，R_0 为其等效内阻。

例 1-11 用戴维宁定理求解图 1-26(a)所示电路中的电流 I。

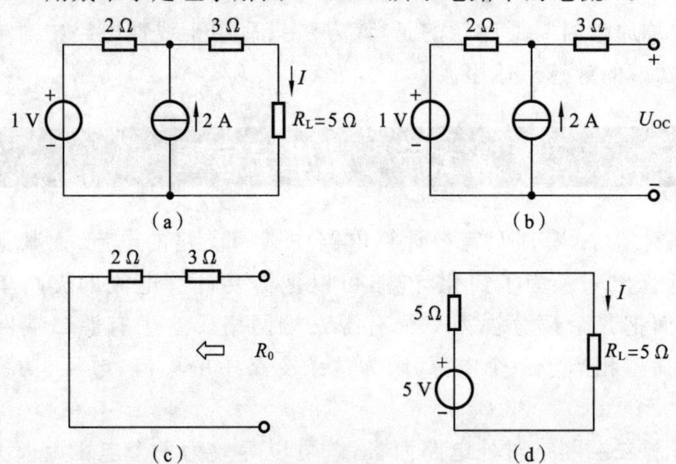

（a）（b）（c）（d）

图 1-26 例 1-11 图

解 (1) 将 R_L 支路断开，并求开路电压 U_{OC}，如图 1-26(b)所示，可得

$$U_{OC}=(2\times2+1)\ \text{V}=5\ \text{V}$$

(2) 令有源二端网络全部电源值为零，即将 1 V 电压源短路，将 2 A 电流源开路，得到图 1-26(c)，由图可求出等效电阻 R_0，即

$$R_0=(2+3)\ \Omega=5\ \Omega$$

(3) 由图 1-26(d)，根据戴维宁定理可计算出 I，即

$$I=\frac{5}{5+5}\ \text{A}=0.5\ \text{A}$$

本章小结

(1) 电路是电流的通路。电路是由电源、负载和中间环节三部分组成的。电路的作用是:① 实现电能的传输和转换;② 实现信号的传递和处理。

(2) 电路中的基本物理量有电流、电压(电位、电动势)、电功率等。任何电路都是在电动势、电压或电流的作用下进行工作的,对于电路的分析和计算就是要讨论电压、电动势和电流状态以及它们之间的关系。

(3) 在分析电路时,应先标出电流、电压的参考方向。参考方向是指人为假定的方向,它是分析计算电路的依据。为方便起见,常将电流和电压的参考方向选择为关联参考方向。

(4) 电路的基本元件包括电阻、电感、电容以及电压源和电流源。其中:电阻、电感和电容属于负载类元件;电压源和电流源是电源的两种表达形式,在一定条件下,电压源和电流源可以等效变换,而恒压源和恒流源是不能互相变换的。

电压源与电流源等效变换规则如下。

由电流源变成电压源的公式为

$$U_S=RI_S$$

由电压源变成电流源的公式为

$$I_S=\frac{U_S}{R}$$

在等效变换中,电流源的并联电阻 R_0 与电压源的串联电阻 R_0 数值相同。

(5) 电阻串联时,流过每个电阻上的电流相等;电阻并联时,每个电阻上的电压相同。

两个电阻并联时的等效电阻为 $R=\frac{R_1R_2}{R_1+R_2}$,分流公式为

$$I_1=\frac{R_2}{R_1+R_2}I$$

$$I_2=\frac{R_1}{R_1+R_2}I$$

两个电阻串联时的等效电阻为 $R=R_1+R_2$,分压公式为

$$U_1=\frac{R_1}{R_1+R_2}U$$

$$U_2=\frac{R_2}{R_1+R_2}U$$

(6) 电路有三种状态,即有载工作状态、断路状态和短路状态。电路断路时电路中的电流等于零;电路短路时电路中的电流急剧增大,短路是一种电路

故障。

(7) 基尔霍夫电流定律是反映电路中,任一节点相关联的所有支路电流之间的相互约束关系;基尔霍夫电压定律是反映电路中,组成任一回路的所有支路电压之间的相互约束关系。

基尔霍夫电流定律用于节点时,其表达式为

$$\sum I = 0$$

基尔霍夫电压定律用于回路时,其表达式为

$$\sum U = 0$$

(8) 支路电流法的出发点是以电路中各支路的电流 I 为未知变量,然后应用基尔霍夫定律列方程组并求解计算。其步骤如下:

① 找出电路中的支路数(b 条)、节点数(n 个),给各支路设定电流并给出各支路电流参考方向;

② 根据 KCL,对 $n-1$ 个节点列节点电流方程;

③ 根据 KVL,对 $b-(n-1)$个回路分别列出回路的电压方程;

④ 将②、③两步列出的方程联立求解,即可求得各支路电流的值。

(9) 叠加原理是反映线性电路基本性质的一条重要原理,是分析电路的一种重要方法,依据它可将多个电源共同作用下产生的电压电流,分解为各个电源单独作用时所产生的电压和电流的代数和。

假设某电源单独作用时,应将其他电压源短路、电流源开路,而其内阻要保留。最后叠加时要注意各电流分量和电压分量的方向。

叠加原理不适用于对功率的叠加计算。

(10) 如果只需求解复杂电路中某一支路上的电流或电压,用戴维宁定理比较方便。方法是:将待求支路从电路中取出,剩余部分成为有源二端网络。一个线性有源二端网络可简化为一个等效电压源。求解时一般分为四步进行:将原电路用戴维宁等效电路替代;求开路电压;求等效电阻;最后计算所求支路的电流或电压。

习　题

1-1　对一个已设出电流、电压参考方向的二端电路,如何识别它们是关联参考方向还是不关联参考方向?

1-2　下列说法中,哪些是正确的,哪些是错误的?

(1) 所谓线性电阻,是指该电阻的阻值不随时间的变化而变化。

(2) 线性电阻的伏安特性与施加电压的极性无关,即它是双向性的。

(3) 电阻元件在电路中总是消耗电能的,与电流的参考方向无关。

(4) 根据式 $P=U^2/R$ 可知，当输电电压一定时，输电线电阻越大，则输电线损耗功率就越小。

(5) 电感元件两端的电压与电流的变化成正比，而与电流的大小无关。

(6) 当电容两端电压为零时，其电流必定为零。

(7) 电路元件两端短路时，其电压必定为零，电流不一定为零；电路元件开路时，其电流必定为零，电压不一定为零。

(8) 在稳定的直流电路中，电感元件相当于短路，电容元件相当于断路。

1-3　有 110 V、15 W 及 110 V、40 W 的白炽灯灯泡各一个，能否将它们串联接到 220 V 电源上使用？

1-4　将两只额定电压都为 110 V，额定功率分别为 60 W 及 25 W 的灯泡串联接到 220 V 的电源上，灯泡能否正常发光？为什么？若将两只相同的灯泡串联接到 220 V 电源上又如何呢？

1-5　有一个 220 V、1000 W 的电阻炉，如将其电阻丝的长度减少一半再接入电源，问此时该电炉的电阻、电流及功率分别是多少？

1-6　已知节日彩灯的电阻为 20 Ω，额定电流为 0.1 A，问应有多少只这样的灯泡串联，才能把它们接到 220 V 的电源上？

1-7　一直流负载，额定电压为 5 V，电阻为 200 Ω，问应串联多大电阻才能把它接到 9 V 的电源上使用，并求串联电阻的功率。

1-8　某电阻负载接到 220 V 的电源上时，电流为 2.2 A，应串联多大电阻才能使电流为 1 A？这个串联电阻至少应有多大功率？

1-9　在一蓄电池的两端先接一电阻 $R_1=10\ \Omega$，测得其输出电流 $I_1=0.5$ A，再换接一电阻 $R_2=20\ \Omega$，其输出电流变为 $I_2=0.3$ A，试求此蓄电池的开路电压及内阻。

1-10　电路如图 1-27 所示，试求开关 S 打开及闭合时，a、b 和 c、d 间的等效电阻。

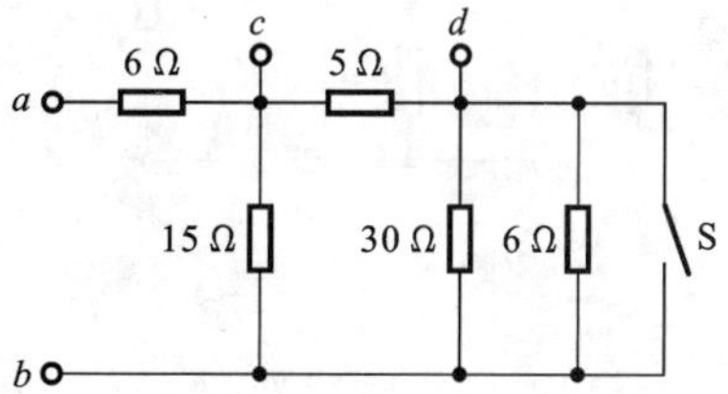

图 1-27　习题 1-10 图

1-11　已知某复杂电路的一部分电路如图 1-28 所示，各电流表 A_0、A_1、A_2 的读数分别为 4 A、2 A、2 A，$R_1=200\ \Omega$，$R_2=100\ \Omega$，$R_3=50\ \Omega$。求电流表 A_3 及 A_4 的读数。

1-12　电路如图 1-29 所示，已知 $U_S=100$ V，$R_1=2$ kΩ，$R_2=8$ kΩ，在下列三种情况下，分别求电压 U_2 和电流 I_1、I_2：

(1) $R_3=8$ kΩ；

(2) $R_3=\infty$(开路)；

(3) $R_3=0$(短路)。

1-13　试估算图 1-30 所示电路的电流 I_1、I_2、I_3 和电压 U_1、U_2。

1-14　电路如图 1-31 所示，已知 $U=2$ V，求 U_S。

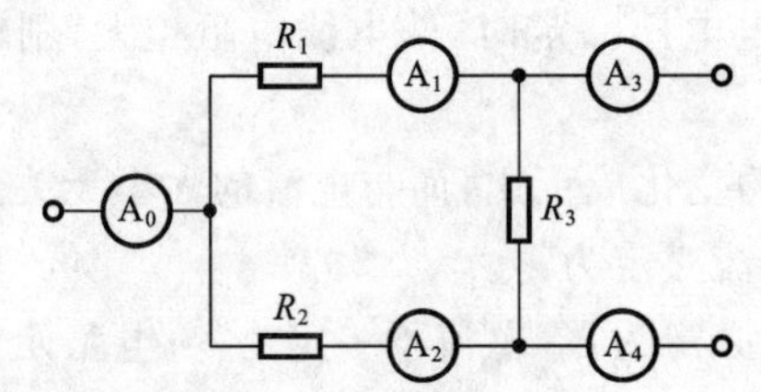

图 1-28　习题 1-11 图

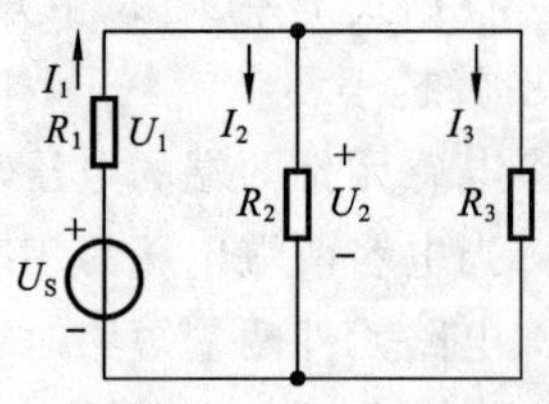

图 1-29　习题 1-12 图

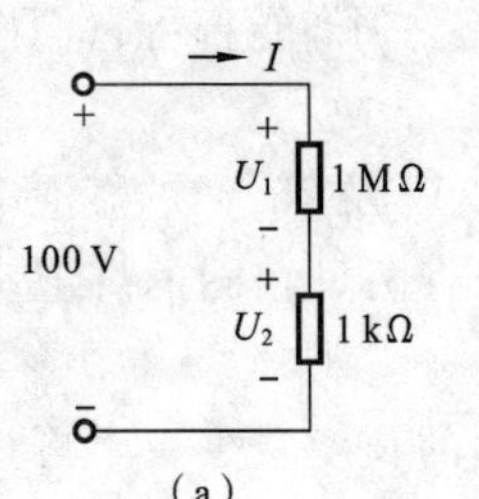

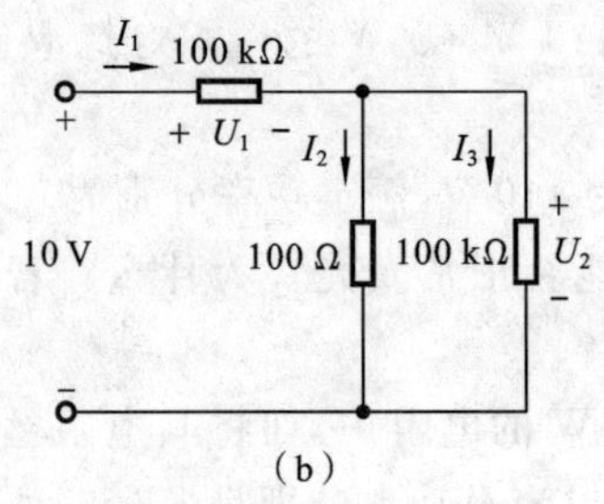

图 1-30　习题 1-13 图

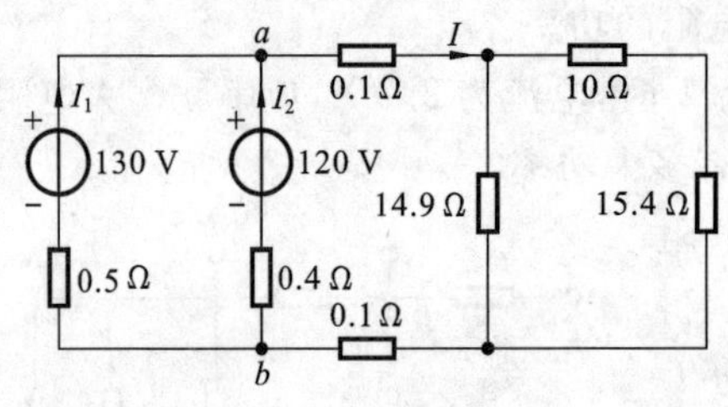

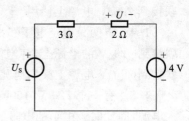

图 1-31　习题 1-14 图

1-15　用支路电流法求图 1-32 中的电流 I_1、I_2、I。

1-16　用支路电流法求图 1-33 中的电流 I_1、I_2、I。

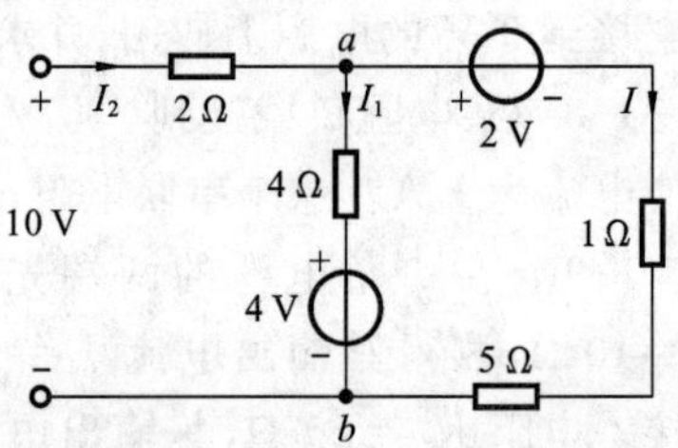

图 1-32　习题 1-15 图

图 1-33　习题 1-16 图

1-17　已知电路如图 1-34 所示，试用叠加原理求各支路电流。

1-18　已知电路如图 1-35 所示，$R_1 = 5\ \Omega$，$R_2 = 3\ \Omega$，$R_3 = 20\ \Omega$，$R_4 = 42\ \Omega$，$R_5 = 2\ \Omega$，$U_{S1} = 45\ \text{V}$，$U_{S2} = 48\ \text{V}$，试用叠加原理求各支路电流。

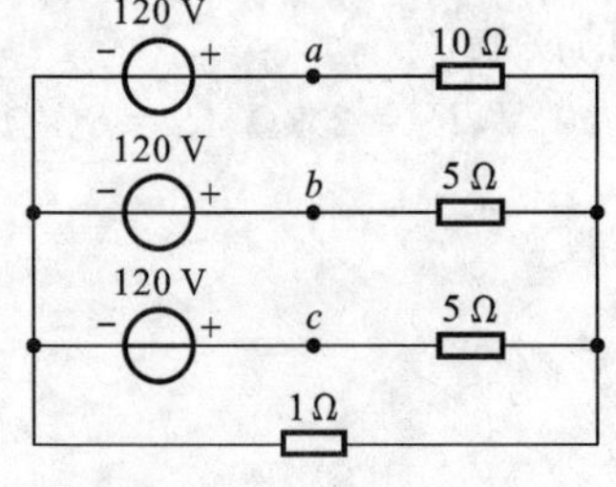

图 1-34　习题 1-17 图

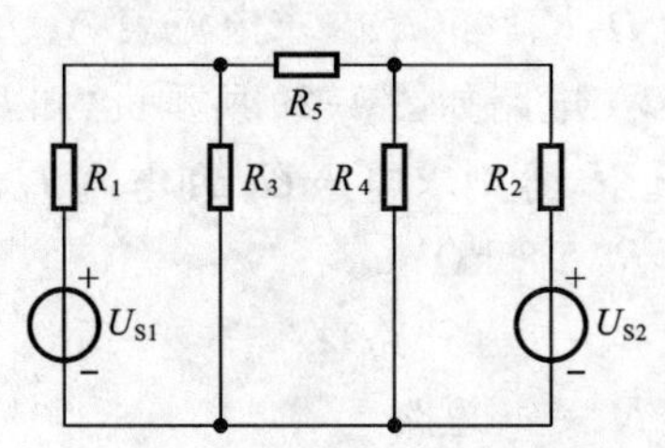

图 1-35　习题 1-18 图

1-19　试用戴维宁定理求图 1-36 所示电路中的电压 U。

1-20　试用戴维宁定理求图 1-37 所示电路中的电流 I。

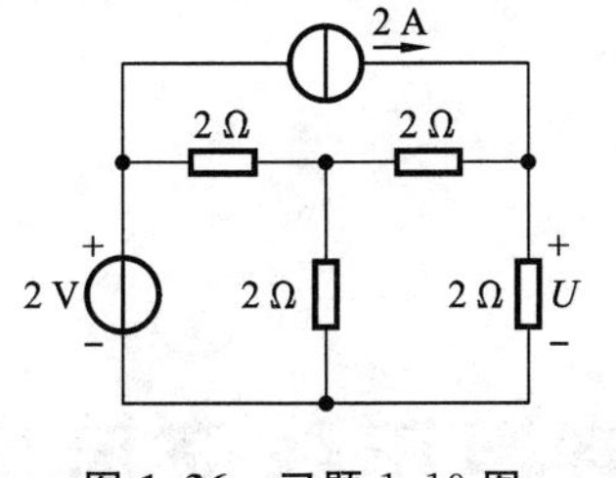

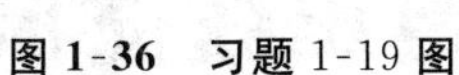
图 1-36　**习题** 1-19 **图**

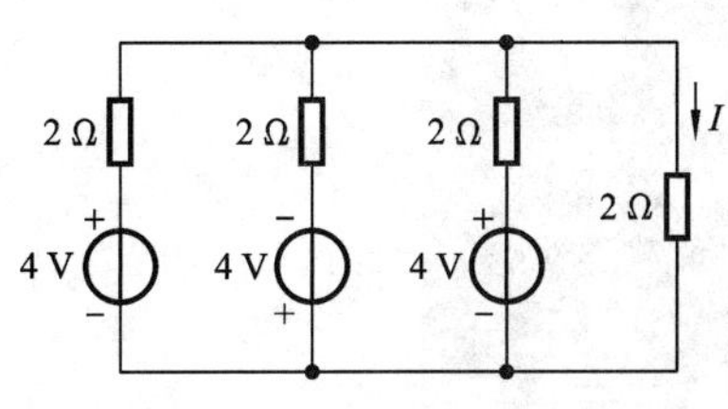

图 1-37　**习题** 1-20 **图**

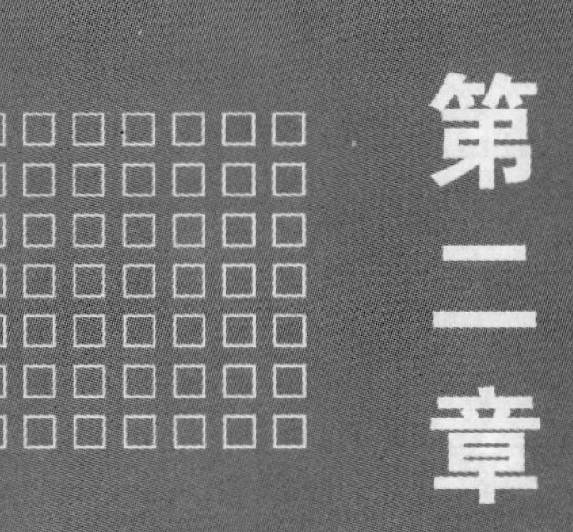

第二章 单相正弦交流电路

学习目标：

▶掌握正弦量的三要素和正弦量的相量表示法；

▶掌握基本负载模型（电阻、电感、电容）组成的正弦交流电路的分析计算；

▶掌握串联及并联交流电路的分析计算；

▶了解提高功率因数的意义和方法。

第一节　交流电的基本概念

在正弦交流电路中，电压（电动势）和电流的大小和方向都是随时间按照正弦函数的规律变化的。通常，把随时间按正弦函数规律变化的交流电称为正弦交流电，以下简称交流电。

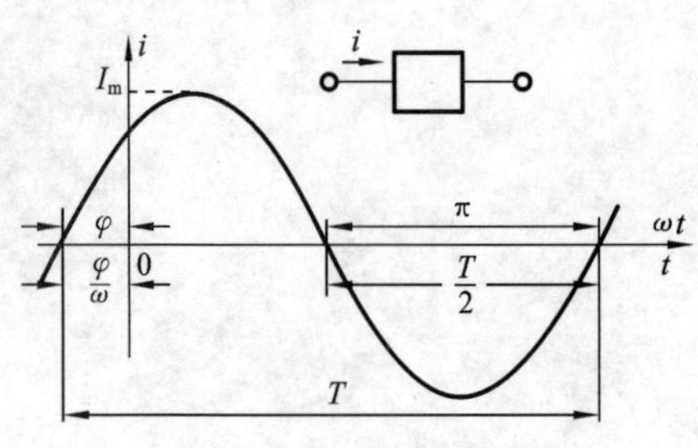

图 2-1　正弦电流波形图

以正弦电流为例，正弦电流在任一瞬间的瞬时值如图 2-1 所示。通常，把正弦交流电变化一周所需的时间称为周期，用 T 表示。周期的单位是 s（秒）。1 s 内交流电变化的周期数，称为交流电的频率，用 f 表示，频率的单位是 Hz（赫兹）。频率和周期的关系是

$$f=\frac{1}{T} \tag{2-1}$$

正弦电压（正弦电动势）、正弦电流统称为正弦量。

一、正弦量的参考方向

由于交流电路中电流、电压、电动势的大小和方向随时间的变化而变化，因

而分析和计算交流电路时，必须在电路中给电流、电压、电动势标定一个参考方向。通过支路的正弦电流的参考方向如图 2-2 所示。若在某一瞬时电流为正值，则表示此时电流的实际方向与参考方向一致；反之，若电流为负值，则表示此时电流的实际方向与参考方向相反。

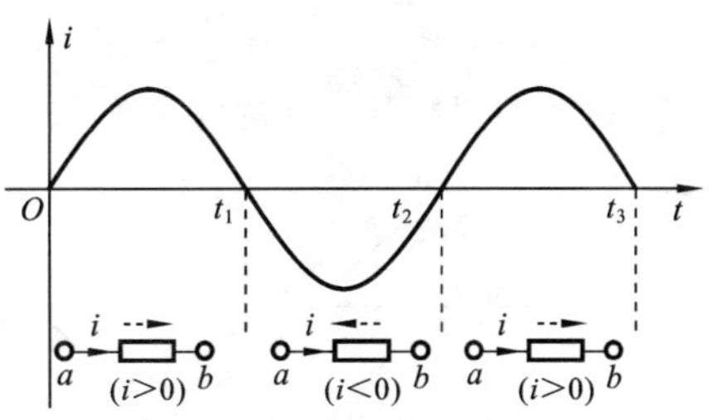

图 2-2　正弦电流的参考方向

注：虚线表示电流的实际方向

二、正弦量的三要素

正弦电压 u、电动势 e 和电流 i 都是时间 t 的正弦函数，其数学表达式为

$$
\begin{aligned}
u &= U_{\mathrm{m}}\sin(\omega t+\psi_u) \\
e &= E_{\mathrm{m}}\sin(\omega t+\psi_e) \\
i &= I_{\mathrm{m}}\sin(\omega t+\psi_i)
\end{aligned}
\tag{2-2}
$$

式(2-2)中，u、e、i 表示正弦交流电在某一瞬时的电压、电动势和电流的量值，称为瞬时值。振幅 U_{m}(E_{m}、I_{m})、角频率 ω 和初相 ψ_u(ψ_e、ψ_i)称为正弦量的三要素。

正弦量的大小和方向随时间变化做周期性的变化，最大幅值称为振幅，也称最大值，它反映正弦量变化的幅度。一般用 I_{m}、U_{m} 来表示电流、电压的最大值。

ω 是正弦量的角频率，它反映该正弦量的变化快慢。角频率的单位是 rad/s(弧度每秒)。角频率与周期、频率之间的关系为

$$\omega=\frac{2\pi}{T}=2\pi f \tag{2-3}$$

由式(2-2)和式(2-3)可知，频率越高，角频率越大，正弦量变化就越快。

ψ_u 是正弦电压的初相位，简称初相。它是在 $t=0$ 时的相位角，用度或弧度表示。$\omega t+\psi_u$ 称为正弦电压的相位角，简称相位。相位反映了正弦量随时间变化的进程。

对一个正弦量来说，知道它的振幅值(最大值)、角频率(频率)和初相位后，就可以用数学表达式或波形图来确定或描述它的全貌。

三、相位差

在正弦交流电路中，若存在两个以上同频率的正弦波信号，它们只在最大值和初相位上有所差异，两者之间的相位差总是不变的。

假定两个同频率的正弦量 u、i，则

$$
\begin{aligned}
u &= U_{\mathrm{m}}\sin(\omega t+\psi_u) \\
i &= I_{\mathrm{m}}\sin(\omega t+\psi_i)
\end{aligned}
$$

它们的相位角之差称为相位差，用 φ 表示。

$$\varphi=(\omega t+\psi_u)-(\omega t+\psi_i)=\psi_u-\psi_i \tag{2-4}$$

同频率的正弦量 u、i 的波形如图 2-3 所示。

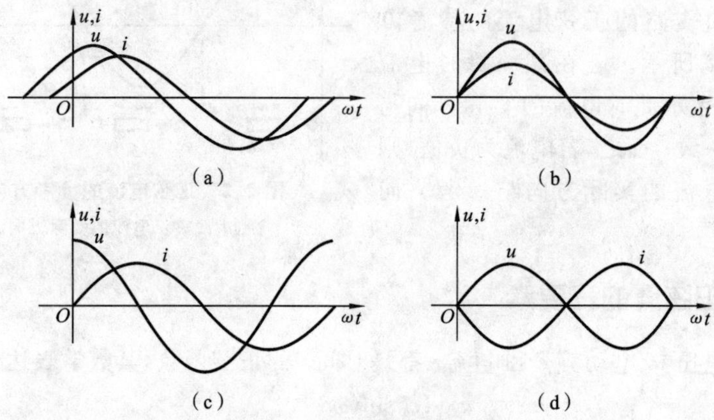

图 2-3　同频率的正弦量

(a) $\varphi>0$；(b) 同相位 $\varphi=0$；(c) 正交 $\varphi=\pi/2$；(d) 反向 $\varphi=\pi$

当 $\varphi>0$ 时，电压 u 的相位比电流的相位超前一个角度 φ，简称电压 u 超前电流 i，如图 2-3(a)所示。

当 $\varphi=0$ 时，电压 u 和电流 i 同相位，如图 2-3(b)所示。

当 $\varphi=\dfrac{\pi}{2}$ 时，称电压 u 和电流 i 正交，如图 2-3(c)所示。

当 $\varphi=\pi$ 时，称电压 u 和电流 i 反向，如图 2-3(d)所示。

四、有效值

电路的主要功能之一是进行能量转换。交流电的最大值及瞬时值均不能准确地反映其效果。因为正弦交流电是随时间变化的一个量，它的瞬时值在不停地变化着，所以很难用来衡量整个正弦交流量的大小。为此，不妨引入有效值的概念，来说明交流量的实际效果和作用。

在电工理论中，有效值是从电流的热效应角度来定义的。在一个周期内，若通过电阻 R 上的电流分别为一个直流电流 I 和一个交流电流 $i(t)$，它们产生的热量相等，则这个直流电流 I 就定义为这个交流电流 $i(t)$ 的有效值。

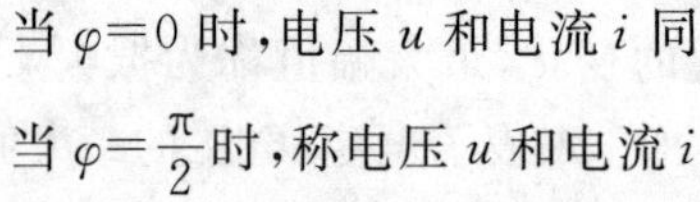

(a)　(b)

图 2-4　交流电流与直流电流热效应比较

根据定义，假设通过电阻 R 的交流电流为 i(见图 2-4)，在极短的时间 dt 内产生的热量为 $i^2R\mathrm{d}t$，则该交流电流在一个周期内产生的热量为 $\int_0^T i^2R\mathrm{d}t$。如果有一直流电流 I 通过同一电阻 R，经过相同时间 T 所产生的热量 I^2RT 与之相等，则

$$I^2RT=\int_0^T i^2R\mathrm{d}t$$

所以

$$I=\sqrt{\frac{1}{T}\int_0^T i^2\,\mathrm{d}t} \tag{2-5}$$

式中，I 即为交流电流 i 的有效值。同理，对任意一个周期性交流电压来讲，式(2-5)同样适用。

所以，当 $i=I_\mathrm{m}\sin(\omega t+\psi)$ 时，由式 (2-5)可得

$$I=\sqrt{\frac{1}{T}\int_0^T i^2\,\mathrm{d}t}=\sqrt{\frac{1}{T}\int_0^T I_\mathrm{m}^2\sin^2(\omega t+\psi)\,\mathrm{d}t}=\frac{I_\mathrm{m}}{\sqrt{2}} \tag{2-6}$$

同理，对于一个正弦交流电压及电动势，其有效值可表示为

$$U=\frac{U_\mathrm{m}}{\sqrt{2}} \tag{2-7}$$

$$E=\frac{E_\mathrm{m}}{\sqrt{2}} \tag{2-8}$$

由式(2-6)、式(2-7)、式(2-8)可知，正弦交流电流、电压和电动势的有效值与其相对应的幅值之间相差$\sqrt{2}$倍。根据其幅值就可求出其有效值。

在工程上，一般所说的正弦电压、正弦电流的大小都是指有效值。例如，交流测量仪表所指的读数，电气设备铭牌上的额定值都是指有效值。但各种器件和电气设备的绝缘水平——耐压值，则是按最大值来考虑的。

例 2-1　已知两正弦电流 $i_1=2\sin314t$ A，$i_2=\sqrt{2}\sin(314t-45^\circ)$ A。

(1) 在同一坐标系中绘出它们的波形图。

(2) 求其各自的最大值、有效值、角频率、频率、周期和初相。

(3) 求出它们之间的相位差，说明哪个超前，哪个滞后。

解　(1) i_1、i_2 的波形如图 2-5 所示。

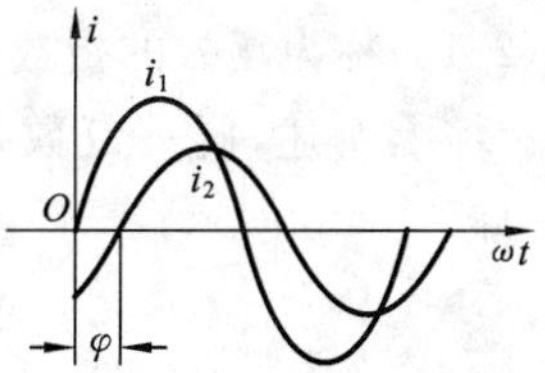

(2) $I_{\mathrm{m}1}=2$ A，$I_{\mathrm{m}2}=\sqrt{2}$ A；$I_1=\sqrt{2}$ A，$I_2=1$ A；$\omega_1=\omega_2=314$ rad/s；$f_1=f_2=50$ Hz；

$T_1=T_2=\frac{1}{50}$ s$=0.02$ s；$\psi_1=0$，$\psi_2=-45^\circ$。

(3) $\varphi=\psi_1-\psi_2=0-(-45^\circ)=45^\circ$；$i_1$ 超前于 i_2 45°，或 i_2 滞后于 i_1 45°。

图 2-5　例 2-1 的波形图

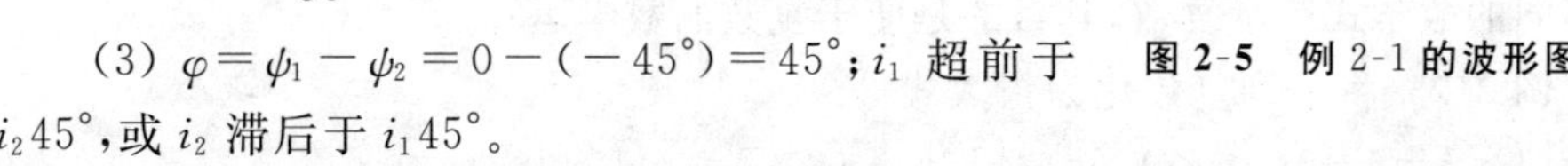

第二节　正弦量的相量表示

正弦量用波形图或三角函数表达式表示比较直观，但不便于运算。对电路进行分析与计算时通常使用正弦量的相量表示法，即用复数式与相量图来表示正弦交流电。

一、复数的表示形式

设 A 为复数,一般可表示为

$$A=a+\mathrm{j}b \tag{2-9}$$

上式称为复数的代数式,其中 a 是复数的实部,b 是复数的虚部,$\mathrm{j}=\sqrt{-1}$是虚数单位(或称算子)。

复数还可以由实轴与虚轴组成的复平面上的矢量(有向线段)表示。矢量的长度 r 称为复数 A 的模,矢量与实轴正方向的夹角 φ 称为复数的辐角。

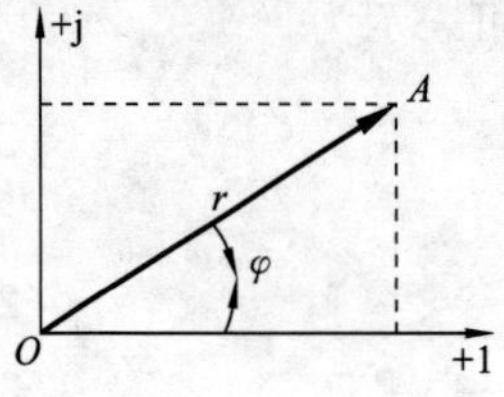

图 2-6 复平面上的矢量

由图 2-6 得

$$\begin{aligned} r&=\sqrt{a^2+b^2} \\ \varphi&=\arctan\frac{b}{a} \end{aligned} \tag{2-10}$$

又因为

$$\begin{cases} a=r\cos\varphi \\ b=r\sin\varphi \end{cases} \tag{2-11}$$

所以

$$\dot{A}=r\cos\varphi+\mathrm{j}r\sin\varphi \tag{2-12}$$

式(2-12)称为复数的三角式。

根据欧拉公式

$$\cos\varphi+\mathrm{j}\sin\varphi=\mathrm{e}^{\mathrm{j}\varphi}$$

则式(2-12)可写为

$$\dot{A}=r\mathrm{e}^{\mathrm{j}\varphi} \tag{2-13}$$

式(2-13)称为复数的指数式。

综上所述,同一复数及其所对应的矢量可以用代数式、三角式和指数式表示,即

$$\dot{A}=a+\mathrm{j}b=r\cos\varphi+\mathrm{j}r\sin\varphi=r\mathrm{e}^{\mathrm{j}\varphi} \tag{2-14}$$

用不同的数学式表示复数,其目的是便于复数的数学运算。

例 2-2 将下列复数化为指数式。

(1) $A=5+5\mathrm{j}$; (2) $A=4-3\mathrm{j}$; (3) $A=-10\mathrm{j}$

解 用 A 和 φ 分别表示复数 A 的模和辐角,由式(2-10)可求得 A 和 φ。

(1) $$A=\sqrt{5^2+5^2}=5\sqrt{2}$$

$$\varphi=\arctan\frac{5}{5}=45^\circ$$

则 $$\dot{A}=5\sqrt{2}\mathrm{e}^{\mathrm{j}45^\circ}$$

(2) $$A=\sqrt{4^2+3^2}=5$$

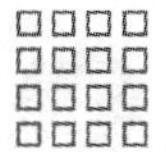

$$\varphi=\arctan-\left(\frac{3}{4}\right)=-36.9°$$

则
$$\dot{A}=5\mathrm{e}^{-\mathrm{j}36.9°}$$

这里应注意，求辐角时，要把 a 和 b 的符号分别保留在分母和分子中，以便正确判断 φ 的大小。

(3) 由 $A=-10\mathrm{j}$ 可知，该复数应在复平面虚轴的负方向上，模为 10，辐角为 $-90°$，故得

$$\dot{A}=10\mathrm{e}^{-\mathrm{j}90°}$$

例 2-3　将下列复数化为三角函数式和代数式。

(1) $\dot{A}=9.5\mathrm{e}^{\mathrm{j}73°}$；　(2) $\dot{A}=13\mathrm{e}^{\mathrm{j}112.6°}$；　(3) $\dot{A}=10\mathrm{e}^{-\mathrm{j}180°}$

解　由式(2-13)可得：

(1) $\dot{A}=9.5\cos73°+\mathrm{j}9.5\sin73°=2.78+\mathrm{j}9.1$；

(2) $\dot{A}=13\cos112.6°+\mathrm{j}13\sin112.6°=-5+\mathrm{j}12$；

(3) $\dot{A}=10\cos(-180°)+\mathrm{j}10\sin(-180°)=-10$

二、正弦量的相量表示法

求解一个正弦量必须先求得它的三要素，但在分析正弦交流电路时，由于电路中所有的电压、电流都是同一频率的正弦量，而且它们的频率与正弦电源的频率相同，因此，只要分析另外两个要素——幅值(或有效值)及初相位就可以了。正弦量的相量表示就是用一个复数来表示正弦量，这样的复数称为相量。相量用大写英文字母加上点来表示，并将表示正弦交流电最大值和初相位的相量称为最大值相量。如电流 $i=I_{\mathrm{m}}\sin(\omega t+\varphi)$ 的最大值相量为

$$\dot{I}_{\mathrm{m}}=I_{\mathrm{m}}(\cos\varphi+\mathrm{j}\sin\varphi)=I_{\mathrm{m}}\mathrm{e}^{\mathrm{j}\varphi} \tag{2-15}$$

有时为计算方便，也用有效值相量来等价地表示正弦交流电。有效值相量的模就是正弦电量的有效值，辐角也是正弦电量的初相位。交流电压和电流最大值相量和有效值相量的关系为

$$\dot{U}=\frac{\dot{U}_{\mathrm{m}}}{\sqrt{2}}=\frac{U_{\mathrm{m}}\mathrm{e}^{\mathrm{j}\varphi_u}}{\sqrt{2}}=U\mathrm{e}^{\mathrm{j}\varphi_u} \tag{2-16}$$

$$\dot{I}=\frac{\dot{I}_{\mathrm{m}}}{\sqrt{2}}=\frac{I_{\mathrm{m}}\mathrm{e}^{\mathrm{j}\varphi_i}}{\sqrt{2}}=I\mathrm{e}^{\mathrm{j}\varphi_i} \tag{2-17}$$

正弦量用相量表示以后，原来是三角函数的运算就变换成相量运算，这种利用相量分析交流电路的方法称为相量法。相量法给正弦电量的运算带来了很大的方便，它是分析正弦交流电路的主要工具。

相量在复平面上可以用有向线段表示。相量在复平面上的几何表示称为相量图。借助相量图常常可以使相量之间的关系和物理概念更加清楚，所以正确画出相量图，对于分析正弦交流电路是十分重要的。

下面通过例题进一步说明正弦量的相量表示法及画相量图的方法。

例 2-4 若电流 $i_1=5\sin(314t+60^\circ)$ A，$i_2=10\cos(314t+60^\circ)$ A，$i_3=-4\sin(314t+60^\circ)$ A。试写出这三个电流的相量，并画出相量图。

解 由式(2-15)得：

因
$$i_1=5\sin(314t+60^\circ)\ \text{A}$$
i_1 的最大值相量为
$$\dot{I}_{m1}=5e^{j60^\circ}\ \text{A}$$
有效值相量为
$$\dot{I}_1=\frac{5}{\sqrt{2}}e^{j60^\circ}\ \text{A}=2.5\sqrt{2}e^{j60^\circ}\ \text{A}$$
因
$$i_2=10\cos(314t+60^\circ)\ \text{A}=10\sin(314t+150^\circ)\ \text{A}$$
i_2 的最大值相量为
$$\dot{I}_{m2}=10e^{j150^\circ}\ \text{A}$$
有效值相量为
$$\dot{I}_2=\frac{10}{\sqrt{2}}e^{j150^\circ}\ \text{A}=5\sqrt{2}e^{j150^\circ}\ \text{A}$$
因
$$\begin{aligned}i_3&=-4\sin(314t+60^\circ)\ \text{A}=4\sin(314t+60^\circ+180^\circ)\ \text{A}\\&=4\sin(314t+240^\circ)\ \text{A}=4\sin(314t-120^\circ)\ \text{A}\end{aligned}$$
i_3 的最大值相量为
$$\dot{I}_{m3}=4e^{-j120^\circ}\ \text{A}$$
有效值相量为
$$\dot{I}_3=\frac{4}{\sqrt{2}}e^{-j120^\circ}\ \text{A}=2\sqrt{2}e^{-j120^\circ}\ \text{A}$$

这三个电流的相量图如图 2-7(a)所示。

在画相量图时也可以不画出复平面的坐标轴。若几个相量画在同一相量图上，可以一个相量作为参考相量，画在与实轴正方向一致的水平位置，而其他相量则可根据与参考相量间的相位差画出，如图 2-7(b)中是以 $\dot{I}_1$ 作为参考相量画出的相量图。

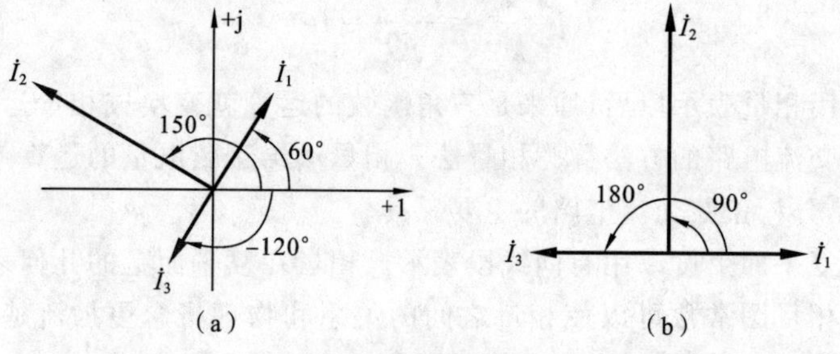

图 2-7 例 2-4 图

三、基尔霍夫定律的相量形式

根据基尔霍夫电流定律可知，在任一时刻，流入（流出）电路任一节点的电流的代数和为零，即

$$\sum i = 0$$

式中，i 可以是常数，也可以是时间的任意函数。对于正弦交流电路，在任意单一频率 f 作用下，电路中各处的支路电压和支路电流都将是同频率的正弦量。因此，对任一节点来说，在任意时刻，KCL 都将成立，即有

$$\sum \dot{I} = 0 \tag{2-18}$$

对于电流幅值相量，式(2-18)仍然成立，即有

$$\sum \dot{I}_m = 0 \tag{2-19}$$

式(2-18)和式(2-19)为基尔霍夫电流定律的相量形式。

同理，在任一时刻，沿任意闭合回路，基尔霍夫电压定律可表示为

$$\sum \dot{U} = 0 \tag{2-20}$$

$$\sum \dot{U}_m = 0 \tag{2-21}$$

由上述分析可见，在正弦交流电路中，基尔霍夫定律可直接用电流有效值相量和电压有效值相量写出，或用幅值相量写出。在形式上，正弦交流电路同直流电路的 KCL、KVL 表达式完全一样。只是电压要变换为电压相量，电流要变换为电流相量。

例 2-5　已知两正弦电流 $i_1=8\sin(\omega t+45°)$ A 和 $i_2=6\sin(\omega t+135°)$ A，试用相量法求 $i=i_1+i_2$，并画出各电流的相量图。

解　首先用有效值相量表示两电流，即

$$\dot{I}_1=\frac{8}{\sqrt{2}}e^{j45°}\ \text{A},\quad \dot{I}_2=\frac{6}{\sqrt{2}}e^{j135°}\ \text{A}$$

再求两电流和的相量，即

$$\begin{aligned}\dot{I}&=\dot{I}_1+\dot{I}_2\\&=4\sqrt{2}(\cos45°+j\sin45°)\ \text{A}\\&\quad+3\sqrt{2}(\cos135°+j\sin135°)\ \text{A}\\&=5\sqrt{2}e^{j81.87°}\ \text{A}\end{aligned}$$

最后，根据求得的 i 的有效值相量，写出该电流的瞬时值表达式，即

$$\begin{aligned}i&=\sqrt{2}\times5\sqrt{2}\sin(\omega t+81.87°)\ \text{A}\\&=10\sin(\omega t+81.87°)\ \text{A}\end{aligned}$$

相量图如图 2-8 所示。

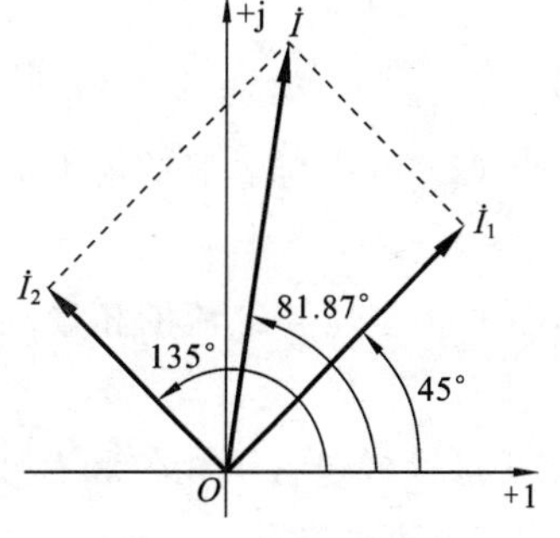

图 2-8　例 2-5 相量图

第三节　单一参数元件正弦交流电路

任何电路都是由电源和一个个单一元件所组成的，其中单一元件就是指电阻 R、电感 L 和电容 C。

一、纯电阻电路

若流过一个电阻 R 上的正弦交流电流为 i，则将在电阻两端产生电压 u。为了便于分析，取电阻 R 上电流、电压的参考方向为关联参考方向，如图 2-9(a)所示，假设

$$i=I_m\sin\omega t$$

则由欧姆定律得

$$u=iR=I_mR\sin\omega t=U_m\sin\omega t$$

比较上述两式，可知电压和电流是同频率的正弦量。

1. 电压与电流的关系

(1) 电压与电流相位相同。其波形和相量图如图 2-9(b)和(c)所示。

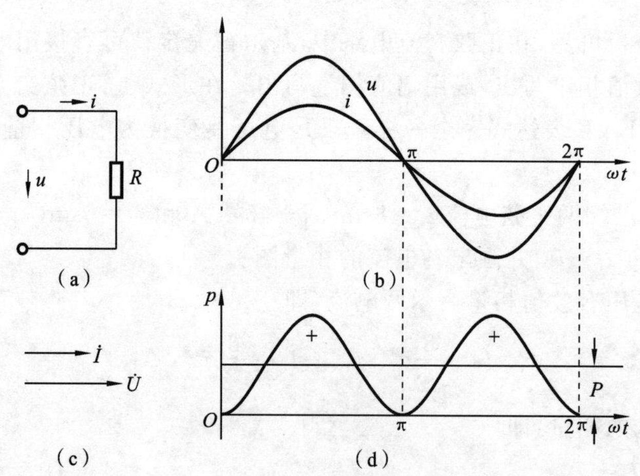

图 2-9　电阻元件的交流电路

(2) 电压与电流的最大值、有效值成正比，即

$$U_m=I_mR,\quad U=IR$$

(3) 电压与电流的相量表达式为

$$\dot{U}=\dot{I}R,\quad \dot{U}_m=\dot{I}_mR$$

该相量等式包含了相位和有效值的关系。

2. 功率关系

知道了电阻上电压和电流的相互关系及变化规律后，便可进一步研究电路

中的功率问题。在任意瞬间，电阻上的瞬时功率即为电压、电流瞬时值的乘积，一般用小写字母 p 表示，即

$$p=ui=U_{\mathrm{m}}I_{\mathrm{m}}\sin^2\omega t=2UI\sin^2\omega t=UI(1-\cos2\omega t) \tag{2-22}$$

由式(2-22)可见，电阻 R 上的瞬时功率是变化的，其变化的波形如图 2-9(d)所示。由于在关联参考方向下，电阻上电压与电流同相位，它们同时为正，同时为负，因此，瞬时功率 p 总大于零，即 $p\geqslant0$。这表明，电阻总是从电源吸取电功率，把电能转换成热能，所以称电阻为耗能元件。

由于瞬时功率是变化的，不便应用。通常所说的功率是指瞬时功率在一个周期内的平均值，称为平均功率或有功功率，用大写字母 P 表示，即

$$\begin{aligned}P&=\frac{1}{T}\int_0^T p\mathrm{d}t=\frac{1}{T}\int_0^T UI(1-\cos2\omega t)\mathrm{d}t\\&=\frac{1}{T}\int_0^T UI\mathrm{d}t-\frac{1}{T}\int_0^T\cos2\omega t\mathrm{d}t=UI=I^2R=\frac{U^2}{R}\end{aligned} \tag{2-23}$$

可见，平均功率在形式上与直流电阻电路的计算式相同。式(2-23)中的电压、电流都是指有效值。由于平均功率是电路中实际消耗的电功率，所以又称为有功功率，简称有功，其单位为瓦特(W)或千瓦(kW)。

例 2-6　将一个 10 Ω 的电阻，接在 $u=311\sin(\omega t+30°)$ V 电源上。求电路中的电流 i 和有功功率 P。

解

$$U=U_{\mathrm{m}}/\sqrt{2}=311/\sqrt{2}\ \mathrm{V}=220\ \mathrm{V}$$

$$I=U/R=220/10\ \mathrm{A}=22\ \mathrm{A}$$

$$i=22\sqrt{2}\sin(\omega t+30°)\ \mathrm{A}$$

$$P=UI=220\times22\ \mathrm{W}=4\,840\ \mathrm{W}$$

二、纯电感电路

在一个只具有电感 L(忽略其内阻)的线圈上，加一正弦交流电压 u，则线圈中将有电流 i 通过，并将产生自感电动势 e_L。若电感线圈上的电压及电流为关联参考方向，且与电动势 e_L 同方向，如图 2-10(a)所示，电感线圈上瞬时值表示的伏安特性方程为

$$u=-e_L=-\left(-L\frac{\mathrm{d}i}{\mathrm{d}t}\right)=L\frac{\mathrm{d}i}{\mathrm{d}t}$$

设电流为

$$i=I_{\mathrm{m}}\sin\omega t$$

则

$$u=L\frac{\mathrm{d}i}{\mathrm{d}t}=LI_{\mathrm{m}}\omega\cos\omega t=U_{\mathrm{m}}\sin(\omega t+90°)$$

由此可见，电感上的电压、电流是同频率的正弦量。

1. 电压与电流的关系

(1) 在相位上，电感线圈的电压超前于电流 90°。其波形图与相量图分别如图2-10(b)和(c)所示。

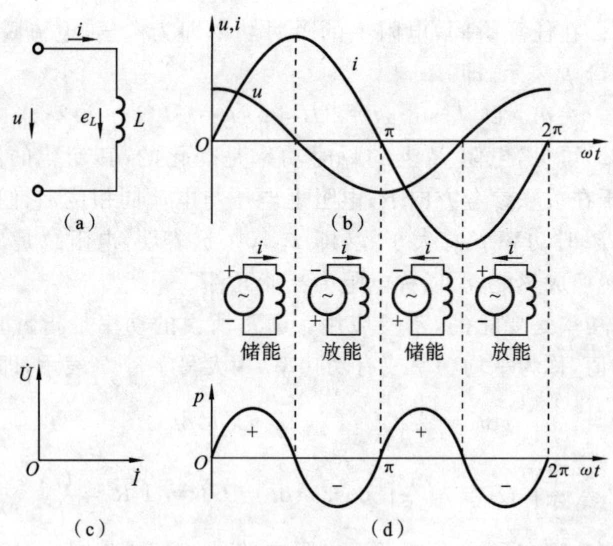

图 2-10　电感元件的交流电路

(2) 电压与电流有效值成正比，即

$$U = I\omega L = IX_L \tag{2-24}$$

或

$$U_{\mathrm{m}} = I_{\mathrm{m}} X_L \tag{2-25}$$

式中，$X_L=\omega L=2\pi fL$，称为比例常数。它具有限制电流的作用，称为电感电抗，简称感抗。当 L 的单位为亨(H)，f 的单位为赫兹(Hz)，ω 的单位为弧度/秒(rad/s)时，X_L 的单位为欧姆(Ω)。对于直流电路，稳态运行的 $f=0$，则 $X_L=0$，相当于电感短路。

(3) 用相量的形式表示为

$$\dot{U} = \mathrm{j}\ \dot{I}\ X_L, \quad \dot{U}_{\mathrm{m}} = \mathrm{j}X_L\ \dot{I}_{\mathrm{m}}$$

2. 功率关系

将上面的电压 u 与电流 i 代入瞬时功率的表达式中，即得电感元件输入的瞬时功率：

$$p = ui = U_{\mathrm{m}} I_{\mathrm{m}} \sin\omega t \sin(\omega t + 90°) = 2UI \sin\omega t \cos\omega t = UI \sin 2\omega t$$

它是一个角频率为 2ω 的正弦变化量，其波形如图 2-10(d)所示。从图中看到，瞬时功率有正有负。p 为正值时，表示电感把从电源吸收的电能转换成磁场能；p 为负值时，表示电感把磁场能转换为电能送回电源。这是一个可逆的能量转换过程，而且纯电感从电源取用的能量一定等于归还给电源的能量。这就是说，电感不消耗有功功率，这一点也可从平均功率看出：

$$P = \frac{1}{T}\int_0^T p\,\mathrm{d}t = \frac{1}{T}\int_0^T UI\sin 2\omega t\,\mathrm{d}t = 0$$

虽然电感元件不消耗有功能量，但与电源之间有能量的交换。电感元件与电路交换能量的多少，工程上用电感元件瞬时功率的最大值来表示。

电源与电感之间交换功率的最大值称为无功功率，用 Q_L 表示，以区别于有功功率，即

$$Q_L = UI = I^2 X_L = \frac{U^2}{X_L} \tag{2-26}$$

无功功率的单位为乏(Var)或千乏(kVar)。

需要说明的是:不要把“无功”功率理解为“无用”功率。实际上无功功率在工程上占有重要地位，例如电磁铁、变压器、电动机等一些具有电感性质的设备，没有磁场是不能工作的，而磁场能量是由电源提供的，电源需要向设备提供一定规模的能量与之进行交换才能保证设备的正常运行。

例 2-7　一个电感 $L=25.4$ mH 的线圈(忽略线圈电阻)，接在交流电压 $u=311\sin(314t-60°)$ V 的电源上。

(1) 求感抗 X_L、电流 i、无功功率 Q_L；

(2) 若电源频率增大 10 倍($f'=10f$)，其他参数不变，求 X_L、i 和 Q_L。

解　(1)由题意知，$\omega=314$ rad/s，$f=50$ Hz，则

$$X_L = 2\pi fL = 314\times 25.4\times 10^{-3}\ \Omega = 8\ \Omega$$

$$\dot{U} = \frac{311}{\sqrt{2}}\mathrm{e}^{-\mathrm{j}60°}\ \mathrm{V} = 220\mathrm{e}^{-\mathrm{j}60°}\ \mathrm{V}$$

$$\dot{I} = \frac{\dot{U}}{\mathrm{j}X_L} = \frac{220\mathrm{e}^{-\mathrm{j}60°}}{8\mathrm{e}^{\mathrm{j}90°}}\ \mathrm{A} = 27.5\mathrm{e}^{-\mathrm{j}150°}\ \mathrm{A}$$

$$i = 27.5\sqrt{2}\sin(314t-150°)\ \mathrm{A}$$

$$Q_L = UI = 220\times 27.5\ \mathrm{Var} = 6\ 050\ \mathrm{Var}$$

(2) $f'=10f=500$ Hz，$\omega=3\ 140$ rad/s

$$X_L = 10\times 8\ \Omega = 80\ \Omega$$

$$\dot{I} = \frac{220\mathrm{e}^{-\mathrm{j}60°}}{80\mathrm{e}^{\mathrm{j}90°}}\ \mathrm{A} = 2.75\mathrm{e}^{-\mathrm{j}150°}\ \mathrm{A}$$

$$i = 2.75\sqrt{2}\sin(3\ 140t-150°)\ \mathrm{A}$$

$$Q_L = UI = 220\times 2.75\ \mathrm{Var} = 605\ \mathrm{Var}$$

三、纯电容电路

在一个只有电容元件的电路中，加一正弦交流电压 u，则将产生一电流 i。若按惯例取 u 与 i 为关联参考方向，如图 2-11(a)所示，则可得电容 C 的瞬时值伏安特性方程为

$$i = \frac{\mathrm{d}q}{\mathrm{d}t} = C\frac{\mathrm{d}u}{\mathrm{d}t} \tag{2-27}$$

设电压为 $u=U_\mathrm{m}\sin\omega t$，代入式(2-27)，可得电容电流为

$$i = C\frac{\mathrm{d}u}{\mathrm{d}t} = CU_\mathrm{m}\omega\cos\omega t = I_\mathrm{m}\sin(\omega t+90°)$$

显然,电容上的电压、电流也是同频率的正弦量。由此可得电容上的电压、电流关系。

1. 电压与电流的关系

(1) 在相位上,电容电流超前于电容电压 90°。其波形与相量图如图 2-11(b)、(c)所示。

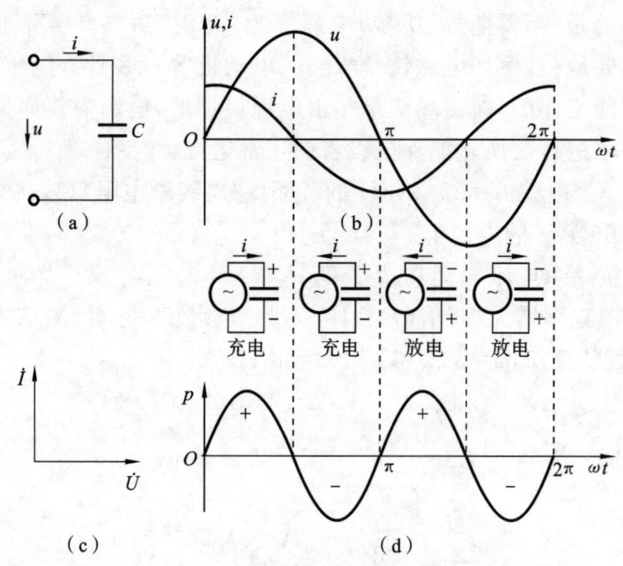

图 2-11 电容元件的交流电路

(2) 电容电流有效值正比于电容电压有效值,即

$$I=\omega CU$$

或

$$U=\frac{1}{\omega C}I=IX_C \tag{2-28}$$

$$U_{\mathrm{m}}=\frac{1}{\omega C}I_{\mathrm{m}} \tag{2-29}$$

式(2-28)中,比例常数 $X_C=\frac{1}{\omega C}=\frac{1}{2\pi fC}$,说明它也有限制电流的作用,称之为电容电抗,简称容抗。当 C 的单位为法拉(F),f 的单位为赫兹(Hz),ω 的单位为弧度/秒(rad/s)时,X_C 的单位为欧姆(Ω)。

在直流电路中,稳态运行时,$f=0$,X_L 为无穷大,相当于电容开路,这说明电容有隔断直流的作用。当频率非常高时,X_C 将很小,故电容在高频电子线路中时,一般近似为短路。

(3) 用相量表示时,则有

$$\dot{I}=\mathrm{j}\omega C\dot{U} \quad 或 \quad \dot{I}_{\mathrm{m}}=\mathrm{j}\omega C\dot{U}_{\mathrm{m}}$$

2. 功率关系

电容元件输入的瞬时功率 p 为电压 u 与电流 i 的乘积,即

$$p=ui=U_{\mathrm{m}}I_{\mathrm{m}}\sin\omega t\sin(\omega t+90^\circ)=2UI\sin\omega t\cos\omega t=UI\sin2\omega t$$

它是一个角频率为 2ω 的正弦变化量，其波形如图 2-11(d)所示。由图可知，瞬时功率仍有正负之分。p 为正值时，表示电容把电源的电能转换成电场能，即电容在充电；p 为负值时，表示电容把电场能变为电能送回电源。这仍是一种可逆的能量转换过程。

在电容元件的电路中，电容上的平均功率为

$$P=\frac{1}{T}\int_0^T p\mathrm{d}t=\frac{1}{T}\int_0^T UI\sin2\omega t\,\mathrm{d}t=0$$

这说明，电容元件是不消耗有功能量的。由于电压、电流的有效值不为零，因此，电源与电容之间交换功率的最大值也称为无功功率，用 Q_C 表示，以区别于有功功率，即

$$Q_C=UI=I^2X_C \tag{2-30}$$

Q_C 与 Q_L 的单位相同。

例 2-8 一个电容 $C=20\ \mu\mathrm{F}$ 的电容器，接在交流电压 $u=220\sqrt{2}\sin(314t+30^\circ)$ V 的电源上。

(1) 求容抗 X_C、电流 i 和无功功率 Q_C；

(2) 当 $f=5\ 000$ Hz 时，其他参数不变，再求容抗 X_C、电流 i 和无功功率 Q_C。

解 (1)

$$X_C=\frac{1}{2\pi fC}=\frac{1}{314\times20\times10^{-6}}\ \Omega=159\ \Omega$$

$$\dot{I}=\frac{\dot{U}}{-\mathrm{j}X_C}=\frac{220\mathrm{e}^{\mathrm{j}30^\circ}}{159\mathrm{e}^{-\mathrm{j}90^\circ}}\ \mathrm{A}=1.38\mathrm{e}^{\mathrm{j}120^\circ}\ \mathrm{A}$$

$$i=1.38\sqrt{2}\sin(314t+120^\circ)\ \mathrm{A}$$

$$Q_C=UI=220\times1.38\ \mathrm{Var}=303.6\ \mathrm{Var}$$

(2) 当 $f=5\ 000$ Hz(增大 100 倍)时，有

$$X_C=\frac{159}{100}\ \Omega=1.59\ \Omega$$

$$\dot{I}=\frac{\dot{U}}{-\mathrm{j}X_C}=\frac{220\mathrm{e}^{\mathrm{j}60^\circ}}{1.59\mathrm{e}^{-\mathrm{j}90^\circ}}\ \mathrm{A}=138\mathrm{e}^{\mathrm{j}150^\circ}\ \mathrm{A}$$

$$i=138\sqrt{2}\sin(314t+150^\circ)\ \mathrm{A}$$

$$Q_C=UI=220\times138\ \mathrm{Var}=30\ 360\ \mathrm{Var}=30.36\ \mathrm{kVar}$$

第四节 交流电路的分析计算

一、电阻、电感、电容串联正弦交流电路

串联电路是组成实际电路的基本方法之一，其特点是各部分元件中通过同一电流。下面研究 RLC 串联电路。

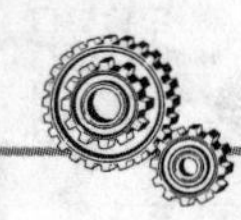

1. 电压与电流的关系

在图 2-12(a)所示的 RLC 串联电路中,先假设各量参考方向如图所示。为了方便,取电流 i 为参考正弦量(即设 i 的初相位为零),设

$$i=I_{\mathrm{m}}\sin\omega t$$

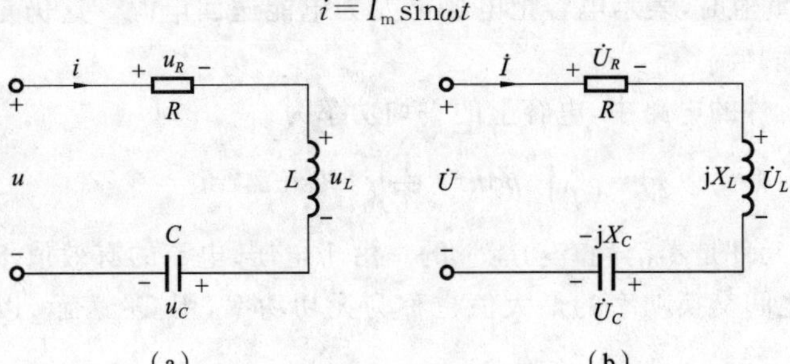

图 2-12　RLC 串联电路

根据 KVL 定律,则

$$u=u_R+u_L+u_C$$

将图 2-12(a)中各正弦量用对应的相量表示于图 2-12(b)中,则

$$\dot{U}=\dot{U}_R+\dot{U}_L+\dot{U}_C \tag{2-31}$$

把各元件用复数表示的伏安特性方程代入式(2-31)得

$$\begin{aligned}\dot{U}&=\dot{I}R+\dot{I}\,\mathrm{j}X_L-\dot{I}\,\mathrm{j}X_C=\dot{I}[R+\mathrm{j}(X_L-X_C)]\\&=\dot{I}(R+\mathrm{j}X)=\dot{I}Z\end{aligned} \tag{2-32}$$

式中　X——电路的等效电抗,简称电抗,且 $X=X_L-X_C$;

Z——复阻抗,$Z=R+\mathrm{j}(X_L-X_C)$。

RLC 串联电路相量图如图 2-13 所示(假设 $U_L>U_C$)。

2. 电压之间的关系

如图 2-13 所示,电压相量 $\dot{U}_R$、$\dot{U}_X$ 和 $\dot{U}$ 组成一个直角三角形,称为电压三角形。由图示的几何关系可得

$$\begin{aligned}U&=\sqrt{U_R^2+(U_L-U_C)^2}=\sqrt{(IR)^2+(IX_L-IX_C)^2}\\&=I\sqrt{R^2+(X_L-X_C)^2}\end{aligned} \tag{2-33}$$

且 $U_R=U\cos\varphi$,$U_X=U\sin\varphi$,如图 2-14 所示。

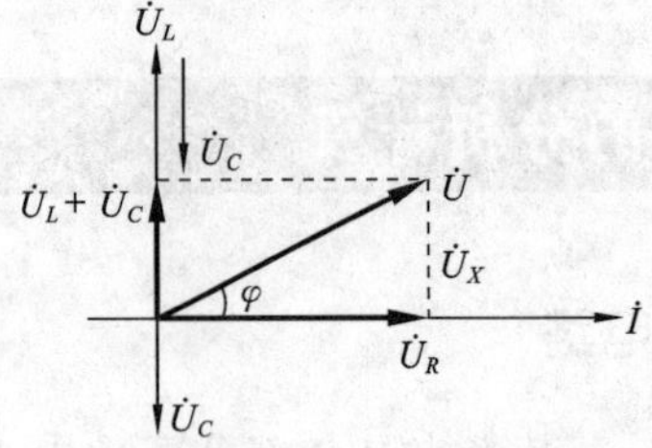

图 2-13　RLC 串联电路相量图

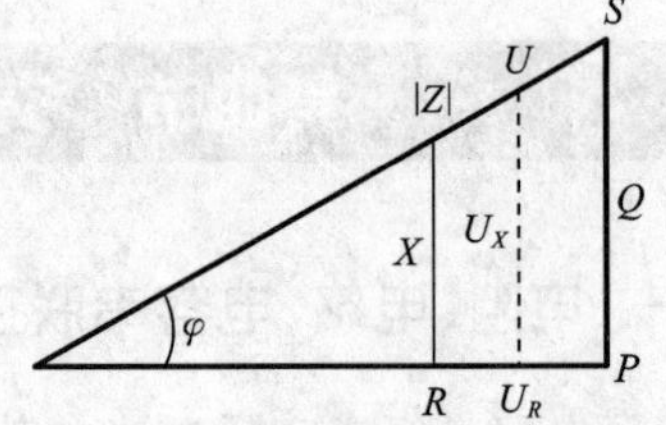

图 2-14　电压、阻抗、功率三角形

3. 阻抗关系

由式(2-32)可得复阻抗为

$$Z=\frac{\dot{U}}{\dot{I}}=R+\mathrm{j}X=\sqrt{R^2+X^2}\,\mathrm{e}^{\mathrm{j}\arctan\frac{X}{R}}=|Z|\,\mathrm{e}^{\mathrm{j}\varphi} \tag{2-34}$$

式(2-34)中$|Z|$是复阻抗的模，称为电路的阻抗。$|Z|$反映了u、i之间的大小关系，即

$$\frac{U}{I}=|Z| \tag{2-35}$$

$|Z|$、R和X也可组成一个直角三角形，并与电压三角形相似，如图2-14所示，可得

$$|Z|=\sqrt{R^2+X^2}=\sqrt{R^2+(X_L-X_C)^2} \tag{2-36}$$

且$R=|Z|\cos\varphi$，$X=|Z|\sin\varphi$。

式(2-34)中φ是复阻抗的辐角，称为电路的阻抗角，也是u、i之间的相位差，其大小为

$$\varphi=\arctan\frac{X}{R}=\arctan\frac{X_L-X_C}{R} \tag{2-37}$$

在RLC串联电路中：当$X_L>X_C$时，电抗$X=X_L-X_C>0$，表明电抗是电感性的，电路为电感性电路，此时电流滞后于端电压；当$X_L<X_C$时，电抗$X<0$，表明电抗是电容性的，电路为电容性电路，此时电流超前于端电压；当$X_L=X_C$时，电抗$X=0$，电路为电阻性电路，此时电流与端电压同相。

4. 功率关系

将式(2-33)两边同时乘I，则得

$$\begin{aligned}UI&=I\sqrt{U_R^2+(U_L-U_C)^2}=\sqrt{(IU_R)^2+(IU_L-IU_C)^2}\\&=\sqrt{P^2+(Q_L-Q_C)^2}=\sqrt{P^2+Q^2}=S\end{aligned} \tag{2-38}$$

式中 $P=IU_R$——电阻消耗的有功功率(W)；

$Q_L=IU_L$——电感吸取的无功功率(Var)；

$Q_C=IU_C$——电容吸取的无功功率(Var)；

$Q=Q_L+Q_C$——电路吸取的总无功功率(Var)；

$S=UI$——电路总电压与总电流有效值的乘积，称为视在功率，单位为伏安(V·A)或千伏安(kV·A)。

由式(2-38)可见，S、P和Q的关系也可用直角三角形表示，称为功率三角形。而且与电压三角形和阻抗三角形均相似，如图2-14所示，因此有

$$P=S\cos\varphi$$

$$Q=S\sin\varphi$$

实际应用中，视在功率S表示交流电气设备的容量，并不是有功功率。而有功功率P必须在视在功率的基础上再乘一个因数$\cos\varphi$。因此，电路中电压电流

相位差 φ 的余弦 $\cos\varphi$ 称为电路的功率因数。φ 角又称功率因数角。

例 2-9 在 RLC 串联电路中,已知 $R=30\ \Omega$,电感 $L=382\ \text{mH}$,电容 $C=40\ \mu\text{F}$,把电路接到电压为 220 V、频率 $f=50$ Hz 的电源上。试求:

(1) 电路中电流及各元件端电压;

(2) 电路的功率因数角及功率因数;

(3) 电路中有功功率 P、无功功率 Q 及视在功率 S。

解 (1) 由已知条件可得

$$X_L=2\pi fL=2\pi\times50\times382\times10^{-3}\ \Omega=120\ \Omega$$

$$X_C=\frac{1}{2\pi fC}=\frac{1}{2\pi\times50\times40\times10^{-6}}\ \Omega=80\ \Omega$$

所以
$$|Z|=\sqrt{R^2+(X_L-X_C)^2}=\sqrt{30^2+(120-80)^2}\ \Omega=50\ \Omega$$

因此
$$I=\frac{U}{|Z|}=\frac{220}{50}\ \text{A}=4.4\ \text{A}$$

各元件的电压分别为

$$U_R=IR=4.4\times30\ \text{V}=132\ \text{V}$$

$$U_L=IX_L=4.4\times120\ \text{V}=528\ \text{V}$$

$$U_C=IX_C=4.4\times80\ \text{V}=352\ \text{V}$$

(2) 由阻抗三角形知功率因数角为

$$\varphi=\arctan\frac{X_L-X_C}{R}=\arctan\frac{120-80}{30}=53.13^\circ$$

功率因数为
$$\cos\varphi=\cos53.13^\circ=0.6$$

(3) 电路中有功功率为

$$P=I^2R=U_RI=132\times4.4\ \text{W}=580.8\ \text{W}$$

或
$$P=UI\cos\varphi=220\times4.4\times0.6\ \text{W}=580.8\ \text{W}$$

无功功率为
$$Q=I^2X=UI\sin\varphi=220\times4.4\times0.8\ \text{Var}=774.4\ \text{Var}$$

视在功率为
$$S=UI=220\times4.4\ \text{V}\cdot\text{A}=968\ \text{V}\cdot\text{A}$$

二、并联电路

并联电路是交流电路的另一种基本形式,额定电压相同的负载经常采用并联。其中具有实用意义的是 RL 串联电路与电容 C 的并联,如图 2-15 所示,以此为例说明并联交流电路的分析和计算方法。

首先,取各支路电压与电流的参考方向一致(即关联参考方向),如图 2-15 所示。根据基尔霍夫电流定律,得

$$i=i_1+i_C$$

其相量形式为

$$\dot{I}=\dot{I}_1+\dot{I}_C \tag{2-39}$$

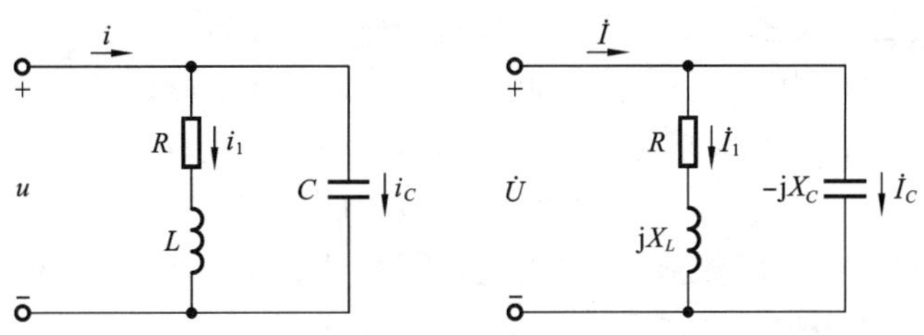

图 2-15　并联交流电路

式(2-39)说明,$\dot{I}$与$\dot{I}_1$、$\dot{I}_C$之间是相量关系。RL 支路和电容 C 支路的阻抗分别为

$$Z_1=R+jX_L,\quad Z_2=-jX_C$$

由于两条并联支路具有同一个电压,因此通常取电压为参考相量。即设$\dot{U}=U\angle 0°$,则总电流为

$$\dot{I}=\dot{I}_1+\dot{I}_C=\frac{\dot{U}}{Z_1}+\frac{\dot{U}}{Z_2}$$

当已知电路中的各参数和电源电压时,用复数法很容易计算出各支路电流和总电流。

第五节　功率因数的提高

一、提高功率因素的意义

前已述及,交流电路中的有功功率一般不等于电源电压 U 和总电流 I 的乘积,还要考虑电压电流的相位差的影响,即

$$P=UI\cos\varphi$$

式中 $\cos\varphi$ 是电路的功率因数。电路的功率因数取决于负载的性质。只有电阻性负载(如白炽灯、电阻炉等)的功率因数才等于 1,其他负载的功率因数均小于 1。

例如,生产上大量使用的异步电动机,可以等效地看成是电阻和电感组成的电感性负载,它们除消耗有功功率之外,还取用大量的电感性无功功率,所以功率因数较低,在 0.5～0.85 之间。为了合理使用电能,国家电业部门规定,用电企业的功率因数必须维持在 0.85 以上。高于此指标的给予奖励,低于此指标的则罚款,而低于 0.5 者应停止供电。功率因数的高低为什么如此重要?功率因数低有哪些不利?不妨从以下两方面来说明。

1. 电源设备的容量不能充分利用

设某供电变压器的额定电压 $U_N=230$ V,额定电流 $I_N=434.8$ A,则额定容量为

$$S_N=U_N I_N=230\times 434.8\ \text{V}\cdot\text{A}=100\ \text{kV}\cdot\text{A}$$

如果负载功率因数等于1，则变压器可以输出有功功率

$$P=U_{\mathrm{N}}I_{\mathrm{N}}\cos\varphi=230\times434.8\times1\ \mathrm{W}=100\ \mathrm{kW}$$

如果负载功率因数等于0.5，则变压器可以输出有功功率

$$P=U_{\mathrm{N}}I_{\mathrm{N}}\cos\varphi=230\times434.8\times0.5\ \mathrm{W}=50\ \mathrm{kW}$$

可见，负载的功率因数愈低，供电变压器输出的有功功率愈小，设备的利用率愈不充分，经济损失就愈严重。

2. 增加输电线路上的功率损失

当发电机的输出电压U和输出的有功功率P一定时，发电机输出的电流(即线路上的电流)为

$$I=\frac{P}{U\cos\varphi}$$

可见，电流I和功率因数$\cos\varphi$成反比。若输电线的电阻为R，则输电线上的功率损失为

$$\Delta P=I^2R=\left(\frac{P}{U\cos\varphi}\right)^2R$$

功率损失ΔP和功率因数$\cos\varphi$的平方成反比，功率因数愈低，功率损失就愈大。

以上讨论的是一台发电机的情况，但其结论也适用于一个工厂或一个地区的用电系统。功率因数大意味着电网内的发电设备利用更充分，发电机输出的有功功率和输电线上有功电能的输送量更大。与此同时，输电系统的功率损失也更低，可以节约大量电能。

例2-10 某供电变压器额定电压$U_{\mathrm{N}}=220$ V，额定电流$I_{\mathrm{N}}=100$ A，视在功率$S=22$ kV·A。现变压器对一批功率为$P=4$ kW、$\cos\varphi=0.6$的电动机供电，问：变压器能对几台电动机供电？若$\cos\varphi$提高到0.9，变压器又能对几台电动机供电？

解 当$\cos\varphi=0.6$时，每台电动机取用的电流为

$$I=\frac{P}{U\cos\varphi}=\frac{4\times10^3}{220\times0.6}\ \mathrm{A}=30\ \mathrm{A}$$

因而可供电的电动机的台数为$I_{\mathrm{N}}/I=100/30=3.3$，即可给3台电动机供电。

若$\cos\varphi=0.9$，每台电动机取用的电流为

$$I'=\frac{P}{U\cos\varphi}=\frac{4\times10^3}{220\times0.9}\ \mathrm{A}=20\ \mathrm{A}$$

则可供电的电动机的台数为$I_{\mathrm{N}}/I'=100/20=5$，即可给5台电动机供电。

可见，功率因数提高后，每台电动机取用的电流变小，变压器可供电的电动机台数增加，使变压器的容量能得到更充分的利用。

例2-11 某厂供电变压器至发电厂之间输电线的电阻是5 Ω，发电厂以10 kV的电压输送500 kW的功率。当$\cos\varphi=0.6$时，输电线上的功率损失是多

大？若将功率因数提高到 0.9，每年可节约多少电？

解　当 $\cos\varphi=0.6$ 时，输电线上的电流为

$$I=\frac{P}{U\cos\varphi}=\frac{500\times10^3}{10^4\times0.6}\ \text{A}=83.3\ \text{A}$$

输电线上的功率损失为

$$P_{损}=I^2R=83.3^2\times5\ \text{W}=34.7\ \text{kW}$$

当 $\cos\varphi=0.9$ 时，输电线上的电流为

$$I'=\frac{P}{U\cos\varphi}=\frac{500\times10^3}{10^4\times0.9}\ \text{A}=55.6\ \text{A}$$

输电线上的功率损失为

$$P'_{损}=I'^2R=55.6^2\times5\ \text{W}=15.5\ \text{kW}$$

一年共有 365×24 h=8 760 h，当 $\cos\varphi$ 从 0.6 提高到 0.9 后，节约的电能为

$$W=(P_{损}-P'_{损})\times8\,760=(34.7-15.5)\times8\,760\ \text{kW}\cdot\text{h}=168\,192\ \text{kW}\cdot\text{h}$$

即每年可节约用电 16.8 万度。

从以上两例可见，提高功率因数，可以充分利用供电设备的容量，而且可以减少电能在输电线路上的损失。

二、提高功率因数的方法

提高功率因数的简便而有效的方法，是给电感性负载并联适当大小的电容器，其电路图和相量图如图 2-16 所示。

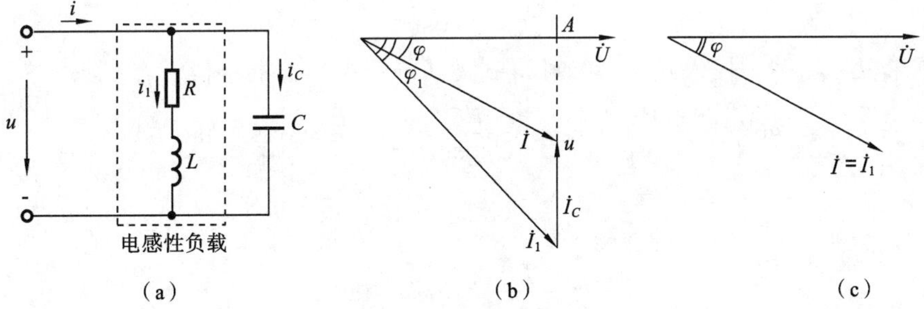

图 2-16　功率因数的提高

由于是并联，电感性负载的电压不受电容器的影响。电感性负载的电流 i_1 仍然等于原来的电流，这是因为电源电压和电感性负载的参数并未改变的缘故。但对总电流来说，却多了一个电流分量 i_C，即

$$i=i_1+i_C$$

或者

$$\dot{I}=\dot{I}_1+\dot{I}_C$$

由图 2-16(b)所示相量图可知：电路未并联电容器时，总电流（等于电感性负载电流）与电源电压的相位差为 φ_1；并联电容器之后，总电流（等于 $\dot{I}_1+\dot{I}_C$）与电

源电压的相位差为 φ,如图 2-16(c)所示,相位差减小了,由 φ_1 减小为 φ,功率因数 $\cos\varphi$ 就增大了。应当注意,这里所说的功率因数增大了,是指整个电路系统(包括电容器在内)的功率因数提高了,而原电感性负载的功率因数并未改变。

并联电容 C(称为无功补偿电容)的计算公式推导如下。

由相量图可知

$$I_C=I_1\sin\varphi_1-I\sin\varphi \tag{2-40}$$

式中 I_C——电容器中的电流;

I_1、I——功率因数增大前、后的电流。

电容电流 I_C 可由下面的关系式得出:

$$I_C=\frac{U}{X_C}=\omega CU$$

因功率因数增大前电路的有功功率为

$$P=UI_1\cos\varphi_1$$

功率因数增大后电路的有功功率(电容器不消耗功率)为

$$P=UI\cos\varphi$$

则可得电感性负载电流

$$I_1=\frac{P}{U\cos\varphi_1}$$

电路电流

$$I=\frac{P}{U\cos\varphi}$$

将 I_C、I_1 和 I 代入式(2-40)可得到无功补偿电容器的补偿电容 C,即

$$\omega CU=\frac{P}{U\cos\varphi_1}\sin\varphi_1-\frac{P}{U\cos\varphi}\sin\varphi=\frac{P}{U}(\tan\varphi_1-\tan\varphi)$$

$$\begin{cases}C=\dfrac{P}{\omega U^2}(\tan\varphi_1-\tan\varphi)\\ C=\dfrac{P}{2\pi fU^2}(\tan\varphi_1-\tan\varphi)\end{cases} \tag{2-41}$$

式中 P——电源向负载提供的有功功率;

U——电源电压;

f——电源频率(Hz);

φ_1——并联电容前,电路的功率因数角;

φ——并联电容后,整个电路的功率因数角。

电路所需补偿的无功功率为

$$Q_C=P(\tan\varphi_1-\tan\varphi_2) \tag{2-42}$$

例 2-12 一个 220 V、40 W 的日光灯,功率因数 $\cos\varphi=0.5$,接入频率 $f=50$ Hz,电压 $U=220$ V 的正弦交流电源,要求把功率因数提高到 $\cos\varphi=0.95$,

试计算所需并联电容的电容值。

解　因为 $\cos\varphi_1=0.5$，$\cos\varphi=0.95$，

所以
$$\tan\varphi_1=1.732,\quad \tan\varphi=0.329$$

$$Q_C=P(\tan\varphi_1-\tan\varphi)=40\times(1.732-0.329)\ \text{Var}=56.12\ \text{Var}$$

$$C=\frac{Q_C}{\omega U^2}=\frac{56.12}{314\times 220^2}\ \text{F}=3.69\ \mu\text{F}$$

本章小结

(1) 随时间按正弦规律周期性变化的电压、电流统称为正弦量，又称正弦交流电。最大值、角频率和初相位是确定一个正弦量的三要素。最大值反映的是正弦量的变化范围；角频率反映正弦量变化的快慢；初相位反映正弦量在计时起点的状态。

两个同频率的正弦量的初相位之差称为相位差，相位差是不随时间计时起点变化而变化的。

在热效应方面与交流电等效的直流值称为交流电的有效值。正弦量的有效值与最大值的关系为

$$U=\frac{U_m}{\sqrt{2}},\quad I=\frac{I_m}{\sqrt{2}},\quad E=\frac{E_m}{\sqrt{2}}$$

在学习交流电路时会遇到同一电量的不同符号，它们代表不同的意义。通常小写字母(u、i)代表瞬时值，大写字母(U、I)代表有效值，带下标的大写字母(U_m、I_m)代表最大值。

(2) 正弦量可用三角函数式、波形图和相量三种方法来表示。相量表示法的使用是为了方便对正弦量进行数学运算。

(3) 单一参数电路元件的交流电路是理想化的电路。电阻是耗能元件，电阻电路的端电压与电流成正比，电压、电流同相位；电感和电容是储能元件，电感电路的端电压与电流的变化率成正比，电压超前于电流 90°；电容电路的电流与电容端电压的变化率成正比，电流超前于电压 90°。

单一参数电路欧姆定律的相量形式为

$$\dot{U}=\dot{I}R,\quad \dot{U}=\mathrm{j}X_L\dot{I},\quad \dot{U}=-\mathrm{j}X_C\dot{I}$$

它们反映了电压与电流的量值和相位关系，其中感抗 $X_L=\omega L$，容抗 $X_C=1/\omega C$。

(4) RLC 串联电路是具有一定代表性的电路，其欧姆定律的相量形式为

$$\dot{U}=Z\dot{I}$$

式中，Z 为复阻抗，它决定了电路中电压与电流的大小和相位关系，其值为

$$Z=R+\mathrm{j}X=R+\mathrm{j}(X_L-X_C)$$

阻抗为
$$|Z|=\sqrt{R^2+(X_L-X_C)^2}$$

电压关系为 $U=\sqrt{U_R^2+(U_L-U_C)^2}$

功率关系为 $S=\sqrt{P^2+(Q_L-Q_C)^2}$

其中有功功率为 $P=UI\cos\varphi$

无功功率为 $Q=Q_L-Q_C=UI\sin\varphi$

视在功率为 $S=UI$

相位角(或功率因数角)为

$$\varphi=\arctan\frac{X}{R}=\arctan\frac{U_X}{U_R}=\arctan\frac{Q}{P}$$

以上关系可用三个相似三角形帮助记忆和分析。

有功功率 P 即平均功率,表示电路消耗的功率,单位是 W(瓦);无功功率 Q 表示电路中功率交换的最大值,单位是 Var(乏);视在功率 S 表示电压与电流的乘积,单位是 V·A(伏安)。

(5) 正弦电路中基尔霍夫定律的相量形式为

$$\sum \dot{I}=0$$

$$\sum \dot{U}=0$$

(6) 实际交流电路中的负载都是电感性的,电路的功率因数一般不高,使电源设备得不到充分利用,且增加了电路损耗和线路压降。为此,常采用并联电容器的方法来提高线路的功率因数,其基本原理是用电容的无功功率对电感的无功功率进行补偿。

所需补偿的无功功率为 $Q_C=P(\tan\varphi_1-\tan\varphi_2)$

补偿电容的容量为 $C=\dfrac{P}{2\pi fU^2}(\tan\varphi_1-\tan\varphi_2)$

习　题

2-1 有一个交直流通用的电容器,其直流耐压为 250 V,若把它接到交流电压 220 V 的正弦电源上使用,是否安全?

2-2 已知复数 $A_1=\sqrt{3}+\mathrm{j}$,$A_2=\sqrt{3}-\mathrm{j}$,$A_3=-\sqrt{3}+\mathrm{j}$,$A_4=-\sqrt{3}-\mathrm{j}$。试写出它们的指数形式并在复平面上用矢量表示之。

2-3 已知 $i=10\sin(\omega t-30^\circ)$ A,$u=220\sqrt{2}\sin(\omega t+60^\circ)$ V,试分别写出幅值相量 $\dot{I}_{\mathrm{m}}$、$\dot{U}_{\mathrm{m}}$ 和有效值相量 $\dot{I}$、$\dot{U}$。

2-4 已知两个同频率正弦电压 $u_1=10\sqrt{2}\sin(\omega t+90^\circ)$ V,$u_2=10\sqrt{2}\sin\omega t$ V,且 $u=u_1+u_2$,试用相量表示法求电压 u,并画出相量图。

2-5 在正弦交流电路中,基尔霍夫电流定律能写成 $\sum I=0$ 吗?式中 I 为电流有效值。

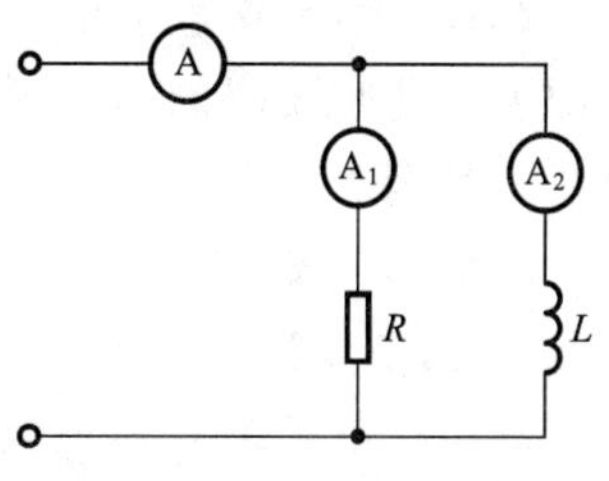

图 2-17 习题 2-6 图

2-6 在图 2-17 所示正弦交流电路中，电流表 A_1 的读数为 3 A，电流表 A_2 的读数为 4 A，有人断定电流表 A 的读数为 7 A，你说对吗？

2-7 已知一交流电流 $i=14.14\sin(314t+60°)$ A。试指出它的最大值 I_m、有效值 I、角频率 ω、频率 f、周期 T 及初相位 φ，并分别求出 $t=0$、$T/6$、$T/2$ 时的瞬时值，画出其波形图。

2-8 已知 $i_1=5\sqrt{2}\sin(\omega t-60°)$ A，$i_2=5\sqrt{6}\sin(\omega t+30°)$ A，试求：

(1) i_1 与 i_2 的相位差；

(2) $i=i_1+i_2$。

2-9 已知一电源电压 $u=220\sqrt{2}\sin\omega t$ V，$i=7.07\cos\omega t$ A。试写出相量 $\dot{U}$、$\dot{I}$ 的表达式并画出相量图。

2-10 R、L 串联的正弦交流电路，已如 $R=3\ \Omega$，$X_L=4\ \Omega$，试写出复阻抗 Z，并求电压电流相位差 φ 及功率因数 $\cos\varphi$。

2-11 正弦交流电路，已知 $\dot{U}=20e^{j30°}$ V，$Z=(4+j3)\ \Omega$，求电流相量 $\dot{I}$ 及 P、Q、S。

2-12 正弦交流电路，已知 $\dot{U}=10e^{j15°}$ V，$\dot{I}=(10+j10)$ A，求 R、X、$\cos\varphi$ 及 P、Q。

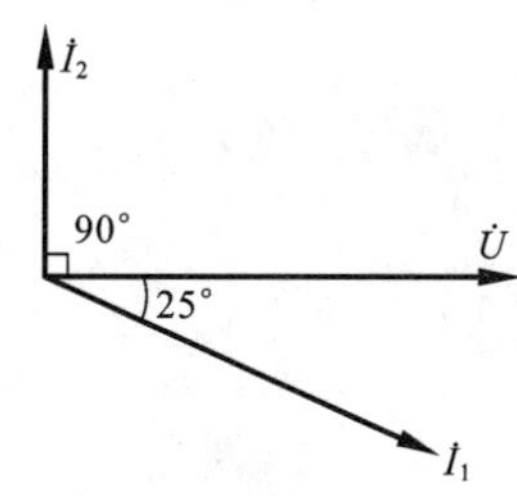

图 2-18 习题 2-13 图

2-13 图 2-18 所示为频率 $f=50$ Hz 的正弦电压与正弦电流的相量图，已知 $I_1=10$ A，$I_2=5$ A，$U=220$ V。试分别写出它们的三角函数式和相量表示式。

2-14 有一纯电阻 $R=50\ \Omega$，在 R 上加电压 $u=10\sqrt{2}\sin\omega t$ V，若电压与电流为关联参考方向，求电阻上电流的瞬时值表达式，并求电阻消耗的功率。

2-15 一个电容 $C=10\ \mu F$ 的电容器，接在交流电压 $u=220\sqrt{2}\sin(314t-60°)$ V 的电源上。

(1) 求容抗 X_L、电流 i 和无功功率 Q_C；

(2) 当 $f=5\ 000$ Hz 时，其他参数不变，求容抗 X_L、电流 i 和无功功率 Q_C。

2-16 一个电感 $L=30$ mH 的线圈(忽略线圈电阻)，接在交流电压 $u=311\sin(314t+60°)$ V 的电源上。

(1) 求感抗 X_L、电流 i、无功功率 Q_L；

(2) 电源频率增大 10 倍($f=10f_1$)，其他参数不变，求 X_L、i 和 Q_L。

2-17 在一个线圈的两端加一电压 $U=220$ V、$f=50$ Hz 的电源，测得 $I=10$ A，$P=500$ W。试求线圈的电阻 R 和电感 L。

2-18 交流接触器的线圈电阻 $R=22\ \Omega$,$L=7.3\ \mathrm{H}$,把它接到工频 220 V 的电源上。此时线圈的电流为多少?若将其误接到 220 V 的直流电源上,线圈的电流又是多少?会出现什么后果?(线圈额定电流为 0.1 A)

2-19 一线圈接于 100 V 的直流电源时,电流为 2.5 A,将其接到工频 220 V 的电源时,电流为 4.4 A。求线圈的电感 L 和电阻 R。

2-20 在 RLC 串联电路中,已知 $R=40\ \Omega$,$X_L=60\ \Omega$,$X_C=50\ \Omega$,$I=2.2\ \mathrm{A}$,试求 U_R、U_L、U_C 及电源电压 U。

2-21 在 RLC 并联电路中,已知 $R=20\ \Omega$,$C=150\ \mu\mathrm{F}$,$L=40\ \mathrm{mF}$,当外加电压 $U=230\ \mathrm{V}$ 和 $f=50\ \mathrm{Hz}$ 时,求各支路电流和总电流,绘出电压和电流的相量图,计算电路功率(P、Q 和 S)和功率因数。

2-22 设电感性负载的额定电压 $U=220\ \mathrm{V}$,$P_L=50\ \mathrm{kW}$,$\cos\varphi=0.5$,$f=50\ \mathrm{Hz}$。并联电容将功率因数提高到 0.9($\varphi>0$,即电感性),求所需电容的数值和无功功率。

2-23 设电感性负载的额定电压 $U=220\ \mathrm{V}$,$P_L=10\ \mathrm{kW}$,$\cos\varphi=0.5$,$f=50\ \mathrm{Hz}$。求负载的电流。为提高功率因数,并联电容 800 μF,问:并联电容后总电流是多少?功率因数是多少?

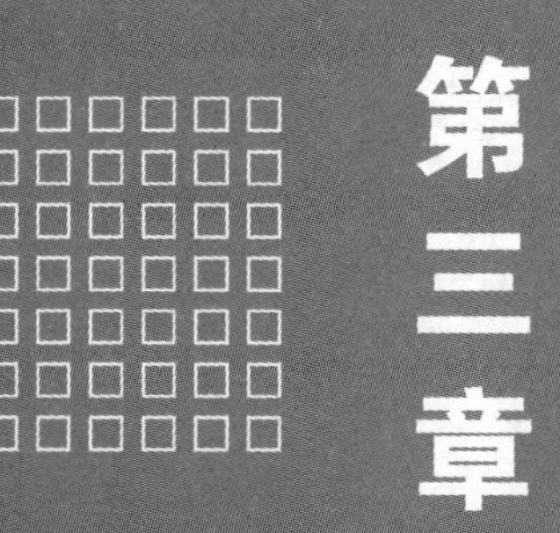

第三章 三相交流电路

学习目标：

▶掌握在星形和三角形两种连接方式下，三相对称负载电路的分析计算；

▶掌握负载星形连接时中线的作用；

▶熟悉三相不对称负载电路的分析计算；

▶了解三相电源的产生及其连接方式；

▶了解安全用电的基本知识。

第一节 三相电源及连接

一、三相电源的产生

三相交流电源(简称三相电源)一般是由三相发电机产生的。图 3-1 为只有一对磁极的三相交流发电机的原理图，其结构主要由电枢和磁极两部分组成。

磁极是发电机中的转动部分，亦称转子，由转子铁芯和励磁绕组组成，用直流电励磁。通过选择合适的极面形状和励磁绕组的布置情况，可使空气隙中的磁感应强度按正弦规律分布。

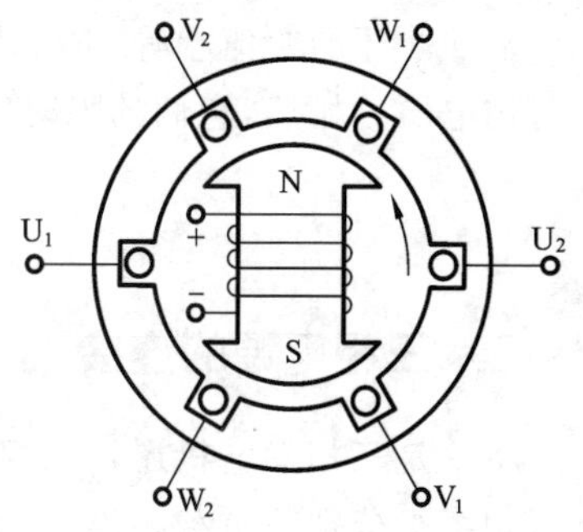

图 3-1 三相发电机的原理图

电枢是固定部分，亦称定子，由定子铁芯和三相电枢绕组组成。定子铁芯的内圆周表面冲有定子槽，槽中放置几何形状、尺寸和匝数都相同的三组线圈 U_1U_2、V_1V_2、W_1W_2，其中 U_1、V_1、W_1 表示它们的首端，U_2、V_2、W_2 表示末端，每组线圈称为一相，要求各相的始端之间(或末端之间)都彼此间隔 120°。

当转子由原动机带动,并以匀速按顺时针方向转动时,则每相绕组依次切割磁力线,分别产生感应电动势 e_A、e_B、e_C。出于结构上的对称性,各绕组中的电动势必然频率相同,幅值相等。由于出现幅值的时间彼此相差三分之一周期,故在相位上彼此相差 120°。电动势的参考方向选定为自绕组的末端指向始端,以 A 相为参考,则可得出各相电动势的表达式分别为

$$\begin{cases} e_A = E_m \sin\omega t \\ e_B = E_m \sin(\omega t - 120°) \\ e_C = E_m \sin(\omega t + 120°) \end{cases} \tag{3-1}$$

用相量表示则为

$$\dot{E}_A = E e^{j0°}$$
$$\dot{E}_B = E e^{-j120°}$$
$$\dot{E}_C = E e^{j120°}$$

三相对称电压源的波形图和相量图分别如图 3-2(a)、图 3-2(b)所示。

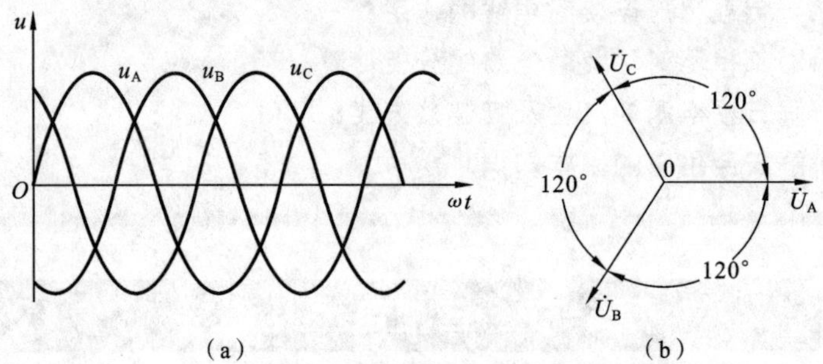

图 3-2　三相对称电压源的波形图和相量图

三相交流电压到达同一数值(如正的幅值)的先后顺序称为相序。此处的相序为 A—B—C,称其为正相序或顺序。若改变转子磁极的旋转方向或改变定子三相电枢绕组中任意两者的相对空间位置,则其相序将为 A—C—B,称其为负相序或逆序。一般不加说明均指正相序。

上面所述的幅值相等、频率相同、彼此间相位差也相等的三相电压,称为三相对称电压。显然,它们的瞬时值之和或相量和均为零,即

$$e_A + e_B + e_C = 0$$
$$\dot{E}_A + \dot{E}_B + \dot{E}_C = 0 \tag{3-2}$$

二、三相电源的连接

不论是三相发电机还是三相电源变压器,它们都有三个独立的发电绕组,若将每相绕组分别与负载相连,则成为三个互不相关的单相供电系统,这种输电方式需要六根导线,显然是很不经济的。通常总是将发电机三相绕组接成星形

(Y),有时也可以接成三角形(△)。

1. 星形(Y)连接

把发电机三个对称绕组的末端接在一起组成一个公共点,这种连接方式为星形连接,如图 3-3(a)所示。

星形连接时,公共点称为中性点,从中性点引出的导线称为中性线,又称零线。当中性点接地时,中性线又称地线。从首端引出的三根导线称为相线或端线,又称火线。相线与中性线之间的电压称为相电压,任意两相线之间的电压称为线电压。各电压习惯上规定的参考方向如图 3-3(a)所示。

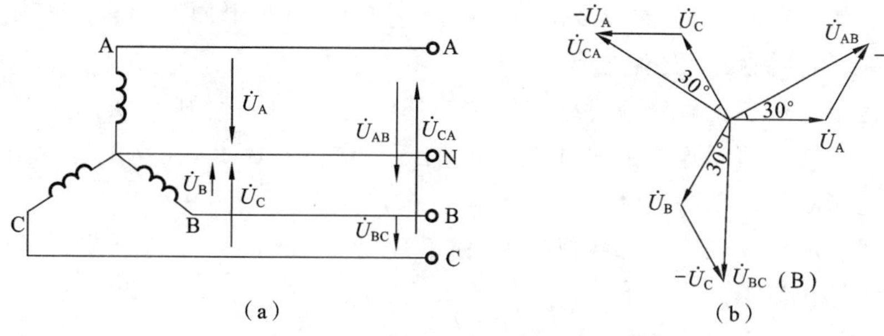

图 3-3　电源的星形连接及电压相量图

若三相电压对称,并选$\dot{U}_A$ 为参考相量,用 U_P 表示相电压的有效值,则三个对称相电压相量为

$$\dot{U}_A = U_P e^{j0^\circ}$$

$$\dot{U}_B = U_P e^{-j120^\circ}$$

$$\dot{U}_C = U_P e^{j120^\circ}$$

所以线电压为

$$\dot{U}_{AB} = \dot{U}_A - \dot{U}_B = U_P e^{j0^\circ} - U_P e^{-j120^\circ} = U_P \left(1 + \frac{1}{2} + j\frac{\sqrt{3}}{2}\right) = \sqrt{3} U_P e^{j30^\circ}$$

即

$$\begin{cases} \dot{U}_{AB} = \sqrt{3} U_P e^{j30^\circ} \\ \dot{U}_{BC} = \sqrt{3} U_P e^{-j90^\circ} \\ \dot{U}_{CA} = \sqrt{3} U_P e^{j150^\circ} \end{cases} \tag{3-3}$$

各电压若用相量图表示则如图 3-3(b)所示。由此可见,当相电压对称时,线电压也是对称的。线电压的有效值 U_L 恰是相电压有效值 U_P 的$\sqrt{3}$倍,即

$$U_L = \sqrt{3} U_P \tag{3-4}$$

并且这三个线电压相量分别超前于相应相电压相量 30°。

应注意,这里的对称是按图 3-3(a)所示的各电压参考方向得到的,如果不是这样就可能破坏所要求的对称性。

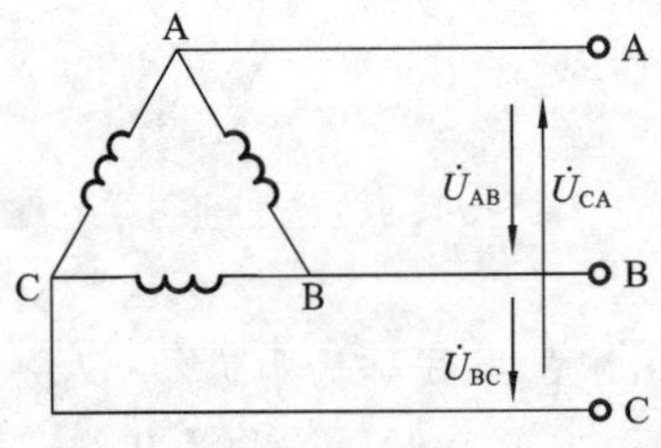

图 3-4　电源的三角形连接

2. 三角形连接

将发电机绕组的一相末端与另一相绕组的首端依次相连接,就成为三角形连接,如图 3-4 所示。

由图 3-4 可见,电源线电压就是相应的相电压,其相量形式为

$$\dot{U}_{AB}=\dot{U}_{A},\quad \dot{U}_{BC}=\dot{U}_{B},\quad \dot{U}_{CA}=\dot{U}_{C}$$

这就是说,三角形接线时的线电压与相电压相等,即 $U_L=U_P$。

在三相电源对称时,$u_A+u_B+u_C=0$。这表明,三角形回路中合成电压等于零,即这个闭合回路中没有电流。

上述结论是在正确判断绕组首尾端的基础上得出的,否则,合成电压不等于零。发电机按三角形连接后会出现很大的环路电流。因此,在实施三角形连接时需正确判断各绕组的极性。

一般发电机三相绕组都接成星形,而不接成三角形。对于变压器,星形与三角形接线形式都用。

第二节　三相负载的连接

交流用电设备分为单相的和三相的两大类。一些小功率的用电设备,例如电灯、家用电器等,为使用方便都制造成单相的,用单相交流电供电,称为单相负载。

三相用电设备内部结构有相同的三部分,根据要求可接成星形(Y)或三角形(△),用对称三相电源供电,称为三相负载,例如三相异步电动机等。

负载接入电源时应遵守两个原则:一是加于负载的电压必须等于负载的额定电压;二是应尽可能地使电源的各相负载均匀、对称,从而使三相电源趋于平衡。

一、负载的星形连接

把三个负载 Z_A、Z_B、Z_C 的一端连在一起,接到三相电源的中性线上,三个负载的另一端分别接到电源的 A、B、C 三相上,这种连接称为负载的星形连接,如图 3-5 所示。当忽略导线阻抗时,电源的相、线电压就分别是负载的相、线电压,并且负载中点电位是电源中点电位。

负载各相线上的电流称为线电流,用 I_L 表示,如图 3-5 中 $\dot{I}_A$、$\dot{I}_B$、$\dot{I}_C$,参考方向是从电源到负载。各相负载上的电流称为相电流,用 I_P 表示,其参考方向与各相电压相同。显然星形接线时,线电流 I_L 就是相电流 I_P,即

$$I_L=I_P \tag{3-5}$$

在图 3-5 所示三条相线与一条中性线供电的三相四线制电路中，计算每相负载中电流即相电流的方法与单相电路时一样。如果用相量法计算，则

$$\begin{cases} \dot{I}_A=\dfrac{\dot{U}_A}{Z_A} \\ \dot{I}_B=\dfrac{\dot{U}_B}{Z_B} \\ \dot{I}_C=\dfrac{\dot{U}_C}{Z_C} \end{cases} \tag{3-6}$$

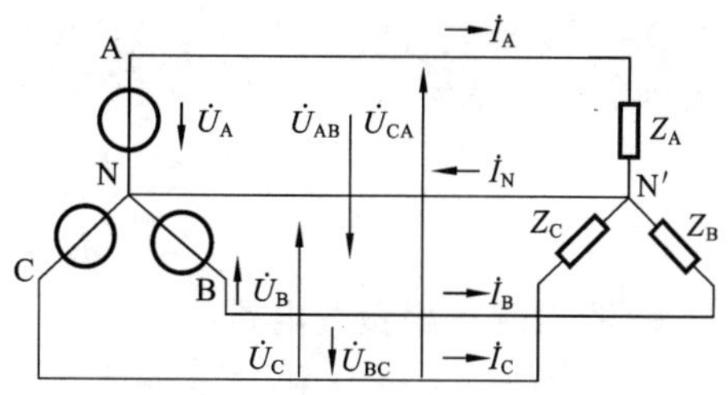

图 3-5　三相四线制电路

各相负载的电压与电流之间的相位差分别为

$$\begin{cases} \varphi_A=\arctan\dfrac{X_A}{Z_A} \\ \varphi_B=\arctan\dfrac{X_B}{Z_B} \\ \varphi_C=\arctan\dfrac{X_C}{Z_C} \end{cases} \tag{3-7}$$

线电流的计算利用式(3-5)即可。

中性线电流 $\dot{I}_N$ 的参考方向为从负载到电源时有

$$\dot{I}_N=\dot{I}_A+\dot{I}_B+\dot{I}_C \tag{3-8}$$

1. 三相对称负载

如果三相负载完全相同，即各相阻抗的模(值)相同，阻抗角(初相位)相等，这种三相负载称为三相对称负载。此时三个相电流相等，各相电压与电流间的相位差也相同，即三个相电流之间的相位互差 120°。因此，三相电流也是对称的，其相量图如图 3-6 所示。显然，此时中性线电流 $\dot{I}_N$ 为零。既然中性线没有电流，它就不起作用，因此可以把中性线去掉。

如图 3-7 所示的三相三线制电路就是如此。

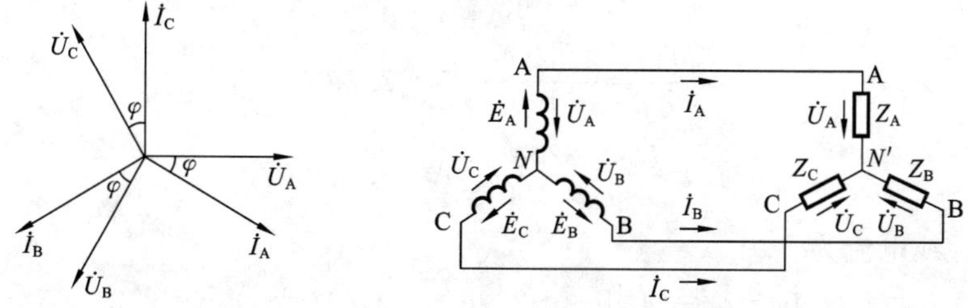

图 3-6　对称负载相量图　　　　图 3-7　三相三线制电路

综上所述，对于三相对称电路，只要分析计算其中一相的电压、电流就行了，其他两相的电压、电流可以根据其对称性(三相对称量大小相等相位差 120°)直

接写出,不必重复计算。并且星形接线时的线电压与相电压、线电流与相电流之间有下列一般关系式:

$$\begin{cases} U_L = \sqrt{3} U_P \\ I_L = I_P \end{cases} \tag{3-9}$$

2. 不对称三相负载电路

在实际的三相电路中,负载是不可能完全对称的。对于星形连接,只要有中性线,负载的相电压总是对称的。此时各相负载都能正常工作,只是这时各相电流不再对称,中性线电流也不再为零。在计算各相电流及中性线电流时,一般用相量法计算最为简便。

对于负载不对称而又无中性线的三相交流电路,如图 3-7 所示,两中性点 N 和 N'之间会出现电压。所以,在三相四线制供电的不对称电路中,为了保证负载的相电压对称,中性线不允许接入开关和熔断器,以免断开造成负载电压不对称。

例 3-1 在图 3-5 所示的电路中,电源电压是对称的,线电压为 380 V。

(1) 当各相阻抗对称,$Z=R=100\ \Omega$ 时,试求各相电流;

(2) 若 $Z_A=R_A=50\ \Omega$,$Z_B=R_B=100\ \Omega$,$Z_C=R_C=100\ \Omega$,试求各相电流及中性线电流。

解 以 A 相相电压为参考相量,则

$$\dot{U}_A = \frac{U_1}{\sqrt{3}} e^{j0^\circ} = \frac{380}{\sqrt{3}} e^{j0^\circ}\ \text{V} = 220 e^{j0^\circ}\ \text{V}$$

(1) 此时 A 相的电流为

$$\dot{I}_A = \frac{\dot{U}_A}{Z} = \frac{220 e^{j0^\circ}}{100}\ \text{A} = 2.2 e^{j0^\circ}\ \text{A}$$

根据对称性得

$$\dot{I}_B = \dot{I}_A e^{-j120^\circ} = 2.2 e^{-j120^\circ}\ \text{A}$$

$$\dot{I}_C = \dot{I}_A e^{j120^\circ} = 2.2 e^{j120^\circ}\ \text{A}$$

(2) 负载不对称时,有

$$\dot{I}_A = \frac{\dot{U}_A}{Z_A} = \frac{220 e^{j0^\circ}}{50}\ \text{A} = 4.4 e^{j0^\circ}\ \text{A}$$

$$\dot{I}_B = \frac{\dot{U}_B}{Z_B} = \frac{220 e^{-j120^\circ}}{100}\ \text{A} = 2.2 e^{-j120^\circ}\ \text{A}$$

$$\dot{I}_C = \frac{\dot{U}_C}{Z_C} = \frac{220 e^{j120^\circ}}{100}\ \text{A} = 2.2 e^{j120^\circ}\ \text{A}$$

中性线电流为

$$\dot{I}_0 = \dot{I}_A + \dot{I}_B + \dot{I}_C = (4.4 e^{j0^\circ} + 2.2 e^{-j120^\circ} + 2.2 e^{j120^\circ})\ \text{A} = 2.2 e^{j0^\circ}\ \text{A}$$

二、负载的三角形连接

将三相负载的两端依次相接,并从三个连接点分别引线接至电源的三根相

线上，这样就构成了三角形连接的负载，如图 3-8 所示。负载的相电压就是线电压，且与相应的电源电压相等，即

$$U_L = U_P \tag{3-10}$$

通常电源的线电压总是对称的，所以三角形连接时，不论负载对称与否，其电压总是对称的。如果按惯例规定各电压、电流的参考方向，如图 3-8 所示，则各相电流分别为

$$\begin{cases} \dot{I}_{AB} = \dfrac{\dot{U}_{AB}}{Z_{AB}} \\ \dot{I}_{BC} = \dfrac{\dot{U}_{BC}}{Z_{BC}} \\ \dot{I}_{CA} = \dfrac{\dot{U}_{CA}}{Z_{CA}} \end{cases} \tag{3-11}$$

根据基尔霍夫电流定律，可得各线电流为

$$\begin{cases} \dot{I}_A = \dot{I}_{AB} - \dot{I}_{CA} \\ \dot{I}_B = \dot{I}_{BC} - \dot{I}_{AB} \\ \dot{I}_C = \dot{I}_{CA} - \dot{I}_{BC} \end{cases} \tag{3-12}$$

当负载对称时，由于电源电压是对称的，所以相电压也是对称的。此时各电压、电流的相量图如图 3-9 所示。根据电流相量的几何关系，线电流也是对称的，且对称三角形负载的线电流落后于相应相电流 30°，而线电流的有效值 I_L 是相电流有效值 I_P 的$\sqrt{3}$倍，即

$$I_L = \sqrt{3} I_P \tag{3-13}$$

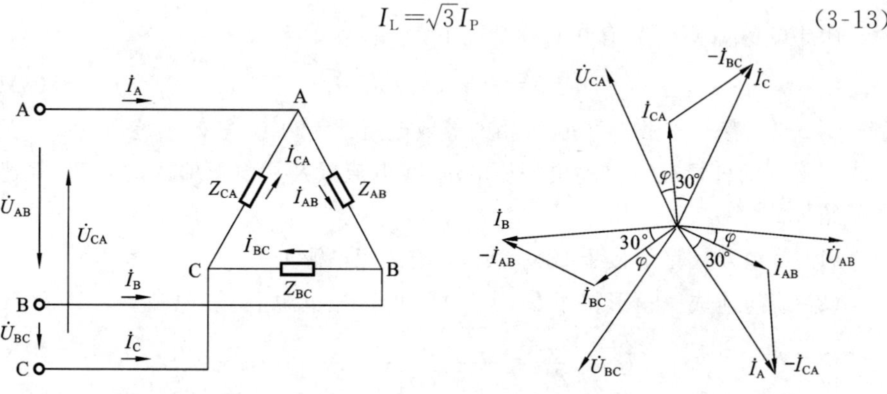

图 3-8　负载的三角形连接　　　**图 3-9　三角形对称负载相量图**

当三角形负载不对称时，各相电流将不对称，而各线电流也将不对称，其各相电流与各线电流就不再是$\sqrt{3}$倍的关系，要分别根据式(3-11)和式(3-12)来计算。

实际上，负载如何连接，要根据电源电压和负载额定电压的情况而定，保证负载所加的电源电压等于它的额定电压。

三相电路中所说的电压、电流,在不加说明时均指其线值。

第三节　三相电路的功率

三相负载的总有功功率 P,等于各相负载有功功率 P_A、P_B、P_C 之和,即

$$P=P_A+P_B+P_C \tag{3-14}$$

在三相对称电路中,由于各相相电压和各相相电流的有效值都相等而且各相阻抗角也相等,因此,三相总功率等于其一相功率的 3 倍,即

$$P=3U_P I_P \cos\varphi \tag{3-15}$$

当电路为对称星形连接时,$U_L=\sqrt{3}U_P$,$I_L=I_P$;为对称三角形连接时,$U_L=U_P$,$I_L=\sqrt{3}I_P$。不论是星形连接还是三角形连接,都有 $3U_P I_P=\sqrt{3}U_L I_L$ 成立,所以总功率可以写成

$$P=\sqrt{3}U_L I_L \cos\varphi \tag{3-16}$$

式中的 φ 角仍是相电压与相电流的相位差。

三相负载的无功功率 Q 也等于各相无功功率的代数和,即

$$Q=Q_A+Q_B+Q_C \tag{3-17}$$

对于对称负载,同样可得

$$Q=3U_P I_P \sin\varphi=\sqrt{3}U_L I_L \sin\varphi \tag{3-18}$$

但是,三相负载的视在功率 S,一般不等于各相负载视在功率之和,只能用 $S=\sqrt{P^2+Q^2}$ 来计算。只有在对称情况下,才有

$$S=3U_P I_P=\sqrt{3}U_L I_L \tag{3-19}$$

例 3-2　有一三相电动机,每相的等效电阻 $R=29\ \Omega$,等效感抗 $X_L=21.8\ \Omega$,试求在下列两种情况下电动机的相电流、线电流以及从电源输入的功率,并比较所得结果。

(1) 绕组连成星形接于 $U_L=380$ V 的三相电源上;

(2) 绕组连成三角形接于 $U_L=220$ V 的三相电源上。

解　(1)

$$I_P=\frac{U_P}{|Z|}=\frac{220}{\sqrt{29^2+21.8^2}}\ \text{A}=6.1\ \text{A}$$

$$I_L=6.1\ \text{A}$$

$$P=\sqrt{3}U_L I_L \cos\varphi=\sqrt{3}\times 380\times 6.1\times\frac{29}{\sqrt{29^2+21.8^2}}\ \text{W}=3.2\ \text{kW}$$

(2)

$$I_P=\frac{U_P}{|Z|}=\frac{220}{\sqrt{29^2+21.8^2}}\ \text{A}=6.1\ \text{A}$$

$$I_L=\sqrt{3}I_P=6.1\times\sqrt{3}=10.6\ \text{A}$$

$$P=\sqrt{3}U_{\mathrm{L}}I_{\mathrm{L}}\cos\varphi=\sqrt{3}\times220\times10.6\times\frac{29}{\sqrt{29^2+21.8^2}}\ \mathrm{W}=3.2\ \mathrm{kW}$$

比较(1)、(2)的结果可知，有的三相电动机有两种额定电压，譬如 220/380 V，这表示当电源电压(指线电压)为 220 V 时，电动机的绕组应连成三角形，当电源电压为 380 V 时，电动机应连成星形。在两种连接方法中，相电压、相电流及功率都未改变，仅线电流在(2)的情况下增大为在(1)的情况下的$\sqrt{3}$倍。

第四节　安全用电

随着电气化的发展，人们在现代社会的工农业生产和日常生活中大量使用电气设备和家用电器，提高了生产率和生活质量。但在使用电能的过程中，如果不注意用电安全，可能造成人身触电伤亡事故或电气设备的损坏，甚至影响到电力系统的安全运行，造成大面积停电事故，给生产和生活造成很大的影响。因此，在用电过程中必须注意人身、设备、电力系统的安全，做到安全用电，以防止触电事故和设备、电力系统故障的发生，避免不必要的人身伤亡和财产损失。

一、电流对人体的作用和伤害程度

人体触及带电体后，电流对人体造成伤害，就称触电。电流对人体有两种类型的伤害，即电击和电伤。

电击是指电流通过人体内部时，破坏人的心脏、肺部及神经系统的正常工作，乃至危及人的生命。低压系统中：在通电电流较小、通电时间不长的情况下，电流引起人的心室颤动是电击致死的主要原因；在通电时间较长、通电电流更小的情况下，窒息也会成为电击致死的原因。

电伤主要是指电弧烧伤皮肤表面，烧伤面积过大也可能有生命危险。在低压系统中，带负载(特别是感性负载)拉开裸露的闸刀开关时，电弧可能烧伤人的手部和面部；线路短路，开启式熔断器熔断时，炽热的金属微粒飞溅出来也可能造成灼伤；错误操作引起的短路也可能导致电弧烧伤等。在高压系统中由于错误操作，会产生强烈的电弧，导致严重的烧伤；人体过分接近带电体，与带电体之间距离小于放电距离时，将直接产生强烈的电弧，可能导致人因电弧烧伤而死亡。

电流通过人体内部时，对人体伤害的严重程度与通过人体电流的大小、电流通过人体持续时间、电流通过人体的途径、电流的种类以及人体的状况等多种因素有关。

通过人体的电流越大，人体的生理反应越明显，感觉越强烈，引起心室颤动所需的时间越短，致命的危险就越大。通电时间愈长，愈容易引起心室颤动，即电击危险性愈大。工频交流电的危险性大于直流电，通过人体的工频交流为 1 mA或直流 5 mA 时，人会感到剧痛且呼吸困难，自己不能摆脱电源，有生命危险;工频电流达到 100 mA 时,在很短的时间内人就会呼吸窒息,心脏停止跳动,失去知觉而死亡。一般工频危险电流规定为 50 mA。电流频率为 40～60 Hz 时,对人体的伤害最严重。电流通过心脏会引起心室颤动,较大的电流还会使心脏停止跳动,这都会使血液循环中断导致死亡。电流通过中枢神经或有关部位,会引起中枢神经系统强烈失调而导致死亡。电流通过头部会使人昏迷,若电流较大,会对脑部产生严重损害,使人昏迷而死亡,电流通过脊髓,会使人瘫痪。

二、触电方式和安全电压

按照人体触及带电体的方式和电流通过人体的途径,触电可分为以下两种情况。

(1) 单相触电　单相触电是指人体在地面或其他接地导体上,人体某一部分触及一相带电体的触电事故,如图 3-10 所示,大部分触电事故都是单相触电事故。单相触电的危险程度与电网运行方式有关。一般情况下,接地电网里的单相触电比不接地电网里的危险性大。

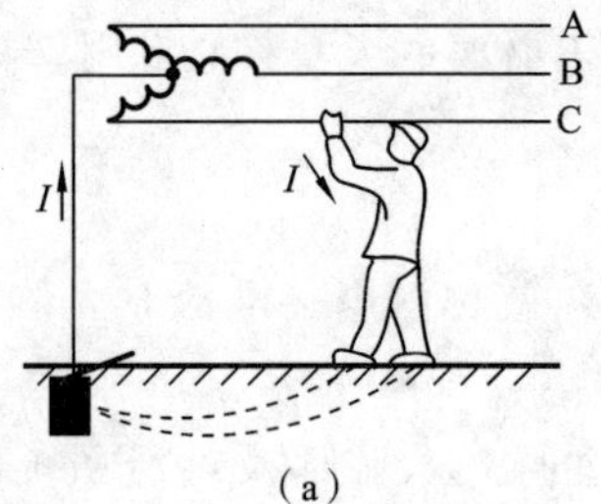

(a)

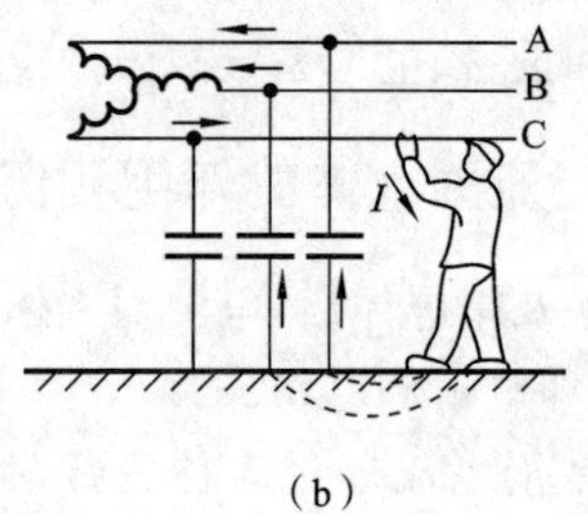

(b)

图 3-10　单相触电

(a) 电源中性点接地;(b) 电源中性点不接地

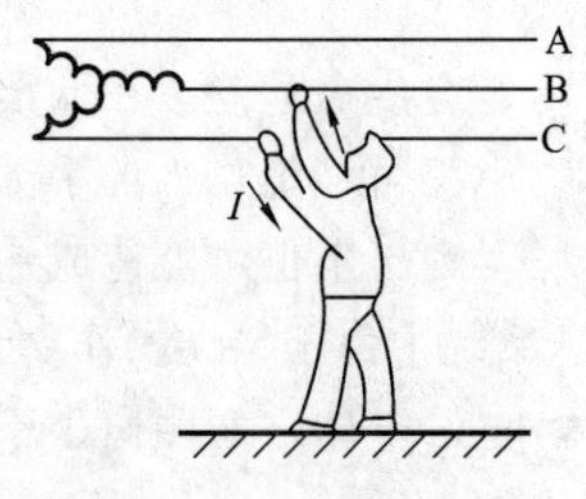

图 3-11　两相触电

(2) 两相触电　两相触电是指人体同时触及两相带电体的触电事故,如图 3-11 所示。两相触电大多是在带电作业中操作不慎而引起的。这种事故一般不易发生,但一旦发生,人体所受到的电压为 380 V,其危险性较大。

安全电压是制定安全操作规程的依据,它是根据人体允许电流和人体电阻的乘积而确定的。在线路或设备装有防止触电的速断保护装置的情况下,人体的允许电流可按 30 mA 考虑。人体电阻包括皮肤电阻与体内电阻两部分,一般情况下,人体电阻可按 1 000～2 000 Ω 考虑。我国的安全电压,多采用 36 V、24 V、12 V。凡手提照明灯,高度不足 2.5 m 的一般照明灯,局部照明和携带式电动工具等,如无特殊安全结构和安全措施,其安全电压均应采用 36 V。凡工作地点狭窄、行动困难以及周围有大面积接地导体环境(如金属容器内、隧道内、矿井内等)的手提照明灯,

其安全电压应采用 12 V。

三、保护接地与保护接零

接地就是将电气设备的某一部分与大地进行良好的电气连接。用来实现接地的装置称为接地装置，它包括接地体和接地线两部分。与大地紧密接触的金属体或金属体组称为接地体，连接接地体与电气设备的金属导线，称为接地线，接地电阻不得超过 4 Ω。

1. 保护接地

在中性点不接地的三相低压系统中，为了防止因绝缘损坏而遭受电击的危险，将与电气设备带电部分相绝缘的金属外壳或金属构架与大地可靠连接的方式，称为保护接地。例如电动机、变压器、配电盘金属外壳的接地。保护接地的作用主要是保护人身安全，如图 3-12 所示。

在图 3-12(a)中，电动机外壳没有接地，电动机发生一相碰壳时，外壳带电。如果人体接触到外壳，就相当于单相触电，在导线对地绝缘不良及对地电容较大的情况下，这是很危险的。

在图 3-12(b)中，电动机外壳有接地后，当电动机一相碰壳时，人体触及外壳，接地电流将同时流过接地装置和人体两条通路。通常，人体电阻远大于接地电阻，故流经人体的电流很小，从而可避免触电的危险。

通常，接地电阻不得大于 4 Ω。保护接地系统每隔一定时间须进行检验，以检查其接地状况。

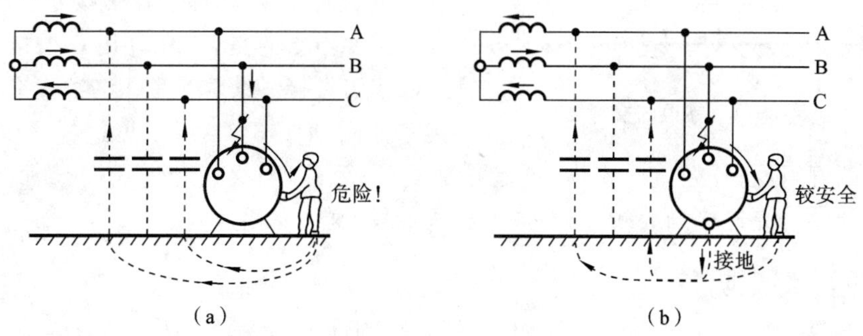

图 3-12 保护接地

2. 保护接零

在 380/220 V 中性点接地的三相四线制电源系统中，将电气设备在正常情况下不带电的金属外壳与中性线(或称零线)紧密相连接的方式，称为保护接零。电器设备投入运行前必须对保护零线进行检验。多芯导线中规定用黄绿相间的线作保护零线。

保护接零的作用也是为了保护人身安全，如图 3-13(a)所示。因为零线阻抗很小，电动机一相碰壳，就相当于该相短路，会使该相电路中的熔断器或其他自

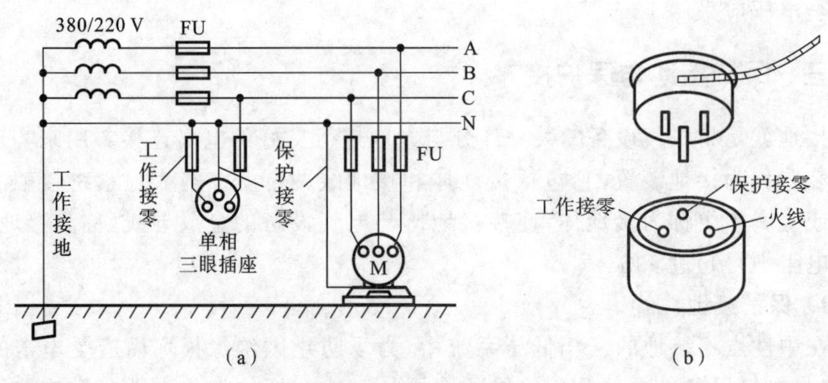

图 3-13　保护接零

(a) 保护接零电路;(b) 插座上的接零

动保护装置动作,切断电源,电动机外壳不带电,可避免人体触电。

家用单相用电设备的保护接零措施如下。

家用洗衣机、电冰箱、电烤箱、微波炉等单相用电设备要用三眼插座和三脚插头与电源连通,如图 3-13(b)所示。将洗衣机等的外壳用导线连接到三脚插头中间的插脚上,三眼插座中间插孔接保护零线,左边插孔接工作零线,右边插孔接火线。当把洗衣机的电源三脚插头插入电源三眼插座时,就把洗衣机的外壳连接到了电源的零线上,即为保护接零。

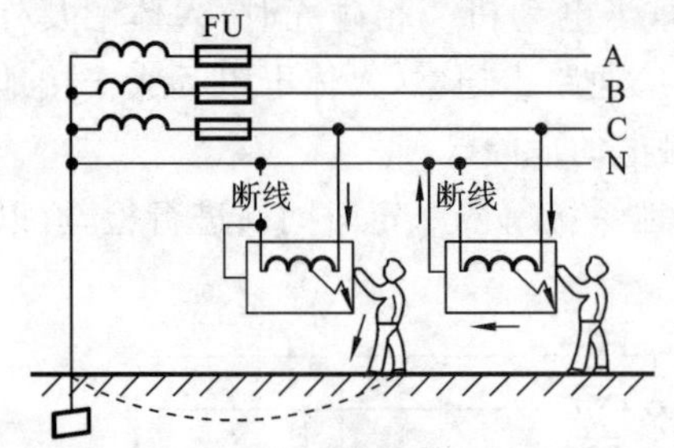

图 3-14　错误的接零法

需要指出的是,不允许用一根接零线来取代工作接零线和保护接零线,错误的接零方法如图 3-14 所示。这样,一旦接零线断开,设备外壳就会带电,这是很危险的;另外,当火线和零线接错时,就会把电器的外壳连接到火线上,会造成触电事故,这也是很危险的。

四、静电防护

工农业生产中产生静电的情况很多,例如:带式运输机运行时 V 带和带轮摩擦起电;物料粉碎、碾压、搅拌、挤出等加工过程中的摩擦起电;在金属管道中输送液体或用气流输送粉体物料等都可能产生静电。带静电的物体按照静电感应原理还可以对附近的导体在近端感应出异性电荷,而在远端感应出同性电荷,并能在导体表面曲率半径较大的部分发生尖端放电。

静电的危害主要是静电放电可能引起周围易燃易爆的液体、气体或粉尘起火或爆炸,还可能使人遭受电击。

消除静电的最基本方法是接地,把物料加工、储存和运输等设备及管道的金属体都用导线连接起来并接地,接地要牢靠,并可与其他的接地线共用接地装

置。当然最好是从工艺上采取措施，抑制静电的产生或采用泄漏法和静电中和法使静电消散或消除。

五、触电急救

1. 迅速脱离电源

(1) 人触电以后，可能由于痉挛或失去知觉等原因而紧抓带电体，不能自行摆脱电源。这时，使触电者尽快脱离电源是救活触电者的首要措施。

(2) 如果是低压触电而且开关就在触电者附近，应立即拉开闸刀开关或拔去电源插头。

(3) 如果触电者附近没有开关，不能立即停电时，可用相应等级的绝缘工具(如干燥的木柄斧、胶把钳等)迅速切断电源导线。绝对不能用潮湿的东西、金属物等去接触带电设备或触电的人，以防救护者触电。

(4) 应用干燥的衣服、手套、绳索、木板、木棒等绝缘物，拉开触电者或挑开导线，使触电者脱离电源。切不可直接去拉触电者。

(5) 如果属于高压(1 kV 以上)触电，救护者就不能用上述简单的方法去抢救，应迅速通知管电人员停电或用绝缘操作杆使触电者脱离电源。

2. 对触电者进行急救

(1) 救护人员应沉着、果断，动作迅速准确，救护得法。

(2) 防止触电者脱离电源后可能的摔伤，当触电者在高处时，应采取预防跌伤措施。

(3) 如果触电者伤势不重、神志清醒，但有些心慌、四肢发麻、全身无力；或者触电者在触电过程中曾一度昏迷，但已清醒过来，应使触电者安静休息，不要走动，严密观察并请医生前来诊治或送往医院。

(4) 如果触电者伤势较严重，已失去知觉，但心脏跳动和呼吸还存在，应：使触电者舒适、安静地平卧；周围不围人，使空气流通；解开他的衣服以利呼吸；如天气寒冷，要注意保温并速请医生诊治或送往医院。

(5) 如果触电者的伤害情况严重，无知觉，无呼吸，但心脏有跳动(头部触电的人易出现这种症状)，应采用口对口人工呼吸法抢救。如有呼吸，但心脏停止跳动，应采用人工胸外心脏挤压法抢救。

(6) 如果触电情况很严重，触电者心跳和呼吸都已停止，则需同时进行口对口人工呼吸和人工胸外心脏挤压，进行抢救。

应当注意，急救要尽快地进行，不能等候医生的到来；在送往医院的途中，也不能中断抢救。

六、防火与防爆

电气设备的绝缘材料(包括绝缘油)多数是可燃物质。当绝缘材料老化、渗

入杂质而失去绝缘性能时可能产生火花、电弧;过载、短路的保护电器失灵使电气设备过热,或导线端子螺钉松了,使接触电阻过大而过热等,都可能使绝缘材料燃烧起来并波及周围可燃物而酿成火灾。电烙铁、电炉等电热器使用不当、用完忘记关断电源而引起火灾更是时有发生。

为防止电气火灾事故的发生,应严格遵守安全操作规程,经常检查线路接头是否松动,有无电火花产生,电气设备的过载、短路保护装置性能是否可靠,设备绝缘是否良好。为防止电气火花和危险高温引起火灾,凡能产生火花和危险高温的电气设备周围不应堆放易燃易爆物品。

空气中所含可燃固体粉尘(如煤粉、面粉等)和可燃气体达到一定浓度时,遇到电火花、电弧或其他明火就会发生爆炸燃烧。在这类场合应选用防爆型的开关、变压器、电动机等电气设备,这类设备装有坚固特殊的外壳,使其中电火花或电弧的作用不会波及外壳以外。具体规定可查阅电工手册。

本章小结

(1) 三相对称电源供给三个幅值、频率相同,而相位互差 120°的正弦电压。三相对称电源做星形连接,可以构成三相四线制供电系统。若以相电压$\dot{U}_A$ 为参考相量,则电源相电压分别为

$$\dot{U}_A = U e^{j0°}$$
$$\dot{U}_B = U e^{-j120°}$$
$$\dot{U}_C = U e^{j120°}$$

电源线电压分别为

$$\dot{U}_{AB} = \sqrt{3} U_P e^{j30°}$$
$$\dot{U}_{BC} = \sqrt{3} U_P e^{-j90°}$$
$$\dot{U}_{CA} = \sqrt{3} U_P e^{j150°}$$

而且 $U_L = \sqrt{3} U_P$。故三相四线制供电系统可以为负载提供两种不同的电压。

(2) 三相负载有星形和三角形两种连接方式,至于采用哪种方式则应根据负载的额定电压和三相电源的电压值而定,应使每相负载承受的电压等于其额定电压。

(3) 负载采用星形连接且有中性线时,各相电路同单相电路一样计算,即

$$\dot{I}_A = \frac{\dot{U}_A}{Z_A}, \quad \dot{I}_B = \frac{\dot{U}_B}{Z_B}, \quad \dot{I}_C = \frac{\dot{U}_C}{Z_C}$$

而中性线电流为$\dot{I}_N = \dot{I}_A + \dot{I}_B + \dot{I}_C$。

当三相负载对称,则相电流 $\dot{I}_A$、$\dot{I}_B$、$\dot{I}_C$ 对称时,只需计算一相电流即可,这时中性线电流为零。

(4) 对称三相负载做星形连接时，可以不用中性线，负载相电压依然对称，对于星形连接的不对称负载，则必须接中性线，如果中性线断开，则各相负载不能在额定电压下正常工作，甚至可能损坏用电设备。因此，中性线上不允许装设开关和熔断器。

(5) 负载采用三角形连接时，各相电流同单相电路一样计算，即

$$\dot{I}_{AB}=\frac{\dot{U}_{AB}}{Z_{AB}},\quad \dot{I}_{BC}=\frac{\dot{U}_{BC}}{Z_{BC}},\quad \dot{I}_{CA}=\frac{\dot{U}_{CA}}{Z_{CA}}$$

应用基尔霍夫电流定律可求得线电流为

$$\dot{I}_{A}=\dot{I}_{AB}-\dot{I}_{CA},\quad \dot{I}_{B}=\dot{I}_{BC}-\dot{I}_{AB},\quad \dot{I}_{C}=\dot{I}_{CA}-\dot{I}_{BC}$$

若三相负载对称，则相电流和线电流全对称，且 $I_L=\sqrt{3}I_P$。

(6) 对于三相负载可分别计算各相的有功功率和无功功率。相加后可得三相有功功率和三相无功功率。三相视在功率定义式为 $S=\sqrt{P^2+Q^2}$。一般来说，三相视在功率不等于各相视在功率之和。只有当负载对称时，三相视在功率才等于各相视在功率之和。

若三相负载对称，则不论负载是星形连接还是三角形连接，都可用以下公式计算三相功率：

$$P=3U_P I_P\cos\varphi=\sqrt{3}U_L I_L\cos\varphi$$
$$Q=3U_P I_P\sin\varphi=\sqrt{3}U_L I_L\sin\varphi$$
$$S=3U_P I_P=U_L I_L$$

(7) 随着大量电气设备和家用电器的使用，为确保用电安全，必须采取一系列措施，如保护接地、保护接零、漏电保护、防雷、防电气火灾措施等。同时，当有人发生触电事故时，必须进行触电急救，即首先使触电者脱离电源，然后根据触电者的情况进行现场急救。

习　题

3-1　三相对称电源，线电压 $U_L=380$ V，负载为星形连接的三相对称电炉，每相电阻为 $R=22\ \Omega$，试求此电炉工作时的相电流 I_P。

3-2　在三相四线制供电系统中，为什么中性线上不接入开关和熔断器？

3-3　三相对称电源，线电压 $U_L=380$ V，三相对称电阻炉采用三角形连接，如图 3-15 所示。若已知电流表读数为 33 A，试问：此电阻炉每相电阻 R 为多少？

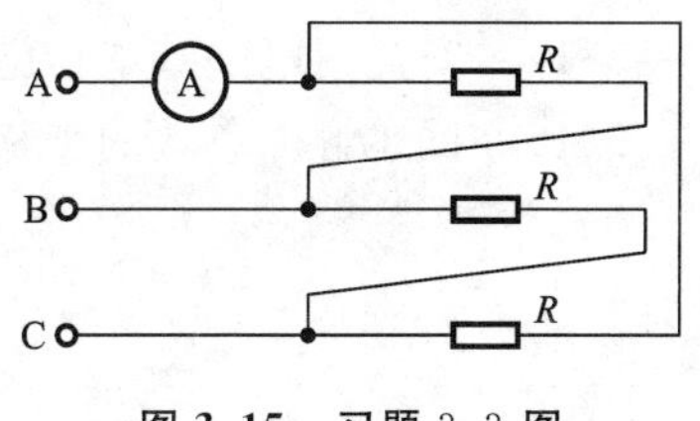

图 3-15　习题 3-3 图

3-4　三相对称电源，$U_L=380$ V，三相对称电阻炉采用三角形连接。若电炉工作时每相

电阻为 $R=19\ \Omega$,试计算此三相电阻炉的功率。

3-5 一个车间由三相四线制系统供电,电源线电压为 380 V,车间总共有 220 V、100 W 的白炽灯 132 个,试问:电路该如何连接?这些白炽灯全部工作时,供电线路的线电流为多少?

3-6 上题所述车间照明电路,若 A 相开灯 11 盏,B 相和 C 相各开灯 22 盏。试求各相相电流 I_A、I_B、I_C 及中性线电流 I_0。

3-7 星形连接的三相对称负载,每相阻抗为 $Z=(16+j12)\ \Omega$,接于线电压 $U_L=380$ V 的三相对称电源上,试求线电流 I_L、有功功率 P、无功功率 Q 和视在功率 S。

3-8 三相对称电阻炉采用三角形连接,每相电阻 $R=38\ \Omega$,接于线电压 $U_L=380$ V 的三相对称电源上。试求负载相电流 I_P、线电流 I_L、三相功率 P。

3-9 三相对称电源,线电压 $U_L=380$ V,三相对称电感性负载采用三角形连接,若测得线电流 $I_L=17.3$ A,三相功率 $P=9.12$ kW,试求每相负载的电阻和感抗。

3-10 三相异步电动机的三个阻抗相同的绕组连成三角形,接于线电压 $U_L=380$ V 的三相对称电源上,若每相绕组的阻抗为 $Z=(8+j6)\ \Omega$,试求此电动机工作时的相电流 I_P、线电流 I_L 和三相功率 P。

3-11 三相对称电源,线电压 $U_L=380$ V,接有两组电阻性对称负载,如图 3-16 所示。已知星形连接组的电阻为 $R_1=10\ \Omega$,三角形连接组的电阻为 $R_2=38\ \Omega$,试求该输电线路的电流 I_A。

3-12 在图 3-17 所示的电路中,电源线电压为 380 V,$R=X_L=X_C=20\ \Omega$,试求各相电流及中性线电流。

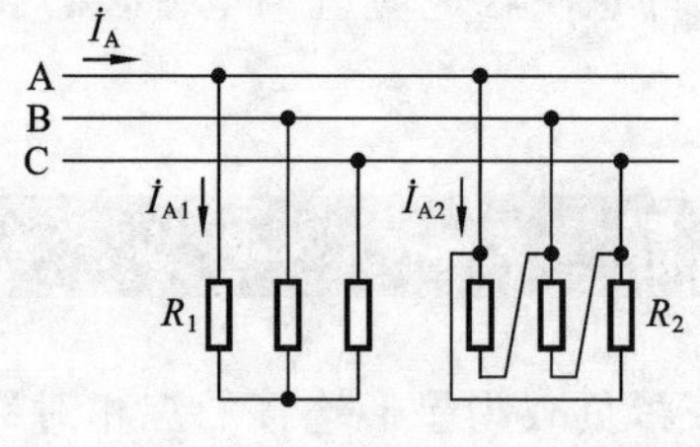

图 3-16 习题 3-11 图

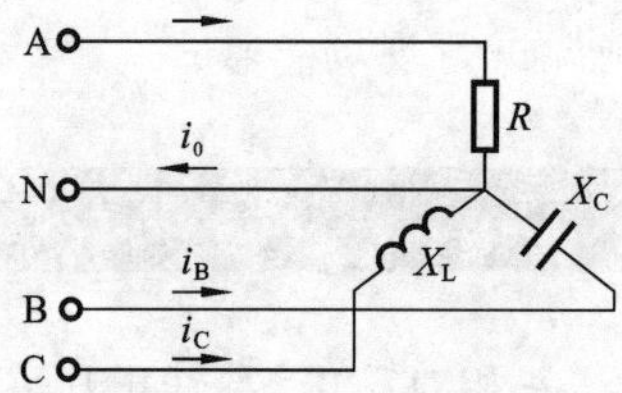

图 3-17 习题 3-12 图

3-13 试说明保护接地与保护接零的原理与区别。

3-14 安全用电的基本措施有哪些?

3-15 试述触电急救的步骤。

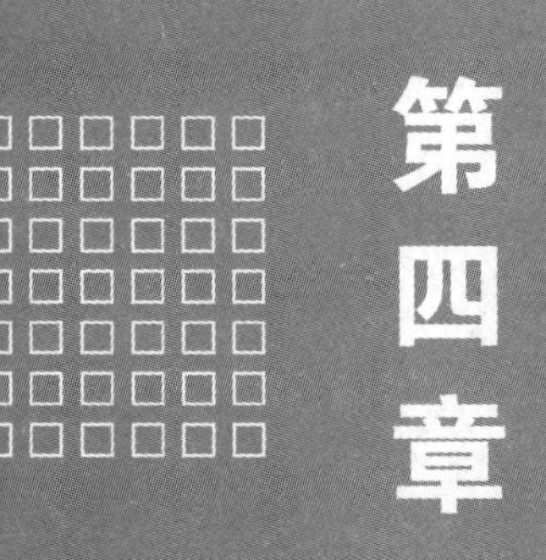

第四章 变压器

学习目标：

- 熟悉磁路的基本物理量；了解铁磁材料的磁性能；
- 熟悉变压器的基本结构和工作原理；
- 熟悉变压器的外特性和效率特性；
- 了解变压器的额定值；
- 了解电压互感器和电流互感器的使用。

第一节　磁路的基本知识和交流铁芯线圈

一、磁路及其基本物理量

在电机、变压器以及各种电磁元件中，常用磁性材料被做成了一定形状的铁芯。铁芯的磁导率比周围空气以及其他物质的磁导率高得多，磁通的绝大部分经过铁芯形成闭合通路，磁通的闭合路径称为磁路。由主磁通形成的磁路一般称为主磁路。由漏磁通形成的磁路称为漏磁路。如图 4-1 所示分别为变压器的磁路和两极直流电机的磁路。

1. 磁感应强度 $\boldsymbol{B}$

磁感应强度是用来描述磁场内某点磁场强弱和方向的物理量，是一个矢量。它与电流之间的方向关系满足右手螺旋定则，其大小等于通电导体在磁场中某点受到的电磁力 $\boldsymbol{F}$ 与导体中的电流 I 及导体有效长度 l 的乘积之比。磁感应强度表示磁场中某点磁场的性质，用 $\boldsymbol{B}$ 表示，其数学表达式为

$$\boldsymbol{B}=\frac{\mathrm{d}\boldsymbol{F}}{I\mathrm{d}l} \tag{4-1}$$

B 的单位是特[斯拉]，简称特(T)。

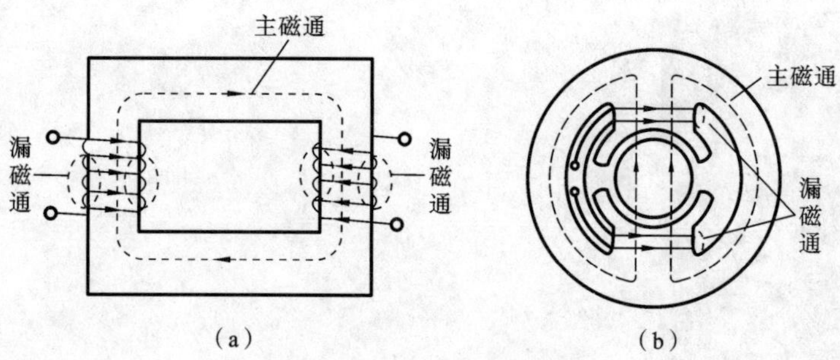

图 4-1　两种常见的磁路

(a) 变压器的磁路;(b) 两极直流电机的磁路

如果磁场内各点磁感应强度 $\boldsymbol{B}$ 的大小相等、方向相同,则称为均匀磁场。在均匀磁场中,$\boldsymbol{B}$ 的大小可用通过垂直于磁场方向的单位截面上的磁感线来表示。

2. 磁通 $\boldsymbol{\Phi}$

磁感应强度 $\boldsymbol{B}$(如果不是均匀磁场,则取 $\boldsymbol{B}$ 的平均值)与垂直于磁场方向的面积 S 的乘积称为该面积的磁通量,简称磁通,用 $\boldsymbol{\Phi}$ 表示。

若磁场为均匀磁场且方向垂直于 S 面,则有

$$\boldsymbol{\Phi}=\boldsymbol{B}S \tag{4-2}$$

若 S 不是平面或 $\boldsymbol{B}$ 与 S 不垂直,则

$$\boldsymbol{\Phi}=\int_S \mathrm{d}\boldsymbol{\Phi}=\int_S \boldsymbol{B}\mathrm{d}S \tag{4-3}$$

式中,$\mathrm{d}S$ 的方向为该面积元的法线 n 的方向,如图 4-2 所示,图中 $\mathrm{d}\boldsymbol{\Phi}=\boldsymbol{B}\mathrm{d}S\cos\beta$。也就是说,磁感应强度 $\boldsymbol{B}$ 在某面积 S 上的面积分就是通过该面积的磁通 $\boldsymbol{\Phi}$。

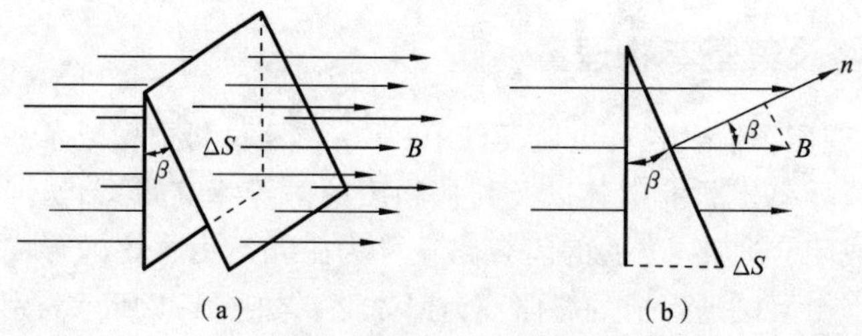

图 4-2　通过面积 S 的磁通

可见,磁感应强度在数值上可以看作与磁场方向相垂直的单位面积所通过的磁通,故又称为磁感应强度。Φ 的单位是韦[伯](Wb),简称韦,在工程上有时用电磁制单位麦克斯韦(Mx)。两者的关系是:1 Wb=10^8 Mx。

3. 磁导率 μ

实验证明,磁场中某点的磁感应强度的大小,除与产生这个磁场的电流大小、导线形状和位置等因素有关外,还与磁场所在空间的介质种类有关。这说明不同介质的导磁性能是不一样的,通常把反映物质导磁性能强弱的这个参数称

为磁导率，用 μ 表示。磁导率 μ 的单位是亨利每米(H/m)。

为了比较物质的磁导率，通常选择真空的磁导率作为比较基准，测得真空的磁导率为

$$\mu_0=4\pi\times10^{-7}\ \mathrm{H/m}$$

把物质的磁导率 μ 与真空磁导率 μ_0 的比值 μ_r 称为该物质的相对磁导率，即

$$\mu_r=\frac{\mu}{\mu_0} \tag{4-4}$$

则物质的磁导率为

$$\mu=\mu_r\mu_0 \tag{4-5}$$

自然界的物质，就导磁性能而言，可分为两类：一类是铁磁物质，如铁、钴及其合金等($\mu_r\gg1$)；另一类是非铁磁物质，如空气、铜、木材等($\mu_r\leqslant1$)。非铁磁物质的磁导率与真空磁导率 μ_0 很接近，一般认为非铁磁物质的磁导率 $\mu\approx\mu_0=4\pi\times10^{-7}$ H/m。在电流大小相同的情况下，铁磁材料的磁感应强度要比非铁磁材料的大得多。因此，在电工技术中，如变压器、电机、电磁铁的铁芯都用铁磁材料。

4. 磁场强度 *H*

磁场强度 $\boldsymbol{H}$ 是计算磁场时所引用的一个物理量，也是矢量。磁场内某点的磁场强度的大小等于该点的磁感应强度除以该点的磁导率，即

$$\boldsymbol{H}=\frac{\boldsymbol{B}}{\mu} \tag{4-6}$$

式中，$\boldsymbol{H}$ 的单位是安每米(A/m)。

二、铁磁材料的磁性能

1. 铁磁材料的磁化

铁磁物质在外磁场的作用下而显示出磁性，就称该物质被磁化了。铁磁物质能够被磁化是由它的内部结构决定的，它的内部天然地分成许多小的磁性区域，称为磁畴，一般磁畴的体积约为 $10^{-6}\ \mathrm{cm}^3$。在没有外磁场或外力的作用下，各磁畴的磁场力方向不同、磁性相互抵消，所以铁磁材料一般情况下不显示磁性，如图 4-3(a)所示。

当把铁磁材料置于磁场中时，在外磁场力的作用下，大多数磁畴的方向与外磁场趋于一致，如图 4-3(b)所示，因此在铁磁材料物质内部形成很强的与外磁场同方向的附加磁场，从而使铁磁材料对外显示出磁性，这就是铁磁材料的磁化。

外磁场越强，铁磁材料中与外磁场方向一致的磁畴数量就越多，附加磁场也就越强。当外磁场继续增强到某一数值时，所有的磁畴都与外磁场一致，如图 4-3(c)所示，此时即便是继续增强外磁场，附加磁场也不会再增强了，这种现象称为磁饱和。

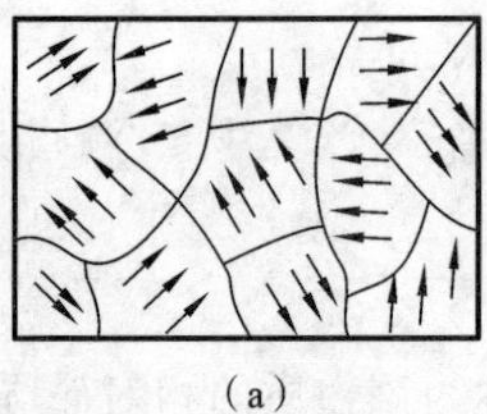
(a)

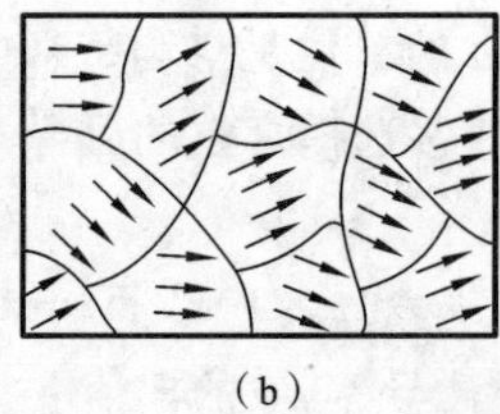
(b)

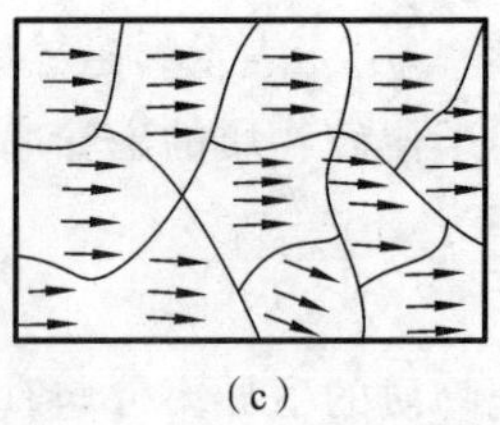
(c)

图 4-3　铁磁物质的磁化

铁磁物质的这一磁性能被广泛地应用于电工设备中,例如电机、变压器及各种铁磁元件的线圈中都放有铁芯。在这种具有铁芯的线圈中通入不大的励磁电流,便可产生足够大的磁通和磁感应强度,这就解决了既要磁通大,又要励磁电流小的矛盾。利用优质的铁磁材料可使同一容量的电机的质量和体积都大大减小。

非铁磁材料内部没有磁畴,外磁场对其的磁化程度很微弱,所以不具有磁化的特性,其导磁能力也就很差。

2. 铁磁材料的磁化曲线

1) 起始磁化曲线

对于非铁磁材料,B 与 H 之间呈线性关系,直线的斜率就等于 μ_0。

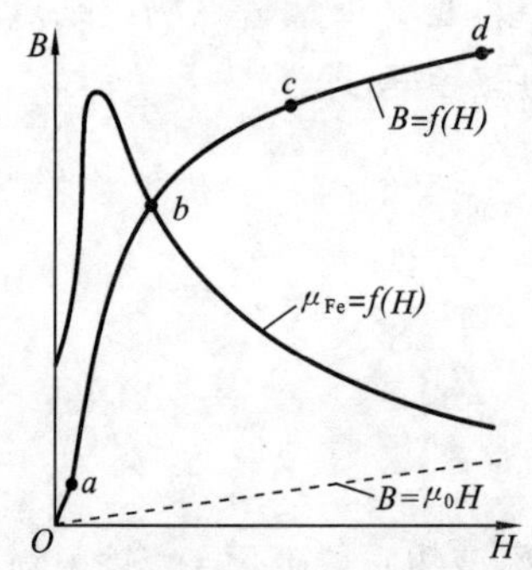

图 4-4　铁磁材料的起始磁化曲线和 $\mu_{Fe}=f(H)$ 曲线

铁磁材料的 B 与 H 之间则呈曲线关系。当把铁磁物质放到磁场中时,铁磁物质的磁感应强度 B 会随外加磁场的变化而变化。当外磁场强度 H 增大时,铁磁物质的磁感应强度随之增大,这样就得到了一条 B-H 曲线,这条曲线称为起始磁化曲线,如图 4-4 所示。

起始磁化曲线基本上可分为四段:开始磁化时,外磁场较弱,磁感应强度增加得不快,如图 4-4 中 oa 段所示;随着外磁场的增强,材料内部大量磁畴开始转向,有越来越多的磁畴与外磁场方向趋向一致,此时 B 值增加得很快,如 ab 段所示;若外磁场继续增加,大部分磁畴已趋向外磁场方向,可转向的磁畴越来越少,B 值增加越来越慢,如 bc 段所示,这种现象称为磁饱和。达到饱和以后,磁化曲线基本上成为与非铁磁材料的 $B=\mu_0 H$ 特性相平行的直线,如 cd 段所示。磁化曲线开始拐弯的点(图 4-4 中的 b 点)称为膝点。从起始磁化曲线来看,铁磁物质的 B 和 H 的关系为非线性关系,这表明铁磁物质的磁导率 μ 不是常数,会随外磁场 H 的变化而变化,如图中 $\mu_{Fe}=f(H)$ 曲线。

设计电机和变压器时,为使主磁路内得到较大的磁通量而又不过分增大励磁磁动势,通常把铁芯内的工作磁感应强度选择在膝点附近。

2）磁滞回线

若将铁磁材料进行周期性磁化，B 和 H 之间的变化关系就会变成如图 4-5 中曲线 $abcdefa$ 所示。由图可见，当 H 开始从零增加到 H_m 时，B 相应地从零增加到 B_m；以后如逐渐减小磁场强度 H，B 值将沿曲线 ab 下降。当 $H=0$ 时，B 值并不等于零，而等于 B_r，B_r 称为剩余磁感应强度，简称剩磁。要使 B 值从 B_r 减小到零，必须加上相应的反向外磁场，此反向磁场强度称为矫顽力，用 H_c 表示。B_r 和 H_c 是铁磁材料的两个重要参数。铁磁材料所具有的磁感应强度 B 的变化滞后于磁场强度 H 的变化的现象，称为磁滞。当反向磁场增加到 $-H_m$ 时，磁感应强度也反向增至 $-B_m$，然后使反向磁场减小为零，B 则沿着曲线 ab 减小到 $-B_r$，再从零开始逐渐增大正向磁场，使 H 值超过 H_c，并最终达到 H_m，即得到了一条关于原点（O 点）对称的闭合曲线 $abcdefa$。由于在反复磁化过程中，磁感应强度 B 的变化滞后于磁场强度 H 的变化，所以这条闭合曲线称为磁滞回线。

3）基本磁化曲线

用不同的 H_m 值对铁磁物质进行交变磁化，可得到一系列大小不同的磁滞回线，连接各条磁滞回线的顶点所得到的曲线称为基本磁化曲线，如图 4-6 所示。

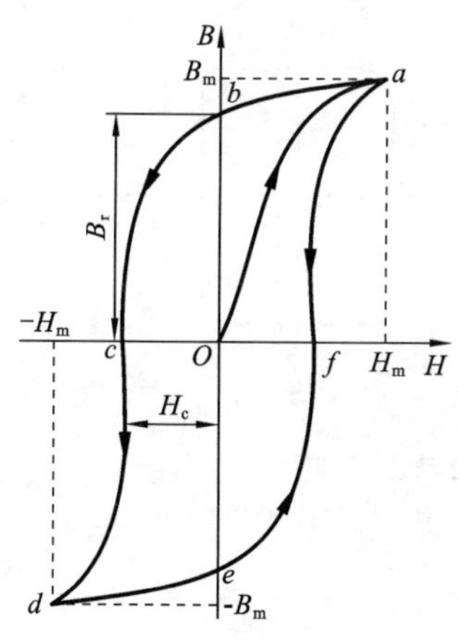

图 4-5　磁滞回线

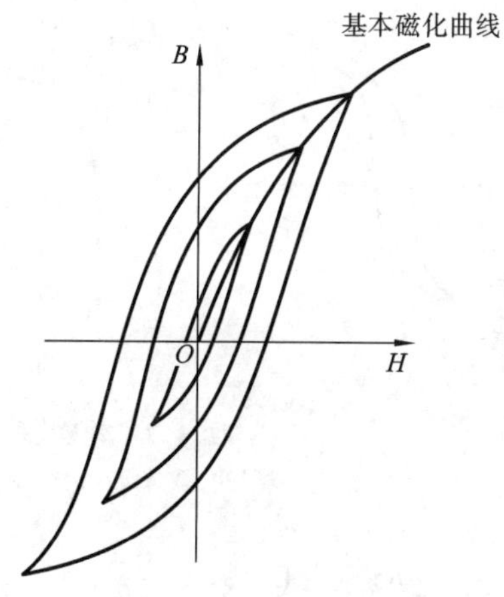

图 4-6　基本磁化曲线

基本磁化曲线与起始磁化曲线的差别很小，但它是经过多次循环往复磁化得到的曲线，比起始磁化曲线稳定，并且它表示的 B 与 H 的关系具有平均意义，所以也称平均磁化曲线。

3. 铁磁物质的分类与应用

按铁磁物质的磁性能，铁磁材料可以分为软磁材料、永磁材料和矩磁材料三种类型。

1）软磁材料

软磁材料的磁滞回线如图 4-7(a)所示，磁滞回线较窄，所以磁滞损耗较小，比较容易磁化，撤去外磁场后磁性基本消失，其剩磁与矫顽力都较小。软磁材料一般用来制造电机、电器及变压器等的铁芯。常用的有铸铁、硅钢片、坡莫合金及铁氧体等铁合金材料。铁氧体在电子技术中应用也很广泛,例如可做计算机的磁芯、磁鼓以及录音机的磁带、磁头等。

2）永磁材料

永磁材料的磁滞回线如图 4-7(b)所示,磁滞回线较宽,所以磁滞损耗较大,剩磁、矫顽力也较大,需要较强的磁场才能磁化,撤去外加磁场后仍能保留较大的剩磁。永磁材料一般用来制造永久性磁铁(吸铁石),常用的有碳钢、钨钢、铬钢、钴钢和钡铁氧体及铁镍铝钴合金等。近年来稀土永磁材料发展很快,像稀土钴、稀土钕铁硼等,其矫顽力更大。

3）矩磁材料

矩磁材料的磁滞回线如图 4-7(c)所示,磁滞回线接近矩形,具有较大的剩磁,稳定性良好。它的特点是只需很小的外加磁场就能达到磁饱和,撤去外磁场时,磁感应强度(剩磁)与饱和时的一样。矩磁材料在计算机和控制系统中可用作记忆元件、开关元件和逻辑元件。常用的有锰镁铁氧体和锂锰铁氧体及 1J51 型铁镍合金等。

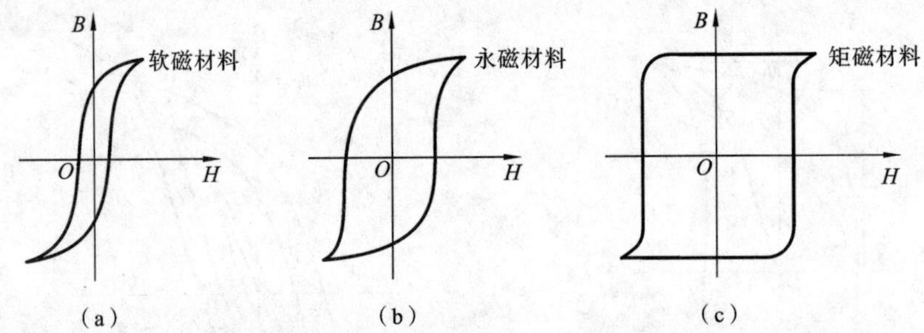

图 4-7　软磁、永磁、矩磁材料的磁化曲线

(a) 软磁材料的磁滞回线;(b) 永磁材料的磁滞回线;(c) 矩磁材料的磁滞回线

三、交流铁芯线圈

诸如变压器、交流电动机等各种交流电器的线圈都是由交流电励磁的。图 4-8 所示为交流线圈电路,线圈的匝数为 N,线圈的电阻为 R,当在线圈两端加上交流电压时,磁通大部分通过铁芯而闭合,此外还有很少一部分磁通经过周围空气而闭合。经过铁芯的磁通称为主磁通,用 Φ 表示;经过周围空气闭合的磁通称为漏磁通,用 Φ_σ 表示。磁通 Φ 和电感 L 与电流 i 的关系如图 4-9 所示。

设电压、电流和磁通及感应电动势的参考方向如图 4-8 所示。由基尔霍夫电压定律有

$$u+e+e_\sigma=Ri \tag{4-7}$$

或

$$u=Ri+(-e_\sigma)+(-e) \tag{4-8}$$

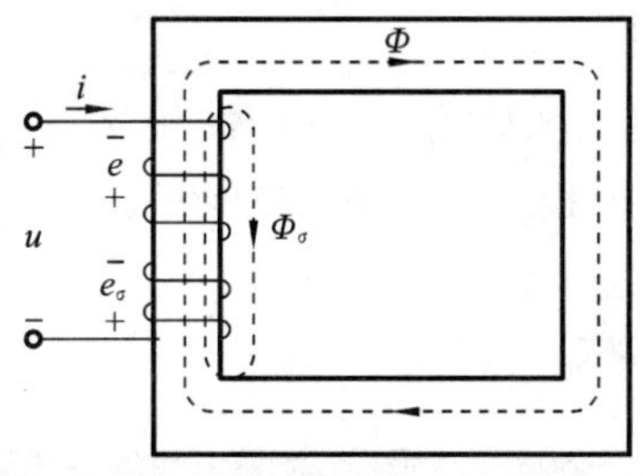

图 4-8 铁芯线圈的交流电路

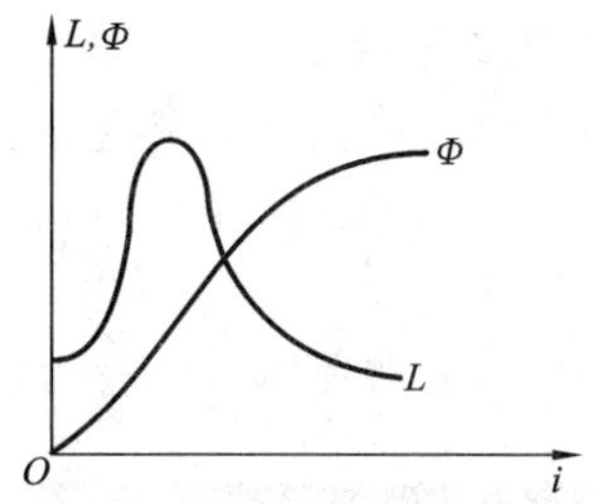

图 4-9 Φ 和 L 与 i 的关系

式中 e——因主磁通而产生的感应电动势；

e_σ——因漏磁通而产生的感应电动势。

由于铁芯的磁导率远远大于空气的磁导率，所以感应电压 $e \gg e_\sigma$；由于线圈本身的电阻很小，因此 u_R 也很小，在忽略漏磁通和电阻的情况下，外加电压就与主磁通的感应电压相平衡，有

$$u \approx -e$$

对于主磁感应电动势，由于主磁电感或相应的主磁感抗不是常数，应按下面的方法计算。

设主磁通为 $\Phi = \Phi_m \sin\omega t$，则

$$\begin{aligned} e &= -N\frac{d\Phi}{dt} = -N\frac{d(\Phi_m \sin\omega t)}{dt} = -N\omega\Phi_m \cos\omega t \\ &= 2\pi f N\Phi_m \sin(\omega t - 90°) = E_m \sin(\omega t - 90°) \end{aligned} \tag{4-9}$$

式中 $E_m = 2\pi f N\Phi_m$，为主磁电动势 e 的幅值，而其有效值为

$$E = \frac{E_m}{\sqrt{2}} = \frac{2\pi f N\Phi_m}{\sqrt{2}} = 4.44 f N\Phi_m$$

所以，外加电压的有效值为

$$U = 4.44 f N\Phi_m \tag{4-10}$$

在交流铁芯线圈中，共存在着两种损耗。一是线圈本身的电阻引起的损耗，称为铜损；二是交变磁通在铁芯中引起能量损耗，称为铁损。铁损又分为两部分，一是涡流损耗，二是磁滞损耗。

1. 涡流损耗

当铁芯中有交变磁通通过时，根据电磁感应定律，铁芯中将产生感应电动势，并引起环流。这些环流在铁芯内部围绕磁通做旋涡状流动，称为涡流。涡流在铁芯中所经回路的导体电阻上引起的能量损耗，称为涡流损耗。

分析表明：频率越高，磁感应强度越大，感应电动势越大，涡流损耗亦越大；铁芯的电阻率越大，涡流所流过的路径越长，涡流损耗就越小。减小涡流损耗的途径有两种：一是用较薄的硅钢片叠装铁芯；二是提高铁芯材料的电阻率。

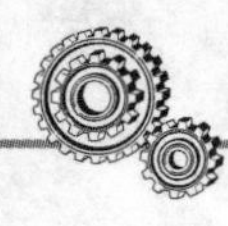

2. 磁滞损耗

将铁磁材料置于交变磁场中,材料被反复交变磁化时,磁畴间相互不停地摩擦,消耗能量,造成损耗,这种损耗称为磁滞损耗。磁滞损耗的能量转换为热量使铁芯发热。

为减少磁滞损耗,交流铁芯通常都采用软磁材料。

第二节　变压器的基本结构和工作原理

一、变压器的基本结构

变压器是根据电磁感应原理工作的一种常见的电气设备,在电力系统和电子线路中应用广泛。它的基本作用是将一种等级的交流电变换成另外一种等级的交流电。在电力和电子线路中,变压器都有广泛应用。

变压器的主要部件是铁芯和绕组,铁芯是磁路部分,绕组是电路部分。铁芯和绕组构成变压器的主体,它们装配在一起,称为变压器的器身。油浸式变压器还有油箱及其他附件。图 4-10 所示为三相油浸式变压器的结构示意图。

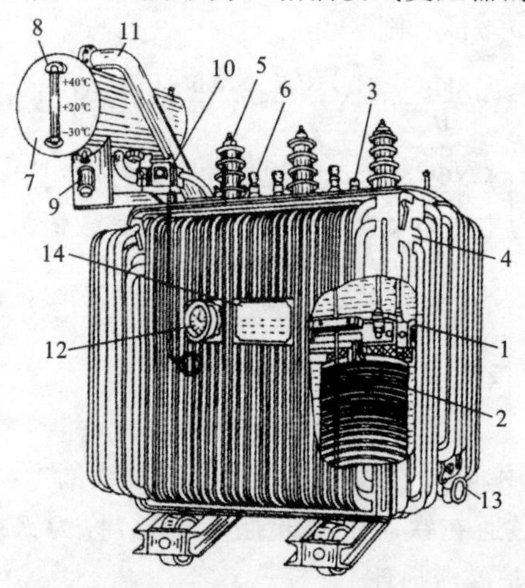

图 4-10　三相油浸式变压器的结构示意图

1—铁芯;2—绕组;3—分接开关;4—油箱;5—高压套管;6—低压套管;7—储油柜;8—油位计;9—吸湿器;10—气体继电器;11—安全气道;12—信号式温度计;13—放油阀门;14—铭牌

1. 铁芯

铁芯不但是变压器的磁路,也是变压器的机械骨架。为了减少铁损,提高磁路的导磁性能,铁芯一般由 0.35～0.55 mm 厚表面绝缘的硅钢片交错叠压而成。根据铁芯结构的不同,变压器可分为芯式(小容量)和壳式(容量较大)两种。

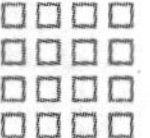

2. 绕组

变压器的绕组是在绝缘筒上用漆包铜线或铝线绕成的，它是变压器的电路部分，电压高的线圈称为高压绕组，电压低的称为低压绕组。另外，与电源相连的称为原绕组（或称初级绕组、一次绕组），与负载相连的称为副绕组（或称次级绕组、二次绕组）。

3. 冷却系统

由于铁损的存在，铁芯发热不可避免，因此，变压器要有冷却系统。小容量变压器采用自冷式，而中大容量的变压器采用油冷式。

二、变压器的工作原理

变压器依据电磁感应原理工作，它的基本工作原理可用图 4-11 来说明。

为了便于分析，不妨将高压绕组和低压绕组分别画在两边。原、副绕组的匝数分别为 N_1 和 N_2。当原绕组接上交流电压 u_1 时，原绕组中有电流 i_1 流过。原绕组的磁动势 $N_1 i_1$ 产生的磁通大部分通过铁芯而闭合，从而在副绕组中感应出电动势。如果副绕组接有负载，那么副绕组中就有电流 i_2 流过。副绕组的磁动势 $N_2 i_2$ 也产生磁通，其绝大部分也通过铁芯而闭合。因此，铁芯中的磁通是一个由原、副绕组的磁动势共同产生的合成磁通，它称为主磁通，用 Φ 表示。主磁通穿过原绕组和副绕组而在其中感应出的电动势分别为 e_1 和 e_2，此外，原、副绕组的磁动势还分别产生漏磁电动势 $e_{\sigma1}$ 和 $e_{\sigma2}$。

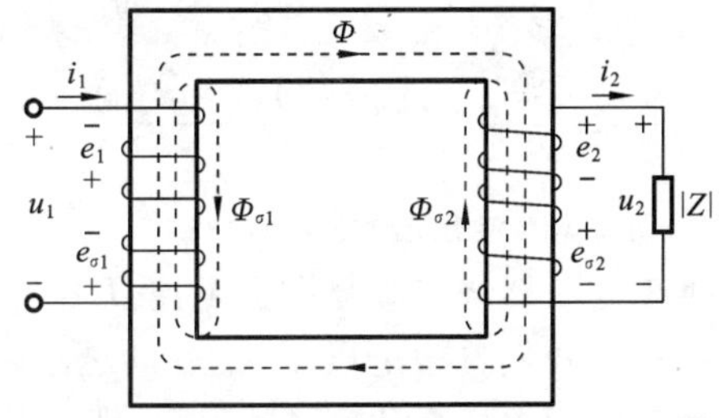

图 4-11 变压器的原理图

上述的电磁关系可表示如下：

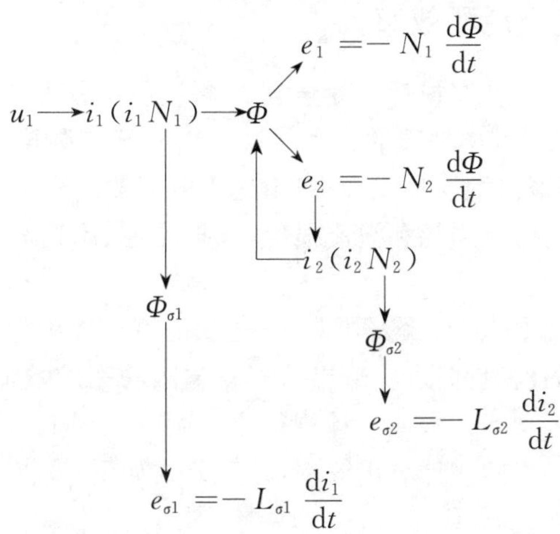

综上所述，变压器是利用电磁感应原理，将原绕组从电源吸收的电能传送给

副绕组所连接的负载，来实现能量的传送，使匝数不同的原、副绕组中感应出大小不等的电动势来实现电压等级的变换的。这就是变压器的基本工作原理。

第三节　变压器的使用

一、变压器的外特性

当电源电压 U_1 不变时，随着副绕组电流 I_2 的增加(负载增加)，原、副绕组阻抗上的电压降增加，这将使副绕组的端电压 U_2 发生变动。当电源电压 U_1 和副边所带负载的功率因数 $\cos\varphi_2$ 为常数时，副边端电压 U_2 随负载电流 I_2 变化的关系曲线 $U_2=f(I_2)$ 称为变压器的外特性曲线。图4-12所示为变压器的外特性曲线。

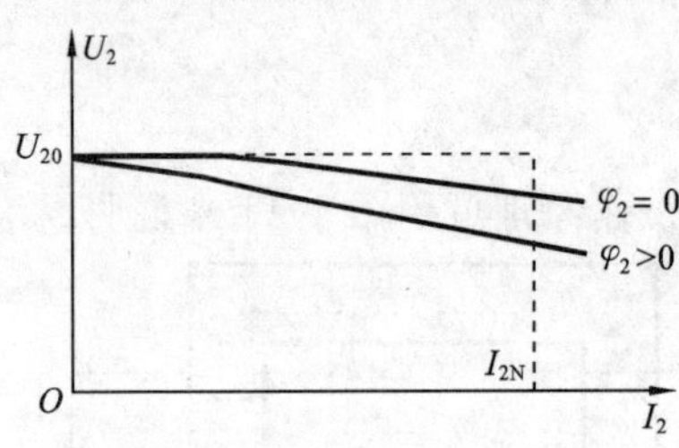

图4-12　变压器的外特性曲线

由图可知，U_2 随 I_2 的上升而下降，这是由于变压器绕组本身存在阻抗，I_2 上升，绕组阻抗电压降增大的缘故。

通常我们希望电压 U_2 的变动越小越好。从空载到额定负载，副绕组电压的变化程度用电压变化率 ΔU 表示，即

$$\Delta U\%=\frac{U_{20}-U_2}{U_{2N}}\times 100\% \tag{4-11}$$

式中　U_{20}——副边的空载电压；

U_2——副边负载电压；

U_{2N}——副边额定电压。

变压器的电压变化率为5%左右。

二、变压器的损耗和效率

变压器存在一定的功率损耗。变压器的损耗包括铁芯中的铁损 P_{Fe} 和绕组上的铜损 P_{Cu} 两部分。其中铁损的大小与铁芯内磁感应强度的最大值 B_m 有关，与负载大小无关，而铜损则与负载大小(正比于电流的二次方)有关。

铁损即是铁芯的磁滞损耗和涡流损耗；铜损是原、副边电流在绕组的导线电阻中引起的损耗。

变压器的输出功率 P_2 与输入功率 P_1 之比的百分数称为变压器的效率，用 η 表示。一般变压器的效率都很高，输出功率与输入功率的数值很接近，通过直接测量输出功率与输入功率的数值来计算很不准确。工程上，一般采用间接法，通过测量变压器的损耗来间接计算出效率，计算公式如下：

$$\eta=\frac{P_2}{P_1}=\frac{P_2}{P_2+\Delta P_{Fe}+\Delta P_{Cu}}\times 100\% \tag{4-12}$$

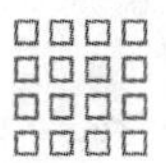

变压器的效率与损耗、负载大小及负载性质有关。当功率因数 $\cos\varphi_2$ 为常数时，效率随着负载系数 β 的变化而变化，把 $\eta=f(\beta)$ 的关系曲线称为效率特性。变压器的效率特性曲线如图 4-13 所示。

从效率特性曲线上可以看出，变压器的效率开始时随负载的增加而增加，在半载附近效率达到最大，而后随负载增加效率有所下降。

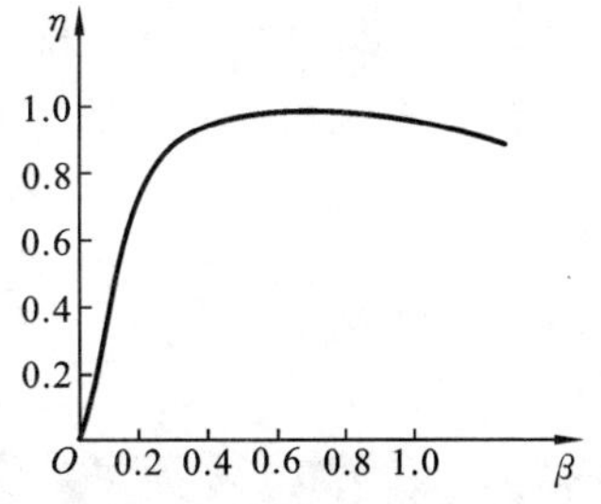

图 4-13　变压器的效率特性曲线

三、变压器的额定值

额定值是变压器制造厂家对变压器在指定工作条件下运行时所规定的一些量值。在额定状态下运行时，可以保证变压器长期可靠地工作，并具有优良的性能。额定值亦是产品设计和试验的依据。额定值通常标在变压器的铭牌上，所以又称铭牌值。变压器的额定值主要有额定容量、额定电压、额定电流和额定频率。

1. 额定容量 S_N

在铭牌规定的额定状态下变压器输出视在功率的保证值，称为额定容量。额定容量用伏安（V·A）或千伏安（kV·A）表示。对于三相变压器，额定容量是指三相容量之和。

2. 额定电压 U_{1N}/U_{2N}

铭牌规定的各个绕组在空载、指定分接开关位置下的端电压，称为额定电压。额定电压用伏（V）或千伏（kV）表示。对于三相变压器，额定电压是指线电压。

3. 额定电流 I_{1N}/I_{2N}

根据额定容量 S_N 和额定电压 U_N 算出的电流称为额定电流，以安（A）或千安（kA）表示。对于三相变压器，额定电流是指线电流。

对于单相变压器，一次和二次额定电流分别为

$$I_{1N}=\frac{S_N}{U_{1N}},\quad I_{2N}=\frac{S_N}{U_{2N}}$$

对于三相变压器，一次和二次额定电流分别为

$$I_{1N}=\frac{S_N}{\sqrt{3}U_{1N}},\quad I_{2N}=\frac{S_N}{\sqrt{3}U_{2N}}$$

4. 额定频率 f_N

我国的标准工频规定为 50 赫兹（Hz），有些国家规定为 60 Hz。此外，额定工作状态下变压器的效率、温升等数据亦属于额定值。

例 4-1　一台三相双绕组变压器，额定数据为 $S_N=750\ \text{kV}\cdot\text{A}$，$U_{1N}/U_{2N}=$

6 000/400 V,求变压器原绕组和副绕组的额定电流。

解
$$I_{1N}=\frac{S_N}{\sqrt{3}U_{1N}}=\frac{750\times10^3}{\sqrt{3}\times6\ 000}\ \text{A}=72.17\ \text{A}$$

$$I_{2N}=\frac{S_N}{\sqrt{3}U_{2N}}=\frac{750\times10^3}{\sqrt{3}\times400}\ \text{A}=1\ 082.53\ \text{A}$$

第四节　特殊变压器

一、自耦变压器

1. 自耦变压器的结构特点

普通的变压器的原、副线圈只有磁的联系而没有电的联系。自耦变压器在结构上的特点就是副绕组和原绕组共用一部分线圈,原、副线圈之间不仅有磁的联系而且还有电的直接联系,如图4-14所示。从本质上看,自耦变压器实际上只有一个绕组,其中一部分是公用的,称为公共绕组,另一部分称为串联绕组。

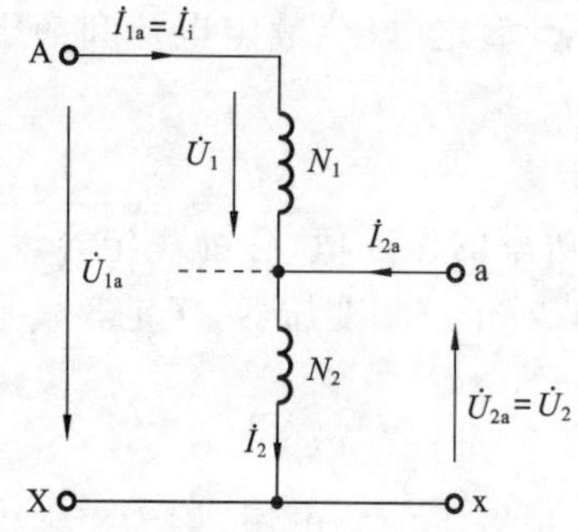

图 4-14　自耦变压器电路图

2. 自耦变压器的主要优缺点

优点:省去了副绕组,且绕组容量小于额定容量;当额定容量相同时,与双绕组变压器相比,节省了大量的材料(硅钢片和铜线),降低了成本,减小了变压器的体积;另外,自耦变压器的铜损和铁损也小,效率高。

缺点:由于自耦变压器原、副绕组之间有电的直接联系,当高压边出现单相接地故障时会引起低压边的过电压,因此变压器内部绝缘与过电压保护措施要加强。

3. 使用注意事项

目前,自耦变压器的应用非常广泛,但由于自耦变压器的特殊结构,应注意下列问题:

(1) 在电网中运行的自耦变压器,中性点必须可靠接地;

(2) 一次侧、二次侧须加装避雷装置;

(3) 自耦变压器的短路阻抗比普通变压器的小,产生的短路电流大,所以对自耦变压器短路保护措施的要求比对双绕组变压器的要高,要有限制短路电流的措施;

(4) 使用三相自耦变压器时,由于采用 Y/y 连接,为了防止产生三次谐波磁通,通常增加一个三角形连接的附加绕组,用来抵消三次谐波磁通。

二、仪用互感器

仪用互感器是一种测量用的变压器，在高电压、大电流的电力系统中，为能够对高电压和大电流进行测量，并使测量回路与被测量回路隔开，以保证测量人员的安全，需用仪用互感器。常见的仪用互感器有电流互感器和电压互感器。

1. 电流互感器

电流互感器的接线图如图 4-15 所示。它的原绕组由 1 匝或几匝截面较大的导线构成，串联在需要测量的电路中；副绕组线圈匝数较多，导线截面较小，接阻抗很小的仪表构成闭合回路，因此电流互感器正常运行时相当于一台短路的升压变压器。在忽略励磁电流时，电流互感器的电流比为

$$k_i=\frac{I_1}{I_2}=\frac{N_2}{N_1}$$

在设计制造电流互感器时，为方便起见，电流表的刻度已经按照电流比进行了折算，从电流表读出的数据即为被测电流 I_1。电流互感器在测量时也有误差，根据误差大小分为 0.2、0.5、1.0、3.0、10.0 五个等级。

电流互感器在使用时的注意事项如下。

(1) 在运行过程中绝对不允许二次侧开路。如果二次侧开路，一次侧被测电流将全部成为励磁电流，使铁芯中磁通急剧增大，一方面会使铁损增加，引起互感器发热，有可能会烧坏绕组，另一方面，因副绕组线圈匝数很多，将会感应出危险的高电压，危及操作人员和测量设备的安全。

(2) 副绕组和铁芯应可靠接地，以保证测量人员的安全。

2. 电压互感器

测高压线路的电压时，如用电压表直接测量，不仅对工作人员不安全，而且仪表绝缘需大大加强，这样也会给仪表制造带来困难，故需用一定变比的电压互感器将高压变成低压，然后接入电压表测量电压，接线图如图 4-16 所示。

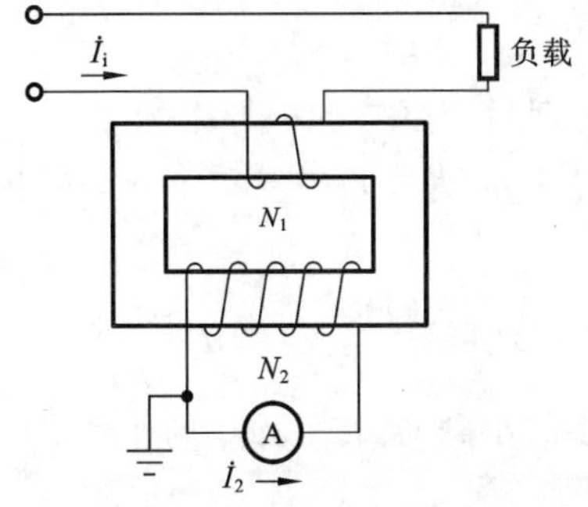

图 4-15　电流互感器接线图

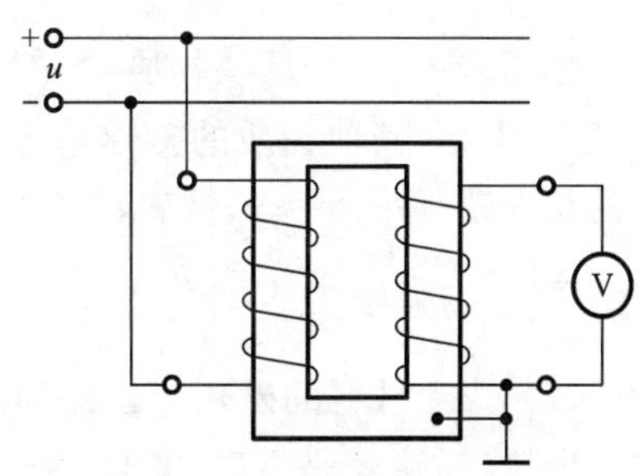

图 4-16　电压互感器接线图

一次侧直接并联在被测高压两端，二次侧接电压表、电压传感器等。由于这些负载都是高阻抗的，所以电压互感器运行时相当于变压器的空载运行。如果

忽略漏阻抗压降，电压互感器的电压比为

$$k_u=\frac{U_1}{U_2}=\frac{N_1}{N_2}$$

同电流互感器一样，在用电压互感器测量电压时，电压表的读数即为被测电压的值。

电压互感器在测量时会产生两种误差，一种是比值误差，另一种是相位误差。U_2 对于 U_1 的相对误差是比值误差，它主要取决于一次侧、二次侧的漏抗压降。二次侧电压折算到一次侧并反相位得到 U_2，相对于一次侧电压 U_1 有一个相位差，称为相位误差，它由励磁电流、漏阻抗产生。根据电压比误差大小，电压互感器可以分为 0.2、0.5、1.0 和 3.0 四个级别，数值越小，测量的准确度越高。

电压互感器在使用时的注意事项如下。

(1) 二次侧不允许短路，否则会产生很大的短路电流，烧坏互感器的绕组。

(2) 二次侧绕组和铁芯应可靠接地，以保证测量人员的安全。

(3) 二次侧接入的阻抗不得小于规定值，以减小误差。

本章小结

(1) 磁路及其基本物理量。

① 磁感应强度 $\boldsymbol{B}$ 是描述磁场内某点磁场强弱和方向的物理量，是一个矢量，其数学表达式为

$$\boldsymbol{B}=\frac{\mathrm{d}\boldsymbol{F}}{I\mathrm{d}l}$$

② $\boldsymbol{\Phi}$ 是磁感应强度 $\boldsymbol{B}$ 与面积 S 的乘积，称为该面积的磁通量，简称磁通。若磁场为均匀磁场且方向垂直于 S 面，则有 $\boldsymbol{\Phi}=\boldsymbol{B}S$，若 S 不是平面或 $\boldsymbol{B}$ 不与 S 垂直，则有

$$\boldsymbol{\Phi}=\int_S \mathrm{d}\boldsymbol{\Phi}=\int_S \boldsymbol{B}\mathrm{d}S$$

③ 磁导率 μ 是反映物质导磁性能强弱的物理量。真空的磁导率为 $\mu_0=4\pi\times10^{-7}$ H/m，其他物质的磁导率为 $\mu=\mu_r\mu_0$，$\mu_r=\mu/\mu_0$ 为相对磁导率。非铁磁物质的相对磁导率 $\mu_r\approx1$，铁磁物质的 $\mu_r\gg1$。

④ 磁场强度 $\boldsymbol{H}$ 是计算磁场时所引用的一个物理量，也是矢量，$\boldsymbol{H}=\frac{\boldsymbol{B}}{\mu}$。

(2) 铁磁材料的磁化。铁磁物质内部有许多的小磁畴，在外磁场的作用下而显示出磁性，这就是铁磁物质的磁化。

铁磁材料具有高导磁性、磁饱和性和磁滞性。

(3) 磁化曲线和铁磁物质的分类。

磁化曲线有起始磁化曲线、磁滞回线、基本磁化曲线。

按铁磁物质的磁性能，铁磁材料可以分成软磁材料、永磁材料和矩磁材料三种类型。软磁材料的磁滞回线较窄，永磁材料的磁滞回线较宽，矩磁材料的磁滞回线接近矩形。

(4) 交流铁芯线圈。

① 电压与磁通的关系为$U=4.44fN\phi_m$。

② 线圈本身的电阻引起的损耗，称为铜损；交变磁通在铁芯中引起的能量损耗，称为铁损。铁损又分为涡流损耗和磁滞损耗。

(5) 变压器的基本结构和工作原理。

① 变压器的主要部件是铁芯和绕组，铁芯是磁路部分，绕组是电路部分，油浸式变压器还有油箱及其他附件。

② 变压器是利用电磁感应原理，将原绕组从电源吸收的电能传送给副绕组所连接的负载，来实现能量的传送，使匝数不同的原、副绕组中感应出大小不等的电动势来实现电压等级变换的。

(6) 变压器的外特性曲线。

当电源电压U_1和副边所带负载的功率因数$\cos\varphi_2$为常数时，副边端电压U_2随负载电流I_2变化的关系曲线$U_2=f(I_2)$称为变压器的外特性曲线。

(7) 变压器的损耗和效率。

变压器的损耗包括铁芯中的铁损P_{Fe}和绕组上的铜损P_{Cu}。其中铁损的大小与铁芯内磁感应强度的最大值B_m有关，与负载大小无关，而铜损则正比于电流的二次方。

变压器的输出功率P_2与输入功率P_1之比的百分数称为变压器的效率。

(8) 变压器的额定值主要有额定容量S_N、额定电压U_{1N}/U_{2N}、额定电流I_{1N}/I_{2N}、额定频率f_N。

(9) 自耦变压器是副绕组和原绕组共用一部分线圈的特殊变压器，原、副线圈之间不仅有磁的联系而且有电的直接联系。

(10) 仪用互感器是一种在电力系统中用来测量高电压、大电流的变压器，它能把测量回路与被测量回路隔开，以保证测量人员的安全，有电压互感器和电流互感器两种类型。

习　题

4-1　试说明磁感应强度、磁通、磁导率和磁场强度的物理意义、相互关系和单位。

4-2　铁磁物质在磁化过程中有哪些特点？

4-3　起始磁化曲线、磁滞回线和基本磁化曲线有哪些区别？它们是如何形成的？

4-4 铁磁物质有几种类型,各自有什么特点?

4-5 交流铁芯线圈的损耗有几种?分别由何原因引起?

4-6 变压器的主要作用是什么?有哪些主要部件?各部分的功能是什么?

4-7 变压器是怎样实现变压的?

4-8 有一台变压器额定电压为 220/110V,匝数为 $N_1=1\ 000$,$N_2=500$。为了节约成本,将匝数改为 $N_1=100$,$N_2=50$ 是否可行?

4-9 有一台照明用单相变压器,容量为 10 kV·A,额定电压为 3 300/220 V。今欲在副绕组上接 60W/220V 的白炽灯,如果变压器在额定状况下运行,这种电灯可以接多少个?并求原绕组、副绕组的额定电流。

4-10 额定容量 $S_N=2$ kV·A 的单相变压器,原绕组、副绕组的额定电压分别为 $U_{1N}=220$ V,$U_{2N}=110$ V,求原绕组、副绕组的额定电流。

4-11 有一台变压器额定电压为 220/110 V,如不慎将低压侧误接到 220 V 的交流电源上,励磁电流将会发生什么变化,为什么?

4-12 简述自耦变压器的优缺点和使用时的注意事项。

4-13 在使用过程中,为什么电流互感器绝对不允许二次侧开路,电压互感器绝对不允许二次侧短路?

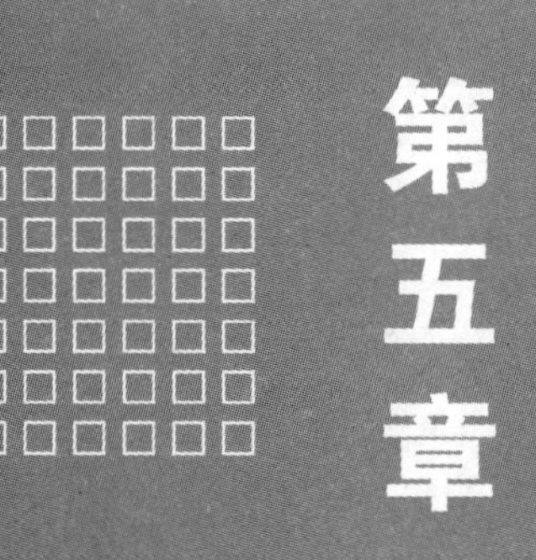

第五章 异步电动机

学习目标：

▶掌握异步电动机的结构及转动原理，了解异步电动机的电磁转矩及机械特性；

▶掌握异步电动机的启动、制动、调速及反转的方法；

▶了解单相异步电动机的工作原理及启动方法。

第一节 异步电动机的结构及转动原理

一、异步电动机的用途、特点及分类

1. 异步电动机的用途、特点

异步电动机又称感应电动机，它广泛应用在国民经济的各个方面，是生产设备中应用最广泛的动力设备。异步电动机之所以获得广泛的应用，在于它具备其他电动机无法比拟的优点：结构简单、价格便宜、容易制造、效率高和工作可靠。与相同容量的直流电动机相比，异步电动机的质量约为直流电动机的一半，而其价格约为直流电动机的 1/3。但是异步电动机也存在一些缺点，如异步电动机转速不能经济地实现范围较广的平滑调速，功率因数较低等。近几年，随着现代交流调速技术的发展，异步电动机的平滑调速得以实现，而电网的功率因数又可以采取其他的方法进行补偿，因此异步电动机在电力拖动系统中获得了越来越广泛的应用。

2. 异步电动机的分类

异步电动机的种类很多，按照不同性能和用途，一般可分为以下几种。

1）按防护形式分类

（1）开启式：用于实验室内的场所。

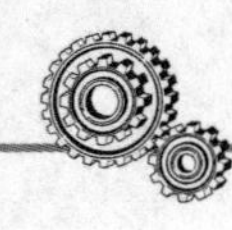

(2) 防护式:用于较清洁的场所。

(3) 封闭式:用于灰尘较多的场所。

2) 按转子结构分类

(1) 绕线转子异步电动机。

(2) 笼型异步电动机;单鼠笼型异步电动机;双鼠笼型异步电动机。

(3) 深槽式异步电动机。

3) 按定子相数分类

(1) 单相异步电动机。

(2) 两相异步电动机。

(3) 三相异步电动机。

此外,还有按照定子电压高低分为高压电动机和低压电动机;按照安装方式分为立式电动机和卧式电动机;按有无换向器分为无换向器式电动机和有换向器式电动机等。

二、三相异步电动机的结构

三相异步电动机主要由定子和转子两部分组成,这两部分之间由气隙隔开。三相异步电动机的结构如图 5-1 所示。

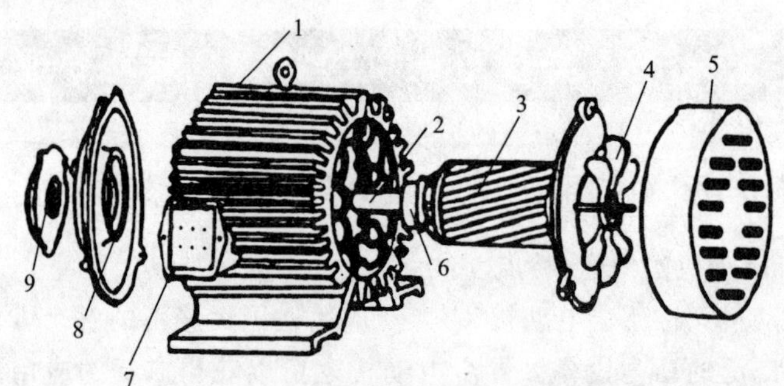

图 5-1 三相异步电动机的结构

1—定子;2—转轴;3—转子;4—风扇;5—罩壳;6—轴承;7—接线盒;8—端盖;9—轴承盖

1. 定子

定子主要包括机座、定子铁芯和定子绕组三部分。

(1) 机座:由铸铁铸造的电动机外壳,主要用以固定和支承定子铁芯。机座前后两端有端盖,装有轴承,用以支承旋转的转子轴。

(2) 定子铁芯:电动机磁路的一部分,为了减少定子磁场在定子铁芯中的磁滞和涡流损耗,一般用 0.5 mm 的硅钢片叠压而成,相互叠压时利用硅钢片表面的氧化层即可减少涡流损耗。对于容量较大的异步电动机,在硅钢片两面涂有绝缘漆作为片间绝缘,并压装在机座内腔。定子铁芯的内圆周加工有均匀分布的槽,用来安放定子绕组。定子铁芯如图 5-2 所示。

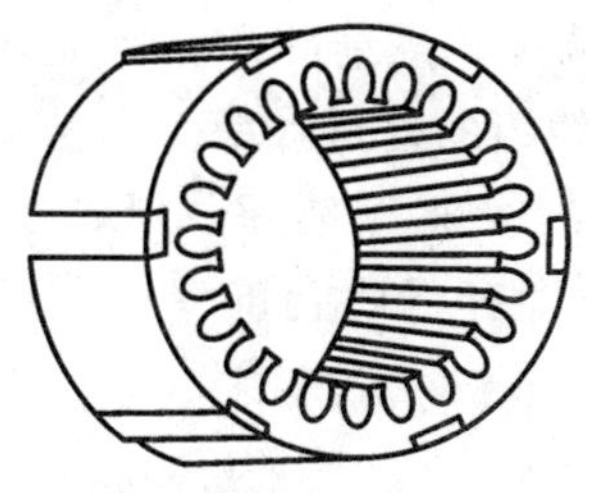

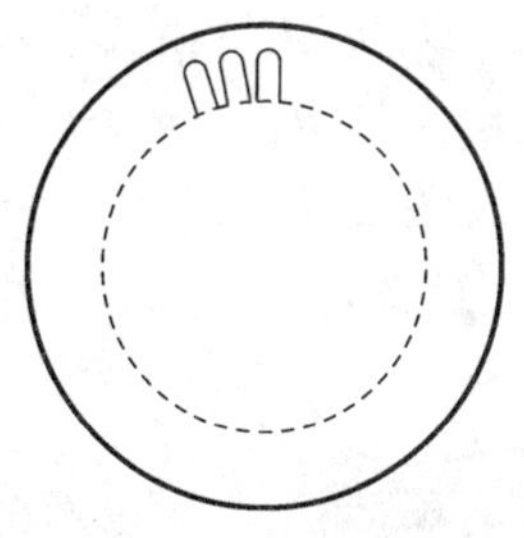

图 5-2　三相异步电动机定子铁芯的结构

(3) 定子绕组:电动机的电路部分,线圈按照一定的规律嵌入定子槽中并按照规定的方式连接起来。根据定子绕组在定子槽内的分布,定子绕组可分为单层绕组和双层绕组。绕组的槽内部分与定子铁芯必须对地可靠绝缘,这部分绝缘称为槽绝缘;如果是双层绕组,两层绕组之间还应有层间绝缘;槽内的有效部分用槽楔固定在槽内。

三相异步电动机的定子绕组是对称的绕组。即每相绕组的材料、匝数、形状和尺寸必须完全一致,且在空间上每相绕组相位相差120°电角度。三相异步电动机的三相定子绕组的三个首端和尾端分别用 U_1、V_1、W_1 和 U_2、V_2、W_2 来表示。这六个接线端子都引到电动机外的接线盒中,根据实际工作需要可把定子绕组接成三角形或星形,如图 5-3 所示。

图 5-3　定子绕组在接线盒中的连接(三角形接法)

2. 转子

转子是电动机的旋转部分。它主要包括转子铁芯、转子绕组和转轴三部分。转子的作用是输出机械转矩。

(1) 转子铁芯:通常用 0.5 mm 的硅钢片叠压而成(硅钢片表面涂有绝缘漆,彼此绝缘)。铁芯外圆圆周有均匀分布的槽,用以嵌入或浇铸转子绕组。转子铁芯冲片叠压后装在转轴上。

(2) 转子绕组:它的作用是产生感应电动势和感应电流,并产生电磁转矩。其结构形式有笼型转子绕组和绕线转子绕组两种。

(3) 转轴:由中碳钢制成。除了套压叠装的转子冲片外,两端还装有轴承,一般被支承在端盖上,轴的伸出端铣有键槽,用以固定带轮或联轴器(与被拖动机械相连)。

① 笼型转子绕组:笼型转子绕组按制造绕组的材料可分为铜条转子绕组和铸铝转子绕组。铜条转子绕组是在转子铁芯的每一个槽内插入一根铜条,每一根铜条的两端各用一个端环焊接起来而形成的。铜条转子绕组主要用在容量较大的异步电动机中。小容量的异步电动机为了节约用铜和简化制造工艺,转子

绕组采用铸铝工艺,将转子槽内的导条、端环和风扇叶片一次浇铸而成,称为铸铝转子。如果把转子铁芯去掉,整个转子绕组的外形就像一个老鼠笼子,所以这种转子绕组称为笼型转子。由于这种绕组上下两个端环分别把每一根导条的两端连接在一起,因此,笼型转子绕组是一个自行闭合的绕组,其结构如图 5-4 所示。

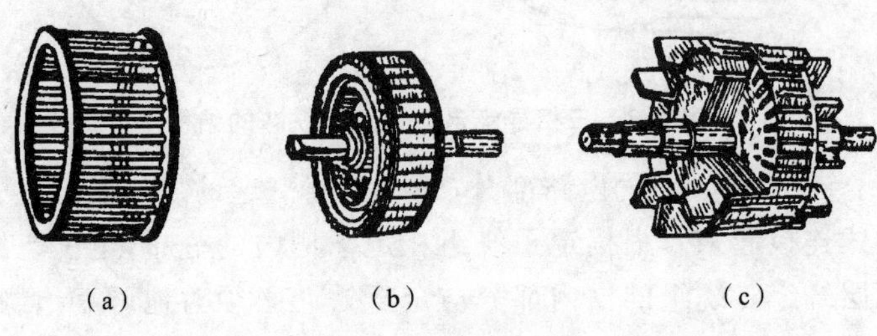

图 5-4 笼型转子绕组

② 绕线转子绕组:绕线转子绕组是由嵌放在转子铁芯槽内的线圈按照一定的规律组成的三相对称绕组。接成星形绕组的三个出线端分别接到转轴端部的三个彼此绝缘的铜制集电环上。通过集电环与固定在端盖上的电刷构成滑动接触,这样把转子绕组的三个出线端引入到接线盒内,以便与外部变阻器连接。在正常工作的情况下,转子绕组是短接的,不接入附加电阻。故绕线转子也称滑线转子,其结构如图 5-5 所示。

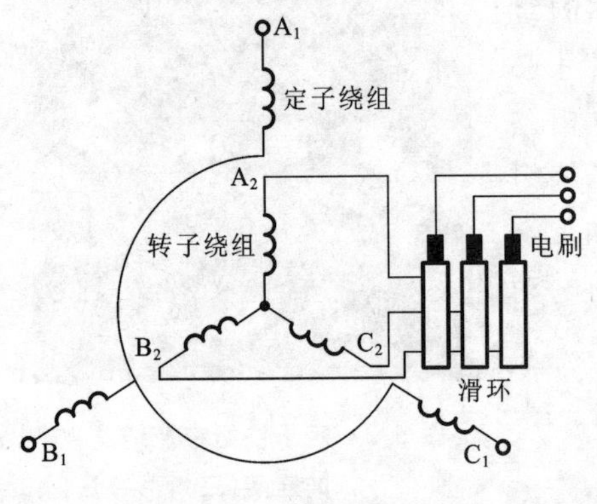

图 5-5 绕线转子绕组

3. 气隙

异步电动机转子安放在定子的内腔中,转子的轴安放在端盖的轴承中,使得定子内腔和转子之间留有一定的间隙,这个间隙就称为气隙,中、小型异步电动机的气隙宽度一般在 0.2～1.0 mm 之间。

三、三相异步电动机转动的原理

三相异步电动机的定子绕组是一个三相对称绕组。当三相对称的定子绕组接到对称的三相交流电源上时,定子绕组就会通过三相对称电流,三相对称电流流过定子绕组时会产生旋转磁场。旋转磁场是三相异步电动机能够转动的关键。下面对旋转磁场和三相异步电动机转动的原理进行分析。

1. 旋转磁场

1) 旋转磁场的产生

三相异步电动机的定子绕组是结构相同、在空间彼此位置相差 120°电角度

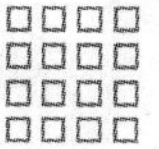

的绕组。为分析方便，用彼此相差120°电角度的三个线圈来表示。当三相定子绕组接入对称的三相电源时，三相绕组流过三相对称电流，各相电流的瞬时表达式为

$$
\begin{aligned}
i_A &= I_m \sin\omega t \\
i_B &= I_m \sin(\omega t - 120^\circ) \\
i_C &= I_m \sin(\omega t + 120^\circ)
\end{aligned}
\tag{5-1}
$$

电流的参考方向和随时间变化的波形如图5-6所示。

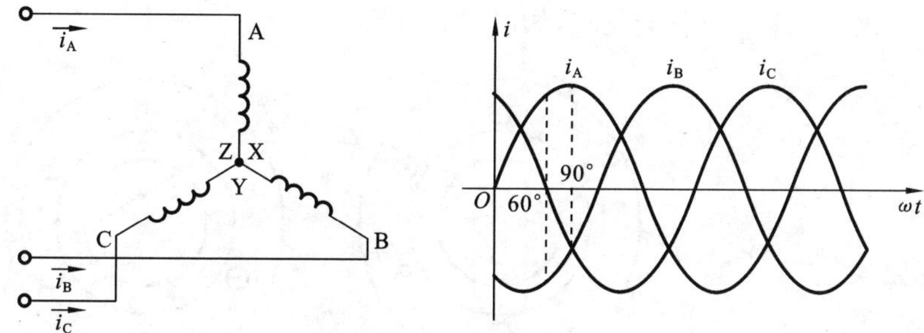

图5-6　电流的参考方向和随时间变化的波形

为分析方便起见，规定流过定子的电流的正方向从绕组的首端流向尾端，那么当各相电流的瞬时值为正值时，电流从该绕组的首端(A、B、C)流入，从尾端(X、Y、Z)流出 。当各相电流的瞬时值为负值时，电流从该绕组的尾端(X、Y、Z)流入，从首端(A、B、C)流出 。用"⊗"符号表示电流流入，"⊙" 表示电流流出。

下面从$\omega t=0°$、$\omega t=60°$、$\omega t=90°$三个特定的时刻入手进行分析。当$\omega t=0°$时，A相电流为零，而B、C两相电流分别为负和正，电流从Y、C流入，从B、Z流出。根据右手螺旋定则，可知三相绕组产生的合成磁场方向(如图5-7(a)所示)。合成磁场为两极磁场，磁场的方向从下而上，上方为N极，下方为S极。用同样的方法可以画出$\omega t=60°$、$\omega t=90°$瞬时的电流分布情况，分别如图5-7(b)、(c)所示。

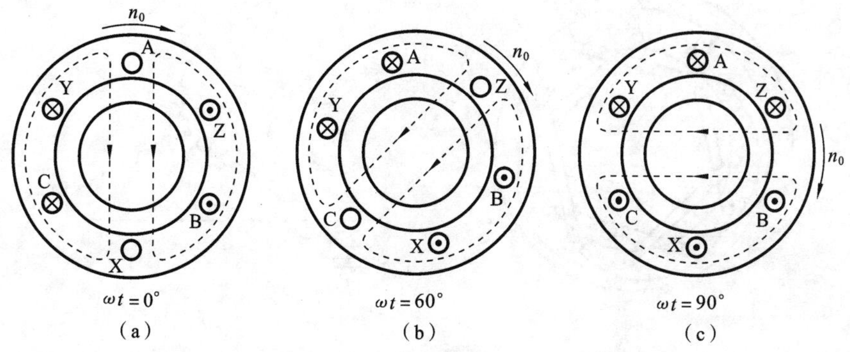

图5-7　$\omega t=0°$、$\omega t=60°$、$\omega t=90°$时两极旋转磁场

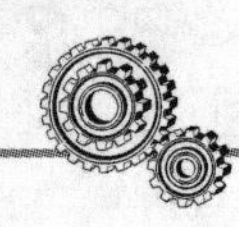

2）旋转磁场的转向

从图 5-7 可以看出：当 $\omega t=0°$时，A 相的电流 $i_A=0$，此时旋转磁场的轴线与 A 相绕组的轴线垂直；当 $\omega t=90°$时，A 相的电流 $i_A=+I_m$ 达到最大，这时旋转磁场轴线的方向恰好与 A 相绕组的轴线方向一致。三相电流出现正的最大值的顺序为 A→B→C，因此旋转磁场的旋转方向与通入绕组的电流相序是一致的，即旋转磁场的转向与三相电流的相序一致。如果将与三相电源相连接的电动机三根导线中的任意两根对调一下，则定子电流的相序将随之改变，旋转磁场的旋转方向也发生改变。电动机就会反转，如图 5-8 所示。

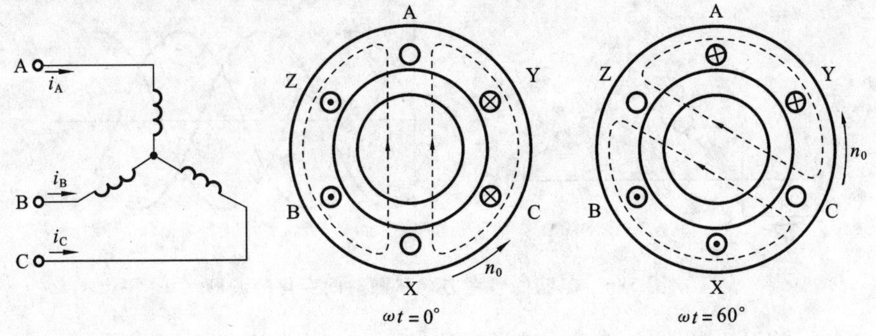

图 5-8　旋转磁场的反转

3）旋转磁场的极数

三相异步电动机的极数就是旋转磁场的极数。旋转磁场的极数和三相定子绕组的排列有关。根据图 5-7 所示的情况，每相绕组只有一个线圈，三相绕组的首端之间相差 120°空间角度，则产生的旋转磁场具有一对磁极，即 $p=1$。如将定子绕组按图 5-9 所示安排，即每相绕组有两个均匀排列的线圈串联，三相绕组的首端之间只相差 60°的空间角度，则产生的旋转磁场具有两对磁极，即 $p=2$，如图 5-10所示。

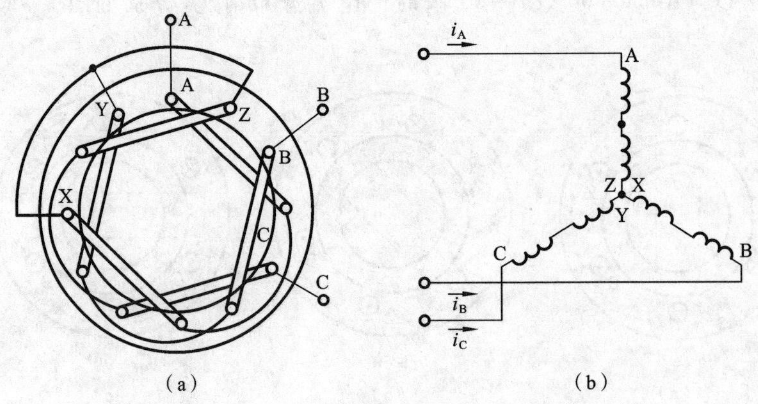

图 5-9　产生四极旋转磁场的定子绕组

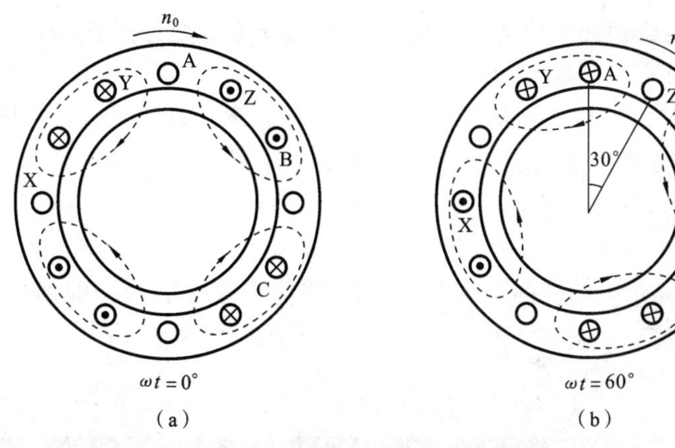

图 5-10 四极旋转磁场的产生

同理，如果要产生三对磁极，即 $p=3$ 的旋转磁场，则每相绕组必须有均匀排列的三个线圈串联，三相绕组的始端之间相差 40°$\left(即\dfrac{120°}{p}\right)$的空间角度。

4）旋转磁场的转速

三相异步电动机的转速与旋转磁场的转速有关，而旋转磁场的转速取决于旋转磁场的极数。可以证明在磁极对数 $p=1$ 的情况下，三相定子电流变化一个周期，所产生的合成旋转磁场在空间亦旋转一周。当电源频率为 f 时，对应的旋转磁场转速 $n_1=60f$。当电动机的旋转磁场具有 p 对磁极时，合成旋转磁场的转速为

$$n_1=60f/p$$

式中 n_1——同步转速，即旋转磁场的转速，其单位为 r/min（转/分）。

我国电网电源频率 $f=50$ Hz，故当电动机磁极对数 p 分别为 1、2、3、4 时，相应的同步转速 n_1 分别为 3 000 r/min、1 500 r/min、1 000 r/min、750 r/min。

2. 三相异步电动机转动的原理

通过观察图 5-7 可发现，如果在定子绕组中通入三相对称电流，定子内部将产生沿某个方向、转速为 n_1 的旋转磁场。这时转子绕组与旋转磁场之间存在着相对运动，转子绕组切割磁力线而产生感应电动势，电动势的方向可根据右手定则确定。由于转子绕组是闭合的绕组，于是在感应电动势的作用下，绕组内有电流流过，转子电流与旋转磁场相互作用，便在转子绕组中产生电磁力 F。电磁力 F 的方向可由左手定则确定。该力对转轴形成了电磁转矩 T_{em}，使转子按旋转磁场方向转动。异步电动机的定子和转子之间能量的传递是靠电磁感应作用的，故异步电动机又称感应电动机。

转子的转速 n 是否会与旋转磁场的转速 n_1 相同呢？回答是不可能的。因为一旦转子的转速和旋转磁场的转速相同，二者之间便无相对运动，转子也不能产生感应电动势和感应电流，也就没有电磁转矩了。只有当二者转速有差异时，才

能产生电磁转矩，驱使转子转动。可见，转子转速 n 总是略小于旋转磁场的转速 n_1，异步电动机因此而得名。

由此可知，n_1 与 n 有差异是异步电动机运行的必要条件。通常把同步转速 n_1 与转子转速 n 之差称为转差速度，转差速度与同步转速 n_1 的比值称为转差率(也称滑差率)，用 s 表示，即

$$s=(n_1-n)/n_1 \tag{5-2}$$

转差率 s 是异步电动机的一个重要参数，当同步转速 n_1 一定时，转差率的数值与电动机的转速 n 相对应，正常运行的异步电动机，其 s 值很小，一般为0.01～0.06。

第二节　三相异步电动机的电磁转矩与机械特性

一、三相异步电动机的电磁转矩

电磁转矩是三相异步电动机最重要的参数。电磁转矩的存在是三相异步电动机能够正常工作的先决条件，是分析三相异步电动机机械特性的必要条件。

电磁转矩反映电动机做功的能力，用字母 T 表示。电磁转矩的大小与转子电流 I_2 的有功分量 $I_2\cos\varphi_2$ 和定子旋转磁场的每极磁通量 Φ 成正比，即

$$T=K_T\Phi I_2\cos\varphi_2 \tag{5-3}$$

式中　K_T——转矩系数，是一个常数，与电动机的结构有关。

式(5-3)反映了电磁转矩 T 与电动机参数 I_2、$\cos\varphi_2$ 间的关系，因此称该式为电磁转矩的物理表达式。

实际计算中，式(5-3)可简化成

$$T=K_T\frac{sR_2U_1^2}{R_2^2+(sX_{20})^2} \tag{5-4}$$

式中　R_2——转子每相绕组的电阻。

X_{20}——转子静止时的感抗，通常也是常数。

式(5-4)表明，电磁转矩 T 与定子绕组上所加电压 U_1 的二次方成正比，当 U_1 一定时，电磁转矩 T 是转差率 s 的函数。该式又称为电磁转矩的数学表达式或参数表达式。

二、三相异步电动机的机械特性

当电源电压 U_1 和转子电路参数为定值时，转速 n 和电磁转矩 T 的关系 $n=f(T)$称为三相异步电动机的机械特性。它是三相异步电动机最重要的特性。而三相异步电动机的转速 n 与转差率 s 之间存在一定的关系，所以对于三相异步电动机，通常用 $n=f(T)$来代替 $T=f(s)$。

根据式(5-4)可画出三相异步电动机的机械特性曲线,如图5-11所示。

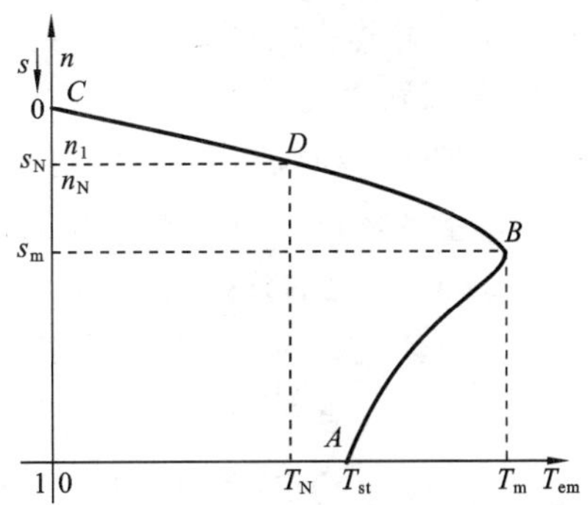

图5-11　三相异步电动机的机械特性曲线

由图5-11可见,可将三相异步电动机的机械特性曲线分成两个性质不同的区域,即 AB 段和 BC 段。

当三相异步电动机启动时,只要启动转矩大于阻力矩,三相异步电动机便启动起来。此时电动机沿 AB 段运行,在 AB 段电磁转矩一直在增大,所以转子处于加速状态,使得电动机在较短的时间内很快越过 AB 段而进入 BC 段。在 BC 段,随着转速的不断上升,电磁转矩下降,当转速上升到一定值时,电动机的电磁转矩与负载阻转矩相等,电动机的转速就不再上升,即电动机稳定运行在 BC 段。所以三相异步电动机的机械特性曲线分为不稳定运行区域(AB 段)和稳定运行区域(BC 段)。

下面分析反映三相异步电动机机械特性的四个特殊转矩。

1. 启动转矩

电动机启动瞬间 $n=0$,$s=1$,所对应的电磁转矩 T_{st} 称为启动转矩,对应图5-11中点 A。T_{st} 与电源电压 U_1 的二次方及转子电阻 R_2 成正比。

显然,只有在 T_{st} 大于负载转矩 T_2 时,电动机才能启动。T_{st} 越大,电动机带负载启动的能力就越强,启动时间也越短。T_{st} 与 T_N 的比值称为启动系数,用 K_{st} 表示,即

$$K_{st}=\frac{T_{st}}{T_N} \tag{5-5}$$

一般笼型转子异步电动机的 K_{st} 为0.8～2。

2. 临界转矩点

从图5-11可以看出,该机械特性曲线的形状以 B 点为界,AB 段与 BC 段的变化趋势是完全不同的,B 点就是一个临界点,并且 B 点对应的电磁转矩即为电动机的最大转矩 T_m,B 点对应的转差率 s_m 为临界转差率。

为了保证电动机在电源电压发生波动时,仍能够可靠运行,一般规定最大转矩 T_m 为额定转矩 T_N 的数倍,用 λ_m 表示,称为过载系数,即

$$\lambda_m=\frac{T_m}{T_N} \tag{5-6}$$

过载系数 λ_m 反映电动机允许的短时过载运行能力,是异步电动机的一个重要指标。λ_m 越大,电动机适应电源电压波动的能力和短时过载的能力就越强。

一般三相异步电动机的过载系数 λ_m 为 1.8～2.5。

3. 额定转矩

三相异步电动机在额定状态下运行，转速 $n=n_N$，$s=s_N$，轴上的输出转矩即为带动轴上的额定机械负载的额定转矩 T_N(对应图 5-11 中点 D)，额定转矩 T_N 与额定功率 P_N 和额定转速 n_N 的关系可用下式表示：

$$T_N = 9\ 550 P_N / n_N \tag{5-7}$$

式中 P_N——电动机轴上输出的额定功率(kW)；

n_N——电动机额定转速(r/min)；

T_N——电动机上输出的额定转矩(N/m)。

在忽略电动机本身的机械损耗转矩(如轴承摩擦等)的情况下，可以认为额定电磁转矩 T_{emN} 与轴上输出的额定转矩相等，经推导有

$$T_{emN} = T_N = 9\ 550 P_2 / n_N \tag{5-8}$$

式中 P_2——电动机轴上输出的机械功率(kW)；

n_N——电动机额定转速(r/min)。

4. 理想空载转速点 C

曲线与纵坐标的交点即为理想空载转速点 C，此时对应的 $n=n_1$ 为同步转速，$s=0$，电磁转矩 $T_{em}=0$。但实际运行时，由于存在风阻、摩擦等损耗，所以实际转速略低于同步转速 n_1，故称 C 点为理想空载转速点。

5. 稳定运行区域与不稳定运行区域

如图 5-11 所示，机械特性曲线可分为两部分：BC 部分($0<s<s_m$)称为稳定运行区域，AB 部分($s>s_m$)称为不稳定运行区域。电动机稳定运转只限于曲线的 BC 段。电动机在 $0<s<s_m$ 区间运行时，只要负载阻转矩小于最大转矩 T_m，当负载发生波动时，电磁转矩就总能自动调整到与负载阻转矩相平衡，使转子适应负载的增减以稍低或稍高的转速继续稳定运转。

如果电动机在稳定区域运行时，负载阻转矩增加到超过了最大转矩，电动机的运行状态将沿着机械特性曲线的 BC 部分下降，越过 B 点而进入不稳定运行区，导致电动机停止运转。因此，最大转矩又称崩溃转矩。

由机械特性曲线可知：

(1) 异步电动机稳定运行的条件是 $s<s_m$，即转差率应低于临界转差率；

(2) 如果从空载到满载时转速变化很小，就称该电动机具有硬机械特性。三相异步电动机具有硬机械特性。

需要说明的是，上述负载是指不随转速的变化而变化的恒转矩负载，如机床刀架平移机构等，它不能在 $s>s_m$ 区域稳定运行；但风机类负载，因其转矩与转速的二次方成正比，经分析，可以在 $s>s_m$ 区域稳定运行。

第三节 三相异步电动机的启动、调速与制动

一、三相异步电动机的启动

启动是指异步电动机在接通电源后，从静止状态到稳定运行状态的过渡过程。在启动的瞬间，由于转子尚未加速，此时 $n=0$，$s=1$，旋转磁场以最大的相对速度切割转子导体，转子感应电动势的电流最大，致使定子启动电流 I_{st} 也很大，其值为额定电流的 4～7 倍。尽管启动电流很大，但因功率因数很低，所以启动转矩 T_{st} 较小。

过大的启动电流会使电网电压明显降低，而且还会影响接在同一电网的其他用电设备的正常运行，严重时连电动机本身也转不起来。如果频繁启动，电动机不仅会温升增加，还会产生过大的电磁冲击，使电动机的寿命受到影响。启动转矩过小会使电动机启动时间拖长，既影响生产效率又会使电动机温升增加，如果小于负载转矩，电动机就根本不能启动。

根据异步电动机存在着启动电流很大，而启动转矩却较小的问题，必须在启动瞬间限制启动电流，并应尽可能地提高启动转矩，以加快启动过程。

对于容量和结构不同的异步电动机，考虑到性质和大小不同的负载，以及电网的容量，欲解决启动电流大、启动转矩小的问题，要采取不同的启动方式。下面对笼型异步电动机和绕线转子异步电动机常用的几种启动方法进行讨论。

二、笼型异步电动机的启动

1. 直接启动

直接启动存在以下问题。

(1) 过大的启动电流将会使供电线路产生较大的电压降，造成电网电压显著下降，从而影响在同一电网上的其他用电设备的正常工作。

(2) 对于正在启动的电动机本身，也会因电压下降过大、启动转矩减小，启动时间延长，甚至不能启动。

因此，在供电变压器容量较大、电动机容量较小的前提下，三相异步电动机可以直接启动；否则，应采用适当的启动方法（如降压启动）。可采用如下经验公式判断，即

$$\frac{I_{st}}{I_N}<\frac{3}{4}+\frac{\text{变压器容量(kV·A)}}{4\times\text{电动机功率(kW)}} \tag{5-9}$$

式中 I_{st}——电动机直接启动电流(A)；

I_N——电动机额定电流(A)。

若计算结果符合式(5-9)，采用直接启动方法，否则采用降压启动方法。

2. 笼型异步电动机的降压启动

当笼型异步电动机容量较大,而电源容量不够大时,为了限制启动电流,避免电网电压显著下降,一般采用降压启动。降压启动是指利用启动设备,在启动时降低加在定子绕组上的电压,待启动过程结束,再给定子绕组加上全电压(正常工作的额定电压),使其正常工作。

由于电磁转矩与定子绕组电压的二次方成正比,所以电动机在降压启动时,启动转矩也大大降低了。因此,降压启动只适合于空载或轻载启动等负载不大的情况。选择启动方法时,要同时校核启动电流和启动转矩是否满足要求。

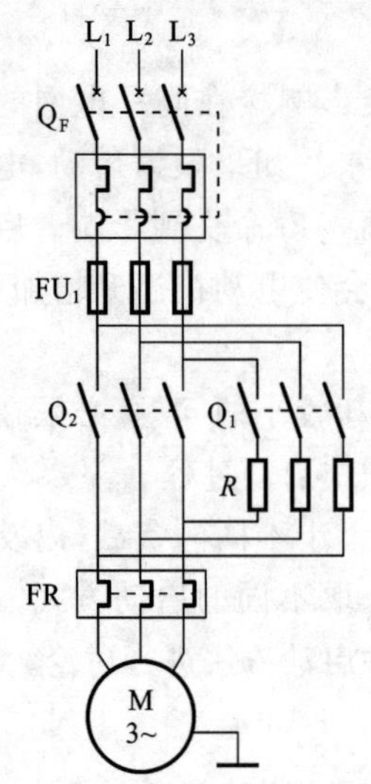

图 5-12 笼型异步电动机定子电路串接电阻降压启动线路

笼型异步电动机降压启动方式有:星形-三角形(Y-△)降压启动、自耦变压器降压启动和定子电路串电阻(电抗)降压启动等。

1) 笼型异步电动机定子电路串接电阻降压启动

笼型异步电动机定子电路串接电阻降压启动线路如图 5-12 所示。启动时,先合上电源隔离开关 Q_F,将 Q_1 扳向"闭合"位置,电动机即串入电阻 R 启动。待转速接近稳定值时,将 Q_2 扳向"闭合"位置,R 被切除,使电动机恢复正常工作状况。由于启动时,启动电流将在电阻 R 上产生一定的电压降,使得加在定子绕组的电压降低,因此可限制启动电流。调节电阻 R 的大小可以将启动电流限制在允许的范围内。采用定子串电阻降压启动时,虽然启动电流降低,但启动转矩也会大大减小。

假设定子串电阻启动后,定子端电压由 U_1 降低到 U'_1 时,电动机参数保持不变,则启动电流与定子绕组端电压成正比,于是有

$$U_1/U'_1=I_{1Q}/I'_{1Q}=K_u \tag{5-10}$$

式中 I_{1Q}——直接启动电流;

I'_{1Q}——降压后的启动电流;

K_u——启动电压降低的倍数,即电压比,$K_u>1$。

由式(5-4)可知,在电动机参数不变的情况下,启动转矩与定子端电压二次方成正比,故有 $T_Q/T'_Q=(U_1/U'_1)^2=K_u^2$,显然启动转矩将大大减小。定子串电阻降压启动,只适用于空载和轻载启动。由于采用电阻降压启动时损耗较大,该方法一般用于低电压电动机启动。

2) 笼型异步电动机定子星形-三角形(Y-△)降压启动

如果电动机在工作时其定子绕组是接成三角形的,那么在启动时可把它接

成星形，等到转速接近额定值时再换接成三角形。这就是星形-三角形（Y-△）降压启动。

启动时，先将控制开关 SA_1 扳向星形位置，将定子绕组接成星形，然后合上电源控制开关 QS。当转速上升后，断开 SA_1，再将 SA_2 闭合，切换到三角形接法，电动机便接成三角形在全压下正常工作。

下面分析星形-三角形（Y-△）降压启动时的启动电流与启动转矩。由图 5-13 可知，如果采用三角形连接直接启动，则电动机电压为

$$U_{\triangle}=U_N$$

电网供给电动机的线电流为

$$I_{1Q}=\sqrt{3}I_{\triangle}$$

如果采用星形连接降压启动，由图 5-13 可知，电动机相电压为

$$U_Y=\frac{U_N}{\sqrt{3}}$$

电网供给电动机的线电流为

$$I'_{1Q}=I_Y$$

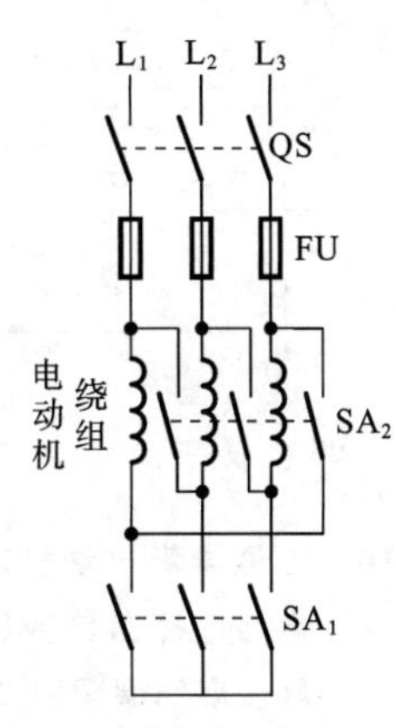

图 5-13 笼型异步电动机定子星形-三角形（Y-△）降压启动线路图

可见两种情况下的线电流之比为

$$\frac{I'_{1Q}}{I_{1Q}}=\frac{U_N}{\sqrt{3}} \tag{5-11}$$

考虑到启动时相电流与相电压成正比，则式(5-11)变为

$$\frac{I'_{1Q}}{I_{1Q}}=\frac{U_Y}{\sqrt{3}U_{\triangle}}=\frac{U_N}{\sqrt{3}\cdot\sqrt{3}\cdot U_N}=\frac{1}{3}$$

由此可见，星形-三角形（Y-△）降压启动时，电网供给的电流将下降为三角形连接时的 1/3。根据启动转矩与电压成正比的关系，则两种情况下的启动转矩之比为

$$\frac{T'_Q}{T_Q}=\frac{U_1^2}{U_{\triangle}^2}=\frac{1}{3}$$

以上分析说明：星形-三角形（Y-△）降压启动时转矩降低的倍数与电流降低的倍数相同。由于高电压电动机引出六个出线端子有困难，故星形-三角形（Y-△）降压启动一般仅用于 500 V 以下的低压电动机，且又限于正常运行时定子绕组做三角形连接的情况。常见电动机的额定电压标为 380/220 V，其表示：当电源线电压为 380 V 时用星形连接，当线电压为 220 V 时用三角形连接。显然，当电源线电压为 380 V 时，这一类电动机就不能采用星形-三角形降压启动方式。星形-三角形降压启动的优点是启动设备简单，成本低，运行比较可靠，维护方便，所以广为应用。

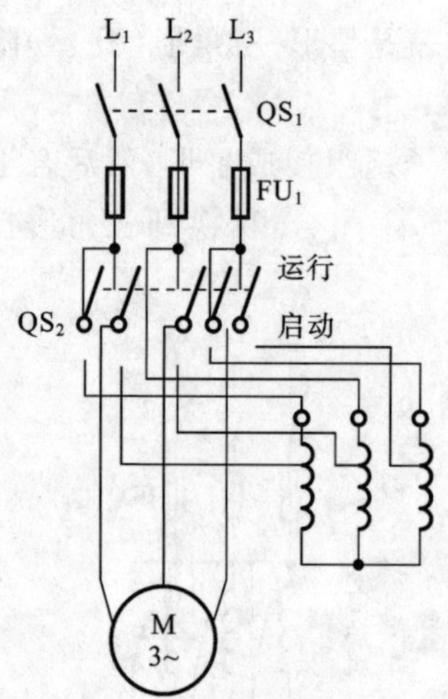

图 5-14　笼型异步电动机定子电路串接自耦变压器降压启动原理图

3）笼型异步电动机定子电路串接自耦变压器降压启动

自耦变压器降压启动是利用自耦变压器将电网电压降低后再加到电动机定子绕组上，待转速接近稳定值时再将电动机直接接到电网上，其原理如图 5-14 所示。

启动时，将开关扳到“启动”位置，自耦变压器一次侧接电网，二次侧接电动机定子绕组，实现降压启动。当转速接近额定值时，将开关扳向“运行”位置，切除自耦变压器，使电动机直接接入电网全压运行。

为说明采用自耦变压器降压启动对启动电流的限制和对启动转矩的影响，取自耦变压器一相电路分析即可，如图 5-15 所示。已知自耦变压器的电压比为

$$K_u = N_1/N_2 = U_1/U_2 = I'_{2Q}/I'_{1Q}$$

式中　U_1——电网相电压；

U_2——加到电动机一相定子绕组上的自耦变压器输出电压；

I'_{1Q}——电网向自耦变压器一次侧提供的降压启动电流；

I'_{2Q}——自耦变压器二次侧提供给电动机的降压启动电流。

设直接启动时，电动机的启动电流为 I_{1Q}，电网加给定子绕组的相电压为 U_1。则根据启动电流与定子绕组电压成正比的关系，电动机定子绕组降压前后的电流比为

$$I'_{2Q}/I_{1Q} = U_2/U_1 = 1/K_u \tag{5-12}$$

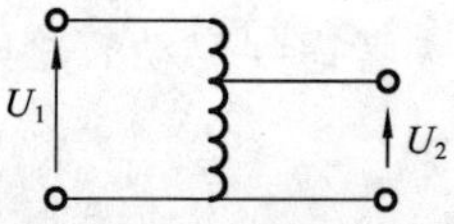

图 5-15　自耦变压器一相电路

且 $I'_{2Q} = K_u I'_{1Q}$，则

$$\frac{I'_{1Q}}{I_{1Q}} = \frac{1}{K_u^2} \tag{5-13}$$

可见，采用自耦变压器降压启动，当定子端电压降低为原来的 $1/K_u$ $\left(U_2 = \dfrac{U_1}{K_u}\right)$时，启动电流降低至原来的 $1/K_u^2$。启动转矩降低的比值又如何呢？由启动转矩与电压二次方成正比的关系可知

$$\frac{T'_Q}{T_Q} = \frac{U_2^2}{U_1^2} = \frac{1}{K_u^2}$$

或

$$T'_Q = \frac{T_Q}{K_u^2} \tag{5-14}$$

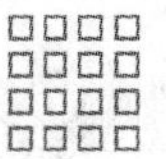

式(5-14)说明,启动转矩降低的比例与启动电流降低的比例相同。

自耦变压器的二次侧上备有几个不同的电压抽头,以供用户选择电压。例如:QJ型有三个抽头,其输出电压分别是电源电压的55%、64%、73%,相应的电压比分别为1.82、1.56、1.37;QJ3型也有三个抽头,其输出电压分别是电源电压的40%、60%、80%,相应的电压比分别为2.5、1.67、1.25。

在电动机容量较大或正常运行时连接成星形,并带一定负载启动时,宜采用自耦变压器降压启动,根据负载的情况,选用合适的变压器抽头,以获得需要的启动电压和启动转矩。此时,虽然启动转矩仍有削弱,但不致降低至原来的1/3(与星形-三角形降压启动相比较)。

自耦变压器的体积、质量大,价格较高,维修麻烦,且不允许频繁启动。自耦变压器的容量一般选择为等于电动机的容量;其每小时内允许连续启动的次数和每次启动的时间,在产品说明书上都有明确的规定,使用时应注意。

三、绕线转子异步电动机的启动

对于笼型异步电动机,无论采用哪一种降压启动方法来减小启动电流,电动机的启动转矩都会随之减小。某些重载下启动的生产机械(如起重机、带运输机等),不仅要限制启动电流,而且还要求有足够大的启动转矩,这就基本上排除了采用笼型异步电动机的可能性。对于此类生产机械一般采用启动性能较好的绕线转子异步电动机。通常绕线转子异步电动机用转子回路串接电阻或串接频敏变阻器的方法启动。

1. 绕线转子异步电动转子回路串接电阻器启动

绕线转子异步电动机的转子回路串入适当的电阻,既可降低启动电流,又可提高启动转矩,改善电动机的启动性能,其原理如图5-16所示。异步电动机的转子回路中接入适当的电阻(使R_2增大),不仅可以使启动电流减小,而且可以使启动转矩增大。如果使转子回路的总电阻(包括串入电阻)R_2与电动机漏感抗X_{20}相等,则启动转矩可达到最大值。

启动时,先将变阻器调到最大位置,如图5-16中的R_{st},然后合上电源开关,转子便转动起来。随着转速的升高,电磁转矩将沿着$T_{em}=f(n)$曲线而变化,如图5-17所示。启动开始时,转子电阻全部接入转子回路,随着转子转速的逐渐提高,将串入的电阻逐渐切除,当串入的电阻全部切除时,转速上升到正常转速,此时电动机稳定运行。启动完毕后,要用举刷装置把电刷举起,同时把集电环短接。当电动机停止时,应把电刷放下,且将电阻全部接入,为下次再启动做好准备。

绕线转子异步电动机不仅能在转子回路中串入电阻以减小启动电流,增大启动转矩,而且还可以在小范围内进行调速,因此,广泛地应用于启动较困难的机械(如起重机、卷扬机等)上。但它的结构比笼型异步电动机复杂,造价高,效率也稍低。在启动过程中,当切除电阻时,转矩会突然增大,从而在机械部件上

产生冲击。

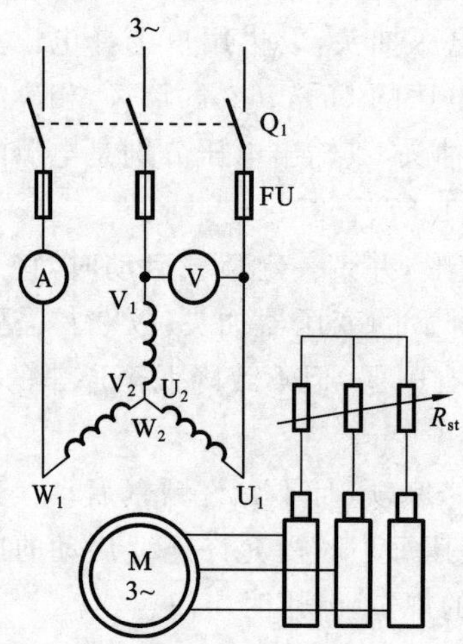

图 5-16　绕线转子异步电动机转子回路串接电阻启动原理

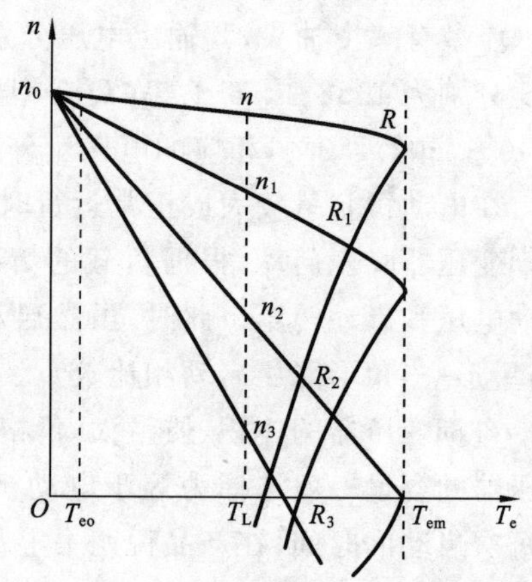

图 5-17　绕线转子异步电动机转子回路串接电阻启动的机械特性曲线

当电动机容量较大时，转子电流很大，启动设备体积也将变得庞大，操作和维护工作量大。为了克服这些缺点，目前多采用频敏变阻器作为启动电阻。

2. 绕线转子异步电动机转子回路串接频敏变阻器启动

频敏变阻器是一个三相铁芯绕组(三相绕组接成星形)，铁芯一般做成三柱式，由几片或几十片较厚(30～50 mm)的E形钢板或铁板叠装制成。电动机启动时，电动机绕组中的三相交流电通过频敏变阻器，在铁芯中便产生交变磁通，该磁通在铁芯中会产生很强的涡流，使铁芯发热，产生涡流损耗。频敏变阻器线圈的等效电阻随着频率的增大而增加，由于涡流损耗与频率的二次方成正比，当电动机启动时($s=1$)，转子电流(即频敏变阻器线圈中通过的电流)频率最高($f_2=f_1$)，因此频敏变阻器的电阻和感抗最大。启动后，随着转子转速的逐渐升高，转子电流频率($f_2=sf_1$)逐渐降低，于是频敏变阻器铁芯中的涡流损耗及等效电阻也随之减小。实际上频敏电阻器相当于一个电抗器，它的电阻是随交变电流的频率变化而变化的，故称为频敏变阻器，它正好满足了绕线转子异步电动机启动的要求。绕线转子异步电动机转子回路串接频敏变阻器启动原理如图 5-18 所示。

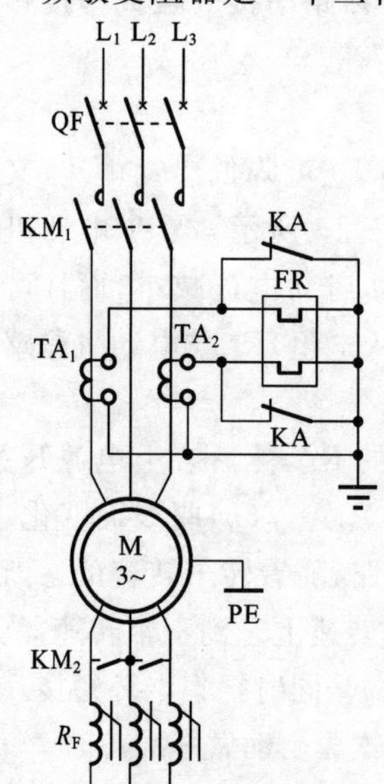

图 5-18　绕线转子异步电动机转子回路串接频敏变阻器启动原理图

由于频敏变阻器在工作时总存在着一定的阻

抗，使得电动机机械特性比固有机械特性软一些，因此，在启动完毕后，可用接触器将频敏变阻器短接，使电动机在固有机械特性曲线上运行。

频敏变阻器是一种静止的无触点变阻器，它具有结构简单、启动平滑、运行可靠、成本低廉、维护方便等优点。

例 5-1　现有一台异步电动机，其铭牌数据如下：$P_N=10\ kW$，$n_N=1\ 460\ r/min$，$U_N=380/220\ V$，星形/三角形连接，$\eta_N=0.868$，$\cos\varphi_{1N}=0.88$，$I_Q/I_N=6.5$，$T_Q/T_N=1.5$。

(1) 求额定电流和额定转矩；(2) 求电源电压为 380 V 时，电动机的接法及直接启动时的启动电流和启动转矩；(3) 求电源电压为 220 V 时，电动机的接法及直接启动时的启动电流和启动转矩；(4) 采用星形-三角形启动，电动机启动电流和启动转矩是多少？此时能否带 60%P_N 和 25%P_N 的负载转矩？

解　(1)
$$I_N=\frac{P_N}{\eta_N\sqrt{3}U_N\cos\varphi_N}$$

星形连接时，相应的额定电流为

$$I_{NY}=\frac{10\times10^3}{0.868\times\sqrt{3}\times380\times0.88}\ A=19.9\ A$$

三角形连接时，相应的额定电流为

$$I_{N\triangle}=\frac{10\times10^3}{0.868\times\sqrt{3}\times220\times0.88}\ A=34.4\ A$$

不管是星形连接还是三角形连接，定子绕组相电压均等于其额定相电压，即

$$T_N=9\ 550P_N/n_N=\frac{9\ 550\times10}{1\ 460}\ N\cdot m=65.4\ N\cdot m$$

(2) 电源电压为 380 V 时，要使电动机正常运行应采用星形连接，直接启动时：

$$I_{QY}=6.5I_{NY}=6.5\times19.9\ A=129.35\ A$$
$$T_{QY}=1.5T_N=1.5\times65.4\ N\cdot m=98.1\ N\cdot m$$

(3) 电源电压为 220 V 时，要使电动机正常运行应采用三角形连接，直接启动时：

$$I_{Q\triangle}=6.5I_{N\triangle}=6.5\times34.4\ A=224\ A$$
$$T_{N\triangle}=1.5T_N=1.5\times65.4\ N\cdot m=98.1\ N\cdot m$$

(4) 星形-三角形启动只适用于正常运行时为三角形连接的电动机。故正常运行应为三角形连接，相应电源电压为 220 V。启动时为星形连接，定子绕组电压等于其额定相电压的$\frac{1}{\sqrt{3}}$，即 127 V。所以

$$I_{QY}=1/3\times I_{Q\triangle}=1/3\times224\ A=74.7\ A$$
$$T_{QY}=1/3\times T_{Q\triangle}=1/3\times98.1\ N\cdot m=32.7\ N\cdot m$$

60 %T_N 负载下启动时的反抗转矩为

$$T_{2Q}=0.6T_N=0.6\times 65.4\ \text{N}\cdot\text{m}=39.2\ \text{N}\cdot\text{m}$$

$T_{2Q}>T_Q$,故不能启动。

25 $\%T_N$ 负载下启动时的反抗转矩为

$$T_{2Q}=0.25T_N=0.25\times 65.4\ \text{N}\cdot\text{m}=16.4\ \text{N}\cdot\text{m}$$

$T_{2Q}<T_Q$,故能启动。

通过以上计算可知,采用不同的启动方法时,电动机启动电流及启动转矩的大小是不同的。如要使电动机带负载启动,必须使启动转矩大于负载转矩。

四、三相异步电动机的调速

在工业生产中,为了获得最高的生产效率和保证产品的加工质量,常常要求生产机械设备能在不同的转速下进行工作。这时就要求电动机有不同的转速。改变电动机速度的方法有机械调速和电气调速两种。机械调速不属于本门课程的内容,在这里就不予介绍。如果采用电气调速,不仅调速的性能可得到很好的改善,调速机构的性能也可以大大改善。

由异步电动机的转速表达式

$$n=n_1(1-s)=60(1-s)f_1/p \tag{5-15}$$

可知:要调节异步电动机的速度,可采取改变电源频率 f_1、改变定子的磁极对数 p 及改变转差率 s 等三种基本方法来实现。

1. 改变电源频率 f_1

由式(5-15)可知,当连续改变电源频率时,异步电动机的转速可以平滑调节。这种调速方法可以实现异步电动机的无级调速。由于电网的交流电频率为 50 Hz,因此改变频率 f_1 调速需要专门的变频装置才能够实现。为了保证在改变频率时电动机的过载能力保持不变,需要使电动机的定子电压与频率成比例地改变。近年来,电力电子变流技术的发展,为获得变频电源提供了新的途径,使异步电动机变频调速的性能得到了进一步的改善,可以和直流调速相媲美。

2. 变极调速

前面在讨论旋转磁场时曾指出,当定子绕组的组成和接法不同时,可以改变旋转磁场的磁极对数。当电源频率恒定时,电动机的同步转速与磁极对数成反比,所以改变电动机定子绕组的磁极对数,就可以改变异步电动机的转速。

变极调速的异步电动机的转子一般都是笼型的。笼型转子的磁极对数能自动地随定子的磁极对数的改变而改变,使定子、转子磁场的磁极对数总是相等。而绕线转子异步电动机却不是这样,当定子绕组的磁极对数改变时,转子绕组的磁极对数不能自动跟随定子的磁极对数的改变而改变,必须通过改变转子绕组的连接方式才能实现,所以绕线转子异步电动机很少采用改变磁极对数来调速。

3. 改变转差率调速

改变转差率调速的方法有:改变电源电压调速,改变转子回路电阻调速,串

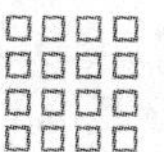

级调速，电磁转差离合器调速等。

(1) 改变电源电压调速：在其他参数恒定的情况下，异步电动机的转矩、启动转矩和最大转矩与定子电压的二次方成正比，这时改变定子电压就可改变异步电动机的转矩，转矩改变了，异步电动机的转速也会发生改变，同时转差率也随之改变，从而达到改变异步电动机转速的目的。这种调速方法在低速时损耗较大，因此效率低。

(2) 改变转子电阻调速：它是一种有级调速方法，仅适用于绕线转子异步电动机。若转子回路串入电阻，电动机的最大转矩和同步转速不变，但临界转差率随转子电阻的增大而增加，当负载一定时，电动机的转速与串入转子回路中的电阻有关，串入的电阻越大，机械特性越软，电动机的转速越低。这种调速方法在通风机中很少应用。

(3) 串级调速：串级调速的方法可分为电气式串级调速和晶闸管串级调速两种。串级调速的原理是：用其他辅助电动机或电子设备代替电阻串入转子回路，使原来消耗在电阻上的电能或者转化为机械能，或者被送回电网，既达到平滑调速的目的，又获得较高的效率。其优点是在调速中，机械特性硬度基本不变，稳定性较好，调速范围较宽，可平滑无级调速，效率高。适用于大功率绕线转子异步电动机拖动通风机负载时的调速，但其成本费用较高，技术上比较复杂，设备比较庞大。

(4) 电磁转差离合器调速：电磁转差离合器主要由电枢和磁极两部分组成。当离合器的电枢随着拖动电动机旋转时，电枢和磁极间做相对运动，因而使电枢感应产生涡流，此涡流与磁通相互作用，产生转矩，带动有磁极的转子按同一方向旋转，但其转速恒低于电枢的转速。这是一种转差调速方式，改变离合器的励磁电流，便可方便地调节离合器的输出转矩和转速。励磁电流越大，输出转矩也越大，当负载转矩为定值时，转速也越高。

五、三相异步电动机反转与制动

由三相异步电动机的工作原理可知，电动机的旋转方向取决于定子旋转磁场的旋转方向。所以，只要改变定子旋转磁场的方向，就可以实现三相异步电动机的反转。

上述讨论中，三相异步电动机的启动、调速和反转有一个共同的特点，即电动机的电磁转矩与电动机的旋转方向是一致的，通常把电动机此时的状态称为电动状态。

在生产当中，三相异步电动机还有一种状态称为制动状态。制动时三相异步电动机的电磁转矩与电动机的旋转方向相反。制动包括机械制动和电气制动两种。机械制动是利用机械装置使电动机在切断电源的情况下迅速停转。应用较普遍的是电磁抱闸，它主要用于起重机械，在起重机械上吊重物时，使重物迅速而又准确地停留在某一位置上。电气制动是指电动机所产生的电磁转矩和电动机的旋转方向相反的状态。

电气制动包括能耗制动、反接制动和回馈制动三种。

1. 能耗制动

能耗制动是将运行着的三相异步电动机的定子绕组从三相交流电源上断开后，立即接到直流电源上而实现电动机制动的方法。该方法是将转子上的动能转变为电能，将转变来的电能消耗在转子回路的电阻上，所以这种方法称为能耗制动。

采用能耗制动方式的三相异步电动机，既要求有较大的制动转矩，又要求定子、转子回路的电流不能太大而使绕组过热。根据经验，能耗制动时，对于笼型异步电动机取直流励磁电流为$(4\sim5)I_0$，对于绕线转子异步电动机取直流励磁电流为$(2\sim3)I_0$，制动电阻为$r=(0.2\sim0.4)U_{2N}/\sqrt{3}I_{2N}$。

能耗制动的优点是制动力强，制动平稳。其缺点是需要一套专门的直流电源。

2. 反接制动

反接制动分为电源反接制动和倒拉反接制动两种。

1) 电源反接制动

三相异步电动机定子绕组接电源的相序改变后，旋转磁场的方向将随之改变，使转子绕组中感应电动势、感应电流，以及电磁转矩的方向都改变，而此时转子的旋转方向并不会改变，电磁转矩的方向与转子的旋转方向相反，对电动机进行制动。当电动机的转速接近为零时，应及时切断电源，否则电动机将会反向启动起来。

2) 倒拉反接制动

当绕线转子异步电动机拉动位能性负载时，在绕线转子异步电动机转子回路中串接很大的电阻，在位能性负载的作用下，电动机将向相反的方向转动，此时电磁转矩的方向与电动机旋转的方向相反，即电磁转矩对电动机产生阻滞作用，从而实现电动机的制动。因这是重物倒拉引起的制动，所以这种方法称为倒拉反接制动。为了防止重物下放速度过快，转子回路不应串入过大的电阻。

3. 回馈制动

三相异步电动机在外力的作用下，转速超过旋转磁场的转速，电磁转矩的方向与转子的旋转方向相反，电动机处在制动状态，此即回馈制动。此时电动机将机械能转变为电能返送回电网，所以称为回馈制动。

第四节　三相异步电动机的铭牌与技术数据

一、三相异步电动机的铭牌

三相异步电动机的机座上都有一个铭牌，铭牌上标有型号和各种技术数据。

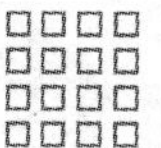

二、三相异步电动机的技术数据

1. 型号

为满足工农业生产的不同需要，电动机的生产厂家生产了多种型号的电动机，每一种型号代表一系列电动机产品。同一系列电动机的结构、形状相似，零部件通用性很强，容量按一定比例递增。

型号是选用产品名称中最具有代表意义的大写字母及阿拉伯数字表示的，例如，Y 表示异步电动机，R 表示绕线转子电动机，D 表示多速电动机等。

2. 三相异步电动机的技术数据

技术数据(额定值)是设计、制造、管理和使用电动机的依据。三相异步电动机的技术数据主要有以下几个。

(1) 额定功率 P_N：电动机在额定负载下运行时，轴上输出的机械功率，单位为 W 或 kW。

(2) 额定电压 U_N：电动机正常工作状态下，定子绕组所加的线电压，单位为 V。

(3) 额定电流 I_N：电动机输出功率时，定子绕组允许长期通过的线电流，单位为 A。

(4) 额定频率 f_N：我国的电网的频率为 50 Hz。

(5) 额定转速 n_N：电动机在额定状态下，转子的转速，单位为 r/min。

(6) 绝缘等级：电动机所用绝缘材料的等级。它规定了电动机长期使用时的极限温度与温升。温升是绝缘材料允许的温度减去环境温度(我国规定标准温度为 40 ℃)和测温方法上的误差值(一般为 5 ℃)。

(7) 工作方式：电动机的工作方式分为连续工作制、短时工作制和断续周期工作制三种。

一般选电动机时，不同工作方式的负载应选用对应工作方式的电动机。此外，电动机的铭牌上还标明了绕组的相数与接法(有星形和三角形接法)等。

第五节 三相异步电动机的选择

合理选择电动机关系到生产机械的安全运行和投资效益。防止“大马”拉“小车”或“小马”拉“大车”现象。三相异步电动机的选择主要考虑以下几个方面。

一、根据生产机械所需功率选择电动机的容量

对于连续运行的电动机，只要其满足 $P_N \geqslant P_L$ 就行了，其中 P_N 为电动机的功率，P_L 为生产机械的功率。

二、根据工作环境选择电动机的结构形式

首先是种类的选择。电动机种类选择的依据是,在满足生产机械对拖动系统特性要求的前提下,力求结构简单、运行可靠、维护方便、价格低廉。由于目前最普遍的动力电源是三相交流电源,因此在选择电动机时,一般首先考虑三相异步电动机。在三相异步电动机中,笼型异步电动机结构简单、运行可靠、维护方便、价格低廉,但启动和调速性能差,功率因数低。一般功率小于 100 kW,且不要求调速的生产机械大都选择笼型异步电动机。例如水泵、通风机、机床等广泛采用笼型异步电动机。只有在需要大启动转矩或要求有一定调速范围的情况下,才选择绕线转子异步电动机。

其次是外形结构的选择。电动机的外型结构的选择,要与生产机械的工作条件相适应。电动机的外形结构按其安装位置的不同分为立式和卧式两种。卧式电动机的转轴是水平安放的,立式电动机的转轴与地面垂直,一般选卧式的。因立式电动机的价格较贵,只有为了简化传动装置,又必须竖直运转时才选择立式电动机。

电动机的防护形式要根据电动机周围工作的环境来确定,电动机的防护形式可分为以下几种。

(1) 开启式:这种电动机的价格便宜,散热条件好,但灰尘、水滴或铁屑容易侵入电动机内部而影响电动机的正常工作和寿命,所以仅适用于干燥和清洁的工作环境。

(2) 防护式:这种电动机的通风条件好,可防止水滴、铁屑等杂物落入电动机内部,但不能防止灰尘和潮气侵入,所以适用于比较干燥、灰尘不多,无腐蚀性和爆炸性气体的环境。

(3) 封闭式:这种电动机分为自扇冷式、他扇冷式和密闭式三种。前两种电动机可用于潮湿、多腐蚀气体、多灰尘、易受风雨侵蚀的环境。密闭式电动机一般用于在液体中工作的场合。

(4) 防爆式:这种电动机应用在有爆炸危险的环境中。如油库、煤气站及矿井等场所。

三、根据生产机械对调速、启动的要求选择电动机的类型

当生产机械对调速、启动的要求较高时,就选择直流电动机。当生产机械对调速、启动的要求不高时,就选择交流电动机。

四、根据生产机械的转速选择电动机的转速

电动机额定转速选择得是否合理,关系到电动机的价格和拖动系统的运行效率,从而关系到生产机械的生产率。功率相同的电动机,转速愈高,则磁极对数

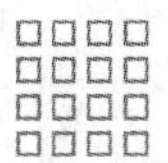

愈少，体积愈小，价格愈便宜，因此选择高速电动机比较经济。但高速电动机的转矩小，启动电流大。选择时应使电动机的转速尽可能与生产机械的转速相一致或接近，以简化传动装置。

第六节　单相异步电动机结构与工作原理

一、概述

单相异步电动机只需单相交流电源供电，因而应用非常广泛。如，小型机床、轻工设备、医疗机械、家用电器、电动工具、农用水泵、仪器仪表等众多领域。优点：使用方便、结构简单、运行可靠、价格低廉、维护方便等，与三相异步电动机相比，其缺点为体积稍大、性能稍差（见图 5-19）。

图 5-19　单相异步电动机的外形

二、单相异步电动机的工作原理

在交流电动机中，当定子绕组通过交流电时，将建立电枢磁动势，它对电动机能量转换和运行性能都有很大影响。单相交流绕组通入单相交流电时会产生脉振磁动势，该磁动势可分解为两个幅值相等、转速相反的旋转磁动势，从而在气隙中建立正转和反转磁场。这两个旋转磁场切割转子导体，并分别在转子导体中产生感应电动势和感应电流，该电流与磁场相互作用产生正、反电磁转矩。正向电磁转矩试图使转子正转；反向电磁转矩试图使转子反转。这两个转矩叠加起来就是推动电动机转动的合成转矩，而合成转矩为零。

由以上分析可知，单相异步电动机没有启动转矩。要想让它转动，就必须给它增加一套产生启动转矩的启动装置。因此，单相异步电动机的结构主要由定子、转子和启动装置三部分组成。其定子和转子的组成与三相笼型异步电动机的类似，只是其绕组都是单相的；启动装置是其特有的，启动装置有多种多样，可形成多种不同启动形式的单相异步电动机。

三、单相异步电动机的基本类型

单相异步电动机根据启动方法或运行方式可分为电容分相式单相异步电动机、电阻分相式单相异步电动机、电感分相式单相异步电动机、罩极式单相异步电动机。

1. 分相式异步电动机

电容分相式异步电动机启动的原理如图 5-20 所示。

在单相异步电动机的定子内，除原绕组（称为工作绕组或主绕组）外，再加一

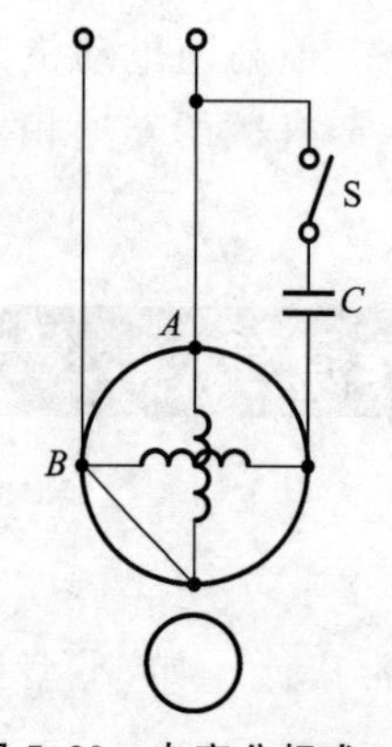

图 5-20 电容分相式异步电动机启动的原理

个启动绕组(副绕组),两者相差 90°电角度。接线时,启动绕组串联一个电容器,然后与工作绕组并联接于交流电源上。选择适当的电容量,可使两绕组电流的相位差为 90°。这样,在相位上相差 90°的电流通入在空间上也相差 90°的两个绕组后,产生的磁场也是旋转的(分析方法与三相异步电动机的旋转磁场分析方法相同)。于是,电动机便转动起来。电动机转动起来之后,启动绕组可以留在电路中,也可以利用离心式开关或电压、电流型继电器把启动绕组从电路中切断。按前一种方式设计制造的称为电容运转电动机,按后一种方式设计制造的称为电容启动电动机。

除用电容来分相外,也可用电感或电阻来分相。电感分相式和电阻分相式异步电动机的原理和电容分相式异步电动机原理是一样的。在工作当中改变电容器 C 的串联位置,可使单相异步电动机反转。

分相式单相异步电动机的特征如下。

(1) 效率　分相式单相异步电动机的效率因设计的不同而不同,并且还与电动机的容量和转速有关,一般为 50%～60%。与同样容量的三相电动机比较,其效率略低一些。

(2) 启动转矩　分相式电动机的启动转矩比罩极式电动机的大,为额定转矩的 1.2～2 倍。

(3) 转速　分相式电动机的转速很稳定,负载变化时转速变化不大。

(4) 启动电流　分相式电动机的启动电流很大,为额定电流的 6～7 倍,比其他类型的单相异步电动机要大,这是它的一个缺点。

(5) 功率因数　分相式电动机的功率因数也因电动机的设计、容量和磁极数的不同而不同,其大小和罩极式电动机的差不多,一般为 0.45～0.75。

(6) 过载能力　分相式电动机的停转转矩与设计有关,一般过载能力为 2～2.5,过载时温升较高。因此,过载 25%的时间,不要超过 5 min,否则将引起电动机的过热甚至烧坏电动机。

(7) 噪声　单相异步电动机在运行中,由于脉振磁场的存在,都会有一定程度的振动和噪声。而且电动机极数愈少、转速愈高,振动与噪声也愈大。分相式电动机当然也不例外,而且由于继电器的频繁动作,启动电流又大,与其他类型的单相异步电动机相比噪声较大。

2. 罩极式单相异步电动机

罩极式单相异步电动机的结构如图 5-21 所示。其原理如图 5-22 所示,单相绕组绕在磁极上,在磁极的约 1/3 部分套一短路铜环。Φ_1 是励磁电流 i 产生的磁通,Φ_2 是励磁电流 i 产生的另一部分磁通(穿过短路铜环)和短路铜环中的

感应电流所产生磁通的合成磁通。由于短路铜环中的感应电流阻碍穿过其中磁通的变化，使 Φ_1 和 Φ_2 之间产生相位差，Φ_2 滞后于 Φ_1。当 Φ_1 达到最大值时，Φ_2 还未达到最大值；而当 Φ_1 减小时，Φ_2 才增大到最大值。这相当于在电动机内形成一个向被罩部分移动的磁场，它便使笼型电动机转子产生转矩而启动。

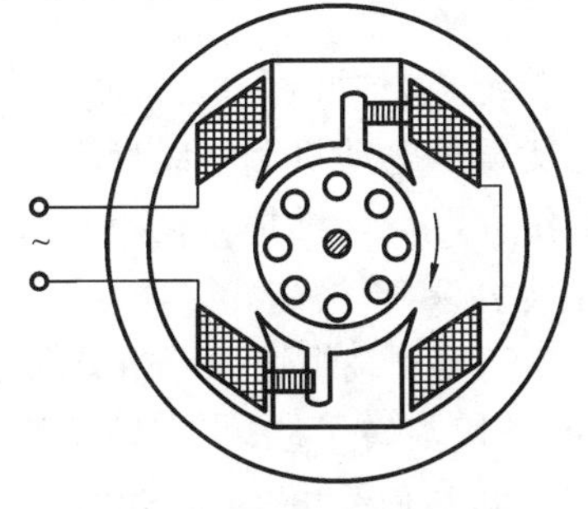

图 5-21 罩极式单相异步电动机的结构

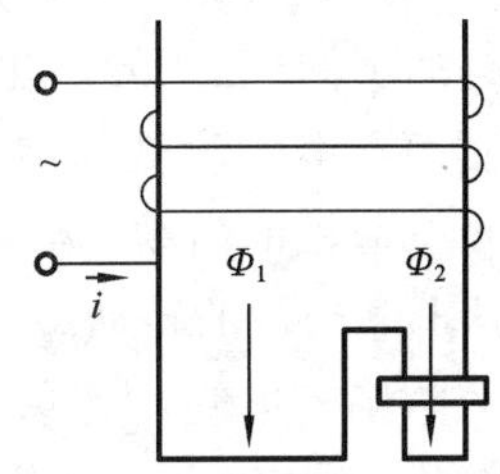

图 5-22 罩极式异步电动机的原理

罩极式单相异步电动机有隐极式和凸极式两种，大多数罩极电动机都采用凸极式。罩极式单相异步电动机的特征如下。

(1) 效率 罩极式单相异步电动机的效率和其他类型的单相异步电动机相比，一般低 8%～15%。然而，由于罩极式电动机容量很小，它的可靠性和制造成本比它的效率更为重要，因此效率低的缺点并不显得突出。

(2) 启动特性 罩极式电动机的启动转矩很小，通常只有额定运行转矩的 30%～50%。因此，罩极式电动机不宜用于需要满载启动或迅速启动的设备中，一般应用于空载启动的电器，如电唱机和电风扇等。

(3) 转速 罩极式电动机的转速几乎是恒定的，直到超载以后才迅速下降。它的转差率比其他类型的单相异步电动机的大，罩极式电动机的最高转速约为 2 700 r/min，最低约为几十转每分钟。

(4) 减速 罩极式电动机由空载到过载，电流的变化很小，因此大都可以用机械方法使其减速，即使用机械方法使其停转也不会使电动机烧坏。由于具有这样一个特点，它可以用于阀门等机构中。

(5) 功率因数 罩极式电动机的效率很低，因而功率因数较低，但因容量很小，功率因数低的缺点也不突出。

(6) 噪声 罩极式电动机没有产生机械噪声和电火花的摩擦触点和电刷等部件，因而运行时，一般噪声很小，而且对无线电等设备也没有干扰。

总的来说，罩极式电动机结构简单，工作可靠，但启动转矩较小，常用于对启动转矩要求不高的设备，如风扇、吹风机等电器中。

如果三相异步电动机定子电路的三根电源线断了一根(例如该相电源的熔断器熔断)，运行时就相当于单相异步电动机。在这种情况下，电动机会因过热而致损坏。为避免发生单相启动和单相运行，最好给三相异步电动机配备“缺相保护"装置。电源线一旦断路(即缺相),保护装置可以立即将电源切断,并发出缺相信号,以采取保护措施。

本章小结

(1) 三相异步电动机由定子和转子两部分组成,这两部分之间由气隙隔开。按转子结构的不同,三相异步电动机分为笼型异步电动机和绕线转子异步电动机两种。笼型异步电动机的结构简单,价格便宜,运行、维护方便,使用广泛;绕线转子异步电动机的启动、调速性能好,但结构复杂,价格高。

(2) 异步电动机的转动原理是:首先,当三相定子绕组通入三相交流电时,定子绕组中的电流产生旋转磁场;其次,旋转磁场切割转子绕组,在转子绕组中产生感应电动势(电流),使转子绕组成为带电导体,从而受电磁力作用而产生电磁力矩驱动转子转动。

转子转速 n 恒小于旋转磁场转速 n_1,即转差的存在是异步电动机工作的必要条件。

转差率为

$$s=\frac{n_1-n}{n_1}$$

转子转向由三相电流的相序决定,要改变异步电动机的转向只有改变三相电源的相序。

(3) 电磁转矩的物理表达式为 $T=K_T\Phi I_2\cos\varphi_2$,表明电磁转矩是由主磁通与转子电流的相互作用产生的。

电磁转矩的表达式为

$$T=K_T\frac{sR_2U_1^2}{R_2^2+(sX_{20})^2}$$

由此可描绘出电动机的机械特性曲线。

(4) 异步电动机的三个特征转矩:额定转矩、最大转矩和启动转矩。

额定转矩 $T_N=9\ 550\dfrac{P_N}{n_N}$,当 P_N 一定时,具有相同功率的异步电动机,其电磁转矩近似与磁极对数 p 成正比,即磁极对数越多,其输出转矩越大。

最大转矩 $T_m=K_T\dfrac{U_1^2}{2X_{20}}$,其决定了异步电动机的过载能力,$\lambda_m=\dfrac{T_m}{T_N}$。

启动转矩 $T_{st}=K\dfrac{U_1^2R_2}{R_2^2+X_{20}^2}$,其反映了异步电动机的启动特性,$K_{st}=\dfrac{T_{st}}{T_N}$。

这三个转矩是使用和选择异步电动机的依据。

(5) 异步电动机启动电流大而启动转矩小。对于大容量的笼型异步电动机,为限制启动电流,常用降压启动(Y-△换接启动、自耦补偿器)。降压启动在限制启

动电流的同时，也会降低本来就不大的启动转矩，故它只适用于空载或轻载启动。

(6) 笼型异步电动机的调速方式有：变极调速——属于有级调速；变频调速——属于无级调速。

(7) 铭牌是电动机的运行依据，其中额定功率是指在额定运行时电动机转子轴上输出的机械功率，它并非是电动机从电网取用的电功率。额定电压、额定电流均指线电压和线电流。

(8) 合理选择电动机关系到生产机械的安全运行和投资价值。可根据生产机械所需功率选择电动机的容量，根据工作环境选择电动机的结构形式，根据生产机械对调速、启动的要求选择电动机的类型，根据生产机械的转速选择电动机的转速。

(9) 单相异步电动机的单相绕组通入单相正弦交流电后产生脉动磁场，脉动磁场本身没有启动转矩，故单相异步电动机启动的关键是解决启动转矩，常用的启动方法有分相启动和罩极启动。

习　题

5-1　有一台四磁极三相异步电动机，电源电压的频率为 50 Hz，满载时电动机的转差率为 0.02，求此电动机的同步转速、转子转速和转子电流频率。

5-2　将三相异步电动机接三相电源的三根引线中的两根对调，此电动机是否会反转？为什么？

5-3　三相异步电动机带动一定的负载运行时，若电源电压降低了，此时电动机的转矩、电流及转速有无变化？如何变化？

5-4　三相异步电动机正在运行时，转子突然被卡住，这时电动机的电流会如何变化？对电动机有何影响？

5-5　三相异步电动机断了一根电源线后，为什么不能启动？而在运行时断了一根线后，为什么仍能继续转动？这两种情况对电动机分别会有什么影响？

5-6　为什么绕线转子异步电动机在转子电路串电阻启动时，启动电流减小而启动转矩反而增大？

5-7　异步电动机有哪几种调速方法？各种调速方法有何优缺点？

5-8　罩极式单相异步电动机是否可以用通过调换电源的两根线端来使电动机反转？为什么？

5-9　三相异步电动机为什么不能运行在 s_m 或接近 s_m 的情况下？

5-10　异步电动机变极调速的可能性和原理是什么？其接线图是怎样的？

5-11　试说明笼型异步电动机定子磁极对数突然增加时，电动机的降速过程。

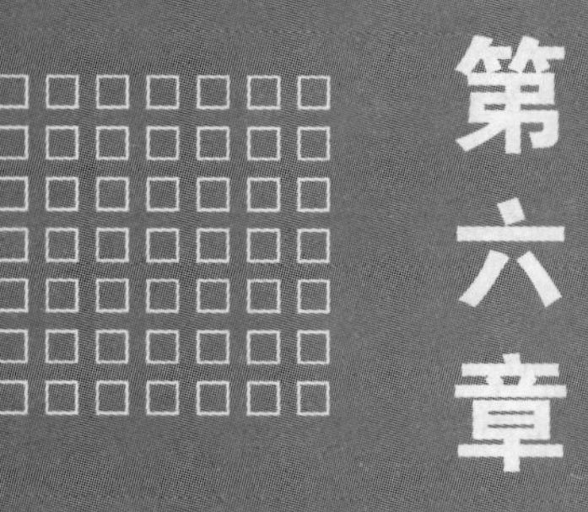

第六章 继电-接触器控制

学习目标：

- 掌握异步电动机基本控制电路的组成、工作原理；
- 熟悉常用低压控制电器的作用及选择；
- 了解低压电器的分类和常用术语。

第一节　常用低压电器

电器是一种根据外界的信号和要求，能自动或手动接通和断开电路或电器，实现对电路、电器设备或非电路现象进行切换、控制、保护、检测、调节的元件或设备。

根据工作电压的高低，电器可分为低压电器和高压电器。低压电器通常是指交流 1 200 V 及以下与直流 1 500 V 及以下的电器。低压电器作为一种基本器件，广泛应用于输配电系统和电力拖动系统中，在实际生产中起着非常重要的作用。

一、低压电器的分类

1. 按用途和所控制的对象分类

(1) 低压配电电器：如刀开关、低压开关、低压熔断器、断路器等，主要用于低压配电系统及动力设备。

(2) 低压控制电器：如接触器、继电器、电磁铁等，主要用于电力拖动及自动控制系统。

2. 按低压电器的动作方式分类

(1) 自动切换电器：如接触器、继电器等，依靠电器本身参数的变化或外来信号的作用，自动完成接通或分断等动作。

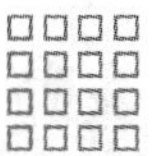

(2) 手动切换电器：如按钮、低压开关等，主要依靠外力(如手控)直接操作来进行切换。

3. 按低压电器的执行机构分类

(1) 有触头电器：如接触器、继电器等，具有可分离的动触头和静触头，主要利用触头的接触和分离来实现接通和断开控制。

(2) 无触头电器：如接近开关、固态继电器等，没有可分离的触头，主要利用半导体元器件的开关效应来实现电路的通断控制。

二、低压电器的常用术语

(1) 通断时间：从电流在开关电器的一极流过的瞬间开始，到所有极的电弧最终熄灭为止的时间。

(2) 燃弧时间：电器分断过程中，从触头断开出现电弧的瞬间开始，至电弧完全熄灭为止的时间。

(3) 分断能力：开关电器在规定的条件下，能在给定的电压下分断的预期分断电流值。

(4) 接通能力：开关电器在规定的条件下，能在给定的电压下接通的预期接通电流值。

(5) 通断能力：开关电器在规定的条件下，能在给定的电压下接通和分断的预期接通电流值。

(6) 短路接通能力：在规定的条件下，包括开关电器的出线端短路在内的接通能力。

(7) 短路分断能力：在规定的条件下，包括开关电器的出线端短路在内的分断能力。

(8) 操作频率：开关电器在每小时内可能实现的最高循环操作次数。

(9) 通电持续率：开关电器的有载时间和工作周期之比，常以百分数表示。

(10) 电寿命：在规定的正常条件下，机械开关电器不需要修理或更换的负载操作循环次数。

三、常用低压控制电器

1. 手动开关类

低压隔离器也称刀开关(刀闸开关)，是一种结构最简单且应用最广泛的手控低压电器，广泛用在照明电路和小容量(5.5 kW 以下)、不频繁启动的动力电路的控制电路中，主要类型有低压刀开关、熔断器式刀开关和组合开关三种。

低压隔离器的主要作用是在电源切除后，将线路与电源明显地隔开，以保障检修人员的安全。熔断器式刀开关由刀开关和熔断器组合而成，故兼有两者的功能，即电源隔离和电路保护功能，可分担一定的负载电流。

1）开启式负荷开关(瓷底胶盖刀开关)

(1) 功能　图 6-1 所示为生产中常用的 HK 系列开启式负荷开关，又称瓷底胶盖刀开关，简称刀开关。它结构简单，价格便宜，手动操作，适用于交流 50 Hz、额定电压单相 220 V 或三相 380 V、额定电流 10～100 A 的照明、电热设备及小容量电动机等不需要频繁接通和分断的电路的控制线路，并起短路保护作用。

图 6-1　开启式负荷开关

(2) 结构与符号　胶壳刀开关的结构与符号分别如图 6-2 和图 6-3 所示。

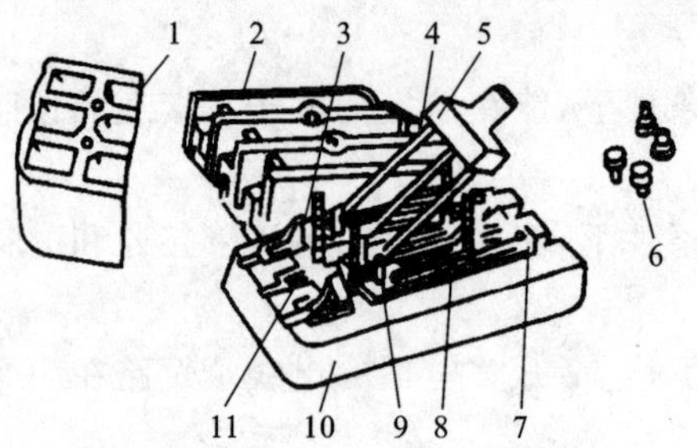

图 6-2　胶壳刀开关的结构

1—上胶盖；2—下胶盖；3—插座；4—触刀；
5—瓷柄；6—胶盖紧固螺母；7—出线座；8—熔丝；
9—触刀座；10—瓷底板；11—进线座

QS　QS　QS

单极　双极　三极

图 6-3　胶壳刀开关的符号

(3) 注意事项　电源进线应接在静触头一边的进线端(进线座应在上方)，用电设备应接在动触头一边的出线端，这样当开关断开时，闸刀和熔体均不带电，以保证更换熔体和安装、维修用电设备时的安全。

刀开关安装时，瓷底应与地面垂直，手柄向上，易于灭弧，不得倒装或平装。倒装时手柄可能因自重落下而引起误合闸，危及人身和设备安全。

对于普通负载，闸刀开关可以根据额定电流选择；对于电动机，开关额定电流应按电动机额定电流的 3 倍选择。

2）封闭式负荷开关

(1) 功能　图 6-4 所示为封闭式负荷开关，它是在开启式负荷开关的基础上改进设计而成的，其外壳多为铸铁或用薄钢板冲压而成，俗称铁壳开关，适合用在交流频率为 50 Hz、额定工作电压为 380 V、额定工作电流最大至 400 A 的电路中，用于手动不频繁地接通和分断带负载的电路及线路末端的短路保护，或控制 15 kW 以下小容量交流电动机的直接启动和停止。

(2) 结构　铁壳开关的结构如图 6-5 所示。

图 6-4　封闭式负荷开关

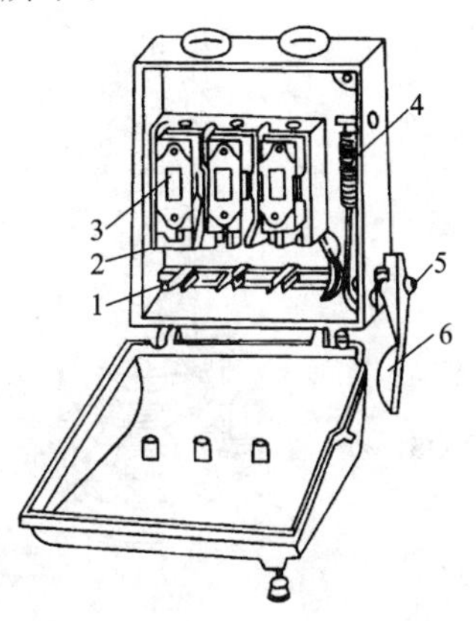

图 6-5　铁壳开关的结构

1—触刀；2-夹座；3—熔断器；4—速断弹簧；5—转轴；6—手柄

(3) 注意事项　外壳应可靠接地，防止意外漏电造成触电。对于普通负载，铁壳开关可以根据额定电流选择；对于电动机，开关额定电流应按电动机额定电流的 1.5 倍选择。

安装使用：垂直安装在无强烈振动的场合，高度不低于 1.3～1.5 m，可靠接地，手柄侧面操作。

3) 组合开关

(1) 功能　图 6-6 所示为 HZ 系列组合开关，又称转换开关，其特点是体积小，触头对数多，接线方式灵活，操作方便。适合用在交流频率为 50 Hz、电压在 380 V 以下，或直流在 220 V 及以下的电气线路中，用于手动不频繁地接通和分断电路、换接电源和负载，或控制 5 kW 以下小容量电动机的启动、停止和正反转。

图 6-6　组合开关

(2) 结构与符号　组合开关的结构与符号如图 6-7 所示。

组合开关由动触头、静触头、方形转轴、手柄、定位机构和外壳组成。它的动触头分别叠装于数层绝缘座内。当转动手柄时，每层的动触片随方形转轴一起转动，并使静触头插入相应的动触片中，从而接通电路。

2. 按钮

(1) 功能　按钮是一种用人体某一部分(一般为手指或手掌)施加力而操作，并具有弹簧储能复位功能的控制开关，是一种最常见的主令电器。按钮的触头允许通过的电流较小，一般不超过 5 A。所以，一般情况下，它不直接控制主电路的通断，而是在控制电路中发出指令或信号，控制接触器、继电器等电器，再由它们控制主电路的通断，或进行功能转换、电气联锁控制。图 6-8 所示为几款按钮的外形。

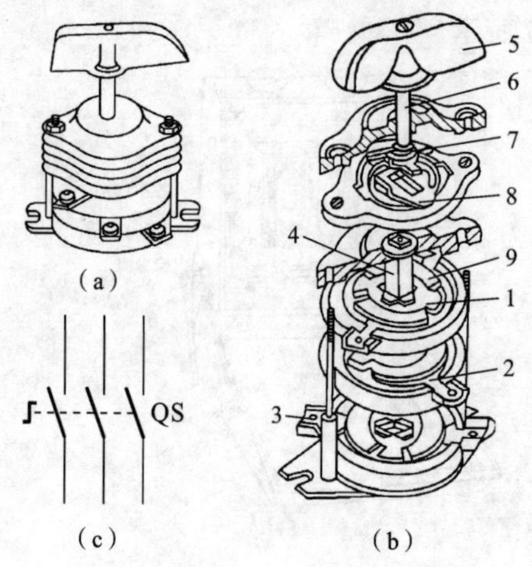

图 6-7　组合开关结构图形和文字符号

(a) 外形；(b) 结构；(c) 符号

1—动触头；2—静触头；3—接线端子；4—方形转轴；5—手柄；6—转轴；7—弹簧；8—凸轮；9—绝缘垫板

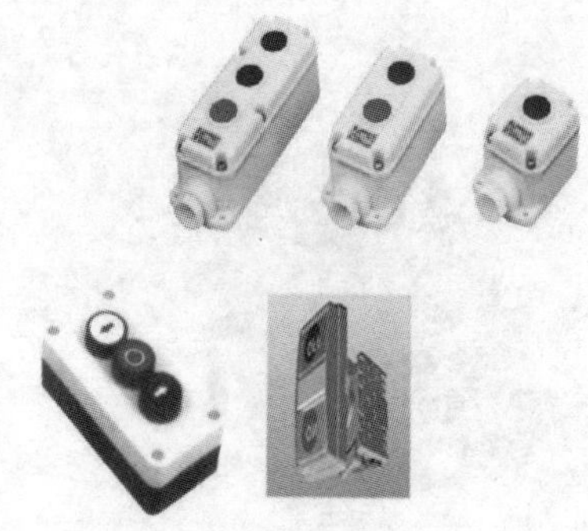

图 6-8　常见按钮的外形

(2) 按钮的结构与符号　按钮的结构与符号分别如图 6-9 和图 6-10 所示。

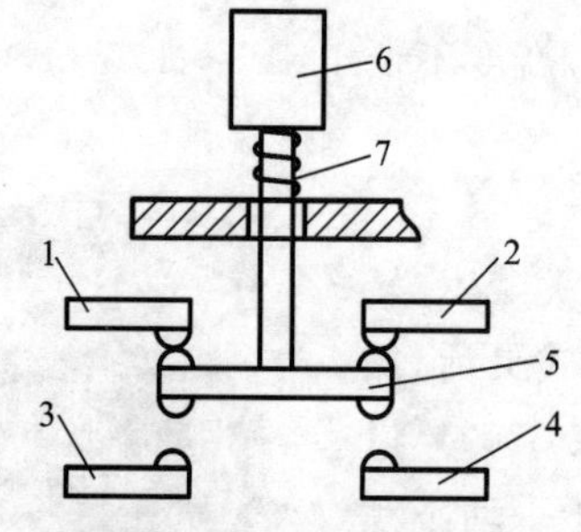

图 6-9　按钮的结构

1、2—常闭静触头；3、4—常开静触头；5—桥式触头；6—按钮帽；7—复位弹簧

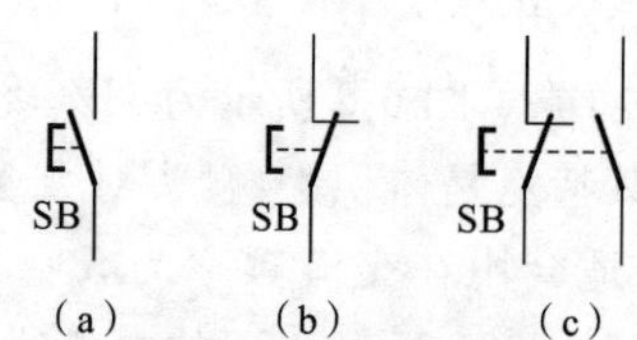

图 6-10　按钮的符号

(a) 启动按钮；(b) 停止按钮；(c) 复合按钮

(3) 按钮的选择　在控制电路中，常开按钮常用于启动；常闭按钮常用于停止；复合按钮常用于电气联锁。为便于识别各个按钮的作用，避免误操作，通常在按钮上加以标注或以按钮帽的颜色加以区别。一般红色表示停止，绿色表示启动等。

复合按钮带有常开触头和常闭触头，手指按下按钮帽，先断开常闭触头再闭合常开触头；手指松开，常开触头和常闭触头先后复位。在按下按钮帽令其动作时，首先断开常闭触头，再通过一定行程后才接通常开触头；松开按钮帽时，复位弹簧先将常开触头分断，通过一定行程后常闭触头才闭合。选择使用时应根据使用场合、所需触头数等因素考虑。

3. 交流接触器

(1) 功能 如图 6-11 所示，接触器实际上是一种自动的电磁开关。触头的通断不是由手来控制，而是电动操作。如图 6-12 所示，电动机通过接触器主触头接入电源，接触器线圈与启动按钮串接后接入电源。按下启动按钮，接触器线圈得电，使静铁芯被磁化而产生电磁力，吸引动铁芯并带动主触头闭合接通电路；松开启动按钮，接触器线圈失电，电磁力消失，动铁芯在反作用弹簧的作用下释放，带动主触头复位切断电路。

图 6-11 交流接触器的外形

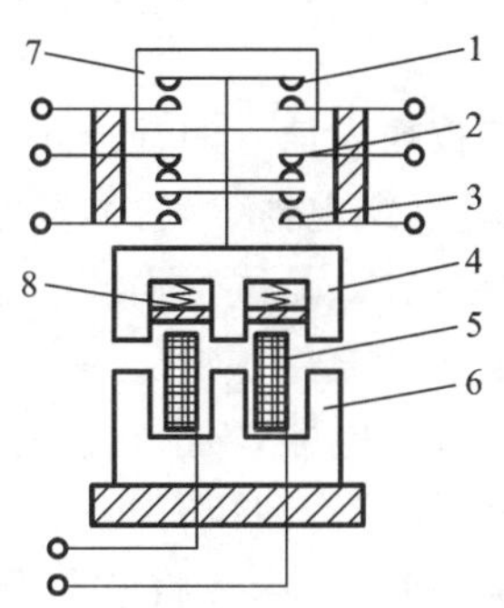

图 6-12 交流接触器的工作原理

1— 主触头；2—常闭辅助触头；3—常开辅助触头；
4—动铁芯；5—电磁线圈；6—静铁芯；
7—灭弧罩；8—弹簧

(2) 结构与符号 交流接触器的结构与符号分别如图 6-13 和图 6-14 所示。

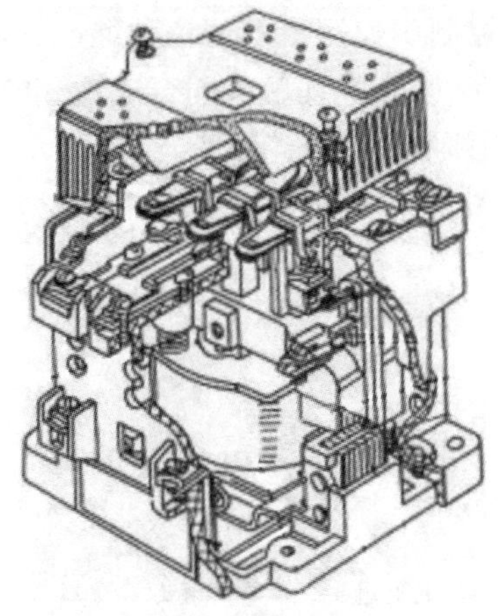

图 6-13 交流接触器的结构

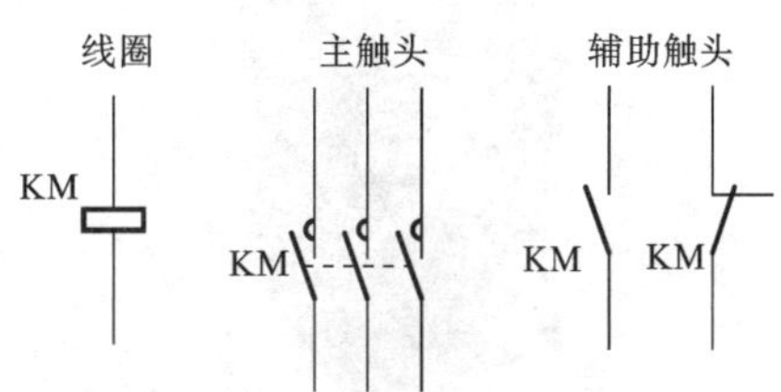

图 6-14 交流接触器的符号

(3) 交流接触器的选择。

① 持续运行的设备。接触器按其额定电流的 67%～75%来选择，即 100 A 的交流接触器，只能控制最大额定电流为 75 A 以下的设备。

② 间断运行的设备。接触器按其额定电流的 80%来选择,即 100 A 的交流接触器,只能控制最大额定电流是 80 A 以下的设备。

③ 反复短时工作的设备。接触器按其额定电流的 116%～120%来选择,即 100 A 的交流接触器,只能控制最大额定电流是 120 A 以下的设备。

4. 继电器

继电器是根据输入信号(电量或非电量)的变化,来接通或分断小电流电路(如控制电路),实现自动控制和保护电力拖动装置的电器。一般不直接控制主电路(主电路电流较大),而是通过控制接触器或其他电器的线圈,来实现对主电路的控制。

继电器按输入信号的性质可分为电压继电器、电流继电器、时间继电器、温度继电器、速度继电器、压力继电器,按工作原理分为电磁式继电器、电动式继电器、感应式继电器、晶体管式继电器、热继电器,按输出方式分为有触头继电器和无触头继电器。

任何一种继电器,不论它们的动作原理、结构形式、使用场合如何,都主要由感测机构、中间机构和执行机构三个部分组成。感测机构把感测到的电量或非电量传递给中间机构,并将它与预定值(整定值)相比较,当比较值达到预定值(过量或欠量时),中间机构使执行机构动作,从而接通或断开电路。

1) 中间继电器

(1) 功能　中间继电器是用来增加控制电路中的信号数量或将信号放大的继电器。其输入信号是线圈的通电和断电状态,输出信号是触头的动作。如图 6-15 所示,中间继电器实质是电压继电器,但它的触头数量较多(可达 8 对),触头容量较大(5～10 A)、动作灵敏。中间继电器是电气控制中使用最多的一种继电器,其结构和工作原理与接触器基本相同,也是利用电磁原理实现触头闭合或断开的自动控制电器,由于触头不通过大电流,故使用无灭弧装置的桥式触头。

(2) 结构与符号　中间的继电器的符号如图 6-16 所示。

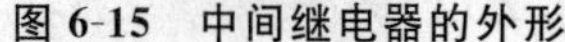

图 6-15　中间继电器的外形

图 6-16　中间继电器的符号

(3) 中间继电器的选择　中间继电器一般在控制电路中使用,通常按用户对常开、常闭触头的要求及触头的数量来选择,当然也要看中间继电器的电流,但一般控制回路电流很小。

2）热继电器

热继电器是利用流过继电器电流的热效应而反时限动作的自动保护电器。所谓反时限动作，是指电器的延时动作时间随通过电路电流的增加而缩短。热继电器主要与接触器配合使用，用于电动机的过载保护、断相保护、电流不平衡运行的保护及其他电气设备发热状态的控制。

（1）功能　在电动机实际运行中，如拖动生产机械进行工作的过程中，若机械出现不正常的情况或电路异常使电动机过载，则电动机转速将下降，绕组中的电流将增大，使电动机的绕组温度升高。若过载电流不大且过载的时间较短，电动机绕组不超过允许温升，这种过载是允许的。但若过载时间长，过载电流大，电动机绕组的温升就会超过允许值，使电动机绕组老化、电动机的使用寿命缩短，严重时甚至会使电动机绕组烧坏。所以，这种过载是电动机不能承受的。热继电器的作用就是利用电流的热效应原理，在出现电动机不能承受的过载时切断电动机电路，为电动机提供过载保护。

（2）结构与符号　热继电器的外形、结构与图形符号如图 6-17 所示。

（3）热继电器过载保护的原理　使用热继电器对电动机进行过载保护时，将热元件与电动机的定子绕组串联，将热继电器的常闭触头串联在交流接触器的电磁线圈的控制电路中，并调节整定电流调节旋钮，使人字形拨杆与推杆相距一适当距离。当电动机正常工作时，通过热元件的电流即为电动机的额定电流，热元件发热，双金属片受热后弯曲，使推杆刚好与人字形拨杆接触，而又不能推动人字形拨杆。常闭触头处于闭合状态，交流接触器保持吸合，电动机正常运行。

若电动机出现过载情况，绕组中电流将增大，通过热继电器元件中的电流随之增大，使双金属片温度升得更高，弯曲程度加大，推动人字形拨杆，人字形拨杆推动常闭触头，使触头断开而断开交流接触器线圈电路，使接触器释放，切断电动机的电源，电动机停车而得到保护。可见，热继电器通常是通过直接断开接触器的控制回路来断开主回路的。

（4）热继电器的选择　在选择热继电器时，主要根据被保护的电动机的额定电流来确定热继电器的规格和热元件的电流等级。一般应使热继电器的额定电流略大于电动机的额定电流。热元件的整定电流应为电动机额定电流的 0.95～1.05 倍。

根据电动机定子绕组的连接方式选择热继电器的结构形式。即定子绕组为星形连接的电动机，选用普通两极或三极结构的热继电器均能实现断相保护。定子绕组为三角形连接的电动机，必须选用三极带断相保护装置的热继电器，才能实现断相保护。

5. 熔断器

（1）功能　低压熔断器通常简称为熔断器，其作用是在线路中做短路保护。短路是电气设备或导线的绝缘损坏导致的一种电气故障。

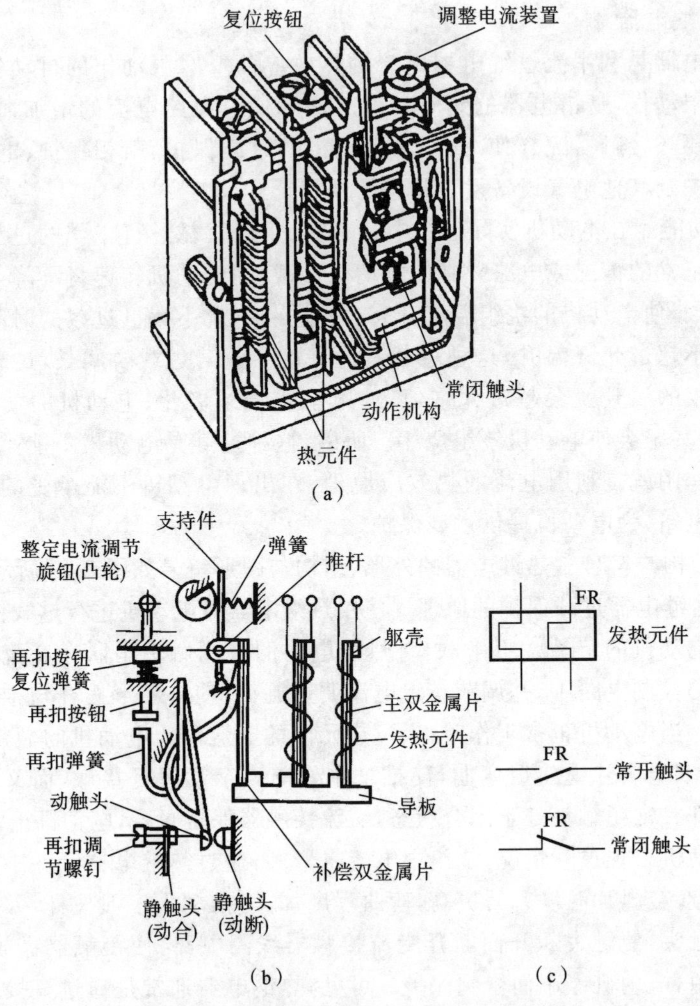

图 6-17　热继电器的外形、结构与图形符号

(a) 外形;(b) 结构;(c) 图形符号

(2) 结构与符号　熔断器由熔帽、熔管和熔座组成。图 6-18(a)所示为 RL6 系列螺旋式低压熔断器的外形图,图 6-18(b)所示为低压熔断器在电路图中的符号。

(3) 作用　熔断器应串联在被保护的电路中。正常情况下,熔断器的熔体相当于一段导线,当电路发生短路故障时,熔体迅速熔断分断电路,从而起保护线路和电气设备的作用。熔断器的结构简单,价格便宜,使用维护方便,因而得到了广泛应用。

6. 低压断路器

(1) 功能　低压断路器也称自动空气开关或自动空气断路器,简称断路器,其外形如图 6-19 所示。它集控制和多种保护功能于一体,在线路正常工作时,它

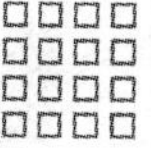

作为电源开关可接通和分断电路；当电路发生短路、过载和失压等故障时，它能自动跳闸切断故障电路，从而保护线路和电气设备。

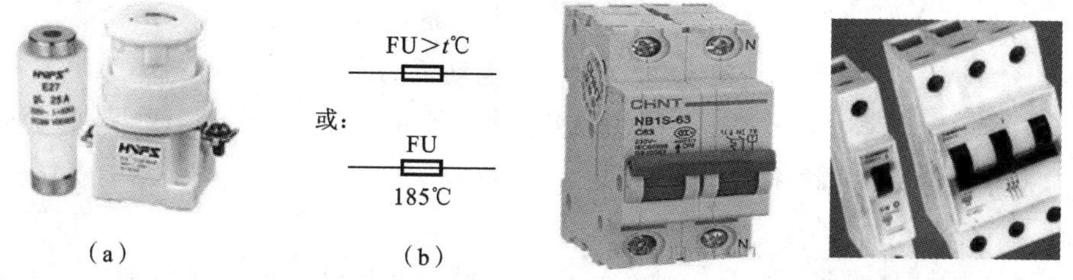

图 6-18　低压熔断器

(a) 螺旋式低压熔断器的外形图；(b) 符号

图 6-19　低压断路器的外形

低压断路器具有操作安全、安装使用方便、工作可靠、动作值可调、分断能力较强、可兼做多种保护、动作后不需要更换元件等优点，因此得到了广泛的应用。

(2) 结构与符号　如图 6-20 和图 6-21 所示，低压断路器由触头系统、灭弧装置操作机构、热脱扣器、电磁脱扣器及绝缘外壳等部分组成。

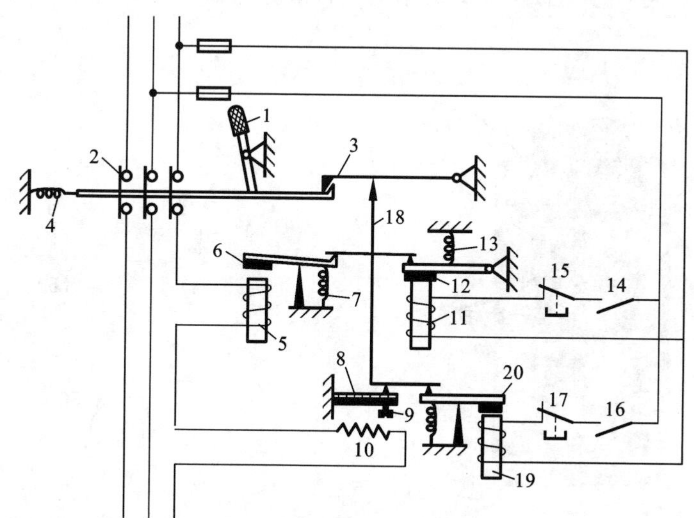

图 6-20　低压断路器的结构

1—操作手柄；2—主触头；3—自由脱扣电磁铁；4—分闸弹簧；5—过流脱扣电磁铁；6—过流脱扣衔铁；7、13—反作用弹簧；8—热脱扣器双金属片；9—热脱扣器电流整定螺钉；10—加热元件；11—失压脱扣电磁铁；12—失压脱扣器衔铁；14、16—断路器辅助触头；15、17—分闸按钮；18—传递元件；19—分闸脱扣电磁铁；20—分闸脱扣器衔铁

(3) 低压断路器的选择　① 低压断路器的额定电压和额定电流不应小于线路、设备的正常工作电压和工作电流；② 热脱扣器的整定电流应等于所控制负载的额定电流；③ 电磁脱扣器的瞬时脱扣整定电流应大于负载电路正常工作时的峰

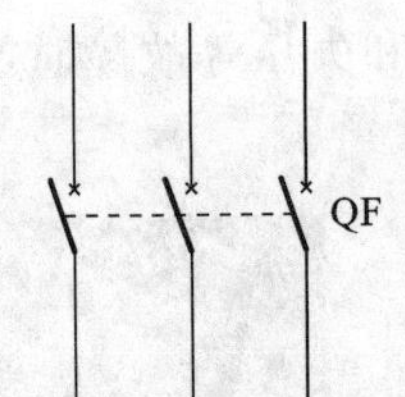

图 6-21　低压断路器的符号

值电流，用于电动机的断路器，其瞬时脱扣整定电流

$$I_z \geqslant K I_{st}$$

式中　K——安全系数，可取 1.5～1.7；

I_{st}——电动机的启动电流。

④ 欠压脱扣器的额定电压等于线路的额定电压。

7. 行程开关

(1) 功能　行程开关是一种利用生产机械某些运动部件的碰撞来发出控制指令的主令电器，主要用于控制生产机械的运动方向、速度、行程大小或位置，是一种自动控制电器。

(2) 作用　行程开关的作用与按钮的相同，区别在于它不是靠手指的按压，而是利用生产机械运动部件的碰压使其触头动作，从而将机械信号转变为电信号，使运动机械按一定的位置或行程实现自动停止、反向启动、变速运动或自动往返运动等动作的。

(3) 结构与符号　行程开关的结构与符号分别如图 6-22 和图 6-23 所示。

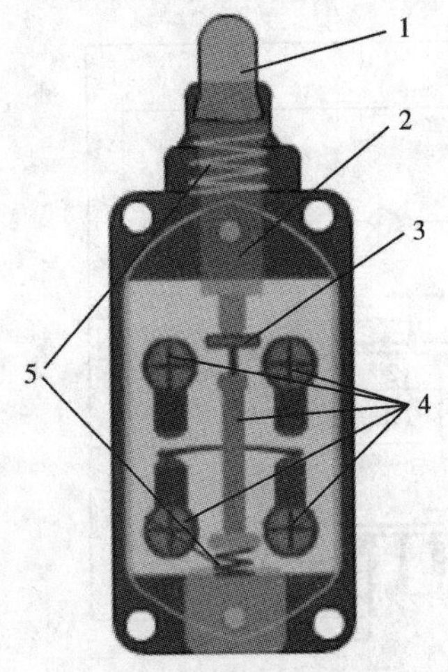

图 6-22　行程开关的结构

1—撞柱；2—撞块；3—调节螺钉；4—微动开关；5—复位弹簧

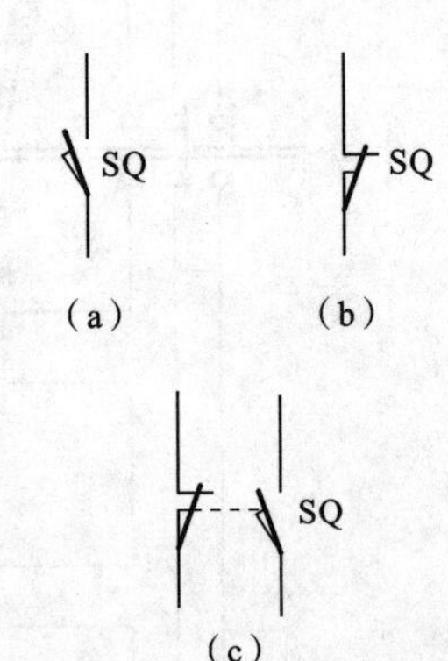

图 6-23　行程开关的符号

(a) 常开触头；(b) 常闭触头；(c) 复合触头

(4) 行程开关的选择　行程开关的主要参数是形式、工作行程、额定电压及触头的容量，在产品说明书中都有详细的说明。主要是根据动作要求、安装位置及触头数量进行选择。

8. 时间继电器

(1) 功能　时间继电器是一种利用电磁原理或机械动作原理来实现触头延

时闭合或分断的自动控制电器，其外形如图 6-24 所示。它从得到信号到触头动作有一定的延时，因此广泛应用于需要按时间顺序进行自动控制的电气线路中。常见的时间继电器有：空气阻尼式时间继电器、电磁式时间继电器、电动式时间继电器、晶体管式时间继电器。

图 6-24　时间继电器的外形

(2) 结构与符号　时间继电器的结构和符号分别如图 6-25 和图 6-26 所示。

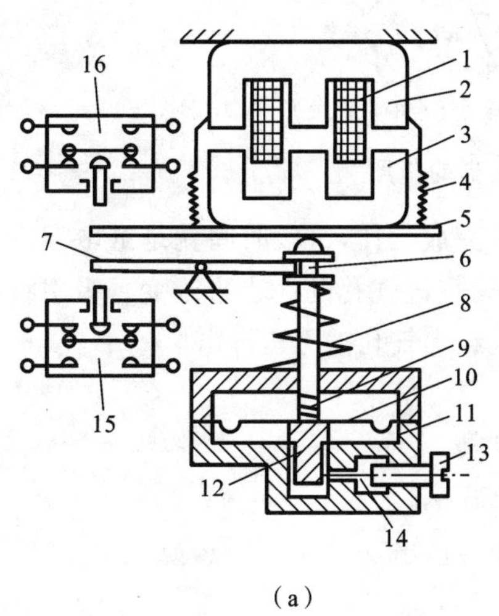

(a)

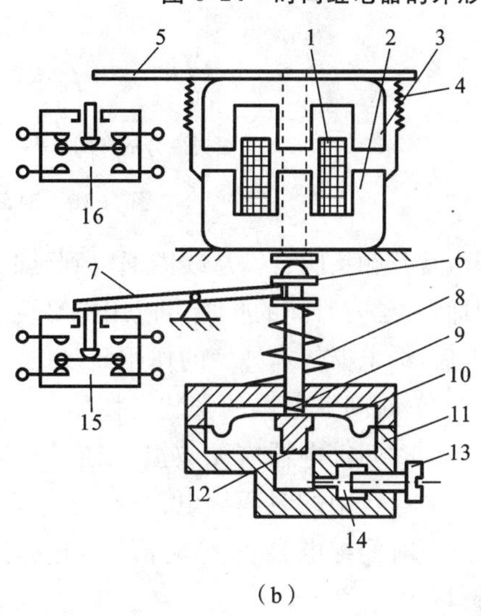

(b)

图 6-25　空气阻尼式时间继电器的结构

(a) 通电延时型；(b) 断电延时型

1—线圈；2—铁芯；3—衔铁；4—反力弹簧；5—推板；6—活塞杆；7—杠杆；8—塔形弹簧；9—弱弹簧；10—橡皮膜；11—空气室壁；12—活塞；13—调节螺杆；14—进气孔；15、16—微动开关

(3) 空气阻尼式时间继电器的原理　在交流电路中常采用空气阻尼式时间继电器，它是利用空气通过小孔节流的原理来获得延时动作的。它由电磁系统、延时机构和触头三部分组成。

时间继电器可分为通电延时型和断电延时型两种，如图 6-25 所示。

空气阻尼式时间继电器的延时范围大(有 0.4～60 s 和 0.4～180 s 两种)，它结构简单，但准确度较低。当线圈通电(电压规格有 AC 380 V、AC 220 V 或 DC 220 V、DC 24 V 等)时，衔铁及推板被铁芯吸引而瞬时下移，使瞬时动作触头接通或断开。但是，活塞杆和杠杆不能同时跟着衔铁一起下落，因为活塞杆的上端连着气室中的橡皮膜，当活塞杆在弹簧的作用下开始向下运动时，橡皮膜随之向下凹，上面空气室的空气变得稀薄而使活塞杆受到阻尼作用而缓慢下降。经过一定时间，活塞杆下降到一定位置，便通过杠杆推动延时触头动作，使常闭触头

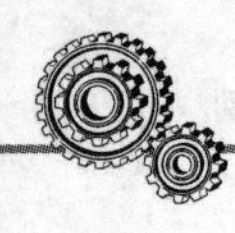

KT 线圈

KT KT 瞬时动作的触头

KT 或 KT 延时闭合的常开触头

KT 或 KT 延时断开的常开触头

KT 或 KT 延时断开的常闭触头

KT 或 KT 延时闭合的常闭触头

图 6-26 时间继电器的符号

断开,常开触头闭合。从线圈通电到延时触头完成动作,这段时间就是继电器的延时时间。延时时间的长短可以用螺钉调节空气室进气孔的大小来改变。吸引线圈断电后,继电器依靠弹簧的作用而复位。空气经出气孔被迅速排出。

(4) 时间继电器的安装与使用。

① 时间继电器应无破损、变形和脏污现象。

② 运行中的时间继电器应无过热或异常声响。

③ 时间继电器的整定值应与动作值相当,触头动作干脆,延时误差应在10%以内。

④ 调节时间继电器的延时时间一般最简捷的方法是改变非磁性垫片的厚度,还可以采用改变衔铁弹簧拉力的方法来均匀调节延时时间。

⑤ 时间继电器常闭辅助触头(一般接入电路)两端电阻约为零。

⑥ 进行通电模拟或手动模拟时间继电器动作时,应能正确动作,准确延时。

⑦ 时间继电器不宜在电压低于其额定电压的场合使用,温度的变化也会影响延时的稳定性。

第二节 三相异步电动机基本控制电路

一、电气图形符号

人们把电气装置和器件用电气图形符号表示出来,并在它们的旁边标上电器的文字符号,用以表示和分析它们的作用、线路的构成和工作原理。国家标准对图形符号的绘制尺寸没有做统一的规定。图形符号一般水平或垂直布置。连接线一般应采用实线,无线电信号采用虚线。有直接电联系的交叉导线的连接

点应用小黑点表示。主电路应垂直于电源电路画出。单台三相交流电动机的三根引出线，按相序依次编号为 U、V、W。

在分析各种控制线路的工作原理时，常使用电器文字符号和箭头，再配以少量的文字说明，来表达线路的工作原理。

1. 绘制、识读电路图、布置图和接线图的原则

1）电路图

（1）电路图一般分电源电路、主电路和辅助电路三部分。

电源电路一般画成水平线，三相交流电源相序 L_1、L_2、L_3 自上而下依次画出，若有中线 N 和保护地线 PE，则应依次画在相线之下。直流电源的"＋"端在上，"－"端在下，电源开关要水平画出。

主电路是指电的动力装置及控制、保护电器的支路等，以及电源向负载提供电能的电路，它由主熔断器、接触器的主触头、热继电器的热元件以及电动机等组成。主电路通过的是电动机的工作电流，电流比较大，一般在图纸上用粗实线垂直于电源电路绘于电路图的左侧。

辅助电路一般包括控制主电路工作状态的控制电路、显示主电路工作状态的指示电路、提供机床设备局部照明的照明电路等。一般由主令电器的触头、接触器的线圈和辅助触头、继电器的线圈和触头、仪表、指示灯及照明灯等组成。通常辅助电路通过的电流较小，一般不超过 5 A。辅助电路要跨接在两相电源之间，一般按照控制、指示和照明电路的顺序，用细实线依次垂直画在主电路的右侧，耗能元件（如接触器和继电器的线圈、指示灯、照明灯等）要画在电路图的下方，与下方电源线相连，而电器的触头要画在耗能元件与上方电源线之间。

一般应按照自左至右、自上而下的排列来表示操作顺序。

（2）电路图中，电气元件不画实际的外形图。同一电器的各元件不按它们的实际位置画在一起，而是按其在线路中所起的作用分别画在不同的电路中，但它们的动作是相互关联的，必须用同一文字符号标注。

各电器的触头位置都按电路未通电或电器未受外力作用时的常态位置画出，分析原理时应从触头的常用态位置出发。

（3）电路图采用电路编号法，即对电路中的各个接点用字母或数字编号。

辅助电路的编号按"等电位"原则，按从上至下、从左至右的顺序，用数字依次编号，每经过一个电器元件后，编号要依次递增。

电源：U11，V11，W11；U12，V12，W12……

电动机：1U，1V，1W；2U，2V，2W……

控制电路编号的起始数字必须是 1，其他辅助电路编号的起始数字依次递增 100（照明电路编号从 101 开始，指示电路编号从 201 开始）。

2）布置图

布置图是根据电器元件在控制板上的实际安装位置，采用简化的外形符号绘制的一种简图。主要用于电器元件的布置、安装。

3）接线图

接线图是根据电气设备和电器元件的实际位置和安装情况绘制的，只用来表示电气设备和电器元件的位置、配线方式和接线方式。它是电气施工的主要图样，主要用于安装接线、线路的检查和故障处理。

绘制、识读接线图应遵循的原则如下。

(1) 接线图中一般应表示出电气设备和电气元件的相对位置、文字符号、端子号、导线类型、导线截面积、屏蔽和导线绞合情况等。

(2) 所有的电气设备和电气元件都应按其所在的实际位置绘制在图纸上，且同一电器的各元件应根据其实际结构，使用与电路图相同的图形符号画在一起，并用点画线框上，其文字符号以及接线端子的编号应与电路图中的标注一致。

(3) 接线图中的导线有单根导线、导线组(或线匝)、电缆之分，可用连续线或中断线表示。凡导线走向相同的可以合并，用线束来表示，到达接线端子板或电气元件的连接点时再分别画出。用线束表示导线组、电缆时，可用加粗的线条表示。导线及管子的型号、根数和规格应标注清楚。

二、直接启动的控制电路

电动机从静态接通电源后逐渐加速到稳定运行状态的过程称为电动机的启动。直接启动时加在电动机定子绕组上的线电压为额定电压。在工程实践中，有很多功率较小的异步电动机，如小型台钻、冷却泵、手电钻等的电动机，由于它们功率较小、拖动的负载较小，一般允许直接启动。

1）接触器自锁正转控制电路

当按住启动按钮时接触器线圈得电，松开启动按钮后，接触器通过自身的辅助常开触头保持得电的现象称为自锁。与启动按钮并联的辅助常开触头称为自锁触头。图 6-27 所示为三相异步电动机接触器自锁正转控制电路，其工作原理如下。

先合上电源开关 QS，再按以下步骤执行电动机的启动和停止操作。

启动：按下 SB_2→KM 线圈带电→KM 主触头接通及辅助常开触头(自锁触头)闭合→电动机 M 带电转动。

停止：按下 SB_1→KM 线圈失电→KM 主触头断开及辅助常开触头(自锁触头)断开→电动机 M 失电，停止转动。

可以看出，当松开启动按钮 SB_2 后，SB_2 的常开触头虽然恢复分断，但接触器 KM 的辅助常开触头闭合时已将 SB_2 短接，使控制电路仍保持接通，接触器 KM 继续得电，电动机 M 实现连续运转。

在按下停止按钮 SB_1 切断控制电路时，接触器 KM 失电，其自锁触头分断，解除自锁，而这时 SB_2 也是分断的，所以当松开 SB_1 使其常闭触头恢复闭合时，

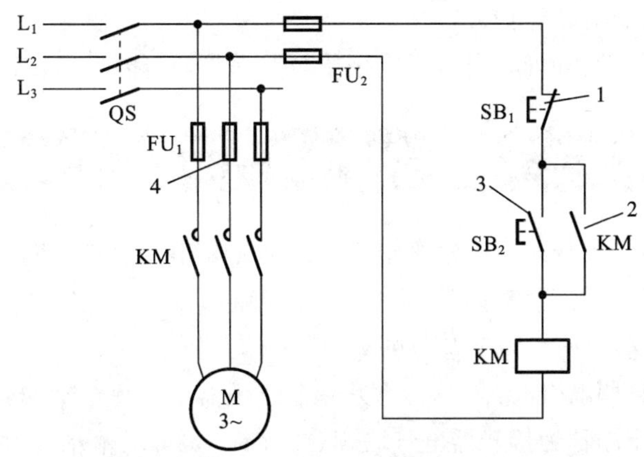

图 6-27　三相异步电动机接触器自锁正转控制电路

1—停止按钮；2—自锁触头；3—启动按钮；4—低压熔断器

接触器也不会自行得电，电动机也就不会自行重新启动运转。

当线路电压下降到一定值（低于 85％的额定电压），接触器线圈两端的电压也同样下降，产生的电磁吸力减小，当吸力小于反作用弹簧的拉力时，动铁芯被迫释放，主触头和自锁触头同时分断，切断主电路和控制电路，电动机停转。

接触器自锁触头和主触头在电源断电时已经分断，使控制电路和主电路都不能接通，所以在电源恢复供电时，电动机就不会自行启动运转。

2）具有过载保护的接触器自锁正转控制电路

在接触器自锁正转控制电路中，增加一只热继电器 FR，便构成了具有过载保护的自锁正转控制电路，如图 6-28 所示。

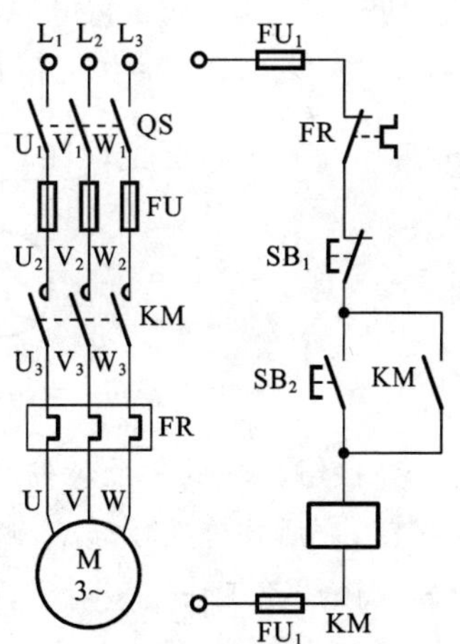

图 6-28　三相异步电动机具有过载保护的接触器自锁正转控制电路

若在电动机运行过程中，由于过载或其他原因电流超过额定值，热继电器中串接在主电路的热元件将因受热而发生弯曲，通过传动机构使串接在控制电路中的常闭触头分断，切断控制电路。接触器 KM 线圈失电，主触头和自锁触头分断，电动机 M 失电停转。

在三相异步电动机控制线路中，熔断器不能起到过载保护的作用（在低压电器控制电路中可以），是因为三相异步电动机的启动电流远大于额定电流，若用熔断器做过载保护，则熔丝在电动机启动时就会熔断，所以只能选择额定电流较大的熔断器,用于短路保护。

热继电器的动作时间太长,不能用于短路保护,只能用于过载保护。

第三节　三相异步电动机的正反转控制电路

我们知道:当改变通入电动机定子绕组的三相电源相序,即把接入电动机三相电源进线中的任意两相对调接线时,电动机就可以实现反转。

图 6-29 所示为三相异步电动机接触器联锁正反转控制电路。当一个接触器得电动作时,通过其辅助常闭触头使另一个接触器不能得电动作,接触器之间这种相互制约的作用称为接触器电气联锁(或互锁)。实现相互制约作用的辅助常闭触头称为电气联锁触头(或互锁触头),联锁用符号"▽"表示。

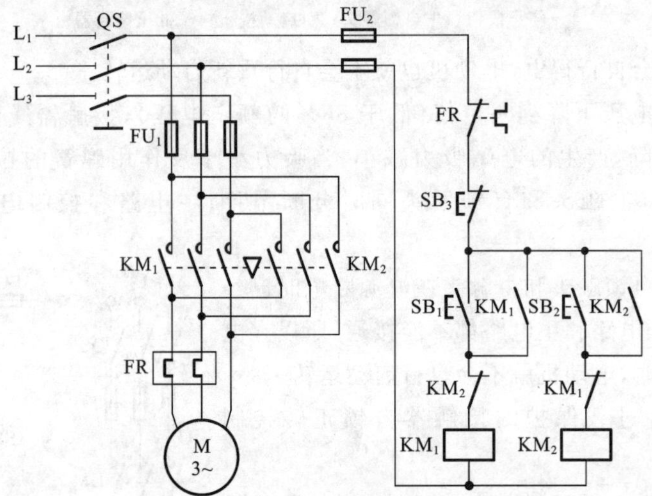

图 6-29　三相异步电动机接触器联锁正反转控制电路

在接触器联锁正反转控制电路中,电动机从正转变为反转时,必须先按下停止按钮,之后才能按反转启动按钮,否则由于接触器的电气联锁作用,不能实现反转。该线路工作安全可靠,但操作不便。

第四节　时间控制和顺序控制电路

一、时间控制电路

时间控制,就是采用时间继电器按照所整定的时间间隔,来接通或断开被控制的电路,以协调和控制生产机械的各种动作。

图 6-30 所示为应用时间继电器控制的三相笼型异步电动机 Y-△ 换接降压

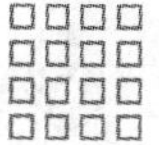

启动控制电路，其动作原理如下：闭合开关 QS，按下启动按钮 SB_1 后，接触器 KM 和 KM_Y 的线圈通电，主触头 KM、KM_Y 闭合，电动机按 Y 连接降压启动。动合辅助触头 KM 闭合自锁，动断辅助触头 KM_Y 断开，使接触器 $KM_\triangle$ 电路不通，实现互锁。

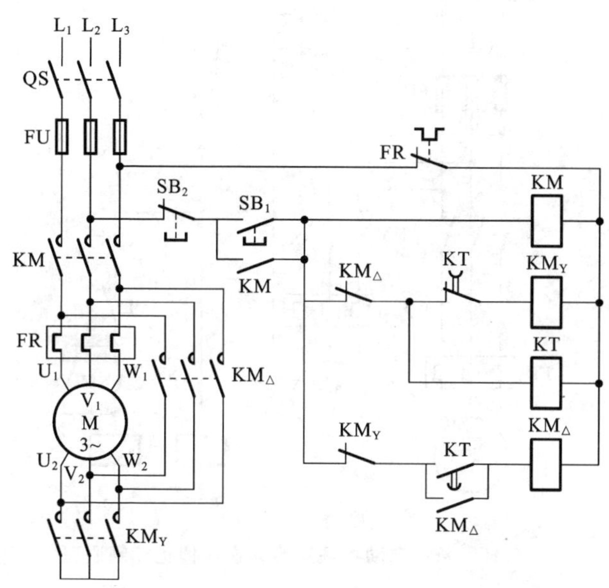

图 6-30　Y-△换接降压启动控制电路

时间继电器 KT 的线圈在按下 SB_1 时就已通电，但要延迟与 Y 连接启动过程相当的时间（事先调整好）后触头才动作，即延时断开动断触头 KT 使接触器 KM_Y 断电，延时闭合动合触头 KT 使接触器 $KM_\triangle$ 线圈通电，这时主触头 $KM_\triangle$ 闭合，动合辅助触头 $KM_\triangle$ 闭合实现自锁，电动机以△连接全压运行。与此同时，动断辅助触头 $KM_\triangle$ 断开，时间继电器 KT 和接触器 KM_Y 的线圈断电，实现互锁。

二、顺序控制电路

顺序控制是指要求几台电动机的启动或停止按一定的先后顺序来完成的控制方式。

主电路：实现顺序控制。

控制电路：顺序启动顺序停止控制；顺序启动逆序停止控制。

图 6-31 所示为两台电动机顺序启动逆序停止控制原理图，其工作原理如下：合上电源开关 QS 后，按下启动按钮 SB_2→接触器 KM_1 的线圈得电→KM_1 的主触头闭合、自锁触头闭合→电动机 M_2 朝着某一个方向连续转动。

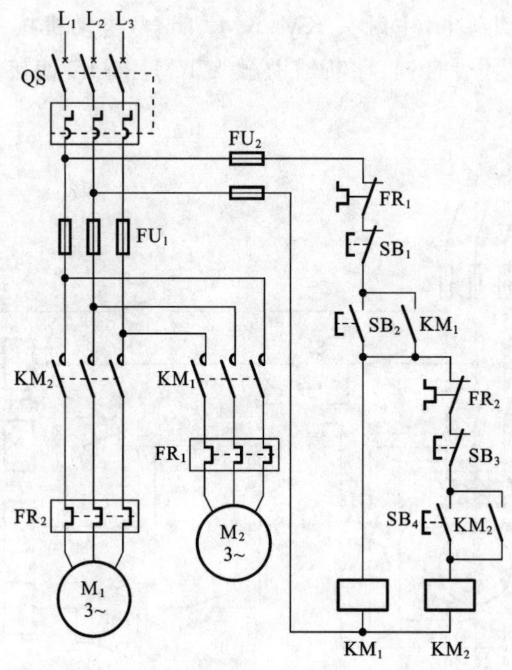

图 6-31　两台电动机顺序启动逆序停止控制原理

由于按钮 SB_4 连接在自锁触头的出线端，只有先按下按钮 SB_2，再按下 SB_4，电动机 M_1 才能启动起来。

停止时，先按下 SB_3，电动机 M_1 停止，再按下 SB_1，电动机 M_2 停止。

第五节　行程控制

利用生产机械运动部件上的挡铁与行程开关碰撞，使其触头动作来接通或断开电路，以实现对生产机械运动部件的位置或行程的自动控制的方法称为位置控制，又称行程控制或限位控制。实现这种控制要求所依靠的主要电器是行程开关。

位置控制电路如图 6-32 所示，工厂车间里的行车升降机常采用这种电路。行车的两头终点处各安装了一个位置开关 SQ_1 和 SQ_2，将这两个位置开关的常闭触头分别串接在正转控制电路和反转控制电路中。行车前后端分别装有挡铁 1 和挡铁 2，行车的行程和位置可通过移动位置开关的安装位置来调节。此电路中 SB_2 为正转启动按钮，正转的自动停止由 SQ_1 来实现；电路中 SB_3 为反转启动按钮，反转的自动停止由 SQ_2 来实现。电路中还设置了一个紧急停止按钮 SB_1。

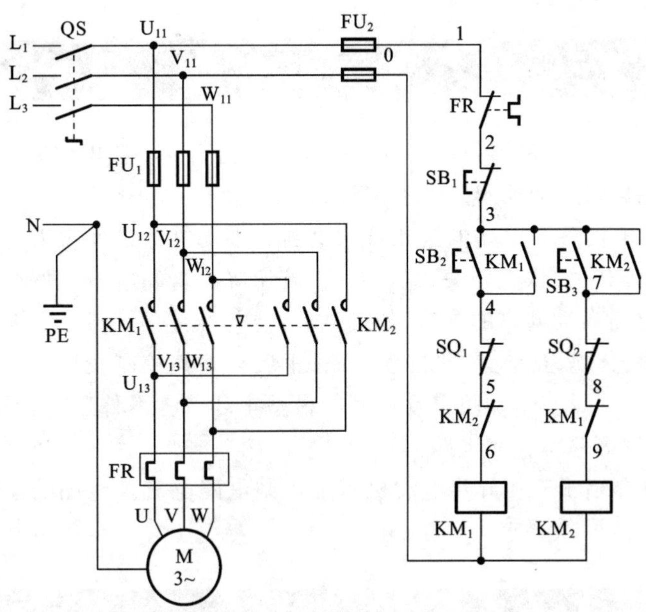

图 6-32　位置控制电路

系统运行时，首先合上电源开关 QS。

1）行车向前运动

按下 SB_2 → KM_1 线圈得电 →
- → KM_1 联锁触头分断，对 KM_2 联锁
- → KM_1 主触头闭合 → 电动机 M 启动连续正转
- → KM_1 自锁触头闭合自锁 ↑

→ 行车前移至限定位置，挡铁 1 碰撞 SQ_1 → SQ_1 常闭触头分断

→ KM_1 线圈失电 →
- → KM_1 自锁触头分断 ↓
- → KM_1 主触头分断 → 电动机 M 失电停转 → 行车停止前移
- → KM_1 联锁触头复位

2）行车向后运动

按下 SB_3 → KM_2 线圈得电 →
- → KM_2 联锁触头分断，对 KM_1 联锁
- → KM_2 主触头闭合 → 电动机 M 启动连续反转
- → KM_2 自锁触头闭合自锁 ↑

→ 行车后移（SQ_1 复位）→ 移至限定位置，挡铁 2 碰撞 SQ_2 → SQ_2 常闭触头分断

→ KM_2 线圈失电 →
- → KM_2 自锁触头分断 ↓
- → KM_2 主触头分断 → 电动机 M 失电停转 → 行车停止后移
- → KM_2 联锁触头复位

本章小结

(1) 用继电器、接触器及按钮等有触头的电器组成控制电路来实现的自动控制,称为继电器-接触器控制。它工作可靠,维护简单,应用广泛。

(2) 低压电器分为手动电器和自动电器。手动电器是通过人力操作而动作的电器,如闸刀开关、铁壳开关、组合开关、按钮等。自动电器是按照信号或某个物理量的变化而自动动作的电器,如接触器、继电器、行程开关、熔断器等。

(3) 点动、自锁、互锁、单向自锁控制、正反转互锁控制及短路、欠压、过载保护等,这些是构成异步电动机自动控制的最基本环节。另外还有行程控制、时间控制、顺序控制等基本控制电路。

(4) 本章介绍了三相异步电动机基本控制电路电气接线图的绘制和基本控制线路的安装步骤及要求。

习　题

6-1　低压电器具有哪些优点?

6-2　低压断路器具有哪些保护功能?其分别由哪些部件完成?

6-3　按钮由哪些部分组成?它们接在主电路中还是控制电路中?试画出启动按钮、停止按钮和复合按钮的图形符号。

6-4　什么是行程开关?它和按钮有什么异同?试画出行程开关的图形符号。

6-5　简述交流接触器的工作原理。

6-6　什么是继电器?它主要由哪几部分组成?各部分怎样配合工作?

6-7　中间继电器与交流接触器有什么异同?什么情况下可以用中间继电器代替交流接触器使用?

6-8　什么是时间继电器?常用的时间继电器有哪几种?

6-9　画出时间继电器的符号。

6-10　什么是热继电器?

6-11　简述双金属片式热继电器的工作原理。它的热元件和常闭触头如何接入电路?

6-12　什么是电路图?在电路图中,电源电路、主电路、控制电路、指示电路和照明电路一般怎样布局?

6-13　什么是过载保护?为什么对电动机要进行过载保护?

6-14　在电动机的控制电路中,短路保护和过载保护各由什么电器来实现?它们能否相互代替使用?为什么?

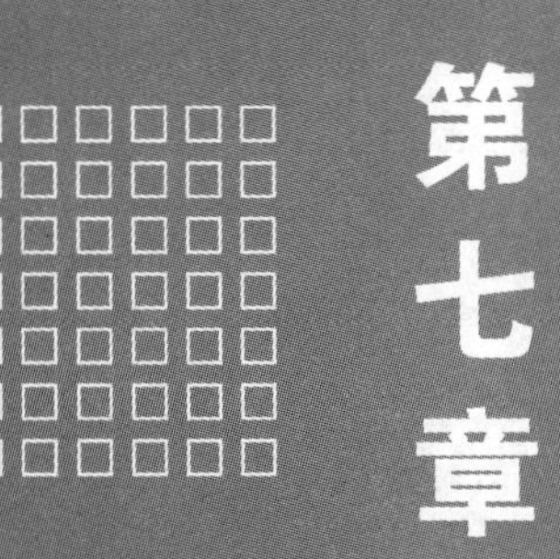

常用半导体器件

学习目标：

- ▶掌握半导体二极管的结构、工作原理、特性曲线和主要参数；
- ▶掌握半导体三极管的结构、工作原理、输入输出特性和主要参数；
- ▶熟悉半导体的导电特性及 PN 结的基本知识；
- ▶了解场效应管的结构、工作原理、伏安特性曲线和主要参数。

第一节　半导体基本知识

一、半导体的导电特征

自然界的物质按其导电性能可分为导体、半导体和绝缘体。其中铜、铝、铁等导电能力很强的物体称为导体。另一类如橡皮、胶木、瓷制品等不能导电的物体称为绝缘体。还有一些物体，如硅、硒、锗、铟、砷化镓以及很多矿石、化合物、硫化物等，它们的导电性能介于导体与绝缘体之间，称为半导体，纯净的单晶半导体称为本征半导体。

下面以硅为例对半导体的导电特性进行说明。硅是四价元素，最外层原子轨道上有 4 个电子，称为价电子。每个原子的 4 个价电子不仅受自身原子核的束缚，而且还与周围相邻的 4 个原子发生联系。这些价电子一方面围绕自身的原子核运动，另一方面也时常出现在相邻原子所属的轨道上。这样，相邻的原子就被共有的价电子联系在一起，称为共价键结构，如图 7-1 所示。

本征半导体中不像导体那样有大量的自由移动的电荷，但在室温或光照下少数价电子可以获得足够的能量摆脱共价键的束缚而成为自由电子，同时在共价键中留下一个空位，称为空穴，这种现象称为本征激发。自由电子和空穴是成对出现的，称为电子空穴对。在本征半导体中，电子与空穴的数量总是相等的。

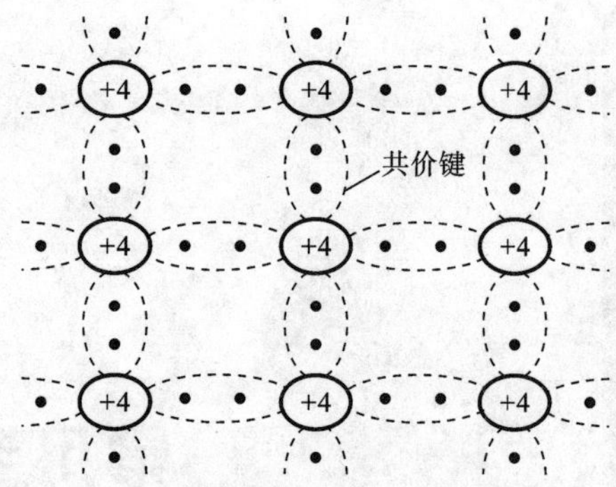

图 7-1 硅晶体的共价键结构

由于本征激发,自由电子不断产生,同时也不断出现相同数量的空穴。另一方面自由电子和空穴在运动中相遇重新结合成对消失,这种现象称为复合。温度一定时自由电子和空穴的产生与复合将达到动态平衡,这时自由电子和空穴的浓度一定。

在电场作用下,载流子自由电子和空穴将做定向运动,这种运动称为漂移运动,所形成的电流称为漂移电流。自由电子与空穴又分别称为电子载流子和空穴载流子。因此,半导体中有自由电子和空穴两种载流子参与导电,分别形成电子电流和空穴电流,这一点与金属导体的导电机理不同。在常温下本征半导体载流子浓度很低,因此导电能力很弱。

二、N 型半导体和 P 型半导体

为了提高半导体的导电能力,在本征半导体材料中掺入微量的杂质元素,会使其导电性极大地增加,这种掺杂后的半导体称为杂质半导体。杂质半导体可分为 N 型半导体和 P 型半导体两大类。

1. N 型半导体

采取特定的制造工艺,在四价的硅(或锗)中掺入五价元素,如磷,硅晶体中某些位置的原子被磷原子代替,由于多余的一个价电子不受共价键束缚,只要获得很少能量,这个多余的电子就能挣脱磷原子核的吸引而成为自由电子,杂质原子则变成带正电荷的离子,称为施主离子。这样就使杂质半导体中自由电子的数目大大增加,导电性能增强,这种杂质半导体就称为 N 型半导体。在 N 型半导体中自由电子为多数载流子(多子)。由于原晶体本身也会产生少量的电子-空穴对,因此 N 型半导体中也有少数空穴,它是少数载流子(少子)。如图 7-2(a)所示。

2. P 型半导体

若在四价的硅(或锗)中掺入三价元素,如硼,硅晶体中某些位置的原子将被硼原子代替,但因缺少了一个价电子将产生一个空位,室温下这个空位极容易被

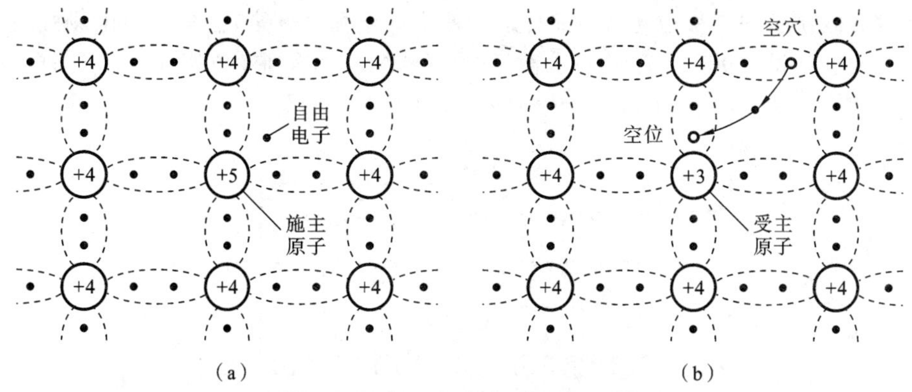

图 7-2 杂质半导体结构示意图

(a) N 型半导体；(b) P 型半导体

邻近共价键中的价电子所填补，使杂质原子变成负离子，称为受主离子。每个杂质原子都会提供一个空位，从而使空穴载流子的数目显著增加，成为多数载流子，自由电子成为少数载流子，这种杂质半导体就称为 P 型半导体。如图 7-2(b) 所示。

由上述分析可知，多数载流子主要由掺杂产生，故多数载流子浓度取决于掺杂浓度，其值较大，基本上不受温度影响，而少数载流子由本征激发产生，其数量与温度有关。

第二节 PN 结

一、PN 结的形成

采取特定的制造工艺，可使同一块半导体基片的两边分别形成 P 型和 N 型半导体。在它们的交界面上，存在电子和空穴的浓度差别，从而首先在交界处引起电子和空穴多数载流子的扩散运动，扩散到 P 区的电子和空穴复合，扩散到 N 区的空穴与电子复合，结果使得 P 区和 N 区交界面附近原来保持的电中性被破坏。P 区中空穴大量减少，出现带负电的不能移动的离子区，在 N 区一侧因缺少电子而出现带正电的不能移动的离子区，从而形成一个从 N 区指向 P 区的内电场，这个电场空间区称为 PN 结。在这个空间电荷区内，多数载流子由于扩散复合被耗尽，所以也称耗尽层。

内电场的出现会阻碍多数载流子的扩散，但却有利于 N 区的少数载流子空穴和 P 区的少数载流子电子越过空间电荷区向对方区域做定向漂移运动。在开始形成空间电荷区时，多数载流子的扩散运动占优势，随着扩散运动的进行，空间电荷区逐渐加宽，内电场逐渐加强，对多数载流子的扩散阻力加大，但却会增强少数载流子的漂移运动。而漂移运动使空间电荷区变窄,会减弱内电场强度,使扩散运动得以进行。最终当扩散运动和漂移运动达到动态平衡时,空间电荷区的宽度便达到稳定,形成平衡的 PN 结,如图 7-3 所示。

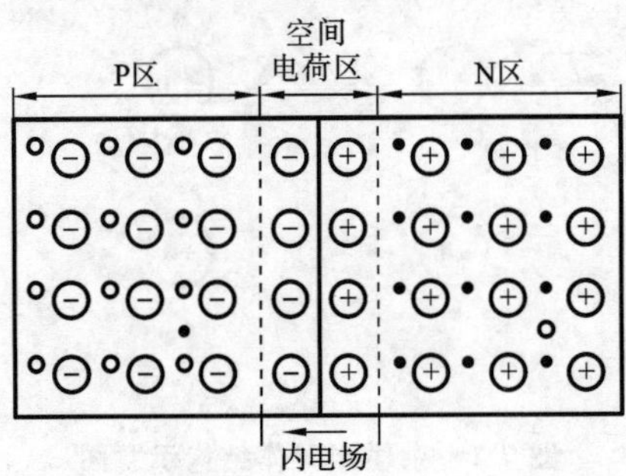

图 7-3　PN 结的形成

二、PN 结的单向导电性

加在 PN 结上的电压称为偏置电压,给 PN 结加正向偏置电压(即 P 区接电源正极,N 区接电源负极),如图 7-4 所示,由于外加电源产生的外电场的方向与 PN 结产生的内电场方向相反,将削弱内电场,使 PN 结变窄,有利于两区多数载流子向对方区域扩散,使 PN 结呈现很小的正向电阻,内部通过较大的正向电流 I。在一定范围内,外加电压愈大,正向电流愈大,通常将这种状态称为 PN 结正向导通状态。

P 区接负极,N 区接正极,则称为加反向电压或反向偏置,如图 7-5 所示。由于外加电场与内电场的方向一致,因而内电场加强,使 PN 结加宽,阻碍多数载流子的扩散运动。在外电场的作用下,只有少数载流子形成的很微弱的电流,称为反向电流。这种状态称为 PN 结的反向截止状态。

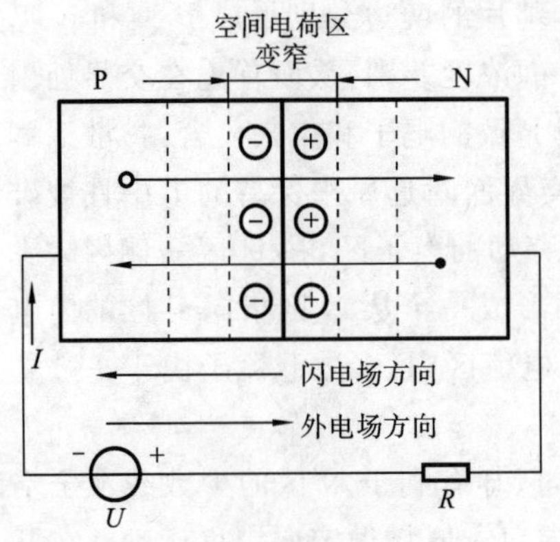

图 7-4　PN 结加正向电压

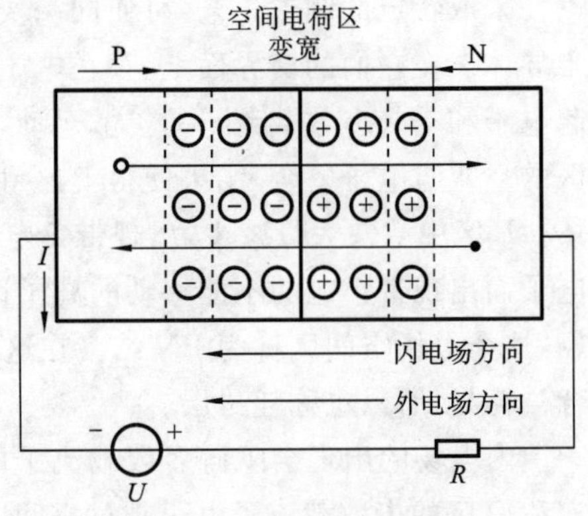

图 7-5　PN 结加反向电压

PN 结就像一个阀门,正向偏置时,电流通行无阻。反向偏置时,电流几乎不

能通过。这就是 PN 结的单向导电性。

第三节　二　极　管

一、二极管的结构和符号

半导体二极管是由一个 PN 结加上引线和管壳(金属、玻璃、塑料)构成的。从 P 端引出的电极称为阳极,从 N 端引出的电极称为阴极。其结构示意图及图形符号如图 7-6 所示。

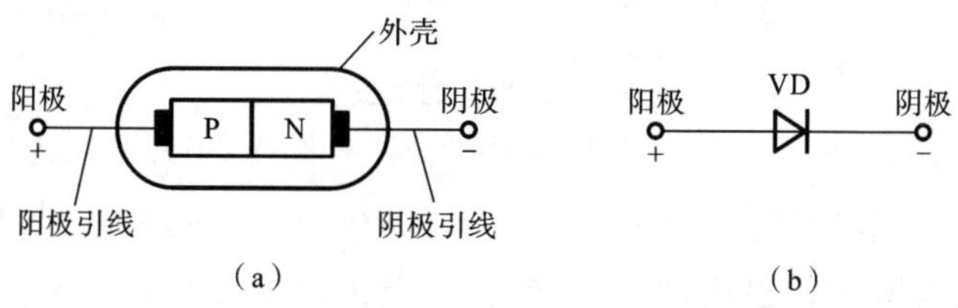

图 7-6　二极管的结构示意图及图形符号

(a) 结构;(b) 符号

半导体二极管的类型很多:按材料分,二极管可分为硅二极管和锗二极管;按内部结构分,二极管可分为点接触、面接触和平面型等;按用途分,二极管又可分为整流二极管、稳压二极管、检波二极管、发光二极管、开关二极管等。

点接触型二极管的 PN 结结面积很小,故极间电容很小,电惯性也很小,不能承受较高的反向电压和通过较大的电流,其主要用于高频检波脉冲数字电路,也可用于小电流整流电路。这类管子多为锗二极管。

面接触型二极管是用合金法或扩散法制成的,PN 结结面积大,故极间电容大,能承受较高的反向电压和通过较大的电流。适用于低频整流,不宜用于高频电路。

二、二极管的伏安特性

二极管由一个 PN 结构成,因此,它具有单向导电特性。二极管的单向导电特性具体可用伏安特性来描述,所谓伏安特性就是指二极管两端的电压与流过二极管的电流之间的关系,如图 7-7 所示。

1. 正向特性

晶体二极管正偏,即 $u_D>0$。这部分特性又可分为以下两种情况。

当 u_D 为正值但很小,即 $u_D<U_{th}$(U_{th}称为门槛电压或死区电压)时,外电场不足以克服内电场,扩散运动难以进行,正向电流 I 非常小(几乎为零),通常将该区域称为“死区”。常温下,硅管的死区电压一般为 0.5 V 左右,锗管的一般认为为 0.1 V 左右。

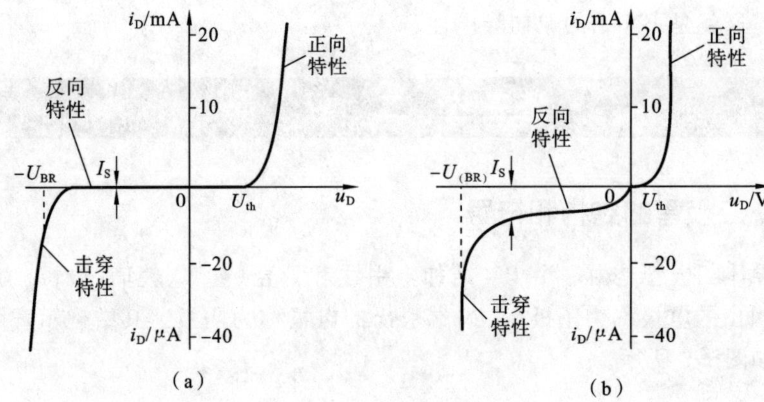

图 7-7 二极管的伏安特性

(a) 硅二极管;(b) 锗二极管

当 u_D 大于死区电压时,内电场大大削弱,有利于多数载流子扩散,正向电阻较小,正向电流增加得很快,此时二极管处于正向导通状态。由于这段曲线较陡,所以二极管正常使用时,正向电流在较大范围内变化,晶体二极管两端的正向压降变化不大,硅管的正向压降为 0.6～0.8 V,锗管的为 0.2～0.3 V。

2. 反向特性

晶体二极管反偏时,$u_D<0$。这部分特性也可分为以下两种情况。

当加反向电压时,内电场加强,阻碍扩散而有利于漂移。由于漂移过程中少数载流子数量有限,所以形成的反向电流数值很小,而且反向电压变化时,反向电流几乎不变,所以这个电流也称反向饱和电流。一般希望反向饱和电流越小越好。在相同的温度下,硅管的反向电流比锗管小得多。

当反向电压高到一定数值(该值称为反向击穿电压 $U_{(BR)}$),反向电流急剧增加,二极管失去单向导电性,这种现象称为反向击穿。一般二极管不容许工作在反向击穿区,否则二极管会损坏。

3. 二极管伏安特性方程

根据理论分析,晶体二极管的伏安特性还可用下述方程来描述,即

$$i_D=I_S(e^{\frac{u_D}{U_T}}-1) \tag{7-1}$$

式中 i_D——流过二极管的电流;

u_D——加在二极管两端的电压;

I_S——反向饱和电流;

$U_T=kT/q$——温度的电压当量,其中,k 为玻尔兹曼常数,T 为热力学温度,q 为电子的电量,在常温(300 K)下,$U_T=26$ mV。

式(7-1)称为二极管的伏安特性方程。

当外加正向电压 $u_D \gg U_T$ 时,则

$$i_D \approx I_S e^{\frac{u_D}{U_T}} \tag{7-2}$$

即二极管电流随正向电压的变化按指数规律变化。

当外加反向电压 $|u_D| \gg U_T$ 时，$e^{\frac{u_D}{U_T}} \ll 1$，则

$$i_D \approx -I_S \tag{7-3}$$

即二极管反向电流为一常数，不随电压的变化而变化，此即反向饱和电流，它的数值与温度有关。

三、二极管的主要参数

二极管的特性还可用参数来描述，实际应用中一般通过查晶体管器件手册，依据参数来合理选择和正确使用二极管。二极管的主要参数如下。

1. 最高整流电流 I_F

最高整流电流 I_F 是指二极管长期工作时，容许通过的最大正向平均电流。在实际应用时不能超过该值，否则二极管 PN 结会烧坏。

2. 最高反向工作电压 U_{RM}

最高反向工作电压 U_{RM} 是指二极管工作时两端所允许加的最大反向电压。在使用中如管子的实际电压超过该值，则二极管有可能被反向击穿而损坏。通常手册上给出的最高反向工作电压约为反向击穿电压的一半。

3. 反向电流 I_R

反向电流 I_R 是指二极管在常温下，加上最高反向工作电压 U_{RM} 时的反向电流。该值越小管子的单向导电性就越好。硅管的反向电流一般为 1 μA 以下。

4. 最高工作频率 f_M

最高工作频率 f_M 主要由 PN 结结电容的大小决定。信号频率超过此值时，结电容的容抗变得很小，使二极管反偏时的等效阻抗变得很小，反向电流很大，于是二极管的单向导电性变差。

此外，二极管的参数还有结电容、最高工作温度等，理解各参数含义，学会查阅晶体管手册，对正确选用和替换二极管非常重要。

四、几种特殊的二极管

二极管的种类很多，除了前面所讲的普通二极管外，实际中还有许多特殊的二极管，如稳压二极管、发光二极管、光电二极管、光电耦合器件等。它们在电子线路中也有着很重要的作用，下面对前三种分别加以介绍。

1. 稳压二极管

稳压二极管也是一种特殊的面接触型硅二极管，它的外形和一般小功率整流二极管相同。其种类较多，按封装不同，可分为玻璃外壳、塑料、金属稳压二极管等；按功率不同可分为小功率（1 W 以下）和大功率稳压二极管；还可以分为单

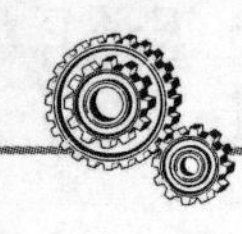

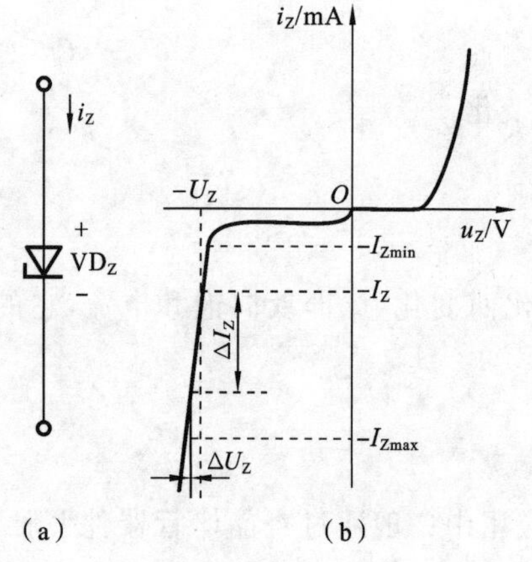

图 7-8 稳压二极管的符号及其伏安特性

向击穿(单极型)和双向击穿(双极型)稳压二极管。

稳压二极管的符号及其伏安特性如图 7-8 所示,它的正向特性和普通二极管一样,反向特性的击穿电压值较低,特性较陡。稳压二极管正是利用反向击穿区内电流在很大范围内变化,而管子两端的电压却变化很小的特性进行稳压的,因此它与一般二极管不同,是工作在反向击穿区的。

稳压管的主要参数如下。

(1) 稳定电压 U_Z:稳压二极管正常工作时加在它两端的反向电压值,取决于稳压二极管的反向击穿电压值。

(2) 稳定电流 I_Z:稳压二极管在稳定电压 U_Z 下工作时对应的反向电流。

(3) 最大稳定电流 I_{Zmax}:稳压管的最大允许工作电流。稳压管工作时,它的工作电流超过 I_{Zmax} 时,稳压管将会烧坏。

(4) 最大耗散功率 P_{ZM}:稳压管不致因过热而损坏的最大耗散功率,一般来说,$P_{ZM}=U_Z I_Z$。

(5) 动态电阻 r_Z:稳压管在正常反向击穿区内,电压变化量与电流变化量的比值,即

$$r_Z=\frac{\Delta U_Z}{\Delta I_Z} \tag{7-4}$$

r_Z 是衡量稳压管稳压性能好坏的指标。击穿区越陡,r_Z 越小,稳压管的稳压性能就越好。

(6) 温度系数:反映稳压管的稳定电压 U_Z 受温度变化影响的参数。通常稳压值小于 6 V 的管子,电压温度系数是负的。稳压值大于 6 V 的管子,电压温度系数是正的。6 V 左右的稳压管温度系数最小。因此,在需要较高稳压值的电路中,可将几个 6 V 左右的稳压管串联起来使用。

(7) 最高结温:稳压管在工作状态下,PN 结的最高温度。

稳压二极管的作用是稳压,一般应与限流电阻配合使用,应用在各类稳压电路中。

例 7-1 在图 7-9 中,已知稳压管 VD_{Z1} 的稳定电压 $U_{Z1}=5.8$ V,VD_{Z2} 的稳定电压 $U_{Z2}=8.5$ V,它们的正向导通电压 U_D 为 0.7 V,各电路限流电阻取值合适。试求 $U_{o1}\sim U_{o4}$ 各为多少伏?

解 (1) 稳压管 VD_{Z1}、VD_{Z2} 反向串联,VD_{Z1} 阳极电压高于阴极电压,正向导通,VD_{Z2} 阳极接负电压,进行正常稳压工作,则

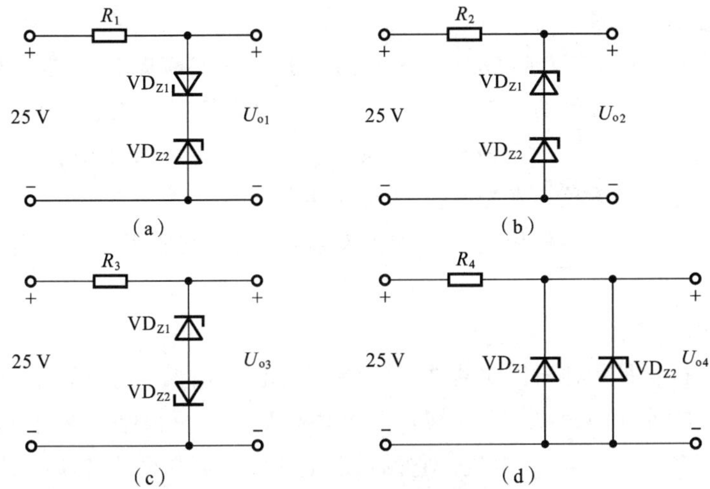

图 7-9 例 7-1 稳压管电路分析

$$U_{o1}=U_{D}+U_{Z2}=(0.7+8.5)\ V=9.2\ V$$

(2) 稳压管 VD_{Z1}、VD_{Z2} 同向串联,阳极接电源负端,均处于正常稳压工作状态,则

$$U_{o2}=U_{Z1}+U_{Z2}=(5.8+8.5)\ V=14.3\ V$$

(3) VD_{Z1} 正常工作, VD_{Z2} 正向导通,则

$$U_{o3}=U_{Z1}+U_{D}=(5.8+0.7)\ V=6.5\ V$$

(4) VD_{Z1}、VD_{Z2} 同向并联,均处于反向偏置状态,由于 $U_{Z1}<U_{Z2}$,则 VD_{Z1} 处于正常稳压工作状态,此时, VD_{Z2} 所加电压为 U_{Z1},小于工作电压 U_{Z2},所以 VD_{Z2} 处于反向电压未击穿状态,则

$$U_{o4}=U_{Z1}=5.8\ V$$

2. 发光二极管

发光二极管简称 LED,是一种具有一个 PN 结的半导体发光器件。按发光光谱可分为可见光 LED 和红外光 LED 两类,其中可见光 LED 包括红、绿、黄、橙、蓝等颜色。按发光效果分为固定颜色 LED 和变色 LED 两类,其中变色 LED 包括双色和三色等。图 7-10 所示为发光二极管的符号及电路。

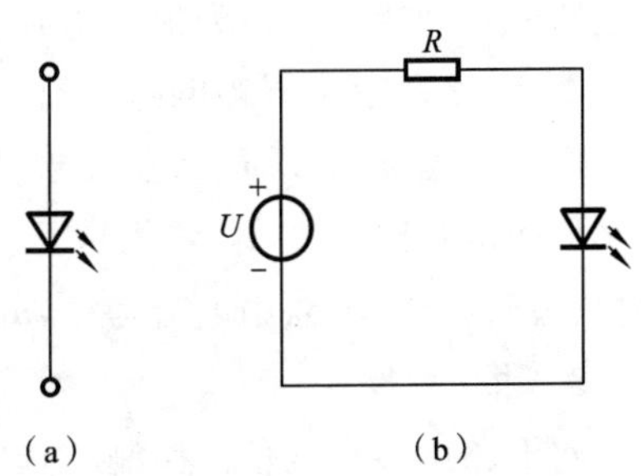

图 7-10 发光二极管的符号及电路

(a) 发光二极管符号;(b) 发光二极管电路

发光二极管与普通二极管一样具有单向导电性,当有足够的正向电流流过 PN 结时,便会发出不同颜色的可见光和红外光。

发光二极管的参数如下。

(1) 最大工作电流 I_{FM}:发光二极管长期正常工作所允许通过的最大正向电流。

使用中电流不能超过此值。

(2) 最大反向电压 U_{RM}：发光二极管在不被击穿的前提下，所能承受的最大反向电压。发光二极管的最大反向电压 U_{RM} 一般在 5 V 左右，使用中不应使发光二极管承受超过 5 V 的反向电压，否则发光二极管将可能被击穿。

另外发光二极管还有发光波长、发光强度等参数。

发光二极管的主要作用是指示和光发射，因此广泛应用在显示、指示、遥控和通信领域。

3. 光电二极管

光电二极管是一种光接收器件，其 PN 结工作在反偏状态，管壳上的一个玻璃窗口能接收外部的光照。当光线辐射于 PN 结时，在反偏电压作用下产生反向电流。它的反向电流随光照强度的增加而上升。

图 7-11　光电二极管的符号

图 7-11 所示为光电二极管的符号，它的主要特点是反向电流与光照强度成正比。

光电二极管种类很多，多用在红外遥控电路中。为减少可见光的干扰，常采用黑色树脂封装，往往作出标记角，指示受光面的方向。一般情况下，管角长的为正极。

4. 二极管的应用实例

1) 整流电路

整流电路可通过二极管的单向导电性将交流电转换成单向脉动直流电。整流电路有多种形式。按交流电源的相数分，整流电路可分为单相整流和三相整流电路；按电路的结构形式分，可分为半波、全波和桥式整流电路(详见第 10 章)。

2) 限幅电路

在电子电路中，常用限幅电路来减小或限制某些电路输出电压的幅值，以适应电路的不同要求或作为保护措施；在数字电路中，常用限幅电路来处理信号波形。图 7-12 所示为限幅电路。设 VD 为理想二极管，即忽略二极管正向压降和反向电流。当 $u_i>E$ 时，二极管导通，其正向压降为零，所以 $u_o=E$，即输出电压正半周幅度被限为 E 值，输入电压超出 E 部分 u_i-E 降在电阻 R 上；当 $u_i<E$ 时，二极管截止，电路中电流为零，$u_R=0$，所以 $u_o=u_i$。

3) 钳位电路

将电路中某点电位值钳制在选定的数值上而不受负荷变动影响的电路称为钳位电路。图 7-13 所示为钳位电路。只要二极管 VD 处于导通状态，不论负载 R_L 怎样改变，电路的输出端电压 u_o 始终等于 U_G+U_D，其中，U_D 为二极管的导

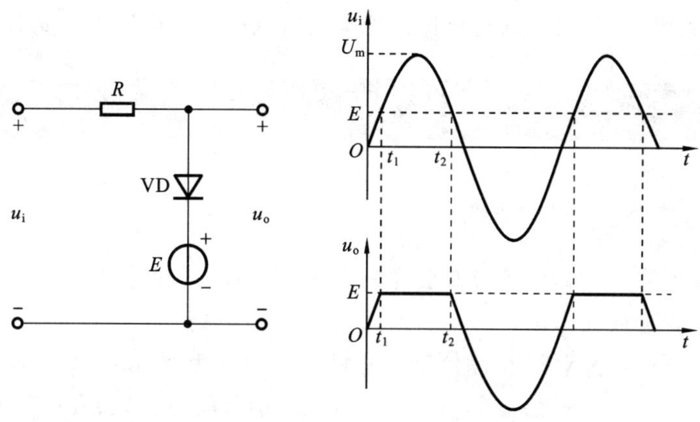

图 7-12　限幅电路

通电压。

4）计算机电源断电保护电路

如图 7-14 所示，当电网正常时，存储器电路通过 VD_1 与整流滤波电路的+5 V 端连通。这时由于 $V_{CC1}>V_{CC2}$，所以 VD_2 反偏而截止，蓄电池组不消耗电流。

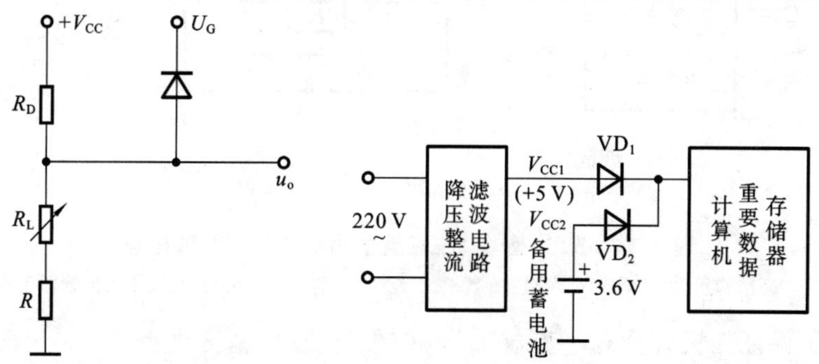

图 7-13　钳位电路　　　图 7-14　计算机电源断电保护电路

当电网突然失电时，$V_{CC1}=0$，这时 $V_{CC2}>V_{CC1}$，所以，VD_2 正偏而 VD_1 反偏，存储器的工作电流由蓄电池提供，保证了重要的数据不会丢失。由于 VD_1 处于截止状态，所以 VD_2 的电流不会倒流到计算机的其他电路中去，可节约 V_{CC2} 的电能。

5）欠压保护电路

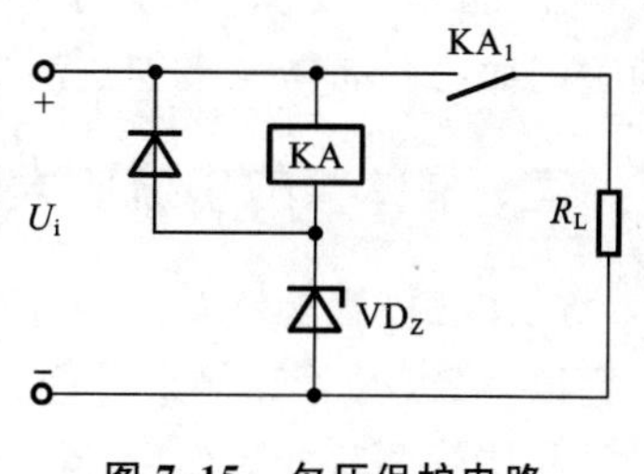

图 7-15　欠压保护电路

某些电路或器件不允许长期工作于电压过低的情况下，可利用稳压二极管避免这种现象的产生。在图 7-15 所示的输入电压 U_i 超过稳压管击穿电压时，VD_Z 击穿导通，继电器 KA 得电，触头 KA_1 闭合，电源通过 KA_1 向负载 R_L 供电，当输入电压过低，达不到稳压管击穿电压 U_i

时,继电器失电,触头断开。这样保证负载上得到的工作电压不会比 U_i 还低。

第四节 晶 体 管

一、晶体管的基本结构

晶体三极管又称晶体管或双极性三极管,它在电子线路中的用途非常之大,其重要特性就是放大作用。

图 7-16 所示为 NPN 型晶体三极管的内部结构和图形符号,它的内部由三层不同的晶体构成。三层晶体对应着三个区,分别称为基区、发射区和集电区。各区引出一个电极分别称为基极(B)、发射极(E)、集电极(C),两个 PN 结分别为发射结和集电结。在电路中三极管的文字符号为字母"T"。

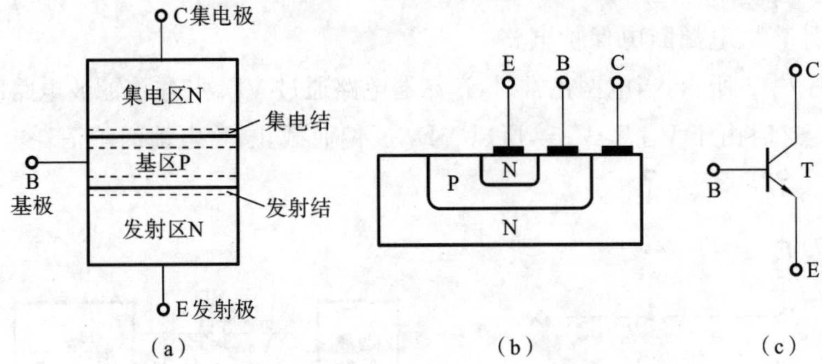

图 7-16 NPN 型晶体三极管的内部结构和图形符号

(a) NPN 结构示意图;(b) NPN 硅平面管管芯结构剖面图;(c) NPN 型晶体三极管图形符号

为了保证三极管具有电流放大作用,在制造时,基区做得很薄,一般只有几微米到几十微米厚。同时使发射区的掺杂浓度(即多数载流子浓度)比基区和集电区的掺杂浓度大得多,但集电区的面积要比发射区的大,这些制造工艺和结构特点是晶体三极管起放大作用所必须具备的内部条件,所以使用时三极管不能用两个二极管代替,也不可以将发射极和集电极互换。

PNP 型晶体三极管结构与 NPN 型三极管类似,如图 7-17 所示。PNP 型和 NPN 型晶体三极管具有几乎相同的特性,只不过各电极端的电压极性和电流流向不同而已。晶体三极管按制造材料的不同分为硅管和锗管。

二、晶体管的电流放大(控制)作用

晶体三极管能够对信号进行放大,其根本原因就在于它具有电流放大作用。下面以 NPN 型管为例来讨论它的放大原理(见图 7-18)。

晶体管要起放大作用,除了满足前面讲的内部条件外,在放大电路中不论采

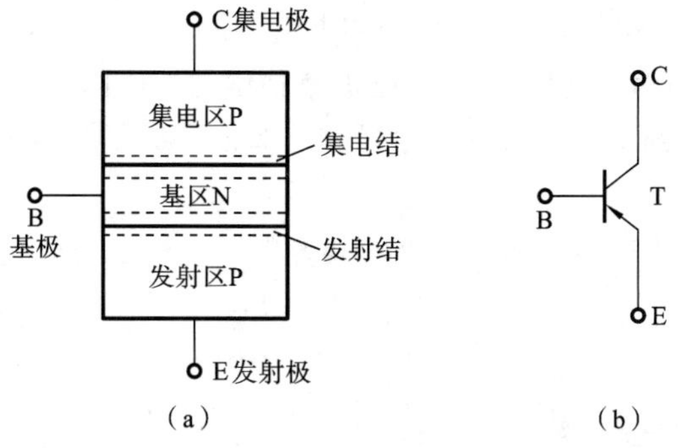

图 7-17　PNP 型晶体三极管的内部结构和图形符号

(a) PNP 结构示意图;(b) PNP 型晶体三极管图形符号

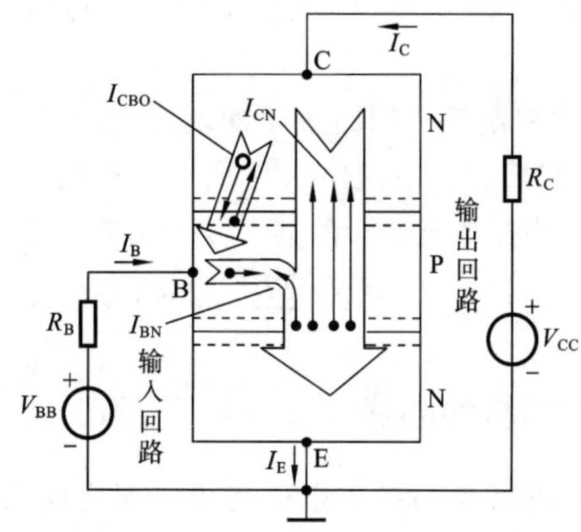

图 7-18　晶体管内部载流子的运动情况

用哪种连接方式,还必须满足外部条件:发射结加上正向电压,集电结加上反向电压(即发射结正偏,集电结反偏)。

由于发射结处于正向偏置状态,故发射结的扩散运动很强,发射区的多数载流子(电子)不断扩散到基区,并不断由电源 V_{CC} 的负极得到补充,形成发射极电流 I_E。

基区的多数载流子(空穴)也要向发射结区扩散,但其数量很小可忽略,到达基区的电子向集电结方向继续扩散。在扩散过程中,有少量电子与基区的空穴复合,形成基极电流 I_B。

由于基区做得很薄且掺杂浓度低,所以绝大多数电子都扩散到集电结边缘,由于集电结反偏,这些电子几乎全部漂移过集电结,形成集电极电流 I_C。

由晶体管内部载流子的运动情况(见图 7-18)不难得出:

$$I_C = I_{CN} + I_{CBO}$$

$$I_B = I_{BN} - I_{CBO}$$

$$I_E = I_{CN} + I_{BN} = I_C + I_B$$

即在晶体管中,发射极电流 I_E 等于集电极电流 I_C 和基极电流 I_B 之和。式中 I_{CBO} 为集电区的少子空穴和基区少子电子漂移运动形成的集电结反向饱和电流。

从发射区扩散到基区的载流子除很小一部分形成了基极电流 I_{BN} 外,绝大部分形成了集电极电流 I_{CN}。

I_{CN} 与 I_{BN} 的比值称为晶体三极管的共发射极直流电流放大系数,即

$$\bar{\beta}=\frac{I_{CN}}{I_{BN}}=\frac{I_C-I_{CBO}}{I_B+I_{CBO}}$$

由此可得

$$I_C=\bar{\beta}I_B+(1+\bar{\beta})I_{CBO}=\bar{\beta}I_B+I_{CEO} \tag{7-5}$$

$$I_{CEO}=(1+\bar{\beta})I_{CBO}$$

式中 I_{CEO} 称为穿透电流。当 I_{CBO} 可以忽略时,式(7-5)可简化为

$$I_C=\bar{\beta}I_B \tag{7-6}$$

式(7-6)表明,通过控制基极回路很小的电流,便可以实现对集电极较大电流的控制,这就是晶体三极管的电流放大作用。把集电极电流的变化量与基极电流的变化量之比定义为晶体三极管的共射极交流电流放大系数 β,其表达式为

$$\beta=\frac{\Delta I_C}{\Delta I_B}$$

三、晶体三极管的特性曲线

晶体三极管的特性曲线是指各极电压与极电流之间的关系曲线,它是三极管内部载流子运动的外部表现。从使用角度来看,外部特性显得更为重要,因为三极管的共发射极接法应用最广,故以 NPN 管共发射极接法为例来分析三极管的特性曲线。

1. 输入特性曲线

如图 7-19(a)所示,由输入回路可写出三极管的输入特性的函数关系式为

$$i_B=f(u_{BE})\big|_{u_{CE}=\text{常数}}$$

由图 7-19(b)可见,三极管曲线形状与二极管的伏安特性曲线相类似,不过,它与 u_{CE} 有关,$u_{CE}=1$ V 的输入特性曲线相对 $u_{CE}=0$ V 的曲线向右移动了一段距离,即 u_{CE} 增大,曲线向右移,但当 $u_{CE}>1$ V 后曲线右移距离很小,可以近似认为与 $u_{CE}=1$ V 时的曲线重合,所以图 7-19(b)中只画出了两条曲线。在实际使用中,u_{CE} 总是大于 1 V 的。只有当 u_{CE} 大于 0.5 V(该电压称为死区电压)时,i_B 才随 u_{BE} 的增大迅速增大。正常工作时管压降 u_{BE} 为 0.6～0.8 V,通常取 0.7 V,称之为导通电压 $u_{BE(on)}$。对锗管,死区电压约为 0.1 V,正常工作时管压降 u_{BE} 的值为 0.2～0.3 V,导通电压 $u_{BE(on)}\approx 0.2$ V。

2. 输出特性曲线

如图 7-19(a)所示,输出回路的输出特性方程为

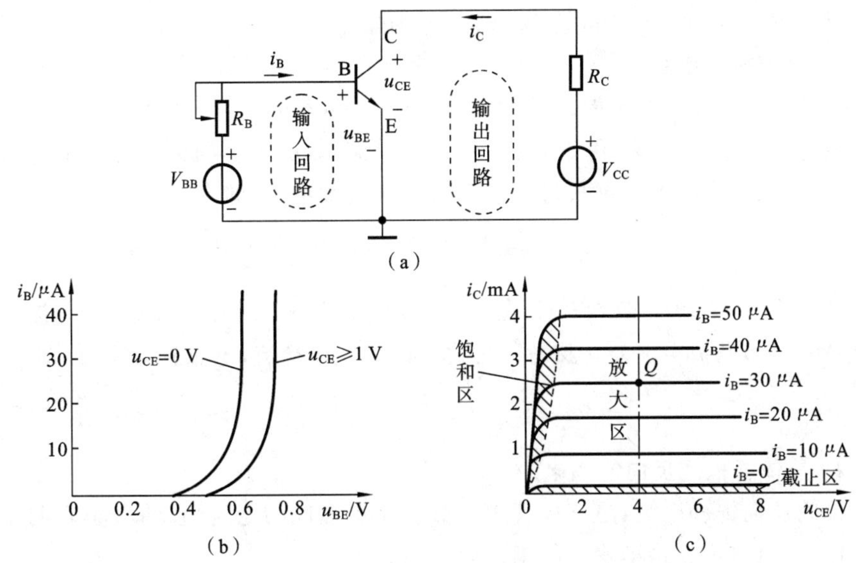

图 7-19 NPN 型晶体管共发射极电路特性曲线

(a) 电路;(b) 输入特性曲线;(c) 输出特性曲线

$$i_C = f(u_{CE})\big|_{i_B=\text{常数}}$$

如图 7-19(c) 所示,晶体三极管的输出特性曲线分为截止区、饱和区和放大区三个区,每区各有其特点。

1) 截止区

图 7-19(c)中 $i_B \leqslant 0$ 的区域,发射结零偏或反偏、集电结反偏,此时晶体管不导通,$i_C \approx 0$,输出特性曲线是一条几乎与横轴重合的直线。

2) 放大区

当 $u_{CE} > 1$ V 时,三极管的集电极电流 $i_C = \beta i_B + I_{CEO}$,$i_C$ 与 i_B 成正比而与 u_{CE} 的关系不大,所以输出特性曲线几乎与横轴平行。当 i_B 一定时,i_C 的值基本不随 u_{CE}的变化而变化,具有恒流特性。i_B 等量增加时,输出特性曲线等间隔地平行上移。这个区域的工作特点是发射结正向偏置,集电结反向偏置,$i_C \approx \beta i_B$。由于工作在这一区域的三极管具有放大作用,因而把该区域称为放大区。

3) 饱和区

当 $u_{CE} < u_{BE}$时,i_C 与 i_B 不成比例,它随 u_{CE}的增加而迅速上升,这一区域称为饱和区,$u_{CE} = u_{BE}$的状态称为临界饱和。

综上所述:NPN 型三极管工作于截止区时,$u_C > u_E > u_B$;工作于放大区时,$u_C > u_B > u_E$;工作于饱和区时,$u_B > u_C > u_E$。

四、晶体管的主要参数

特性曲线和主要参数是设计晶体管电路和选用晶体管的依据,也是表征晶体管性能的主要指标。三极管的主要参数有以下几个。

1. 电流放大系数 β

(1) 静态(直流)电流放大系数 $\bar{\beta}$　三极管采用共发射极接法时，在集电极-发射极电压 U_{CE} 一定的条件下，由基极直流电流 I_B 所引起的集电极直流电流与基极电流之比，称为共发射极静态(直流)电流放大系数，即

$$\bar{\beta}=\frac{I_C-I_{CEO}}{I_B}\approx\frac{I_C}{I_B} \tag{7-7}$$

(2) 动态(交流)电流放大系数 β　当集电极电压 u_{CE} 为定值时，集电极电流变化量 Δi_C 与基极电流变化量 Δi_B 之比，称为动态(交流)电流放大系数，即

$$\beta=\frac{\Delta i_C}{\Delta i_B} \tag{7-8}$$

2. 晶体管极间反向饱和电流

极间反向饱和电流，是三极管中少数载流子形成的电流，它的大小表明了三极管质量的优劣，直接影响它的工作稳定性。

(1) 集电极-基极反向饱和电流 I_{CBO}　发射极开路时，小功率硅管集电结的反向饱和电流 I_{CBO} 小于 1 μA，锗管的 I_{CBO} 约为 10 μA。

(2) 集电极-发射极反向饱和电流 I_{CEO}　I_{CEO} 为三极管基极开路集电极-发射极反向饱和电流，也称为集电极-发射极间穿透电流，它是 I_{CBO} 的 $1+\beta$ 倍。

3. 晶体管的极限参数

晶体三极管的极限参数是指三极管在正常工作时所允许的最大电流、最大电压和功率的极限值，它直接与晶体三极管的使用安全相关。

(1) 集电极最大允许电流 I_{CM}　当 i_C 超过一定数值时 β 下降，β 下降到正常值的 2/3 时所对应的 i_C 值为 I_{CM}。在实际应用中，当 $i_C>I_{CM}$ 时，β 大幅下降，会使三极管失去正常放大作用，严重的可导致三极管损坏。

(2) 反向击穿电压　包括 $U_{(BR)CEO}$、$U_{(BR)CBO}$、$U_{(BR)EBO}$。

$U_{(BR)CEO}$ 是指基极开路时，集电极与发射极之间所能承受的最高反向电压，其值通常为几十伏至几百伏以上。当温度上升时，击穿电压要下降，所以选择三极管时，$U_{(BR)CEO}$ 应大于工作电压 U_{CE} 两倍以上，以保证有一定的安全系数。使用中，若 $U_{CE}>U_{(BR)CEO}$，可能导致三极管损坏。

$U_{(BR)CBO}$ 是指发射极开路时，集电极与基极之间所能承受的最高反向电压，一般为几伏至几十伏。

$U_{(BR)EBO}$ 是指集电极开路时，发射极与基极之间所能承受的最高反向电压。

三个反向击穿电压有如下关系：$U_{(BR)CBO}>U_{(BR)CEO}>U_{(BR)EBO}$。

(3) 最大集电极耗散功率 P_{CM}　P_{CM} 取决于晶体管的温升。当硅管的结温大于 150 ℃时，锗管的结温大于 70 ℃时，管子特性明显变坏，甚至烧坏。对于确定型号的晶体管，$P_{CM}=I_CU_{CE}=$ 常数，在输出特性坐标平面中为双曲线中的一条，

曲线右上方为过损耗区，如图 7-20 所示，使用时应注意。

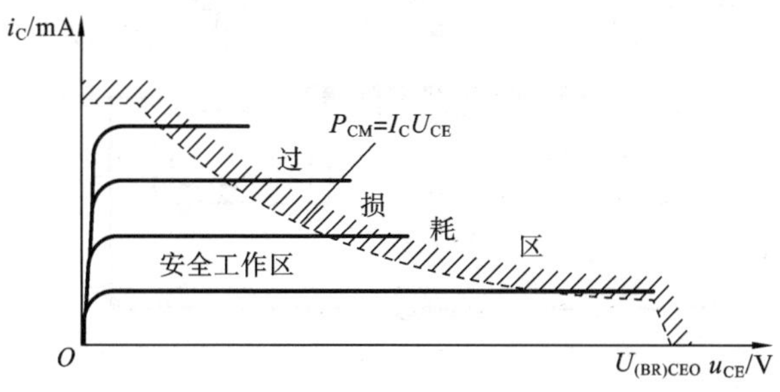

图 7-20　三极管的安全工作区

第五节　场效应管

场效应管(FET)是利用输入回路的电场效应来控制输出回路电流大小的一种晶体器件，也称单极型晶体管。场效应管不但具备体积小、质量小、寿命长等优点，而且输入回路的内阻高达 $10^7 \sim 10^{12}$ Ω，噪声低，热稳定性好，抗辐射能力强。因此，从 20 世纪 60 年代诞生起，场效应管就广泛地用于各种电子电路中。

场效应管(FET)分为 MOS 场效应管(MOSFET)和结型场效应管(JFET)两种不同结构。下面介绍 MOS 场效应管的结构符号、工作原理、特性及主要参数。

MOS 场效应管(又称绝缘栅型场效应管)有 N 沟道和 P 沟道两类，每一类又有增强型和耗尽型之分。所谓增强型，就是指当 $u_{GS}=0$ 时，没有导电沟道；所谓耗尽型，就是指当 $u_{GS}=0$ 时，存在导电沟道。由于 P 沟道 MOS 管(简称 PMOS 管)与 N 沟道 MOS 管(简称 NMOS 管)的工作原理相似，故以 N 沟道 MOS 管为例来讨论。

一、增强型 NMOS 场效应管

1. 结构与符号

图 7-21(a)所示为增强型 NMOS 管的结构示意图。它以一块掺杂浓度较低的 P 型硅片作衬底，在衬底上面的左右两侧利用扩散的方法形成两个高浓度的 N 型区(用 N^+ 表示)，并用金属铝引出两个电极，作为源极 S 和漏极 D。然后在硅片表面生成一层很薄的二氧化硅绝缘层，在漏极与源极之间的绝缘层上再喷出一层金属铝作为栅极 G。另外在衬底引出衬底引线 B。由于存在二氧化硅绝缘层，栅极与源极、漏极均无电的接触，故称为绝缘栅极，图 7-21(b)是它的符号，其中衬底极 B 的箭头方向表示 PN 结正向偏置时的电流方向。PMOS 管箭头方向与其相反，如图 7-21(c)所示。

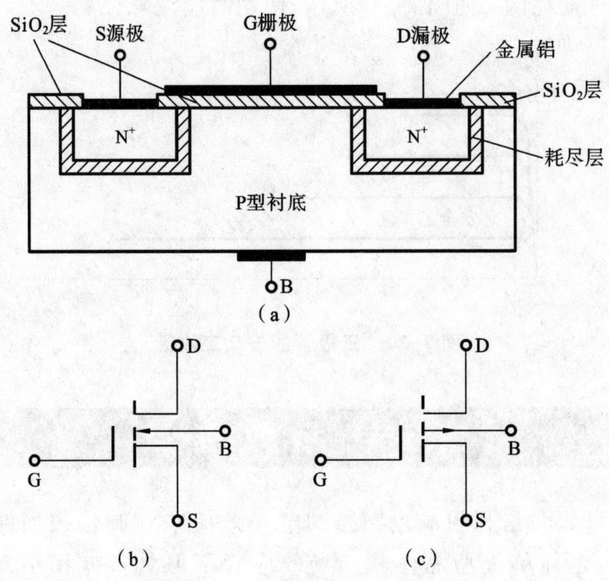

图 7-21　增强型 NMOS 管

(a) 增强型 NMOS 管的结构;(b) 增强型 NMOS 管的符号;(c) 增强型 PMOS 管的符号

2. 工作原理

如图 7-22(a)所示,增强型 NMOS 管在 $u_{GS}=0$ 时就没有导电沟道,不管 u_{DS} 的极性如何,源区(N^+ 型)、衬底(P 型)和漏区(N^+ 型)形成的两个背靠背的 PN 结,总是有一个 PN 结反偏,DS 间无电流流过,$i_D=0$。

若在栅极和源极之间加上较小正向电压 u_{GS},且源极与衬底相连(栅极接正,源极接负),则栅极(铝层)和 P 型硅片相当于以二氧化硅为介质的平板电容器,在正的栅极和源极电压作用下产生一个垂直于晶体表面由栅极指向 P 型衬底的电场。这个电场排斥空穴而吸引电子,由于 P 型衬底中空穴为多数载流子,电子为少数载流子,所以,被排斥的空穴很多而吸收到的电子较少,使栅极附近的 P 型衬底表面层中主要为不能移动的杂质离子,因而形成耗尽层。当 u_{GS} 足够大时,空穴被排斥,同时吸引 P 型衬底中少数载流子电子到栅极附近,从而在栅极附近 P 型硅表面形成一个 N 型薄层。由于它是在 P 型衬底上形成的 N 型层,故称为反型层。这个反型层将两个 N^+ 区相连,组成源极和漏极间的 N 型导电沟道,如图 7-22(a)所示。此时,在漏极和源极之间加正向电压,电子就会沿着该导电沟道由源极向漏极运动,形成漏极电流 i_D,如图 7-22(b)所示。一般把反型层即导电沟道开始形成时栅源两端电压(简称栅源电压)称为开启电压,用 $U_{GS(th)}$ 表示,其值由管子的工艺参数确定。又由于这种场效应管无原始导电沟道,只有当 $u_{GS}>U_{GS(th)}$ 时,才能产生导电沟道,故称为增强型 MOS 管。产生导电沟道以后,若继续增大 u_{GS} 值,则导电沟道加宽,沟道电阻减小,漏极电流 i_D 增大。

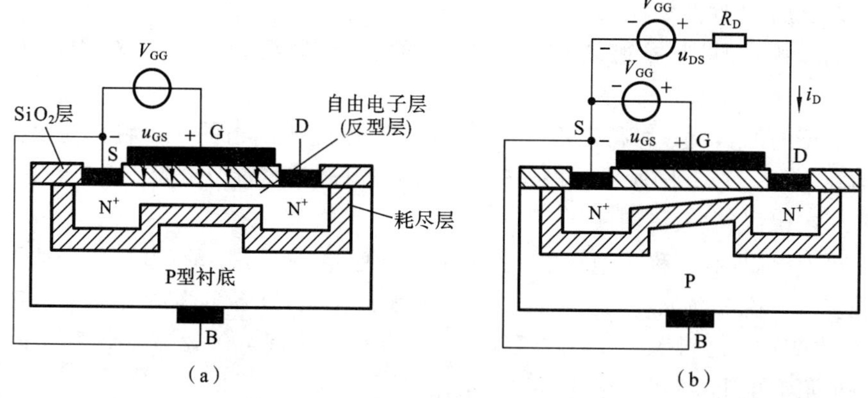

图 7-22　增强型 NMOS 管的导电沟道

(a) $u_{GS}>U_{GS(th)}$时形成的导电沟道；(b) DS 端外加电压时沟道中流过的电流 i_D

综上所述，场效应管具有压控电流作用，通过控制输入电压 u_{GS}，就可以控制输出电流 i_D 的有无，还可以控制其大小。

3. 伏安特性曲线

1) 转移特性曲线

转移特性描述 i_D 与 u_{GS}之间的函数关系(u_{DS}为一常数)，即

$$i_D=f(u_{GS})\big|_{u_{DS}=\text{常数}}$$

它反映的正是前面讲过的输入电压 u_{GS}对输出电流 i_D 的控制作用。

由图 7-23(a)所示的转移特性曲线可知：当 $u_{GS}<U_{GS(th)}$时，导电沟道没有形成，$i_D=0$；当 $u_{GS}\geqslant U_{GS(th)}$时，开始形成导电沟道，并随着 u_{GS}的增大，导电沟道变宽，沟道电阻变小，电流 i_D 增大。

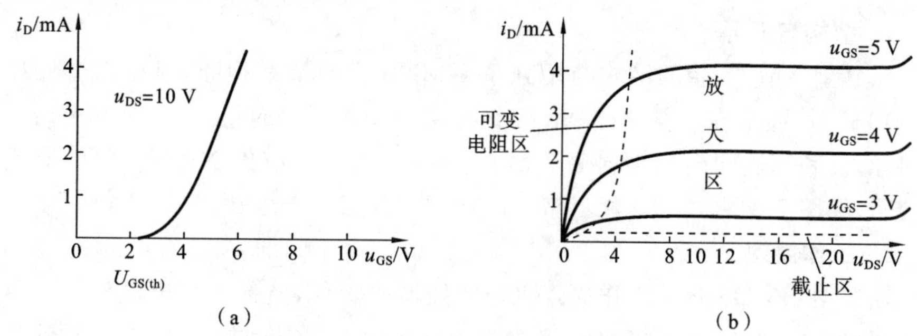

图 7-23　增强型 NMOS 管特性曲线

(a) 转移特性曲线；(b) 输出特性曲线

增强型 NMOS 场效应管的转移特性可表示为

$$i_D=I_{DO}\left(\frac{u_{GS}}{U_{GS(th)}}-1\right)^2$$

式中，I_{DO}是 $u_{GS}=2U_{GS(th)}$时的 i_D。

2）输出特性曲线

输出特性曲线描述 i_D 与 u_{DS} 之间的函数关系（u_{GS} 为一常数），即 $i_D = f(u_{DS})|_{u_{GS}=常数}$。

取不同的 u_{GS} 值，可得出不同的函数关系，因此所画出的输出特性曲线为一簇曲线，如图 7-23(b)所示。根据工作特点不同，输出特性可分为三个工作区域，即可变电阻区、放大区和截止区。

可变电阻区（也称非饱和区）是指管子导通，但 u_{DS} 较小的区域，伏安曲线为一簇直线。说明当 u_{GS} 一定时，i_D 与 u_{DS} 呈线性关系，D、S 间等效为电阻。改变 u_{GS} 可改变直线的斜率，也就控制了电阻值，因此 D、S 间可等效为一个受电压 u_{GS} 控制的可变电阻，所以称之为可变电阻区。

放大区是指管子导通，且 u_{GS} 较大，满足 $u_{DS} > u_{GS} - U_{GS(th)}$ 的区域，曲线为一簇基本平行于 u_{DS} 轴的略上翘的直线，说明 i_D 基本上仅受 u_{GS} 控制而与 u_{DS} 无关。i_D 不随 u_{DS} 的变化而变化的现象在场效应管中称为饱和，所以这一区域又称饱和区。在这一区域内，场效应管的 D、S 间相当于一个受电压 u_{GS} 控制的电流源，故又称为恒流区。场效应管用于放大电路时，一般就工作在该区域，所以也称之为放大区。

截止区是指 $u_{GS} < U_{GS(th)}$ 的区域，这时因为无导电沟道，所以 $i_D = 0$，管子截止。

图 7-23(b)中的虚线是根据 $u_{DS} = u_{GS} - U_{GS(th)}$ 画出的，称为预夹断轨迹，它是放大区和可变电阻区的分界线。当 $u_{DS} > u_{GS} - U_{GS(th)}$ 时，管子工作于放大区；当 $u_{DS} < u_{GS} - U_{GS(th)}$ 时则工作于可变电阻区。

二、耗尽型 NMOS 场效应管

1. 结构与符号

耗尽型 NMOS 管的结构与增强型 NMOS 管的基本相同，但在制造耗尽型 NMOS 管时，通常在二氧化硅（SiO_2）绝缘层中掺入大量的正离子，由于正离子的作用，漏极和源极间的 P 型衬底表面在 $u_{GS} = 0$ 时已感应出 N 型反型层，形成导电沟通，如图 7-24(a)所示，耗尽型 NMOS 管的电路符号如图 7-24(b)所示。

2. 工作原理

耗尽型 NMOS 管的工作原理也与增强型的相似，具有压控电流作用。由于存在原始导电沟道，因此若在 D、S 之间加上正向电压 u_{DS}，则在 $u_{DS} = 0$ 时就有电流 i_D 流通。当 u_{GS} 由零值向正值增大时，反型层增厚，i_D 增大；反之，当 u_{GS} 由零值向负值增大时，反型层变薄，i_D 减小。当 u_{GS} 负向增大到某一数值时，反型层会消失，称为沟道全夹断，这时 $i_D = 0$，管子截止。使反型层消失所需的栅源电压称为夹断电压，用 $u_{GS(off)}$ 表示。

3. 伏安特性曲线

耗尽型 NMOS 管的转移特性曲线如图 7-25(a)所示，参数 I_{DSS} 称为漏极饱和

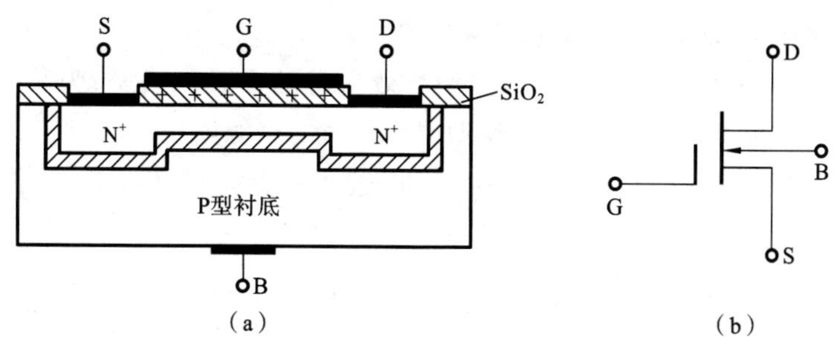

图 7-24 耗尽型 NMOS 管

(a) 结构示意图;(b) 符号

电流,它是 $u_{GS}=0$ 且管子工作于放大区时的漏极电流。由于耗尽型 NMOS 管在 u_{GS} 为正、负、零时,均可导通工作,因此应用起来比增强型管灵活方便。当工作于放大区时,转移特性曲线可近似地用下式表示:

$$i_D = I_{DSS}\left(1-\frac{u_{GS}}{U_{GS(off)}}\right)^2$$

耗尽型 NMOS 管的输出特性曲线如图 7-25(b)所示,曲线可分为可变电阻区、恒流区(放大区)、夹断区(截止区)和击穿区(图上未示出)。

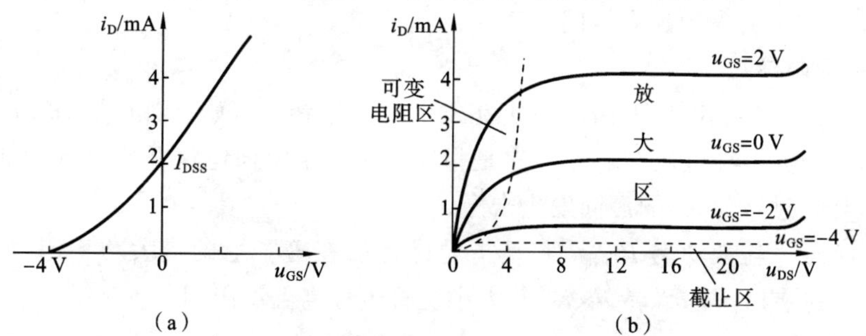

图 7-25 耗尽型 NMOS 管特性曲线

(a) 转移特性;(b) 输出特性

三、P 沟道 MOS 管

PMOS 管的结构、工作原理与 NMOS 管的相似,PMOS 管以 N 型晶体硅为衬底,两个 P^+ 区分别作为源极和漏极,导电沟道为 P 型反型层。使用时 u_{GS}、u_{DS} 的极性与 NMOS 管的相反,漏极电流 i_D 的方向也相反,即由源极流向漏极。PMOS 管也有增强型和耗尽型两种。

四、场效应管的主要参数

1. 直流参数

(1) 夹断电压 $U_{GS(off)}$ 它是耗尽型场效应管的参数。当 u_{DS} 为某一定值时,

i_D 为零,栅极上所加偏压 u_{GS} 的值就是夹断电压 $U_{GS(off)}$。

(2) 开启电压 $U_{GS(th)}$　它是增强型场效应管的参数。当 u_{DS} 为某一定值时,能产生 i_D 所需要的最小的 u_{GS},即反型层形成时的栅源电压。

(3) 饱和漏极电流 I_{DSS}　耗尽型场效应管在 $u_{GS}=0$ 的条件下,管子预夹断时的漏极电流。

(4) 直流输入电阻 R_{GS}　它是栅源电压与栅极电流的比值,即 $R_{GS}=\frac{u_{GS}}{i_G}$。结型场效应管的 R_{GS} 一般大于 $10^7\ \Omega$,绝缘场效应管的 R_{GS} 一般大于 $10^9\ \Omega$。

2. 交流参数

(1) 低频跨导 g_m　它是表征 u_{GS} 对 i_D 控制能力大小的参数,其意义为:在 u_{DS} 为某一定值的条件下,i_D 的微小变化量与引起的 u_{GS} 的微小变化量之比值,即

$$g_m=\left.\frac{\Delta i_D}{\Delta u_{GS}}\right|_{u_{DS}=\text{常数}}$$

g_m 的单位是西门子(S)。在转移特性曲线上,g_m 为曲线上某一点的斜率,与静态 i_D 的大小有关,可由转移特性方程求导得出。g_m 是衡量放大作用的重要参数。

其他的交流参数还有极间电容、噪声系数等。

3. 极限参数

(1) 漏源击穿电压 $U_{(BR)DS}$　它是指发生雪崩击穿,i_D 开始急剧上升时的 u_{DS} 值。

(2) 栅源击穿电压 $U_{(BR)GS}$　它是指输入 PN 结反向电流开始急剧增加时的 u_{GS} 值,当超过该值时,栅源间发生击穿。

(3) 最大耗散功率 P_{DM}　它是指允许耗散在管子上的最大功率,其值等于 u_{DS} 和 i_D 的乘积,即 $P_{DM}=u_{DS}i_D$,其大小受管子最高温度限制。

本章小结

(1) 半导体的导电性受外界条件,特别是温度和光照的影响,利用这些特点可以制造许多元件,但是半导体器件工作的稳定性也会受到影响。

(2) 在纯净半导体中掺入微量的三价或五价元素可分别得到 P 型半导体和 N 型半导体。在 P 型半导体中,多数载流子是空穴,少数载流子是电子;在 N 型半导体中,多数载流子是电子,少数载流子是空穴。用特殊工艺将 P 型和 N 型半导体结合起来,在其交界面上就会形成 PN 结。

PN 结具有单向导电性,加正向电压导通,可以通过很大的正向电流;加反向电压截止,仅有很小的反向电流通过。

(3) 半导体二极管实质上是一个 PN 结。二极管具有单向导电性,两端电压大于死区电压时,处于导通状态;加反向电压时,在一定范围内,反向电流很小,

当反向电压大于等于反向击穿电压时，二极管被反向击穿，反向电流急剧增大。

(4) 三极管有 NPN 和 PNP 两种基本类型。它们都有三个区，即发射区、基区、集电区；都有两个 PN 结，即发射结和集电结。

三极管有三种工作状态，工作在放大状态时，集电结反偏、发射结正偏，集电极电流随基极电流成比例变化；工作在截止状态时，集电结和发射结均反偏，集电极和发射极之间基本上无电流通过；工作在饱和状态时，集电结和发射结均正偏，集电极和发射极之间通过较大的电流。

(5) 场效应管是电压控制元件，它的输出电流取决于输入端电压的大小，其输入电阻很高，热稳定性好，制造工艺简单。

习 题

7-1 N 型半导体中多数载流子是______，P 型半导体中多数载流子是______。

7-2 PN 结的导电特性是______，其伏安特性的数学表达式是______。

7-3 晶体管工作在放大状态的外部条件是______。

7-4 经测试，某电路中晶体管的基极电位为 0.7 V，发射极电位为 0 V，集电极电位为 5 V，则该管是______型的晶体管，工作在______状态。

7-5 场效应管是一种______元件，而晶体管是______元件。

7-6 N 型半导体是在本征半导体中掺入______价元素而形成的，其多数载流子是______，少数载流子是______。

7-7 场效应管又称为单极性管，因为______；半导体三极管又称为双极性管，因为______。

7-8 如何用万用表测出三极管的管脚？

7-9 硅稳压管在稳压电路中稳压时，工作在(　　)状态。

A. 正向导通状态　　B. 反向电击穿状态

C. 反向截止状态　　D. 反向热击穿状态

7-10 在某放大电路中，测得三极管三个电极的静态电位分别为 0 V、−10 V、−9.3 V，则这只三极管是(　　)。

A. NPN 型硅管　B. NPN 型锗管　C. PNP 型硅管　D. PNP 型锗管

7-11 某场效应管的转移特性如图 7-26 所示，该管为(　　)。

A. P 沟道增强型 MOS 管　　B. P 沟道结型场效应管

C. N 沟道增强型 MOS 管　　D. N 沟道耗尽型 MOS 管

7-12 二极管电路如图 7-27 所示，则(　　)。

A. VD_1、VD_2 均导通　　B. VD_1 导通，VD_2 截止

C. VD_1 截止，VD_2 导通　　D. VD_1、VD_2 均截止

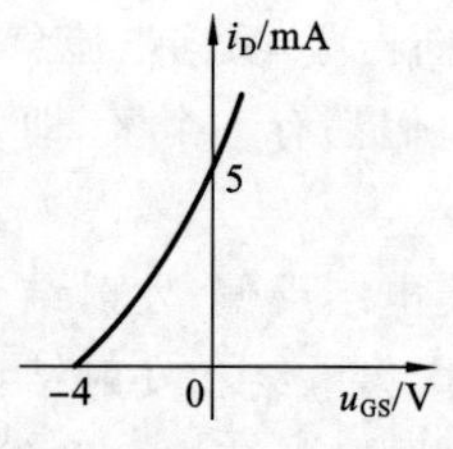

图 7-26　习题 7-11 图

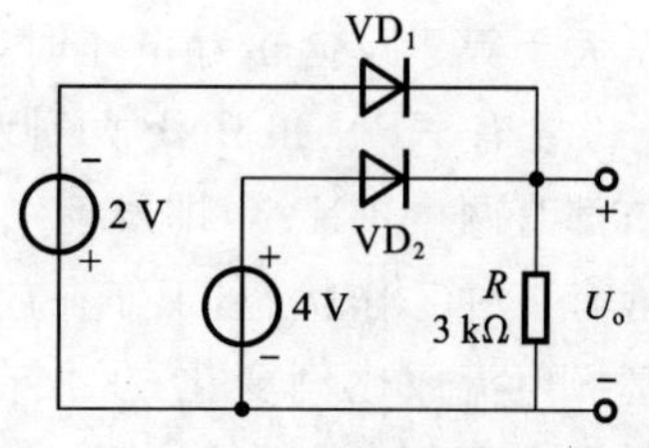

图 7-27　习题 7-12 图

7-13　图 7-28(a)、(b)所示为 MOSFET 的转移特性，请分别说明两图对应的 MOSFET 各属于何种沟道的 MOS 管。如是增强型，说明它的开启电压 $U_{GS(th)}$ 等于多少；如是耗尽型，说明它的夹断电压 $U_{GS(off)}$ 等于多少。(图中假定的正向为流进漏极)

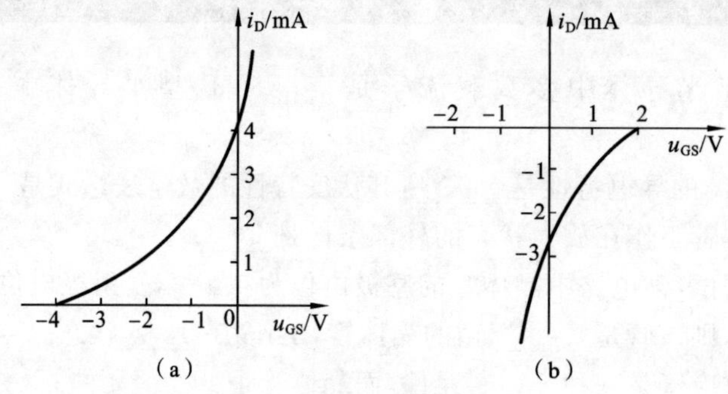

图 7-28　习题 7-13 图

7-14　如图 7-29 所示电路，稳压管的稳定电压 $U_Z = 12$ V，图中电压表流过的电流忽略不计，试求：

(1) 当开关 S 闭合时，电压表 V 和电流表 A_1、A_2 的读数分别为多少？

(2) 当开关 S 断开时，电压表 V 和电流表 A_1、A_2 的读数分别为多少？

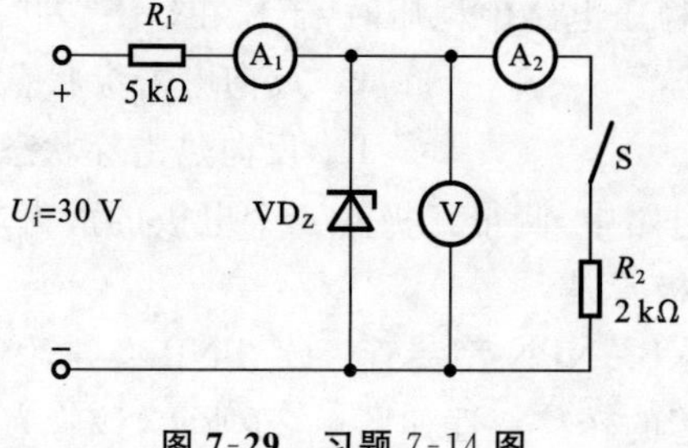

图 7-29　习题 7-14 图

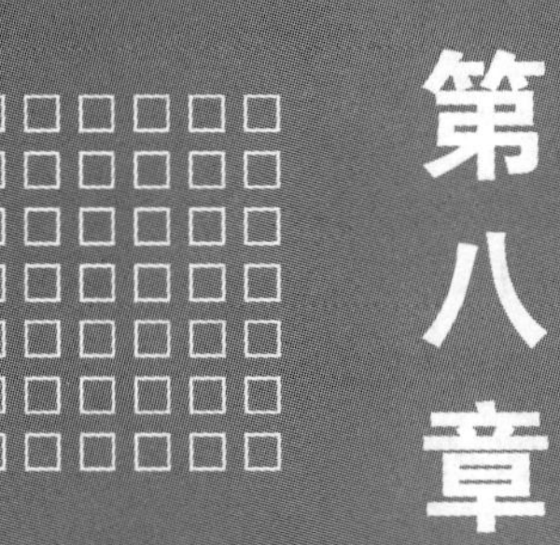

第八章 基本放大电路

学习目标：

- ▶掌握基本放大电路的组成及工作原理；
- ▶掌握基本放大电路的静态分析和动态分析；
- ▶熟悉与理解射极输出器、多级放大电路；
- ▶了解功率放大电路。

第一节　基本放大电路的组成及各元件的作用

一、基本放大电路的组成

将三极管的其中一个电极作为信号输入端，另一个电极作为信号输出端，第三个电极作为输入、输出回路的公共端，再加上必要的直流电源、信号源、负载就可以构成一个基本的放大电路。

根据公共端的不同，基本放大电路有三种形式：共发射极、共集电极、共基极。下面以共发射极放大电路为例来进行说明。如图 8-1 所示，单管共发射极放大电路的输入回路与输出回路以发射极为公共端，故称为共射极放大电路，并称公共端为“地”。

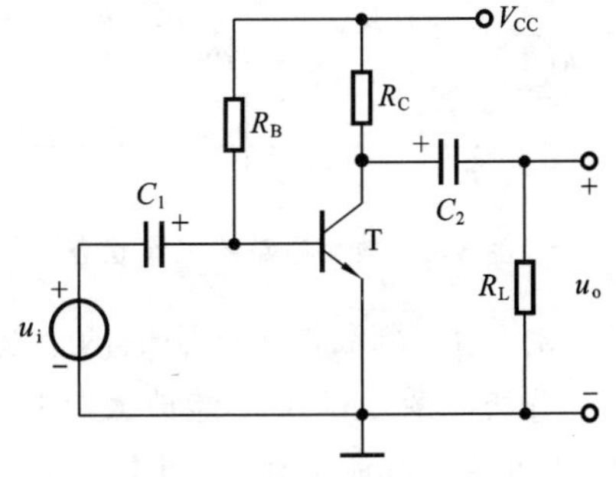

图 8-1　单管共射极放大电路

二、各器件的作用

(1) 三极管 T：起电流放大作用的基本元件。

(2) 直流电源 V_{CC}：使三极管发射结正偏和集电结反偏，保证三极管工作在放大区域,同时 V_{CC} 还起着为电路提供能量的作用。

(3) 偏置电阻 R_B:为发射结提供正向偏置的基极电流,一般为几十千欧至几百千欧。

(4) 集电极负载电阻 R_C:把三极管集电极电流 i_C 的变化转换为电压的变化,从而使晶体管电压 u_{CE} 发生改变,经耦合电容 C_2 获得输出电压 u_o。

(5) 耦合电容 C_1、C_2:作用是隔直流通交流,称为耦合电容。隔离信号源与放大电路之间、放大电流与负载之间的直流信号,使交流信号能顺利通过。注意,此电容为有极性的电解电容,连接时要注意极性。

三、放大电路的工作原理

如图 8-2 所示,当输入信号 $u_i=0$ 时,电路各处均处于直流工作状态,称放大电路处于静态。接通电源 V_{CC},在输入回路中,电源 V_{CC} 通过偏置电阻 R_B 提供基极电流 I_B,使晶体管 B、E 间发射结电压 U_{BE} 大于开启电压 U_{on};在输出回路中,集电极电源 V_{CC} 应足够高,使晶体管的集电结反偏,以保证晶体管工作在放大状态,集电极电流 $I_C=\beta I_B$。电容 C_1 两端的电压与发射结两端电压相同,为 U_{BE}。集电极电阻 R_C 上的电流等于 I_C,因而 R_C 上的电压为 $I_C R_C$,从而确定了 C、E 间电压,即 $U_{CE}=V_{CC}-I_C R_C$。

如图 8-3 所示,当输入信号 u_i 不为零时,在输入回路中,加在发射结上的电压 U_{BE} 将发生变化,变为 $U_{BE}+u_i$,U_{BE} 的变化会引起晶体管的基极电流 I_B 发生变化,在静态值的基础上产生一个动态的基极电流 i_B,在输出回路可得到动态电流 i_C,集电极电流的变化转化成电压的变化,即使管压降 U_{CE} 产生变化,其变化量就是输出动态电压 u_o,从而实现电压放大。

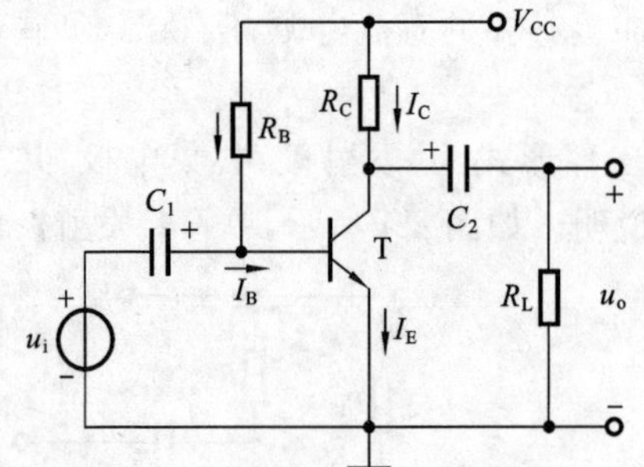

图 8-2 放大电路的工作状态

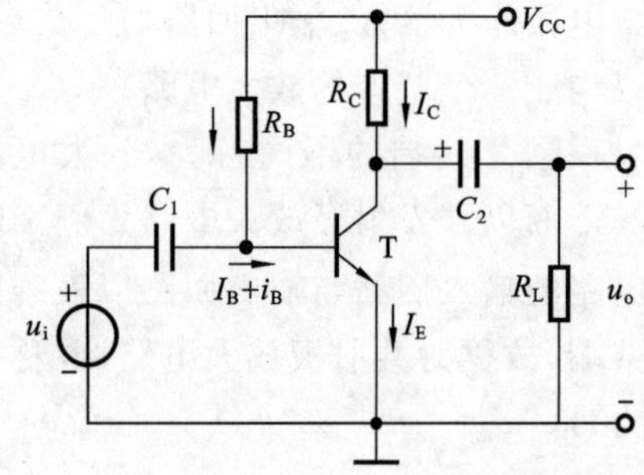

图 8-3 输入信号不为零时的电流情况

例 8-1 判断图 8-4 中的两个电路是否具有放大作用。

分析 图 8-4(a)不能放大,因为是 NPN 三极管,所加的电压 U_{BE} 不满足条件,所以不具有放大作用。图 8-4(b)具有放大作用,满足发射结正偏、集电结反偏的条件。

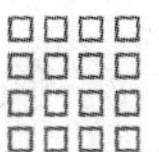

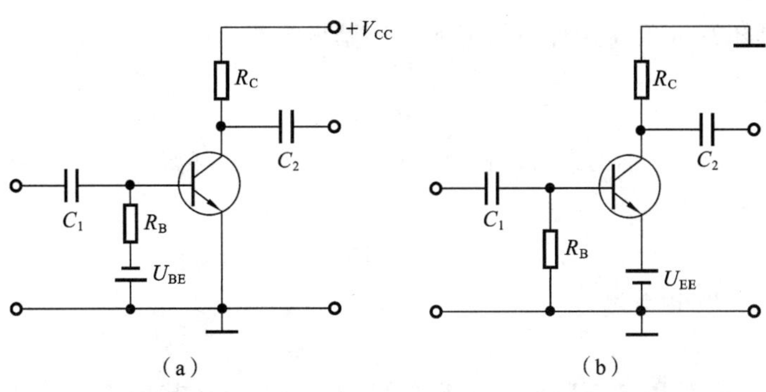

图 8-4　例 8-1 图

第二节　基本放大电路的静态分析

放大电路在输入信号时处于静态，也就是直流状态。此时电路仅在直流电源 V_{CC}作用下工作。进行静态分析的目的是找到放大电路的静态工作点 Q，即确定当输入信号为零时，晶体管的基极电流 I_B，集电极电流 I_C，B、E 间电压 U_{BE}，管压降 U_{CE}的值。

静态工作点是放大电路工作的基础，它设置得合理及稳定与否，将直接影响放大电路的工作状况及性能质量。要分析一个给定放大电路的静态工作点，可以利用直流通路法来进行解析计算，也可以利用晶体管的特性曲线图，用图解分析的方法求得。

一、用直流通路法求静态工作点

在图 8-5(a)所示的放大电路中，由于电容 C_1、C_2 对直流阻抗很大，可以认为，在直流电源的单独作用下放大电路相当于开路。因此，该电路在静态时的直流通路如图 8-5(b)所示。

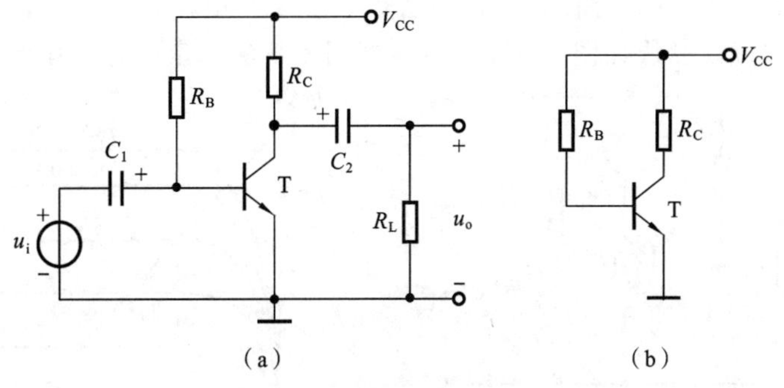

图 8-5　直流通路法求静态工作点

(a) 放大电路的组成；(b) 直流通路

根据基尔霍夫电压定律可得静态时的基极电流为

$$I_B=\frac{V_{CC}-U_{BE}}{R_B}\approx\frac{V_{CC}}{R_B} \tag{8-1}$$

由于 U_{BE} 比 V_{CC} 小得多(硅管 U_{BE} 约为 0.6 V),故可忽略不计。由 I_B 可得静态时的集电极电流为

$$I_C\approx\beta I_B \tag{8-2}$$

静态时的集射极电压为

$$U_{CE}=V_{CC}-I_CR_C \tag{8-3}$$

例 8-2 估算图 8-5 所示放大电路的静态工作点,其中 $R_B=120\ \text{k}\Omega$,$R_C=1\ \text{k}\Omega$,$V_{CC}=24\ \text{V}$,$\beta=50$,三极管为硅管。

解 根据图 8-5(b)所示的直流通路可得出

$$I_B=\frac{V_{CC}-U_{BE}}{R_B}=\frac{24-0.7}{120\ 000}\ \text{A}=0.194\ \text{mA}$$

$$I_C\approx\beta I_B=50\times0.194\ \text{mA}=9.7\ \text{mA}$$

$$U_{CE}=V_{CC}-I_CR_C=(24-9.7\times1)\ \text{V}=14.3\ \text{V}$$

二、用图解法求静态工作点 Q

三极管的电流、电压关系可用输入特性曲线和输出特性曲线来表示,可以在特性曲线上,直接用作图的方法来确定静态工作点。用图解法求静态工作点的关键是正确地作出直流负载线,直流负载线与 $I_B=I_{BQ}$ 的特性曲线的交点即为 Q 点,读出它的坐标即得 I_C 和 U_{CE}。

用图解法求 Q 点的步骤为:

(1) 通过直流负载方程画出直流负载线,直流负载方程为 $U_{CE}=V_{CC}-I_CR_C$;

(2) 由基极回路求出 I_B;

(3) 找出 $i_B=I_{BQ}$ 输出特性曲线与直流负载线的交点 Q,Q 点的坐标即为所求。

例 8-3 在图 8-6(a)所示电路中,已知 $R_B=280\ \text{k}\Omega$,$R_C=3\ \text{k}\Omega$,$V_{CC}=12\ \text{V}$,三极管的输出特性曲线如图 8-6(b)所示,试用图解法确定静态工作点。

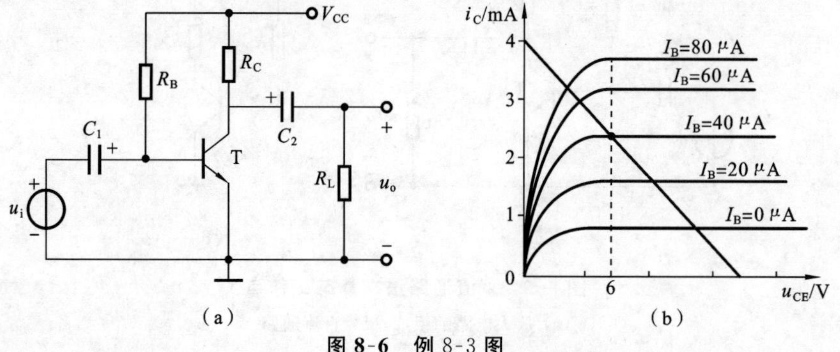

图 8-6 例 8-3 图

解　根据图解法求 Q 点的步骤如下。

(1) 画出直流负载线：直流负载方程为 $U_{CE}=V_{CC}-I_C R_C$。

当 $I_C=0$ 时，$U_{CE}=12\ \text{V}$；

当 $U_{CE}=0$ 时，$I_C=\dfrac{V_{CC}}{R_C}=4\ \text{mA}$。连接这两点，即得直流负载线。

(2) 通过基极输入回路，求得

$$I_B=\frac{V_{CC}-U_{BE}}{R_B}=\frac{12-0.7}{280\ 000}\ \text{A}=40\ \mu\text{A}$$

(3) 找出 Q 点，因此，$I_C=2\ \text{mA}$，$U_{CE}=6\ \text{V}$。

三、电路参数对静态工作点的影响

静态工作点的位置在实际应用中很重要，它与电路参数有关。电路参数 R_B、R_C、V_{CC} 对静态工作点的影响如表 8-1 所示。

表 8-1　电路参数对静态工作点的影响

改变 R_B	改变 R_C	改变 V_{CC}
只对 I_B 有影响	只改变负载线的纵坐标	I_B 和直流负载线同时变化
R_B 增大，I_B 减小，工作点沿直流负载线下移	R_C 增大，负载线的纵坐标上移，工作点沿 $i_B=I_B$ 这条特性曲线右移	V_{CC} 增大，I_B 增大，直流负载线水平向右移动，工作点向右上方移动
R_B 减小，I_B 增大，工作点沿直流负载线上移	R_C 减小，负载线的纵坐标下移，工作点沿 $i_B=I_B$ 这条特性曲线左移	V_{CC} 减小，I_B 减小，直流负载线水平向左移动，工作点向左下方移动

例 8-4　如图 8-7 所示电路，试求下述问题。

(1) 要使工作点由 Q_1 变到 Q_2，应使(　　)。

A. R_C 增大　　B. R_B 增大　　C. V_{CC} 增大　　D. R_C 减小

(2) 要使工作点由 Q_1 变到 Q_3，应使(　　)。

A. R_B 增大　　B. R_C 增大　　C. R_B 减小　　D. R_C 减小

分析　答案均为 A。在实际应用中，主要通过改变电阻 R_B 来改变静态工作点。

四、设置静态工作点的必要性

在图 8-8 所示的电路中，若将基极电源去掉，电源 $+V_{CC}$ 的负端接“地”，静态时将输入端 A 与 B 短路，得 $I_{BQ}=0$，$I_{CQ}=0$，$U_{CEQ}=V_{CC}$，因而晶体管处于截止状态，则在信号的整个周期内输出电压没变化。因此，要设置合适的静态工作点，使信号的整个周期内晶体管始终工作在放大状态，输出信号才不会产生失真。

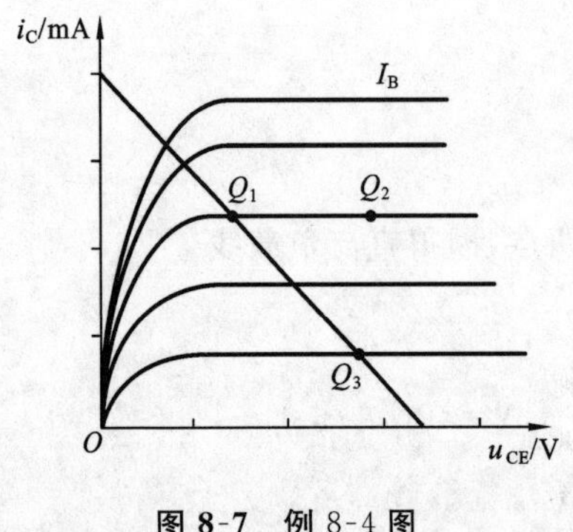

图 8-7　例 8-4 图

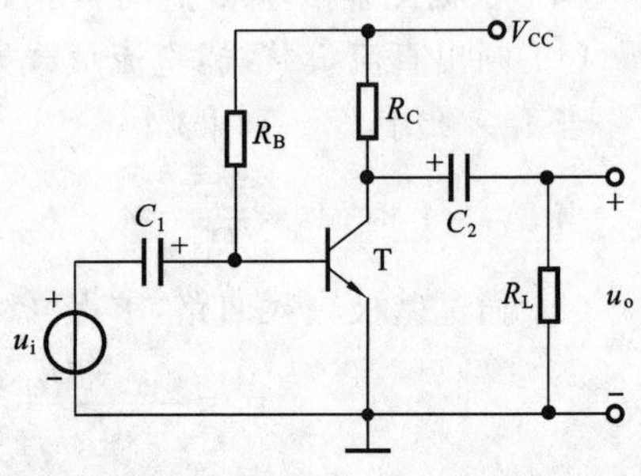

图 8-8　静态工作点设置分析

第三节　基本放大电路的动态分析

动态是指放大电路输入端有交流信号时的工作状态。由于动态时，放大电路是在直流电源 V_{CC} 和交流输入信号 u_i 共同作用下工作，电路中的电压 U_{CE}，电流 i_B、i_C 均包含两个分量。动态分析的目的是了解放大电路各极电流、电压的波形，并求出输出电压的幅值，从而确定放大电路的电压放大倍数。

当信号 u_i 变化的范围很小时，可以认为三极管电压、电流变化量之间的关系是线性的。这样，就可以把包含三极管的非线性电路转换为熟悉的线性电路，并利用电路分析的方法来求解。

用微变等效电路法进行动态分析的步骤如下。

1）画出交流通路

交流通路是在 u_i 单独作用下的电路，由于电容 C_1、C_2 有隔直流通交流的作用，相当于短路，再将直流电源 V_{CC} 短接，便可得到放大电路的交流通路，如图8-9所示。

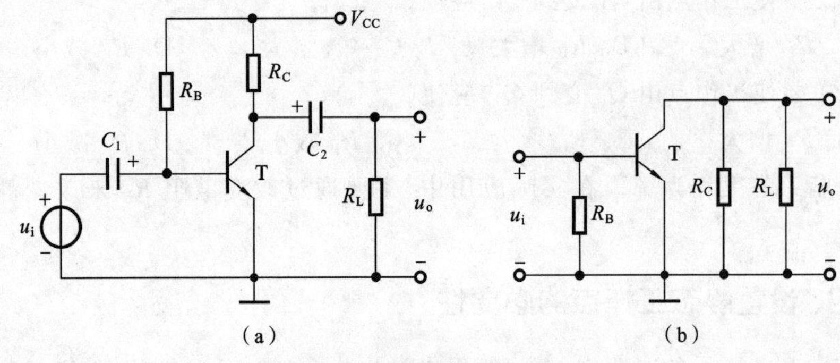

图 8-9　交流放大电路

(a) 放大电路组成；(b) 交流通路

画交流通路的原则：

(1) 耦合电容 C_1、C_2 很大，隔直流通交流，对于交流信号相当于短路；

（2）直流电压源置零，因为直流电压源一端接地，所以直流电压源对地短路。

2）画出放大电路的微变等效电路

在交流通路中，把三极管用小信号模型代替，得到放大电路的微变等效电路。图 8-9 所示的微变等效电路如图 8-10 所示，输出端等效后的电路如图 8-11 所示。

3）计算放大电路的性能指标

（1）输入电阻 r_i：在输入端，B、E 之间可用一动态电阻 r_{BE} 来等效，即

$$r_{BE}=(200\sim300)\ (\Omega)+(1+\beta)\frac{26(\text{mV})}{I_E(\text{mA})} \tag{8-4}$$

r_{BE} 一般为几百欧至几千欧，而 R_B 一般为几十千欧至几百千欧。

（2）输出电阻 r_o：输出端可等效为一个受 i_B 控制的电流源，输出电阻可定义为输入侧 $\dot{u}_i=0$，在外加测试电压 $\dot{U}_T$ 作用下，产生相应的测试电流 $\dot{I}_T$。

$$r_o=\frac{\dot{U}_T}{\dot{I}_T}$$

因为 $\dot{u}_i=0$，则 $i_B=0$，$I_C=\beta I_B=0$，C、E 之间相当于开路，所以

$$r_o=\frac{\dot{U}_T}{\dot{I}_T}=R_C \tag{8-5}$$

注意，输出电阻不包含负载电阻 R_L。

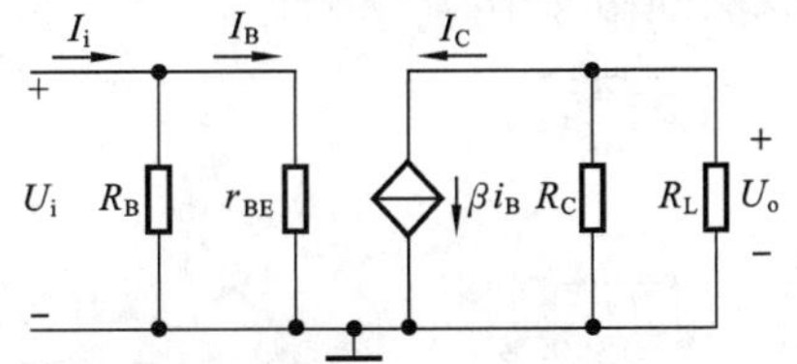

图 8-10　放大电路的微变等效电路

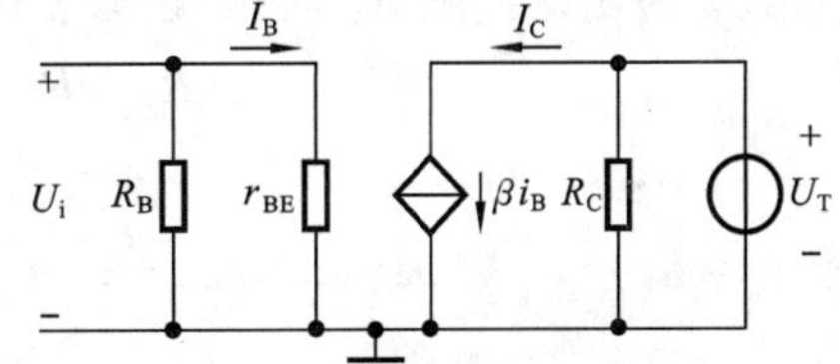

图 8-11　输出端等效后的电路

（3）电压放大倍数 A_u：

$$A_u=\frac{\dot{U}_o}{\dot{U}_i}=\frac{-(R_C\parallel R_L)\dot{I}_C}{r_{BE}\dot{I}_B}=\frac{-(R_C\parallel R_L)\beta I_B}{r_{BE}\dot{I}_B}=-\beta\frac{(R_C\parallel R_L)}{r_{BE}} \tag{8-6}$$

负号表示输出和输入反相。

例 8-5　如图 8-12 所示电路，已知 $V_{CC}=12$ V，$R_B=300$ kΩ，$R_C=3$ kΩ，$R_L=3$ kΩ，$\beta=50$。

试求：（1）静态值 I_B、I_C、U_{CE}；

（2）输出端开路时的电压放大倍数；

（3）输出端接上 R_L 时的电压放大倍数；

（4）输入电阻；

（5）输出电阻。

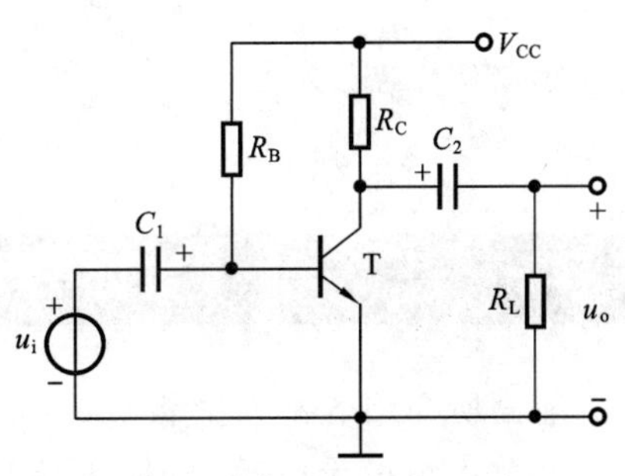

图 8-12　例 8-5 图

解 (1) 画直流通路，如图 8-13 所示，求静态工作点 Q。

$$I_B=\frac{V_{CC}-U_{BE}}{R_B}=\frac{12-0.7}{300}\ \text{mA}\approx 40\ \mu\text{A}$$

$$I_C\approx\beta I_B=50\times 40\ \mu\text{A}=2\ \text{mA}$$

$$U_{CE}=V_{CC}-I_C R_C=(12-2\times 3)\ \text{V}=6\ \text{V}$$

(2) 输出端开路时，画出微变等效电路，如图 8-14 所示。

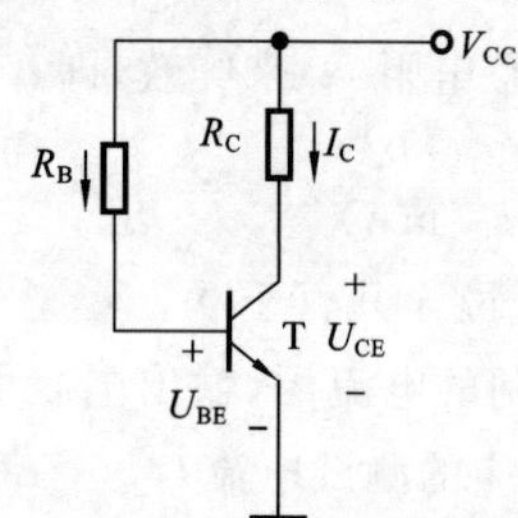

图 8-13　直流通路

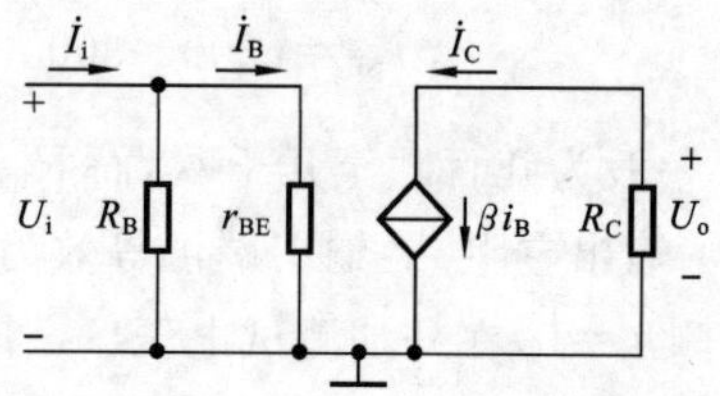

图 8-14　输出端开路时的微变等效电路

$$r_{BE}=(200\sim 300)+(1+\beta)\frac{26(\text{mV})}{I_E(\text{mA})}\approx\left[300+(1+50)\times\frac{26}{2}\right]\ \Omega=0.96\ \text{k}\Omega$$

$$A_u=-\beta\frac{R_C}{r_{BE}}=-50\times\frac{3}{0.96}\approx -156$$

(3) 输出端接上 R_L 时，画出微变等效电路，如图 8-15 所示。

$$A_u=-\beta\frac{(R_C\parallel R_L)}{r_{BE}}=-50\times\frac{1.5}{0.96}\approx -78$$

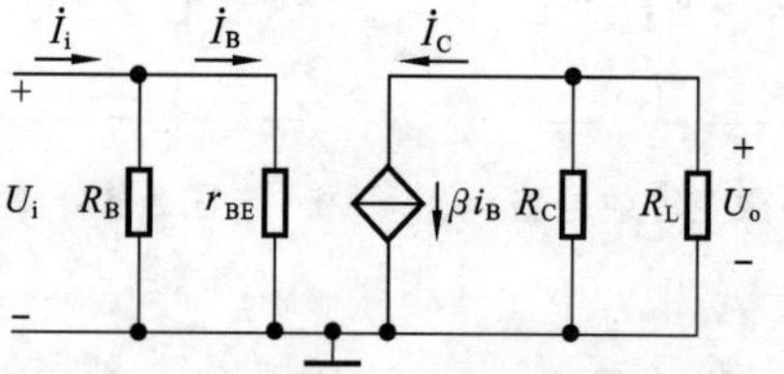

图 8-15　输出端接负载 R_L 时的微变等效电路

(4) 输入电阻为

$$r_i=R_B\parallel r_{BE}\approx r_{BE}=0.96\ \text{k}\Omega$$

(5) 输出电阻为

$$r_o=R_C=3\ \text{k}\Omega$$

第四节　射极输出器

前面所介绍的共发射极放大电路都是从集电极输出的，下面要介绍的是一个共集电极放大电路，其输入信号加到基极，信号由发射极输出，又称射极输出器。

一、电路结构

射极输出器的电路如图 8-16 所示，因为直流电源 V_{CC} 对交流信号相当于短路，所以集电极为输入和输出回路的公共端。射极输出器具有较高的输入电阻和较低的输出电阻，常作为多级放大器的第一级或最末级，也可作为中间隔离级使用。

射极输出器的电路特点：

(1) 电压放大倍数接近 1；

(2) 输入电阻高，用作多级放大电路的输入级时，可以减轻信号源的负担，提高放大器的输入电压；

(3) 输出电阻低，用作多级放大电路的输出级时，可以减小负载变化对输出电压的影响，并易于与低阻负载相匹配，向负载传送尽可能大的功率。

射极输出器直流通路如图 8-17 所示。

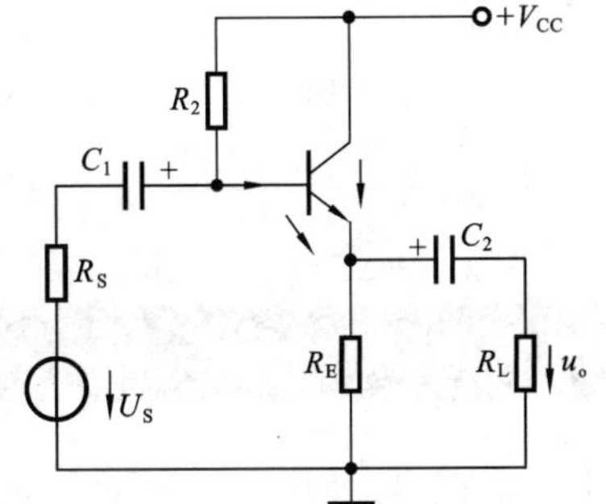

图 8-16 射极输出器电路

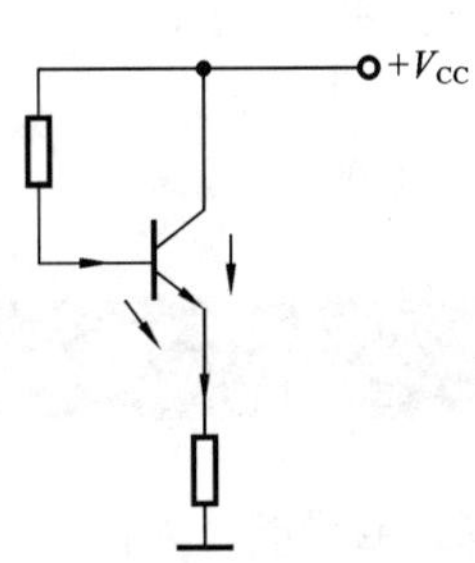

图 8-17 射极输出器直流通路

二、动态分析计算

射极输出器的电路如图 8-18(a)所示，其交流通路如图 8-18(b)所示。

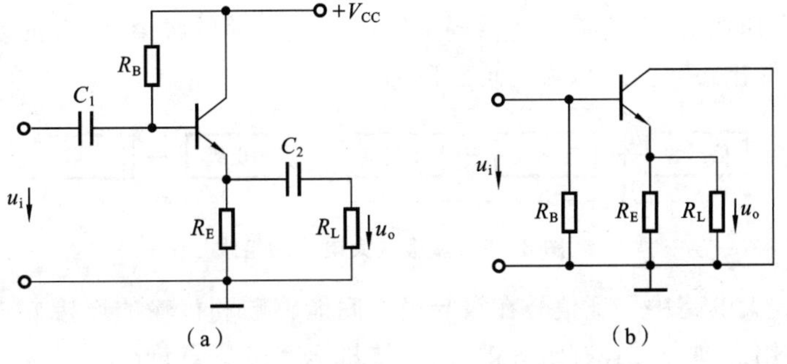

图 8-18 射极输出器电路及其交流通路

(a) 射极输出器电路；(b) 交流通路

1. 电压放大倍数

因
$$\dot{U}_o=\dot{I}_E R'_L=(1+\beta)\dot{I}_B R'_L$$
$$\dot{U}_i=\dot{I}_B r_{BE}+\dot{I}_E R'_L=\dot{I}_B r_{BE}+(1+\beta)\dot{I}_B R'_L$$

故
$$A_u=\frac{(1+\beta)\dot{I}_B R'_L}{\dot{I}_B r_{BE}+(1+\beta)\dot{I}_B R'_L}$$

即
$$A_u=\frac{(1+\beta)R'_L}{r_{BE}+(1+\beta)R'_L} \tag{8-7}$$

当 $r_{BE}\ll(1+\beta)R'_L$ 时，
$$A_u\approx 1 \tag{8-8}$$

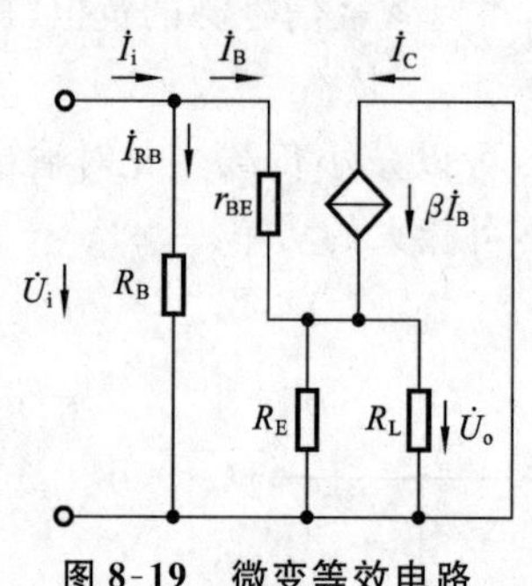

图 8-19　微变等效电路

输出电流 I_E 增加，则输出功率被放大。输入输出同相，输出电压跟随输入电压，故称电压跟随器。

2. 输入输出电阻

微变等效电路如图 8-19 所示，输入、输出电阻分别为
$$r_i=R_B/\!/[r_{BE}+(1+\beta)R'_L] \tag{8-9}$$
$$r_o=R_E/\!/\frac{r_{BE}+(R_B/\!/R_S)}{1+\beta} \tag{8-10}$$

第五节　多级放大电路

单级放大电路的放大倍数一般只有几十倍，而在实际使用中，为了推动负载工作，常常需要把一个微弱的信号放大几千倍或更高，使输出信号具有足够的电压幅值或功率。为此就需要把若干个基本放大电路连接起来，组成多级放大电路。

一、多级放大电路的组成

多级放大电路的组成如图 8-20 所示，它前面的几级放大电路称为前置级，主要用于电压放大，即将输入的微弱电压放大到足够的幅值，然后推动后面的功率放大器(输出级)工作，以输出负载所需的功率。

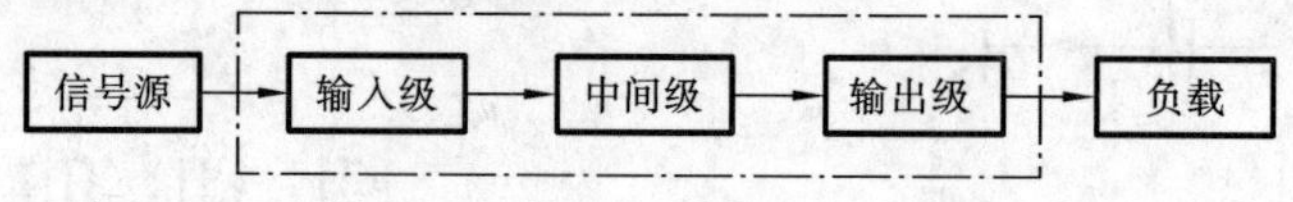

图 8-20　多级放大电路的组成

多级放大电路中保证信号在级与级之间能够顺利传输的连接方式称为信号的耦合，常用的耦合方式有阻容耦合、直接耦合和变压器耦合。多级放大电路的前置放大级，一般采用阻容耦合方式；在功率输出级中，一般采用变压器耦合方式；在直流或低频放大器中，常采用直接耦合方式。

耦合电路的基本要求：

(1) 信号可以在各级之间有效地传递，并能保持波形不失真；

(2) 信号在耦合电路上的损失要尽可能小；

(3) 级间耦合电路对前、后级放大电路的静态工作点无影响。

二、直接耦合放大电路

直接耦合或电阻耦合方式会使各放大级的工作点互相影响，这是构成直接耦合多级放大电路时必须要加以解决的问题。

1. 电位移动直接耦合放大电路

如果去掉基本放大电路的耦合电容，将其前后级直接连接，如图 8-21 所示，于是

$$V_{C1}=V_{B2}$$

$$V_{C2}=V_{B2}+V_{CB2}>V_{B2}(V_{C1})$$

这样，集电极电位就要逐级提高，为此后面的放大级要加入较大的发射极电阻，从而无法设置正确的工作点。这种方式只适用于级数较少的电路。

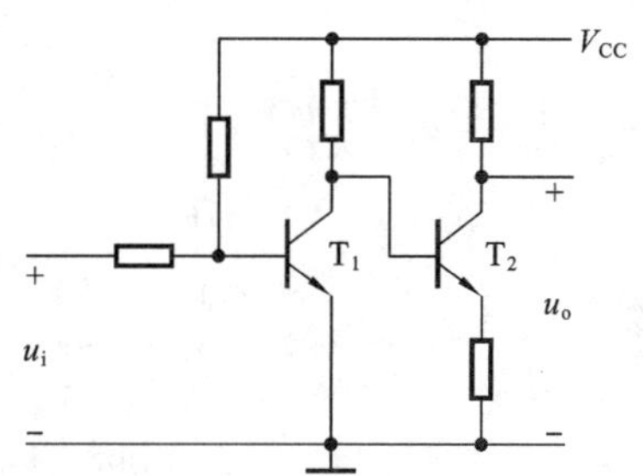

图 8-21　直接耦合放大电路

2. NPN＋PNP 组合电平移动直接耦合放大电路

这种放大电路的级间采用 NPN 管和 PNP 管搭配的方式，如图 8-22 所示。由于 NPN 管集电极电位高于基极电位，PNP 管集电极电位低于基极电位，将它们组合使用可避免集电极电位逐级升高。

3. 电流源电平移动放大电路

在模拟集成电路中常采用一种电流源电平移动电路，如图 8-23 所示。电流源在电路中实际上是个有源负载，其上的直流压降小，通过 R_1 上的压降可实现直流电平移动。但电流源交流电阻大，在 R_1 上的信号损失相对较小，从而可保证信号的有效传递。同时，输出端的直流电平并不高，因而可实现直流电平的合理移动。

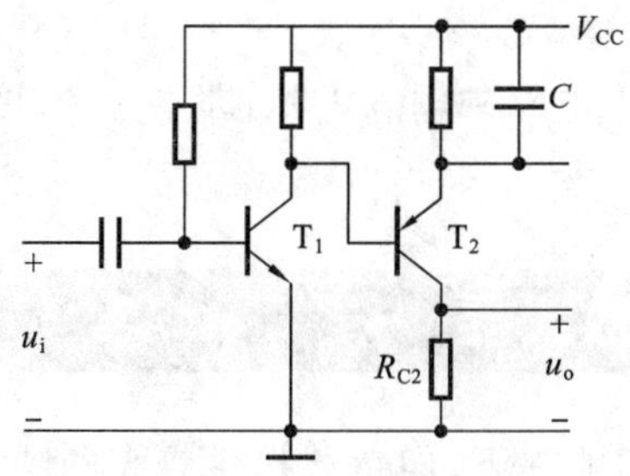

图 8-22　NPN 和 PNP 管组合

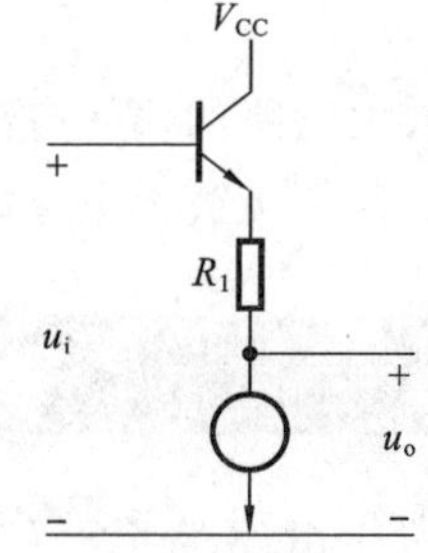

图 8-23　电流源电平移动电路

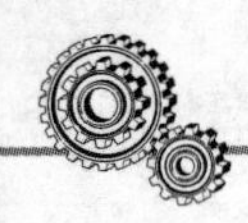

三、阻容耦合放大电路

图 8-24 所示为阻容耦合多级放大电路。其中:电容 C_1 用于连接信号源与放大电路,电容 C_2 用于连接两级放大电路,电容 C_3 用于连接放大电路与负载。在电路中起连接作用的电容称为耦合电容,而利用电容连接电路的方式则称为阻容耦合。

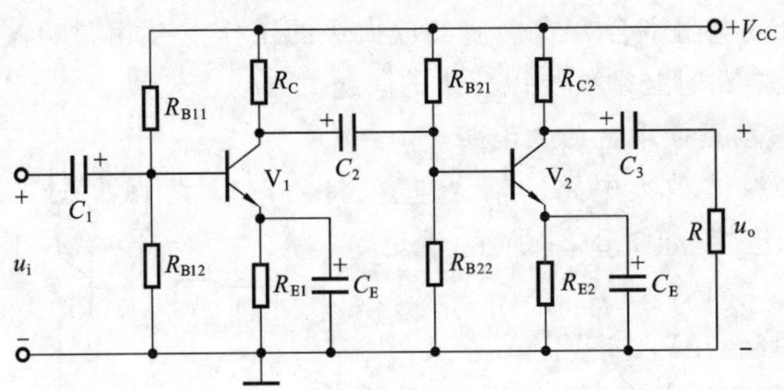

图 8-24 阻容耦合多级放大电路

由于电容对直流的容抗很大,故信号源与放大电路、放大电路与负载之间没有直流量通过。耦合电容的容量应足够大,使其在输入信号频率变化范围内的容抗很小,可视为短路,所以输入信号几乎无损失地加在三极管的基极与发射极之间,可见,耦合电容的作用是“隔直通交”。其优缺点如下。

优点:因电容具有“隔直”作用,所以各级电路的静态工作点相互独立,互不影响。这给放大电路的分析、设计和调试带来了很大的方便。此外,阻容耦合放大电路还具有体积小、重量轻等优点。

缺点:因电容对交流信号具有一定的容抗,尤其对于变化缓慢(直流)的信号容抗很大,使信号在传输过程中会有一定程度的衰减,不便于信号传输;此外,在集成电路中,制造大容量的电容很困难,所以这种耦合方式下的多级放大电路不便于集成。

多级放大电路的总电压放大倍数为

$$A_u = A_{u1} \cdot A_{u2} \cdot \cdots \cdot A_{un} \tag{8-11}$$

多级放大电路的输入电阻就是第一级放大电路的输入电阻,即 $r_i = r_{i1}$;输出电阻就是最后一级放大电路的输出电阻,即 $r_o = r_{on}$。

第六节 功率放大器

功率放大电路的主要任务是在不失真的前提下,向负载提供较大的功率。这种输出足够大功率的放大电路称为功率放大器,简称功放。

对功率放大器的性能要求主要有两个。

1. 输出功率大

输出功率是指负载获得的信号功率，是输出的交流电压、电流有效值的乘积，因此要求功率放大器输出的电压和电流幅值均较大。

2. 效率高

功率放大器的效率是指输出功率与直流电源提供的直流功率之比。实际上负载上所获得的功率是由直流电源通过放大电路转换而来的，在转换过程中，电路元件都要消耗能量。当直流电源功率一定时，为了向负载提供尽可能大的信号功率，要求功率放大器的效率要高。

一、功率放大电路的分类

按三极管的导通时间，可将功率放大电路分为甲类、乙类、甲乙类和丙类四种。

1. 甲类

甲类功率放大电路的特征是在输入信号的整个周期内，三极管导通。

2. 乙类

乙类功率放大电路的特征是在输入信号的整个周期内，三极管仅在半个周期内导通。

3. 甲乙类

甲乙类功率放大电路的特征是在输入信号的整个周期内，三极管导通时间大于半周而小于全周。

4. 丙类

丙类功率放大电路的特征是在输入信号的整个周期内，三极管导通时间小于半周。

二、OCL 互补对称功率放大电路

OCL 互补对称功率放大电路如图 8-25 所示。静态（$u_i=0$）时，$U_B=0$、$U_E=0$，偏置电压为零，T_1、T_2 均处于截止状态，负载中没有电流，电路工作在乙类状态。动态（$u_i\neq0$）时，在 u_i 的正半周 T_1 导通而 T_2 截止，T_1 以射极输出器的形式将正半周信号输出给负载；在 u_i 的负半周 T_2 导通而 T_1 截止，T_2 以射极输出器的形式将负半周信号输出给负载。可见，在输入信号 u_i 的整个周期内，T_1、T_2 两管轮流交替地工作，互相补充，使负载获得完整的信号波形，故这种电路称为互补对称电路。由于 T_1、T_2 都在共集电极接法下工作，输出电阻极小，可与低阻负载 R_L 直接匹配。

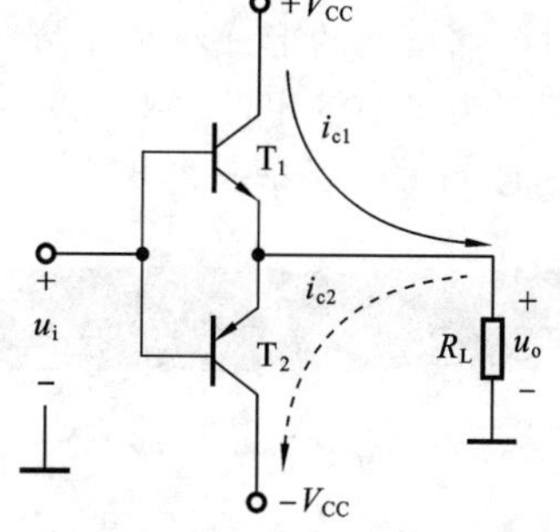

图 8-25 OCL 互补对称功率放大电路

由图 8-26 所示工作波形可以看到，在波形过零的一个小区域内输出波形产生了失真，这种失真称为交越失真。产生交越失真

的原因是 T_1、T_2 发射结静态偏压为零,放大电路工作在乙类状态。当输入信号 u_i 小于晶体管的发射结死区电压时,两个晶体管都截止,在这一区域内输出电压为零,使波形失真。

为减小交越失真,可给 T_1、T_2 发射结加适当的正向偏压,以便产生一个不大的静态偏流,使 T_1、T_2 导通时间稍微超过半个周期,即工作在甲乙类状态,如图 8-27 所示。图中二极管 VD_1、VD_2 用来提供偏置电压。静态时三极管 T_1、T_2 虽然都已基本导通,但因它们对称,U_E 仍为零,负载中仍无电流流过。

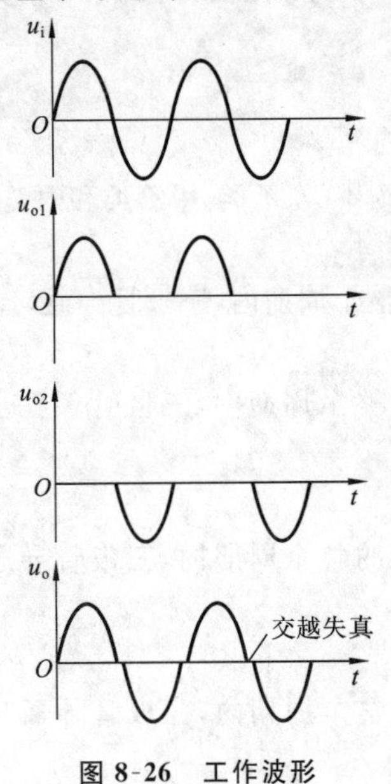

图 8-26　工作波形

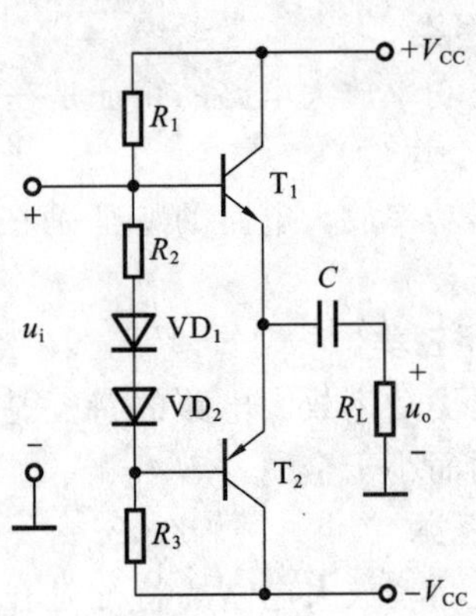

图 8-27　OTL 互补对称功率放大电路

三、OTL 互补对称功率放大电路

OTL 互补对称功率放大电路如图 8-27 所示。因电路对称,静态时两个晶体管发射极连接点电位为电源电压的一半,负载中没有电流。动态时,在 u_i 的正半周 T_1 导通而 T_2 截止,T_1 以射极输出器的形式将正半周信号输出给负载,同时对电容 C 充电;在 u_i 的负半周 T_2 导通而 T_1 截止,电容 C 通过 T_2、R_L 放电,T_2 以射极输出器的形式将负半周信号输出给负载,电容 C 在这时起到负载电源的作用。为了使输出波形对称,必须保持电容 C 上的电压基本维持在 $V_{CC}/2$ 不变,因此 C 的容量必须足够大。

本 章 小 结

(1) 三极管放大电路是基本放大单元,设置静态工作点是为了保证输入交流信号得到完整放大,不失真。使用微变等效电路可计算出三极管放大电路的动态参数,包括电压放大倍数、输入电阻、输出电阻。当温度发生变化时,静态工作点会随之变化，分压式偏置电路具有稳定静态工作点的作用。

(2) 射极输出器虽然没有电压放大作用，但输入电阻大、输出电阻小，可用于多级放大器的输入级、输出级和中间缓冲级。

(3) 分析放大电路的目的主要有两个：一个是确定静态工作点；二是计算放大电路的动态性能指标，如电压放大倍数、输入电阻、输出电阻等。

(4) 多级放大器级与级之间的耦合方式有阻容耦合、变压器耦合、直接耦合。多级放大器总放大倍数等于各级放大倍数的乘积。多级放大器的输入电阻等于第一级放大器的输入电阻；多级放大器的输出电阻等于最后一级放大器的输出电阻。

(5) 功率放大电路和基本放大单元都是利用三极管的放大作用来将信号放大的，所不同的是基本放大单元的作用是输出足够大的电压，而功率放大电路的作用主要是输出最大的功率。OCL 和 OTL 电路是较常用的两类功放电路。

习　题

8-1　试分析图 8-28 所示各电路是否能够放大正弦交流信号，简述理由。设图中所有电容对交流信号均可视为短路。

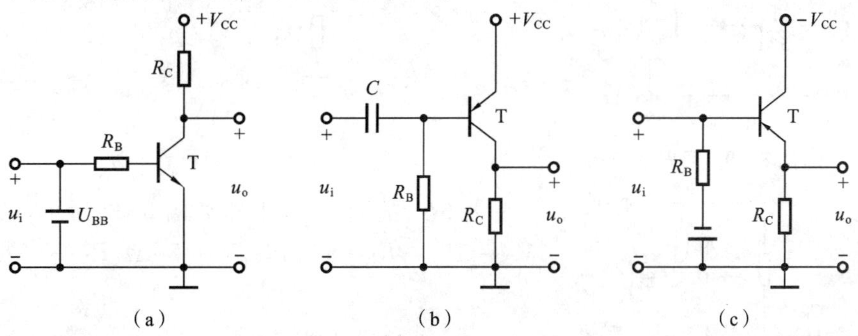

图 8-28　**习题** 8-1 **图**

8-2　分别改正图 8-29 所示各电路中的错误，使它们有可能放大正弦波信

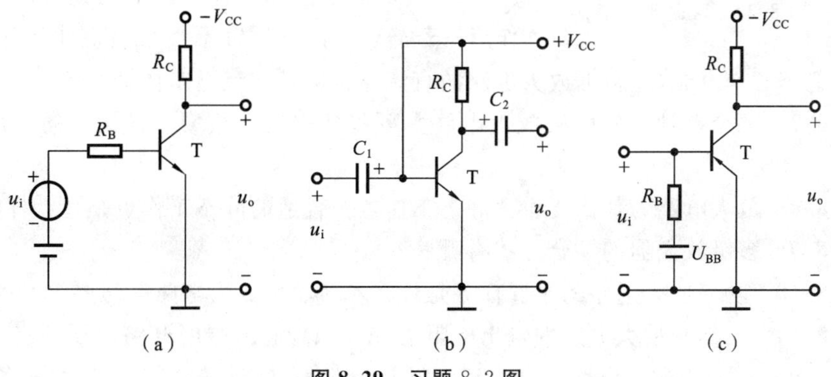

图 8-29　**习题** 8-2 **图**

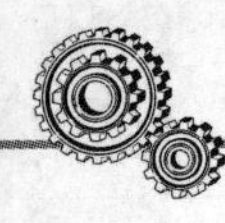

号。要求保留电路原来的共射接法和耦合方式。

8-3 电路如图 8-30 所示，已知晶体管 $\beta=50$，在下列情况下，用直流电压表测晶体管的集电极电位，应分别为多少？设 $V_{CC}=12$ V，晶体管饱和管压降 $U_{CES}=0.5$ V。

(1) 正常情况；

(2) R_{B1} 短路；

(3) R_{B1} 开路；

(4) R_{B2} 开路；

(5) R_C 短路。

8-4 已知如图 8-31 所示电路中，三极管均为硅管，且 $\beta=50$，试估算静态值 I_B、I_C、U_{CE}。

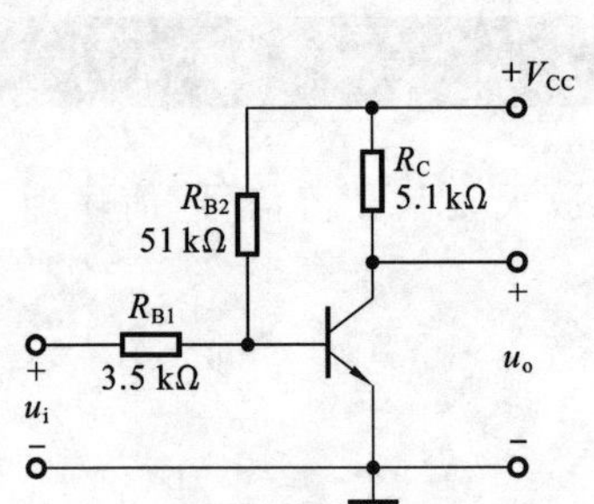

图 8-30　习题 8-3 图

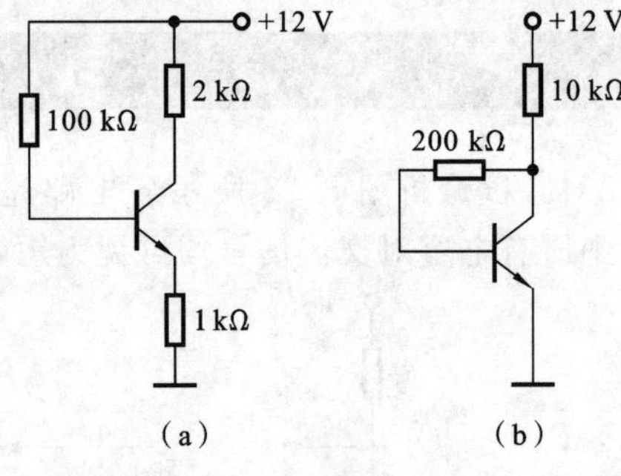

图 8-31　习题 8-4 图

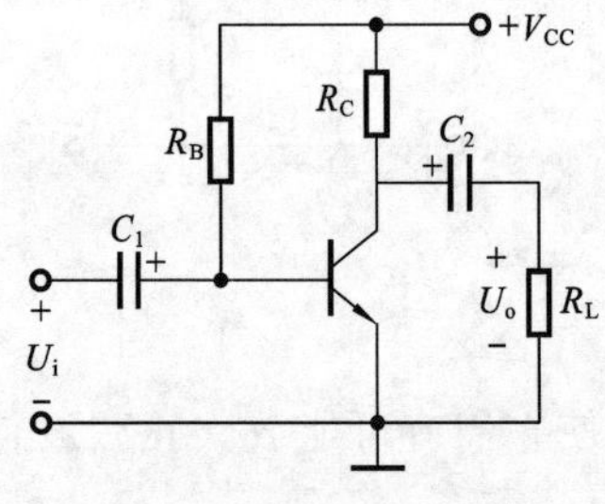

图 8-32　习题 8-5 图

8-5 晶体管放大电路如图 8-32 所示，已知 $V_{CC}=15$ V，$R_B=500$ kΩ，$R_C=5$ kΩ，$R_L=5$ kΩ，$\beta=50$。

(1) 求静态工作点；

(2) 画出微变等效电路；

(3) 求放大倍数、输入电阻、输出电阻。

8-6 什么是静态工作点？如何设置静态工作点？若静态工作点设置不当会出现什么问题？估算静态工作点时，应根据放大电路的直流通路还是交流通路估算？

8-7 一个单管共发射极放大电路由哪些基本元件组成？各元件的作用是什么？

8-8 放大电路为什么要设置静态工作点？合适的静态工作点是什么样的？

8-9 多级放大器的耦合方式有哪些？

8-10 功率放大电路的主要任务是什么？对功率放大电路有何要求？

8-11 已知某放大电路的输出电阻为 3.3 kΩ，输出端的开路电压的有效值 $U_{CO}=2$ V，试问该放大电路接有负载电阻 $R_L=5.1$ kΩ 时，输出电压将下降多少？

8-12　图 8-33 所示为一阻容耦合两级放大电路，其中 $R_{B1}=300\ \text{k}\Omega$，$R_{E1}=3\ \text{k}\Omega$，$R_{B2}=40\ \text{k}\Omega$，$R_{C2}=2\ \text{k}\Omega$，$R_{B3}=20\ \text{k}\Omega$，$R_{E2}=3.3\ \text{k}\Omega$，$R_L=2\ \text{k}\Omega$，$V_{CC}=12\ \text{V}$。晶体管 T_1 和 T_2 的 $\beta=50$，$U_{BE}=0.7\ \text{V}$。各电容容量足够大。

(1) 计算各级的静态工作点；

(2) 计算 A_u、r_i 和 r_o。

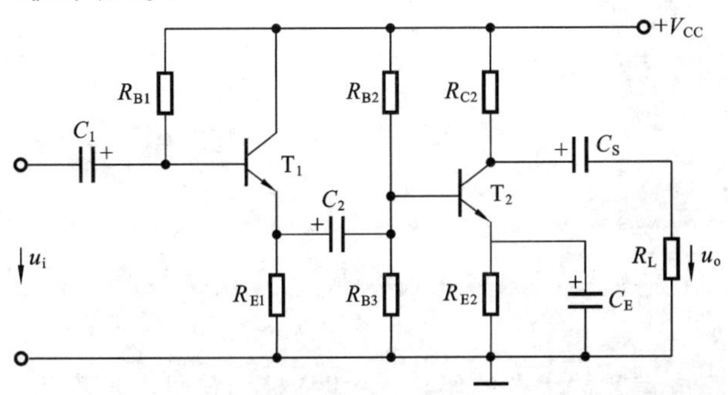

图 8-33　习题 8-12 图

8-13　两级阻容耦合放大电路如图 8-34 所示，已知：$V_{CC}=12\ \text{V}$，$R_{B1}=500\ \text{k}\Omega$，$R_{B2}=200\ \text{k}\Omega$，$R_{C1}=6\ \text{k}\Omega$，$R_{C2}=3\ \text{k}\Omega$，$R_L=2\ \text{k}\Omega$，两硅管的 β 均为 40。试求：

(1) 各级的静态工作点；

(2) 画出微变等效电路，计算电路的电压放大倍数、输入电阻、输出电阻。

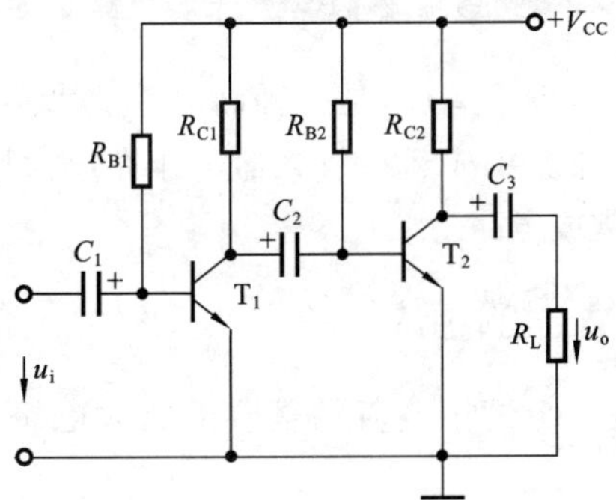

图 8-34　习题 8-13 图

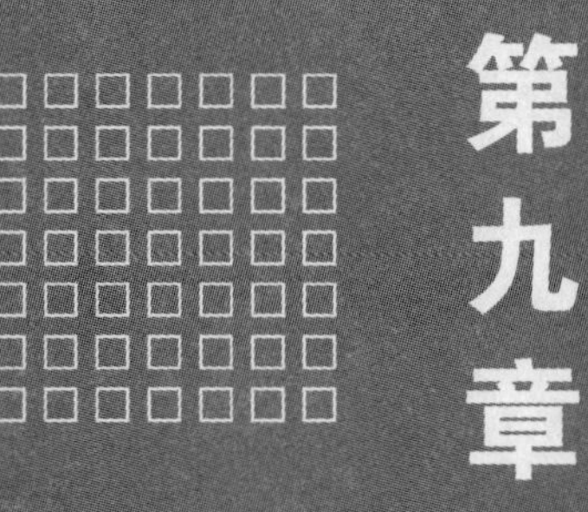

第九章 集成运算放大器

学习目标：

- ▶掌握集成运算放大器的组成、性能指标和符号图形表示法；
- ▶掌握集成运算放大器线性和非线性应用条件和分析法；
- ▶掌握集成运算放大器基本电路的应用。

第一节 集成运算放大器

集成运算放大器简称集成运放，是一种高电压放大倍数、高输入电阻、低输出电阻的直接耦合放大器。集成运算放大器工作在放大区时，输入和输出呈线性关系，所以又称线性集成电路。

一、集成运算放大器的组成

集成运算放大器是一个高增益直接耦合的放大电路，其组成框图如图 9-1 所示。

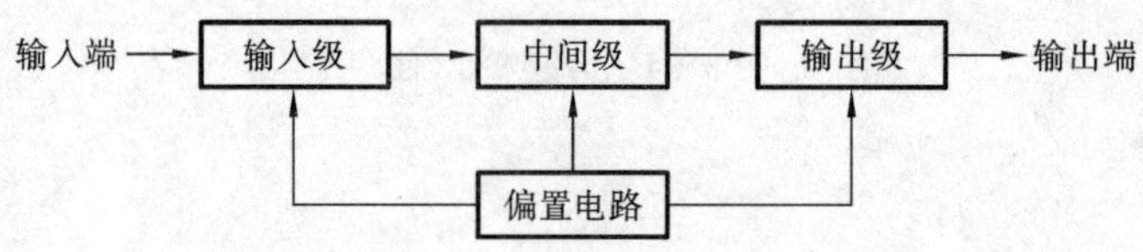

图 9-1 集成运算放大器的组成框图

集成运算放大器各部分的作用如下。

(1) 输入级：集成运算放大器的关键部分，决定着集成运算放大器的工作性能。输入级主要由差动放大电路、有源负载组成，具有很高的输入阻抗及很高的增益，可有效地放大有用信号且抑制零漂。

差动放大电路如图 9-2 所示，它由两个参数对称、结构也对称的共射极放大电路组成。输入信号分别由两个三极管的基极输入，输出信号取自两个管子的集电极之间。

静态时，输入信号为零，由于电路两边完全对称，因此两管的电流相等，集电极电位也相等，则 $I_{C1}=I_{C2}=I_C$，所以输出电压为零。

当温度改变时，两管集电极电流和集电极电位发生相同的变化，即 $\Delta I_{C1}=\Delta I_{C2}$，$\Delta U_{o1}=\Delta U_{o2}=0$。

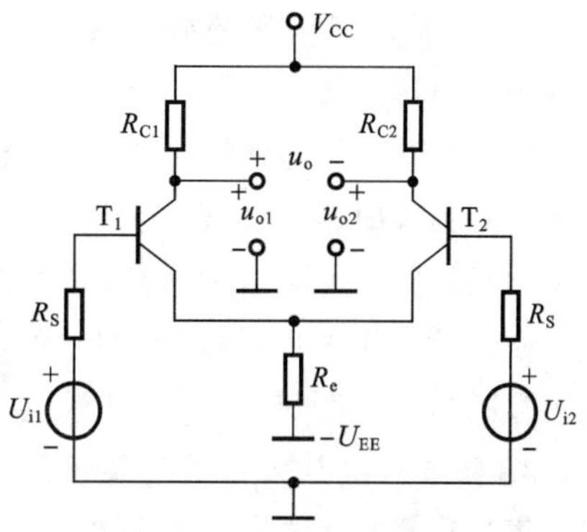

图 9-2　差动放大电路

当温度改变时，两管集电极电流和集电极电位发生相同的变化，即 $\Delta I_{C1}=\Delta I_{C2}$，$\Delta U_{o1}=\Delta U_{o2}$，所以输出电压的漂移 $\Delta U_o=\Delta U_{o1}-\Delta U_{o2}=0$，从而抑制了零点漂移。

(2) 中间级：与输入级相配合，不失真地对电压信号进行放大。中间级一般由共射极放大电路和有源负载构成。

(3) 输出级：为负载提供足够大的功率，要求其输出电阻要低。输出级一般由互补对称功率放大电路及过载保护电路组成，以实现功率放大。

(4) 偏置电路：由镜像电流源和微电流源电路组成，为输入级、中间级、输出级提供所需要的偏置电流，并合理设置各级放大电路的静态工作点。

二、集成运算放大器的理想化条件

1. 集成运算放大器的封装形式及符号

集成运算放大器按封装形式分有：双列直插型、金属管壳型、塑封型、扁平封装型。图 9-3 所示为塑料双列直插型 LM741 单运放集成块的外形、管脚图及符号。

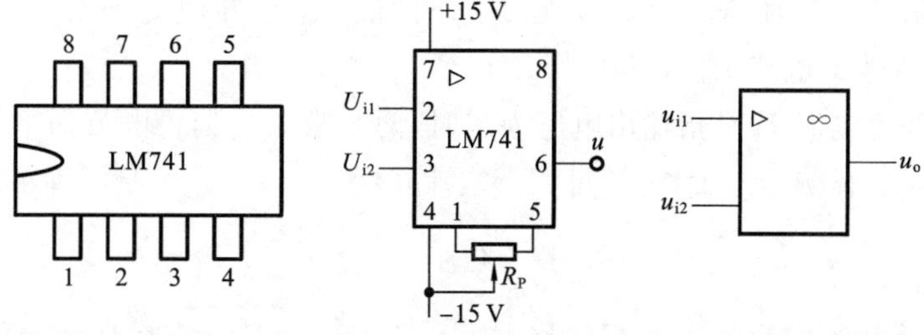

图 9-3　塑料双列直插型 LM741 单运放集成块的外形、管脚图及符号

各管脚的作用如下。

(1) 管脚 2、3 分别是反相、同相输入端。信号从管脚 2 输入时输出信号与之反相；信号从管脚 3 输入时，输出信号与之同相。

(2) 管脚 4、7 分别是外接负、正电源端，它们分别接标称电压为 −15 V、+15 V 的稳压电源。

(3) 管脚 1、5 是外接调零电位器的两个端子。调节外接电位器 R_P，可以使输入信号为零时输出信号也为零。

(4) 管脚 6 为输出端，管脚 8 为公共端。

在实际使用中，各种不同型号的集成运放管脚排布及功能略有差异，需要根据实际的器件说明进行分析，正确地选用与连接。

2. 集成运算放大器的主要参数

集成运算放大器的参数反映放大器性能的优劣，同时也是合理选择、使用集成运算放大器的依据。下面介绍集成运算放大器的主要参数。

1) 开环差模电压放大倍数 A_{ud}

开环差模电压放大倍数 A_{ud} 是指集成运算放大器外加标称电压、没有外接反馈电阻且输出端开路时的差模电压放大倍数。A_{ud} 值越高，集成运算放大器的工作越稳定、精度也越高。A_{ud} 的值可达到几万至几百万。

2) 输入失调电压 U_{io}

理想集成运算放大器的输入电压为零时，其输出电压也为零。实际上，由于制造工艺等原因，输入电压为零时，集成运算放大器的输出电压并不为零，输出电压折合到输入端的值为

$$U_{io}=\frac{U_o}{A_{ud}}$$

U_{io} 称为输入失调电压，它的值一般为几毫伏，可以通过调零电位器将 U_{io} 的值调小，越小越好。

3) 输入失调电流 I_{io}

输入失调电流 I_{io} 是指输入信号为零时，两个输入端静态电流之差。I_{io} 的存在使输入信号为零时，输出电压不为零。I_{io} 的值一般为几微安，越小越好。

4) 输入偏置电流 I_{iE}

输入偏置电流 I_{iE} 是指输出电压为零时，两个输入端偏置电流的平均值。I_{iE} 的值太大时会影响静态工作点，可用下式计算：

$$I_{iE}=\frac{1}{2}(I_{E1}+I_{E2})$$

5) 差模输入电阻 r_{id} 和差模输出电阻 r_o

差模输入电阻 r_{id} 是两个输入端之间的动态电阻，其值一般为几十千欧到几兆欧，越大越好。

差模输出电阻 r_o 是开环状态下，输出端的动态电阻，一般为几十欧到几百欧，越小越好。

6）共模抑制比 K_{CMR}

共模抑制比 K_{CMR} 是指差模电压放大倍数与共模电压放大倍数 A_{uc} 的比值，K_{CMR} 越大，说明集成运算放大器抑制共模信号的能力越强。

7）最大输出电压 U_{oPP}

最大输出电压 U_{oPP} 是指外加标称电压、输出端开路时，能够输出的最大不失真电压。

8）最大差模输入电压 U_{idM}

最大差模输入电压 U_{idM} 是指集成运算放大器两输入端输入差模电压的最大允许值。输入差模电压超过 U_{idM} 时，输入级的三极管将被反向击穿。

9）最大共模输入电压 U_{iCM}

最大共模输入电压 U_{iCM} 是指集成运算放大器两输入端输入共模电压的最大允许值。当输入共模电压超过 U_{iCM} 时，集成运算放大器对共模信号的抑制能力将明显降低。

三、集成运算放大器的分析依据

1. 电压传输特性

如图 9-4 所示，集成运算放大器的电压传输特性是指电路开环时，输出电压与差模输入电压之间的关系。

由图中可知：在线性区，即 $-U_{im} < u_{id} < +U_{im}$ 时，u_o 与 u_{id} 是比例关系。

在饱和区，当 $u_{id} > +U_{im}$ 时，$u_o = +U_{om}$，当 $u_{id} < -U_{im}$ 时，$u_o = -U_{om}$。

可见，集成运算放大器的线性范围非常窄，若开环使用，很难实现输出与输入电压的线性关系。因此，作为放大器，集成运算放大器不能开环使用，必须加负反馈来减小 u_{id}，使其工作在线性区域。

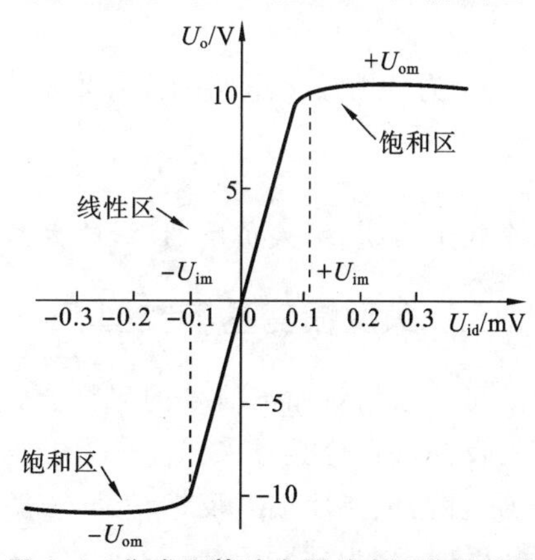

图 9-4　集成运算放大器的电压传输特性

第二节　放大电路中的负反馈

在实际应用中，环境温度变化、晶体管衰老、电源电压变化、负载电阻变化等情况，都将引起放大器放大倍数的变化，进而必然导致放大器的输出电流或电压不稳定，使电子设备不能正常工作。为此，在集成运算放大器中广泛采用引入负反馈的方法来改善放大电路的性能。

引入负反馈后，引起放大倍数不稳定的各种变化都能得到补偿，放大倍数的稳定性会提高,非线性失真会减小,放大器的输入、输出阻抗也会得以改变。

一、反馈的基本类型

将放大电路输出信号的一部分或全部,通过反馈网络引回到输入端,与输入量进行比较,从而影响放大电路的净输入信号,这种传输信号的过程就称为反馈。

当引回输入端的信号使输入放大器的信号得到加强时,即 $\dot{X}_d=\dot{X}_i+\dot{X}_f$ 增加时,称为正反馈。当引回输入端的信号使输入放大器的信号减弱时,即 $\dot{X}_d=\dot{X}_i+\dot{X}_f$ 减小时,称为负反馈。

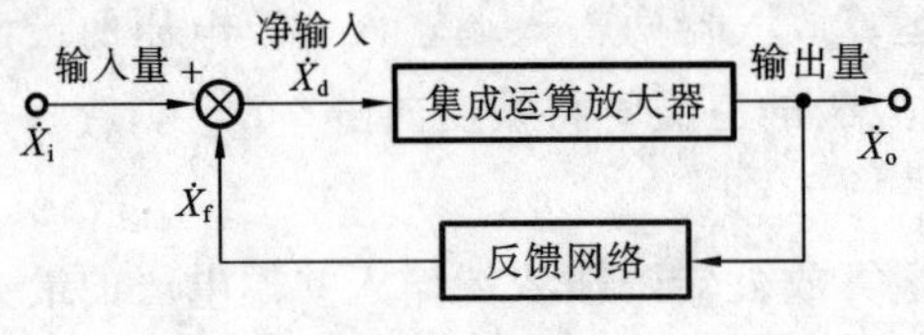

图 9-5 闭环放大器的结构框图

图 9-5 所示为由集成运算放大电路和反馈网络组成的闭环放大电路,其中 $\dot{X}_i$ 为输入信号,$\dot{X}_o$ 为输出信号,$\dot{X}_f$ 为反馈信号,⊗为比较环节,$\dot{X}_d$ 为净输入信号。

A 为无反馈放大电路的放大倍数,即

$$A=\frac{\dot{X}_o}{\dot{X}_d}$$

F 为反馈网络的反馈系数,即

$$F=\frac{\dot{X}_f}{\dot{X}_o}$$

A_f 为反馈放大电路的闭环增益,即

$$A_f=\frac{\dot{X}_o}{\dot{X}_i}=\frac{A\dot{X}_d}{\dot{X}_d+\dot{X}_f}=\frac{A}{1+AF} \tag{9-1}$$

这个式子表明,引入负反馈后,放大器的放大倍数将减小。

二、负反馈的基本类型

可以根据对输出信号的采样方式以及反馈信号与输入信号的串、并联关系来对反馈进行分类。采样信号为电压信号时,称为电压反馈;采样信号为电流信号时,称为电流反馈。反馈信号与输入信号为串联关系时,称为串联反馈;为并联关系时,称为并联反馈。

三、反馈的判断

1. 按反馈信号的极性分类及判别

引入反馈后,按净输入信号与输入信号的关系,可以将反馈分为正反馈和负反馈。

(1) 正反馈:$\dot{X}_d>\dot{X}_i$。正反馈会使放大电路工作不稳定,容易产生自激振荡,即在无信号输入时,也会产生无关的信号输出。

(2) 负反馈:$\dot{X}_d<\dot{X}_i$。负反馈可在多方面改善放大电路的性能,如稳定输出

信号和相应的增益，有效扩展放大器的频带宽度和减小非线性失真，并可按要求改变放大器的输入和输出电阻，但负反馈同时会使电路的增益下降。

正负反馈的判别方法——瞬时极性法。首先假设输入信号为某一极性，一般为"＋"；然后按照基本放大器的性质确定输出信号的极性，再由输出端通过反馈电路返回输入端，确定反馈信号的极性，最后判断放大电路的净输入信号是增强还是减弱了，从而判断出电路是正反馈还是负反馈。如图 9-6 所示的为负反馈。

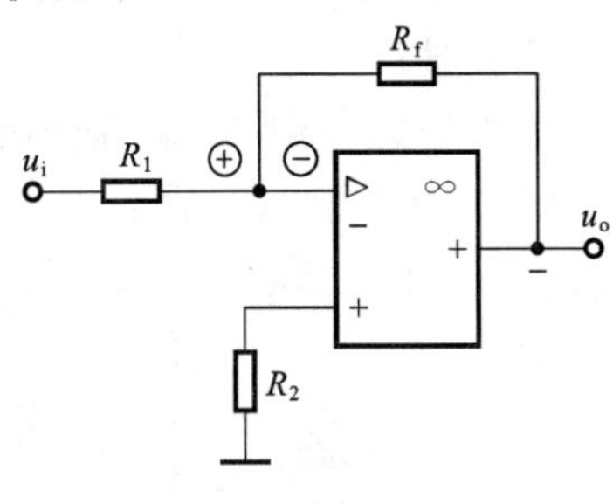

图 9-6　正负反馈的判别

2. 按输入端的连接方式分类及判别

按照集成运算放大器和反馈网络在输入端的连接方式，可以将反馈分为串联反馈和并联反馈，如图 9-7 所示。

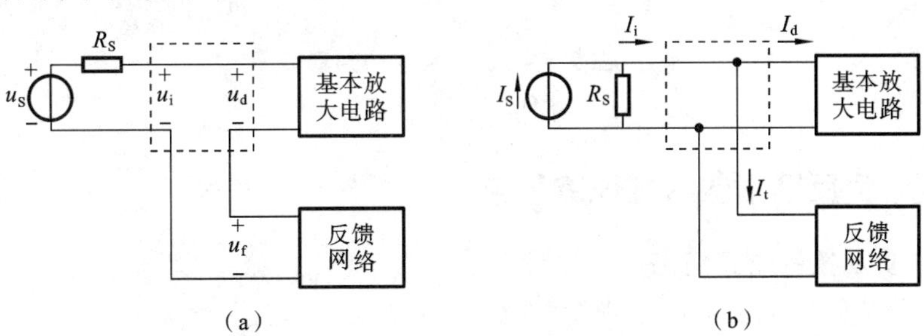

图 9-7　串联反馈与并联反馈

(a) 串联反馈；(b) 并联反馈

(1) 串联反馈　由图 9-7(a)可以看出，串联反馈中，输入信号与反馈信号分别加在放大电路的不同输入端。

(2) 并联反馈　由图 9-7(b)可以看出，并联反馈中，输入信号与反馈信号加在放大电路的同一输入端。

3. 按输出端的取样方式分类及判别

按输出端的取样方式反馈可分为电压反馈和电流反馈，如图 9-8 所示。

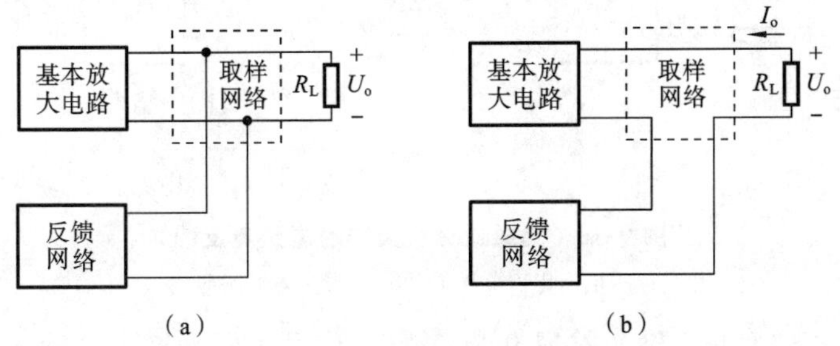

图 9-8　电压反馈和电流反馈

(a) 电压反馈；(b) 电流反馈

判别方法——输出短路法。假设输出端(负载)短路:如果反馈信号也变为零,即反馈信号不存在,为电压反馈;若反馈信号不为零,反馈信号照样存在,则为电流反馈。

在图 9-9(a)中,将负载短路后,$u_o=0$,可以得出 $u_f=0$,为电压负反馈。在图 9-9(b)中,将负载短路后,$u_o=0$,但 $u_f=i_L R\neq 0$,因此是电流负反馈。

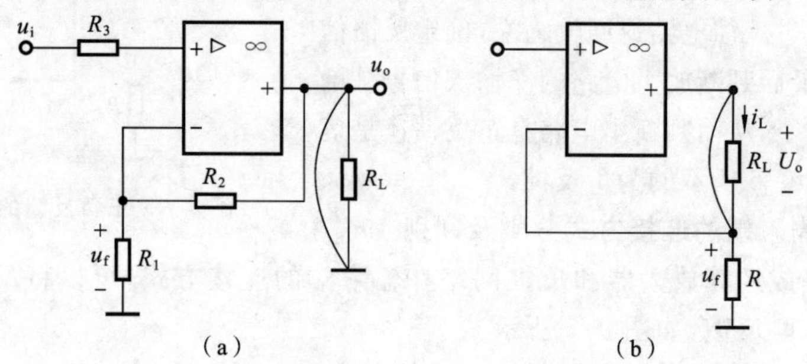

图 9-9 正、负反馈的判别

(a) 电压负反馈;(b) 电流负反馈

四、负反馈对放大性能的影响

1. 负反馈的常见组态

在集成运算放大器的使用中,常常引入负反馈以提高集成运算放大器的性能。将不同的输入连接方式和输出取样方式相组合,可以得到负反馈的四种基本形态,分别是:电压串联负反馈、电压并联负反馈、电流串联负反馈和电流并联负反馈。

集成运算放大器的电压串联负反馈、电压并联负反馈比较常见,它们分别如图 9-10(a)、(b)所示。

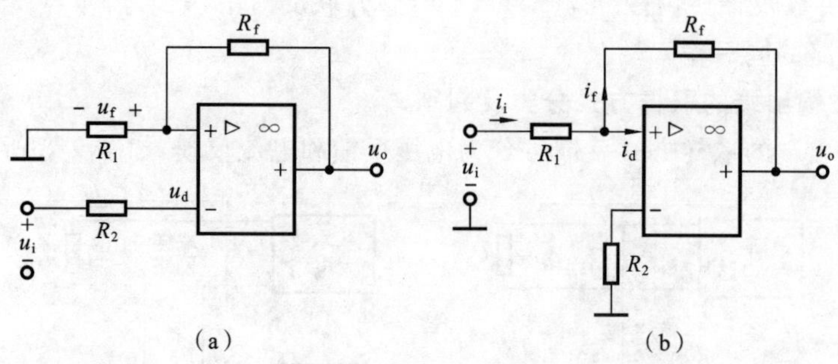

图 9-10 集成运算放大器的电压负反馈

(a) 电压串联负反馈;(b) 电压并联负反馈

(1) 电压串联负反馈 在图 9-10(a)中,信号由同相输入端输入,输出电压 u_o 与输入电压 u_i 同相,从输出端取出的反馈电压 u_f 的极性与输入电压 u_i(从正相输入端输入)的极性相同,但引至反相输入端,反馈电压起削弱输入电压的作

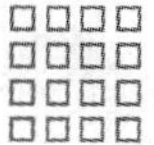

用，因此属于负反馈。反馈电压 u_f 与输入信号电压 u_i 串联，因此属于串联反馈。如果将输出端对地短接，则 $u_i=0$（反馈信号消失），说明是电压反馈。由此得知，图 9-10(a)所示电路为电压串联负反馈电路，其反馈电压为

$$u_f=\frac{R_1}{R_1+R_f}u_o$$

串联负反馈可使放大电路的输入电阻增大；电压负反馈有稳定输出电压的作用，例如，由于某种原因，输出电压 u_o 下降，反馈电压 u_f 将随之下降，使输入运算放大器的信号电压上升，从而迫使输出电压 u_o 回升，这样就可起到保持输出电压 u_o 基本不变的作用。

(2) 电压并联负反馈　在图 9-10(b)中，信号由反相输入端输入，输出电压 u_o 与输入电压 u_i 反相，从输出端取出的反馈电压 u_f 的极性与输入电压 u_i（从反相输入端输入）的极性相反且引至反相输入端，反馈电压起到削弱输入电压的作用，因此属于负反馈。反馈电压 u_f 与输入信号电压 u_i 并联，因此属于并联反馈。如果将输出端对地短接，则 $u_f=0$（反馈信号消失），说明是电压反馈。由此得知，图 9-4(b)所示电路为电压并联负反馈。并联负反馈可使放大电路的输入电阻减小，电压负反馈起稳定输出电压的作用。

2. 负反馈对放大电路性能的影响

(1) 提高放大倍数的稳定性　引入深度负反馈后，放大电路的放大倍数只取决于反馈网络，而与基本放大电路几乎无关。负反馈虽然会降低放大倍数，但是由于负反馈有削弱输入信号的作用，所以可稳定输出量，也可稳定放大倍数。

(2) 对输入电阻的影响　负反馈对输入电阻的影响取决于反馈电路在输入端的连接方式是串联反馈还是并联反馈。采用串联反馈时，输入电阻增加；采用并联反馈时，输入电阻减小。因此，选择合适的反馈类型，并控制反馈系数 F 的大小，就能获得所需的输入电阻值。

(3) 对输出电阻的影响　负反馈对输出电阻的影响取决于反馈电路在输出端的连接方式，即是电压反馈还是电流反馈。采用电压负反馈，放大器的输出电阻降低，可稳定输出电压；采用电流负反馈，输出电阻增大，可稳定输出电流。因此：电压串联负反馈可使放大器的输入电阻增大，输出电阻减小，使放大器更接近理想的电压放大器；电流并联负反馈可使放大器的输入电阻减小，输出电阻增大，更使放大器接近理想的电流放大器。

(4) 负反馈对非线性失真的影响　负反馈可以使本级放大器自身产生的非线性失真减小，还可以抑制放大电路自身产生的噪声，但对输入信号存在的非线性失真和噪声无法产生作用。若放大器的非线性失真使其输出信号产生正半周幅度大、负半周幅度小的失真波形，则通过反馈网络产生的反馈信号也是失真的，它与输入正弦信号相减，得到的净输入信号将是正半周幅度小、负半周幅度大的失真波形，恰好可补偿基本放大器输出信号的失真。

实际上,基本放大器的非线性失真可看成其增益随输入信号大小而变化,因此,非线性失真的改善同样是利用负反馈降低增益灵敏度的结果。

例 9-1 分别判断图 9-11 所示各电路的反馈组态。

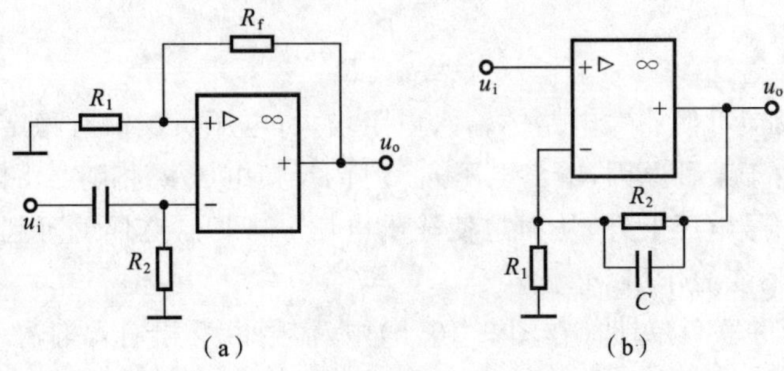

图 9-11 例 9-1 图

解 图 9-11(a)中:电阻 R_f 将输出电压引回到反相输入端,输入信号在同相输入端,所以是串联负反馈;由于反馈信号直接取自输出电压,所以是电压反馈。在运算放大器的同相输入端和输入信号之间接有电容,所以,输出信号只有交流量反馈回反相输入端,电路中引入了交流电压串联负反馈。

图 9-11(b)中:输出电压由电阻 R_2 和电容 C 引回到运算放大器的反相输入端,为电压反馈;反馈电路中有电容和电阻并联,所以交流、直流反馈量都可以反馈到反相输入端,输入信号加到同相端,反馈信号在反相输入端,是串联反馈。由运算放大器的连接关系知,电路中引入了交、直流电压串联负反馈。

第三节 运算放大器的应用

对集成运算放大器的基本运算电路进行分析时,运用其两个基本特点可以使问题简化:理想运算放大器引入负反馈(深度负反馈);工作在线性区。

一、比例运算电路

将输入信号按比例放大的电路称为比例运算电路,按照输入信号加入的输入端的不同,比例运算电路可分为反向比例运算电路、同向比例运算电路、差动比例运算电路。比例放大是集成运算放大电路的三种主要放大形式之一。

1. 反相比例运算电路

图 9-12 所示为反相比例运算电路,它含有深度电压并联负反馈。根据集成运算放大器的两个基本特点,即 $i_d=0$,$u_a \approx u_b=0$,有

$$i_i=i_f,\quad i_i=\frac{u_i-u_a}{R_1}=\frac{u_i}{R_1}$$

且

$$i_f = \frac{u_a - u_b}{R_f} = -\frac{u_o}{R_f}$$

则闭环电压放大倍数为

$$A_{U_f} = \frac{u_o}{u_i} = -\frac{R_f}{R_1} \qquad (9\text{-}2)$$

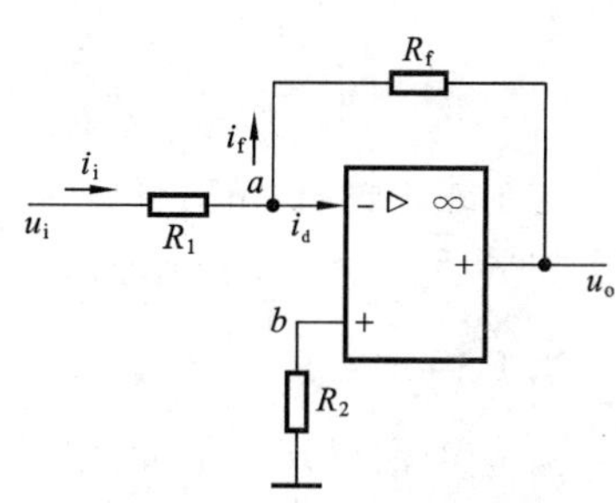

图 9-12 反相比例运算电路

可见，输出电压 u_o 与输入电压 u_i 存在比例关系且反相，这个比例关系与运算放大器的参数无关。改变电阻 R_f、R_1 的值可以使输出电压 u_o 与输入电压 u_i 的比例值改变，从而实现比例运算。如果使 $R_f = R_1$，则 $u_o = -u_i$，便可实现反号运算。

2. 同相比例运算电路

图 9-13 所示为同相比例运算电路。由于 $u_a \approx u_b$，其中

$$u_a = \frac{R_1}{R_1 + R_f} u_o$$

$$u_a = u_i$$

则闭环电压放大倍数为

$$A_{U_f} = \frac{u_o}{u_i} = 1 + \frac{R_f}{R_1} \qquad (9\text{-}3)$$

可见，该电路实现了比例运算。如果使 $R_f = 0$（R_f 短接），则 $u_o = u_i$，实现了电压跟随，称为电压跟随器。

二、加法运算电路

加法运算电路如图 9-14 所示，取 $R_1 = R_2 = R_3 = R_f$。由于 $i_d = 0$，$u_a \approx u_b = 0$。根据含有集成运算放大器的电路分析步骤，结合虚断和虚短的概念，首先对 a 点列电流方程：

$$i_f = i_{i1} + i_{i2} + i_{i3} = \frac{u_{i1}}{R_1} + \frac{u_{i2}}{R_2} + \frac{u_{i3}}{R_3} = \frac{1}{R_1}(u_{i1} + u_{i2} + u_{i3})$$

则有

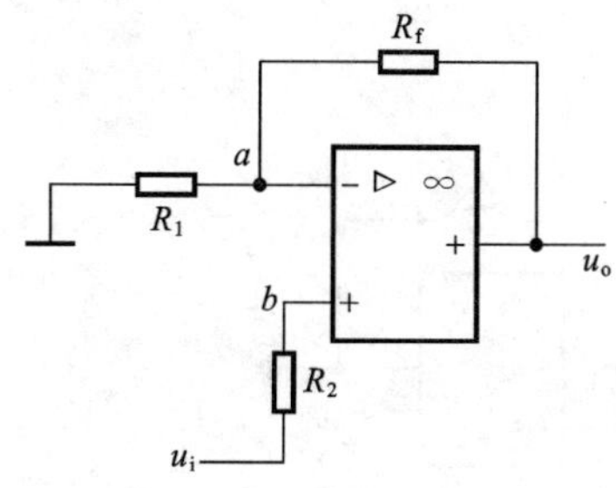

图 9-13 同相比例运算电路

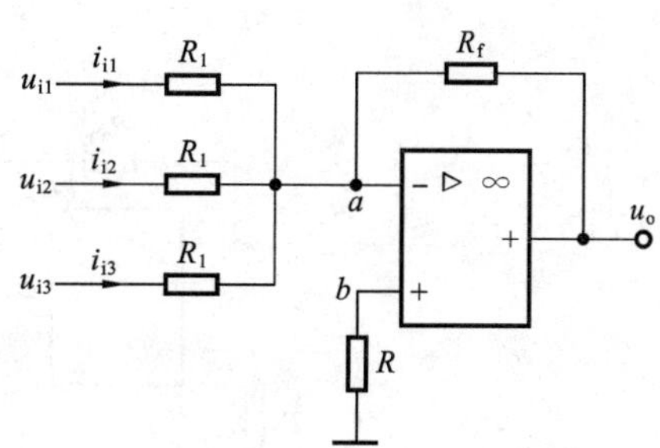

图 9-14 加法运算电路

$$u_o=-R_f i_f=\frac{R_f}{R_1}(u_{i1}+u_{i2}+u_{i3})=-(u_{i1}+u_{i2}+u_{i3}) \tag{9-4}$$

这个式子表明，输出电压与若干输入电压之和成正比例关系，可见该电路实现了加法运算。负号表示输出电压与输入电压相反。

当 $R_1=R_2=R_3=R$ 时， $u_o=-\frac{R_f}{R}(u_{i1}+u_{i2}+u_{i3})$

当 $R_1=R_2=R_3=R_f$ 时， $u_o=-(u_{i1}+u_{i2}+u_{i3})$

这个电路可以推广到多个信号相加，电路调节灵活方便，可以方便地改变相关电阻值来实现不同系数的加法。

三、减法运算电路

1. 基本减法运算电路

基本减法运算电路如图 9-15 所示，由于两个输入端都有信号输入，因此，其也称差动运算电路。

取 $R_1=R_2=R_3=R_f$，由于 $i_d=0$，有 $i_{i1}=i_f$。

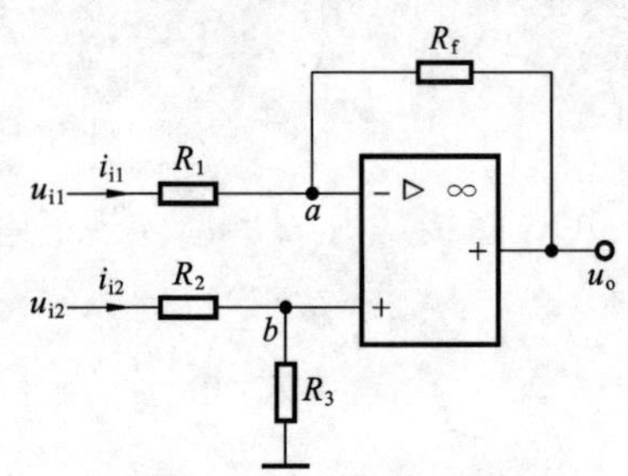

图 9-15 基本减法运算电路

又因为

$$u_a=u_{i1}-i_{i1}R=u_{i1}-R_f i_f=u_{i1}-\frac{u_{i1}-u_o}{R_f+R_1}R_1$$

$$u_b=\frac{R_3}{R_2+R_3}u_{i2}$$

根据 $u_a\approx u_b$ 得

$$u_o=\left(1+\frac{R_f}{R_2}\right)\frac{R_3}{R_2+R_3}u_{i2}-\frac{R_f}{R_1}u_{i1}=u_{i2}-u_{i1} \tag{9-5}$$

可见，该电路实现了减法运算。

2. 利用反相信号求和实现减法运算的电路

通常，可以利用反相信号求和的方法来实现减法运算，如图 9-16 所示。

$$u_o=-\frac{R_{f2}}{R_2}(u_{o1}+u_{i2})=-\frac{R_{f2}}{R_2}(u_{i2}-u_{i1})=\frac{R_{f2}}{R_2}(u_{i1}-u_{i2}) \tag{9-6}$$

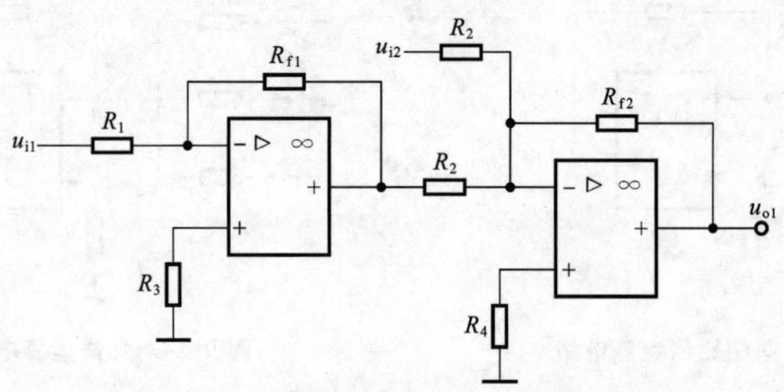

图 9-16 利用反相信号求和实现的减法运算电路

若 $R_2=R_{f2}$，则　　　　　　$u_o=u_{i1}-u_{i2}$

四、积分运算电路

积分运算电路如图 9-17 所示，它以电容 C_f 作为反馈元件。

由于 $i_d=0$，$u_a \approx u_b=0$，则

$$I_i=i_f=\frac{u_i}{R_1}$$

$$u_o=-u_c=-\frac{1}{C_f}\int i_f \mathrm{d}t=-\frac{1}{C_f R_1}\int u_i \mathrm{d}t \tag{9-7}$$

或

$$u_o=-\frac{1}{RC}\int_0^t u_i \mathrm{d}t+u_o(0)$$

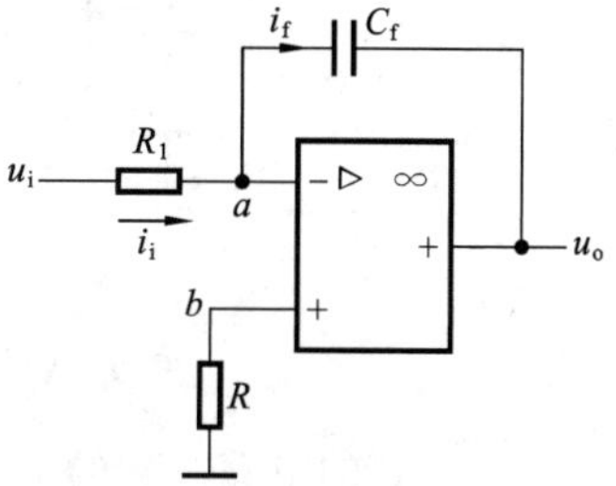

图 9-17　积分运算电路

式(9-7)表明，u_o 与 u_i 的积分成比例。负号表示 u_o 与 u_i 反相，RC 称为积分常数，用 τ 表示。该电路实现了积分运算。$u_o(0)$为 u_o 的初始值。

五、信号运算电路

图 9-18 所示为集成运算放大器组成的有源高通滤波器。它由 RC 滤波器和集成运算放大器的同相输入端串联组成。由于采用了集成运算放大器，其输入电阻非常大，对 RC 滤波器的影响很小；而其输出电阻很小，也使其带负载的能力增强，并且还可以将有用的输入信号加以放大。

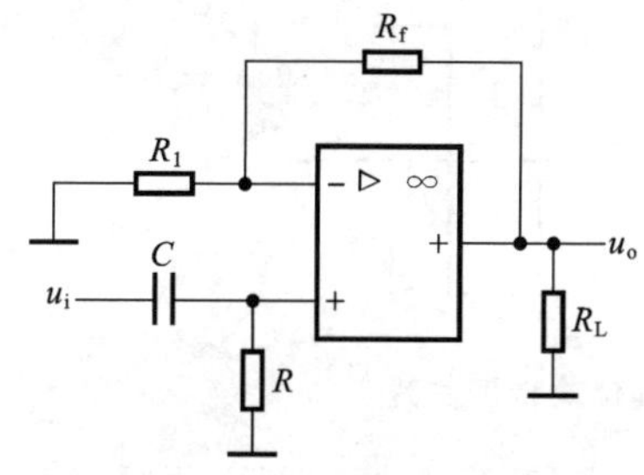

图 9-18　有源高通滤波器

当输入信号 u_i 夹杂有低频信号时，滤波电容 C 相当于开路，低频信号无法进入集成运算放大器。当输入信号为高频信号时，滤波电容 C 相当于短路，高频信号进入集成运算放大器，经放大后被送到负载。

1. 信号幅度的采样保持

图 9-19 所示为由集成运算放大器组成的采样保持电路及其输入输出波形，它实质上是一个电压跟随器。电路的工作过程分为“采样”和“保持”两个周期。开关 S 合上时，被采样的信号 u_i 向电容 C 充电，集成运算放大器的输出电压 u_o 跟随输入信号 u_i 变化。开关 S 打开时，被采样信号 u_i 断开，电路处于保持状态，等待下一个采样周期到来时再在此基础进行新一轮采样。

由于采用了电压跟随器，其输出信号 u_o 能快速、准确地跟随采样信号的变化。又因为集成运算放大器的输入电阻很大，保持周期内电容 C 几乎不放电，信号保持效果较好。

2. 信号的比较

利用集成运算放大器构成的电压比较器，就是将一个模拟电压信号与一个基

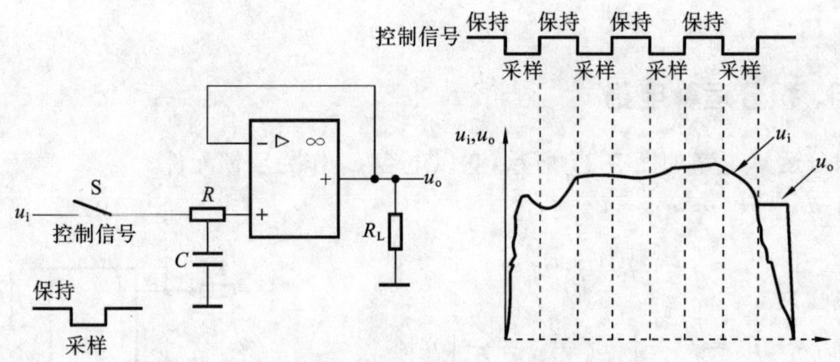

图 9-19 采样保持电路及其输入输出波形

准电压相比较的电路。它的输出表示比较结果,只有高电平和低电平两种状态。

如图 9-20 所示为由集成运算放大器组成的信号电压比较电路及其传输特性曲线。由集成运算放大器构成的比较器通常工作在开环状态,其电压放大倍数很大,只要有微小的差模信号输入,集成运算放大器将会饱和,输出电压 u_o 将超过双向稳定管的击穿电压而被限幅。该电路具有开关特性,即只有两个稳态输出。有时为了提高比较器的灵敏度和响应速度,通常在电路中引入正反馈。

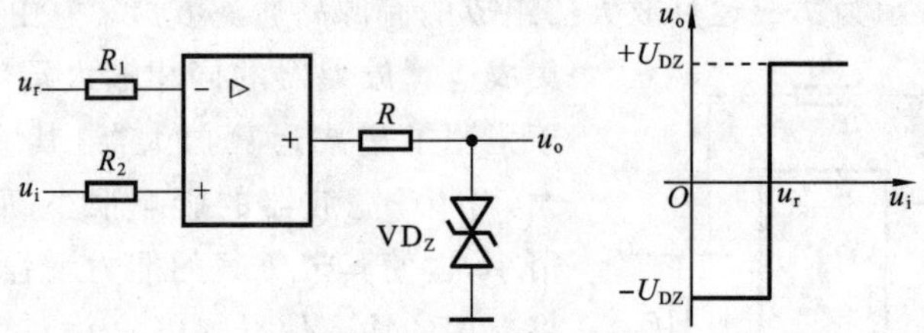

图 9-20 信号电压比较电路及其传输特性曲线

当 $u_i < u_r$(参考电压)时,u_o 为负,被限幅为 $-U_{DZ}$(稳压管的稳压值)。当 $u_i > u_r$ 时,u_o 为正,被限幅为 $+U_{DZ}$。

当参考电压 $u_r=0$ 时,该电路称为过零比较器,它可用于波形变换,将正弦波输入电压 u_i 转换为矩形波输出电压 u_o,如图 9-21 所示。

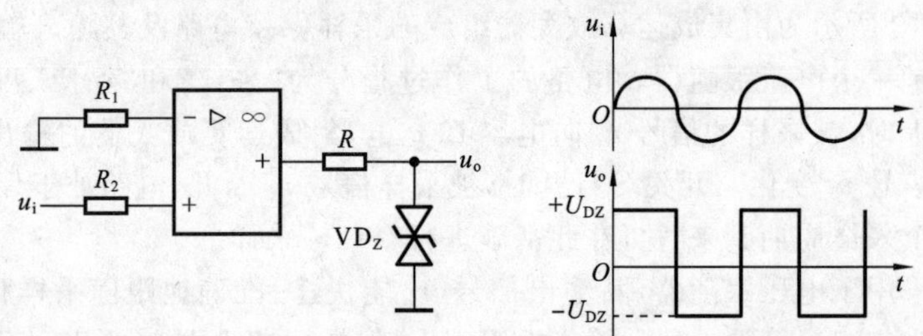

图 9-21 过零比较器

利用电压比较器可以对压力、温度、水位等进行监测、报警。

第四节 集成运算放大器的使用

一、集成运算放大器的参数

集成运算放大器有两个电源接线端，但有不同的电源供给方式。不同的电源供给方式，对输入信号的要求是不同的。

1. 对称双电源供电方式

运算放大器多采用这种方式供电。相对于公共端（地）的正电源（$+E$）与负电源（$-E$）分别接于运算放大器的管脚上。在这种方式下，可把信号源直接接到运算放大器的输入脚上，而输出电压的振幅可达正负对称电源电压。

2. 单电源供电方式

单电源供电是指将运算放大器的管脚接地的供电方式，此时为了保证运算放大器内部单元电路具有合适的静态工作点，在运算放大器输入端一定要加入一直流电位，以保证运算放大器的输出在某一直流电位基础上随输入信号变化。对于图 9-22 所示的交流放大器，静态时，运算放大器的输出电压近似为$\frac{V_{CC}}{2}$，为了隔离掉输出中的直流成分，应接入电容 C_3。

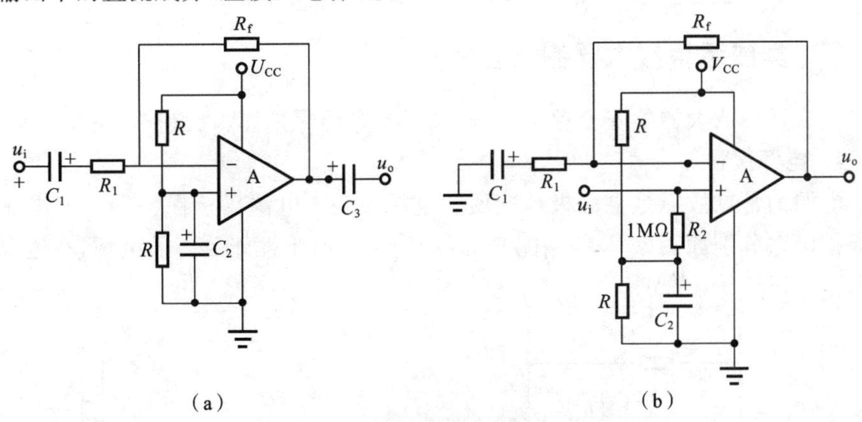

图 9-22 运算放大器单电源供电电路

二、集成运算放大器的调零问题

由于集成运算放大器的输入失调电压和输入失调电流的影响，当运算放大器组成的线性电路输入信号为零时，输出往往不等于零。为了提高电路的运算精度，要求对失调电压和失调电流造成的误差进行补偿，这就是运算放大器的调零。常用的调零方法有内部调零和外部调零，而对于没有内部调零端子的集成运算放大器，要采用外部调零方法。

图 9-23 所示为运算放大器的常用调零电路。图 9-23(a)所示为内部调零电

路;图 9-23(b)所示为外部调零电路。

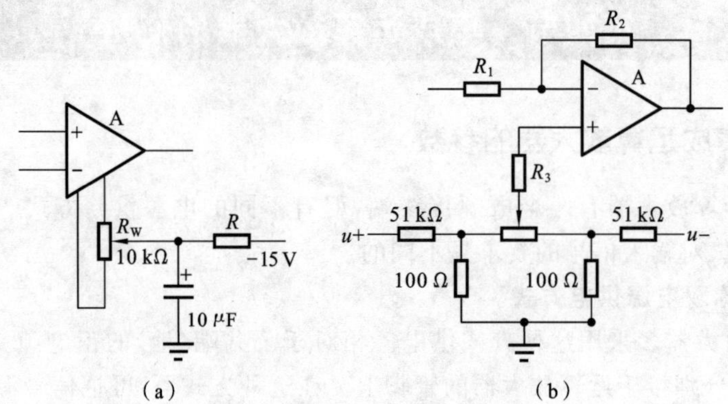

图 9-23 运算放大器的常用调零电路

三、集成运算放大器的自激振荡问题

运算放大器是一个高放大倍数的多级放大器,在接成深度负反馈电路的条件下,很容易产生自激振荡。为使放大器能稳定地工作,就需外加一定的频率补偿网络,以消除自激振荡。另外,为防止由电源内阻造成的低频振荡或高频振荡,在集成运放的正、负供电电源的输入端对地一定要分别加入一电解电容(10 μF)和一高频滤波电容(0.01~0.1 μF),如图 9-24 所示。

四、集成运算放大器的安全保护

集成运算放大器的安全保护有三个方面:电源保护、输入保护和输出保护。

1. 电源保护

电源的常见故障是电源极性接反和电压突变。电源反接保护和电源电压突变保护电路分别如图 9-25(a)、图 9-25(b)所示。对于性能较差的电源,在电源接

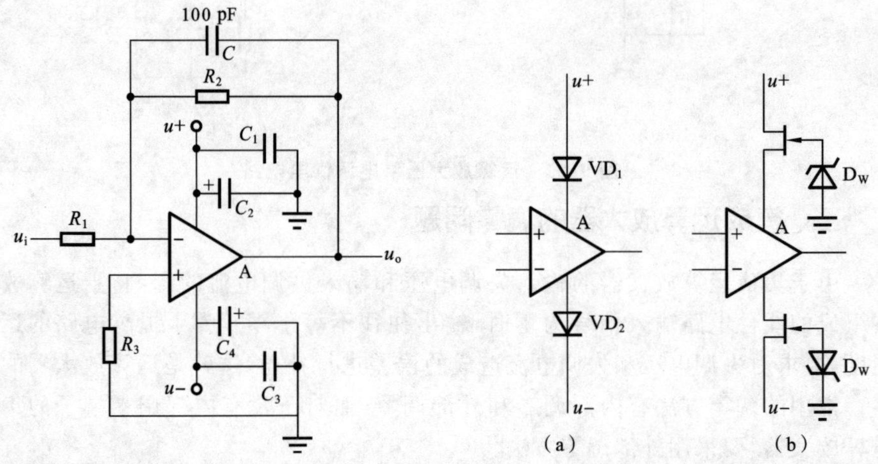

图 9-24 集成运算放大器的电源反接保护电路　图 9-25 集成运算放大器的电源保护电路

通和断开瞬间，往往会出现电压过冲的情况。图 9-25(b)中采用 FET 电流源和稳压管进行钳位保护，稳压管的稳压值大于集成运算放大器的正常工作电压而小于集成运算放大器的最大允许工作电压。FET 管的电流应大于集成运算放大器的正常工作电流。

2. 输入保护

集成运算放大器的输入差模电压过高或者输入共模电压过高(超出该集成运算放大器的极限参数范围)，集成运算放大器也会损坏。图 9-26 所示为典型的集成运算放大器输入保护电路。

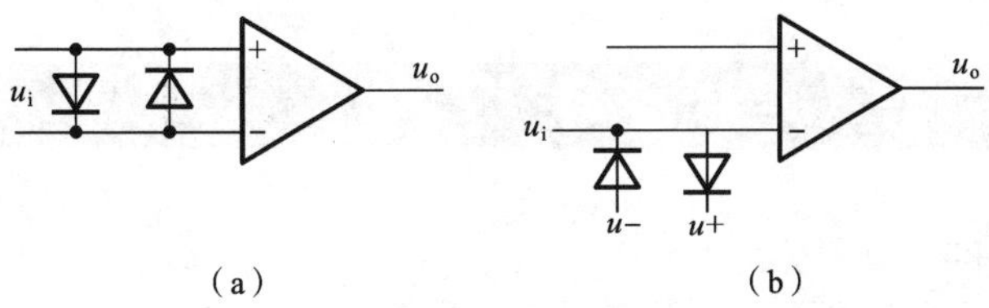

图 9-26　集成运算放大器输入保护电路

3. 输出保护

当集成运算放大器过载或输出端短路时，若没有保护电路，该运算放大器就会损坏。但有些集成运算放大器内部设置了限流保护或短路保护电路，使用这些器件就不需再加输出保护。对于内部没有限流保护或短路保护电路的集成运算放大器，可以采用图 9-27 所示的输出保护电路，当输出保护时，由电阻 R 起限流保护作用。

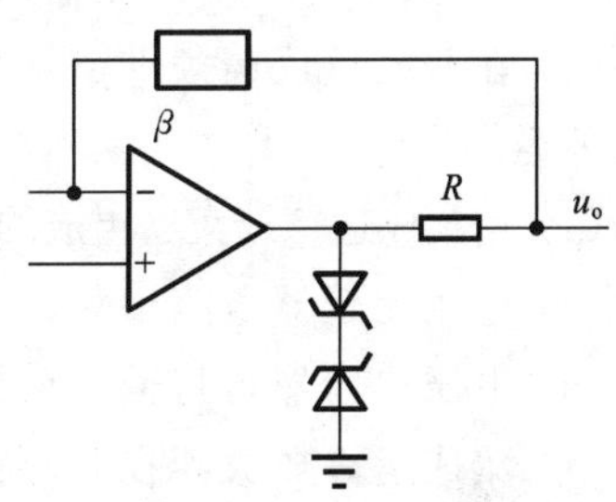

图 9-27　集成运算放大器输出保护电路

本章小结

(1) 集成运算放大器的基础知识：电路的组成、表示符号、理想参数、工作特性。

工作特性是分析集成运放电路功能的依据，非常重要，包括线性和非线性两方面。当集成运算放大器接有负反馈环节时，可工作在线性区，线性区的工作特性如下。

虚短：两输入端之间电压近似为零。

虚断：两输入端电流近似为零。

(2) 集成运算放大器的应用包括线性应用：比例运算，加法运算，减法运算及微、积分运算。非线性应用：电压比较器。

(3) 集成运算放大器是采用半导体集成工艺制成的高增益的多级直流放大器,因其具有体积小、重量轻、功耗小、功能全、技术性能好、可靠性高等优点而被广泛地应用于各个领域。

(4) 集成运算放大器一般由四部分构成。输入级采用差放形式以抑制零漂,提高输入电阻。中间级主要用于提高电压放大倍数。输出级采用射极输出器,以提高集成运算放大器带负载的能力。

(5) 集成运算放大器除通用型外,还有满足各种特殊需求的专用型,如高输入电阻型、低漂移型、低功耗型等。

习　题

9-1 判断正误。

(1) 实现运算电路不一定非要引入负反馈。(　　)

(2) 在运算电路中,同相输入端和反向输入端均为“虚地”。(　　)

(3) 在深度负反馈条件下,运算电路依靠反馈网络实现输出电压和输入电压的某种运算。(　　)

(4) 由集成运算放大器组成的有源滤波电路中一定要引入深度负反馈。(　　)

(5) 电压比较器电路中集成运算放大器的净输入电流为零。(　　)

(6) 电压比较器可将输入模拟信号转换为开关信号。(　　)

(7) 集成运算放大器在开环情况下一定工作在非线性区。(　　)

(8) 同相比例运算电路中的集成运算放大器有共模信号输入,而反相比例运算电路中的集成运算放大器无共模信号。(　　)

(9) 凡是引入正反馈的集成运算放大器,一定工作在非线性区。(　　)

9-2 集成运算放大器由哪几部分组成?各部分的作用分别是什么?

9-3 集成运算放大器主要有哪些负反馈类型?引入这些负反馈可起到哪些作用?

9-4 运算放大器工作在线性区时,为什么通常要引入深度电压负反馈?

9-5 在差动放大电路中,由温度或电源电压等因素引起的两管零点漂移电压可视为______模信号,差动电路对该信号有______作用,而有用信号可视为______模信号,差动电路对其有______作用。

9-6 差动放大电路在理想状况下要求两边完全对称,因为差动放大电路对称性愈好,对零漂抑制越______。

9-7 差模输入是指______,共模输入是指______。

9-8 图 9-28 所示电路是一个(　　)差动放大电路。

A. 双端输入、双端输出　　　　B. 双端输入、单端输出

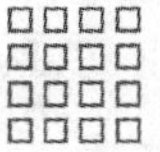

C. 单端输入、双端输出

D. 单端输入、单端输出

9-9 集成运算放大器的电压传输特性之中的线性运行部分的斜率愈陡，表示集成运算放大器的______。

A. 闭环放大倍数越大

B. 开环放大倍数越大

C. 抑制漂移的能力越强

D. 对放大倍数没有影响

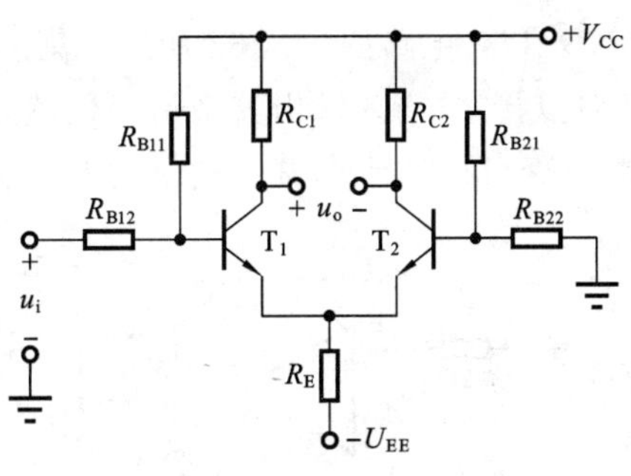

图 9-28 习题 9-8 图

9-10 在图 9-29 中，设集成运算放大器为理想器件，求下列情况下 u_o 与 u_S 的关系式：

(1) 若 S_1 和 S_3 闭合，S_2 断开，u_o＝?

(2) 若 S_1 和 S_2 闭合，S_3 断开，u_o＝?

(3) 若 S_2 闭合，S_1 和 S_3 断开，u_o＝?

(4) 若 S_1、S_2、S_3 都闭合，u_o＝?

9-11 用集成运算放大器和普通电压表可组成性能良好的欧姆表，电路如图 9-30 所示。设 A 为理想运算放大器，虚线方框表示电压表，满量程为 2 V，R_M 是它的等效电阻，被测电阻 R_X 跨接在 A、B 之间。

(1) 试证明 R_X 与 U_o 成正比；

(2) 当要求 R_X 的测量范围为 0～10 kΩ 时，R_1 应选多大阻值?

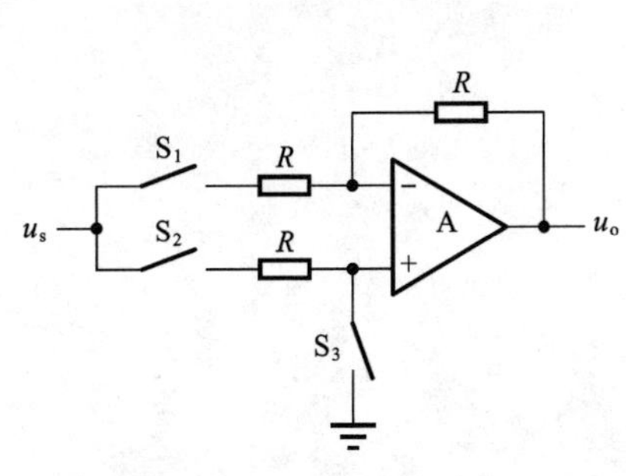

图 9-29 习题 9-10 图

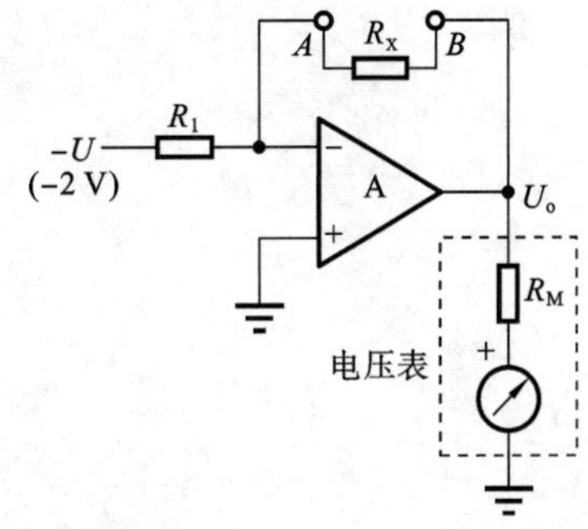

图 9-30 习题 9-11 图

9-12 由集成运算放大器组成的三极管电流放大系数 β 的测试电路如图 9-31所示，设三极管的 U_{BE}＝0.7 V。

(1) 求出三极管的 C、B、E 各极的电位值；

(2) 若电压表读数为 200 mV，试求三极管的 β 值。

9-13 什么是零点漂移? 产生零点漂移的主要原因是什么? 差动放大电路为什么能抑制零点漂移?

9-14 电路如图 9-32 所示。集成运放电路输入点 B 的电压近似为零,那么将 B 点接地,输入输出关系是否仍然成立?既然集成运算放大器输入电流趋于零,是否可将 A 点断开?此时放大器能工作吗,为什么?

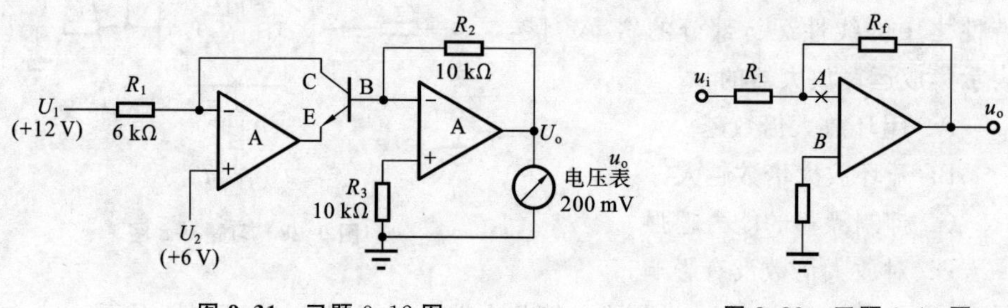

图 9-31 习题 9-12 图　　**图 9-32** 习题 9-14 图

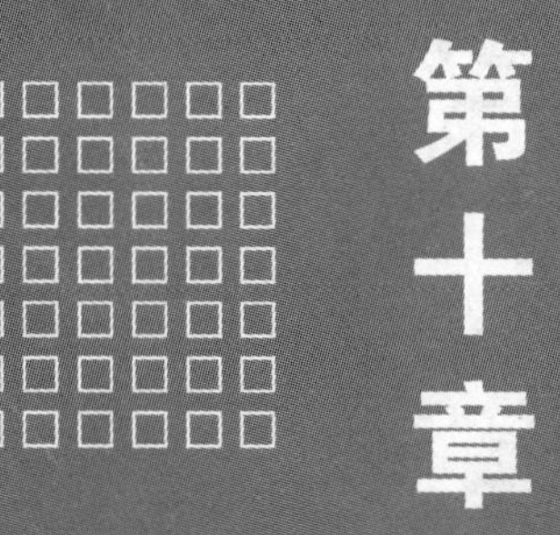

第十章 晶闸管及直流稳压电源

学习目标：

- ▶掌握直流稳压电源的基本组成；
- ▶掌握晶闸管的工作特性、晶闸管导通和关断的条件；
- ▶熟悉晶闸管可控整流电路。

第一节 晶 闸 管

一、基本结构

晶闸管(thyristor)即晶体闸流管，又称可控硅整流器(silicon controlled rectifier，SCR)。

图 10-1 所示为分别晶闸管的外形、结构和电气图形符号。常用晶闸管的结构有螺栓型晶闸管、晶闸管模块、平板型晶闸管，如图 10-2 所示。

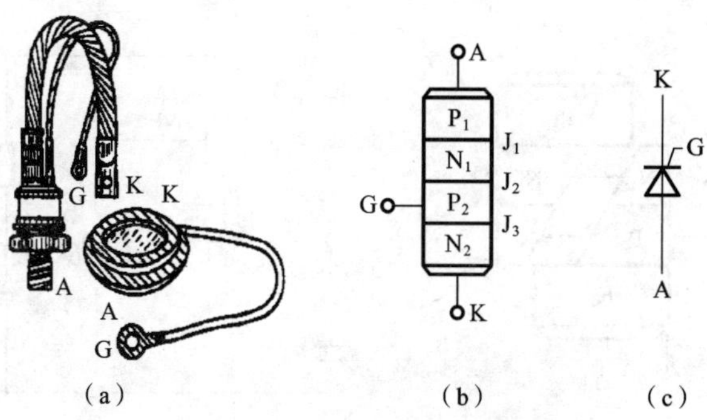

图 10-1　晶闸管的外形、结构和电气图形符号

(a) 外形；(b) 结构；(c) 电气图形符号

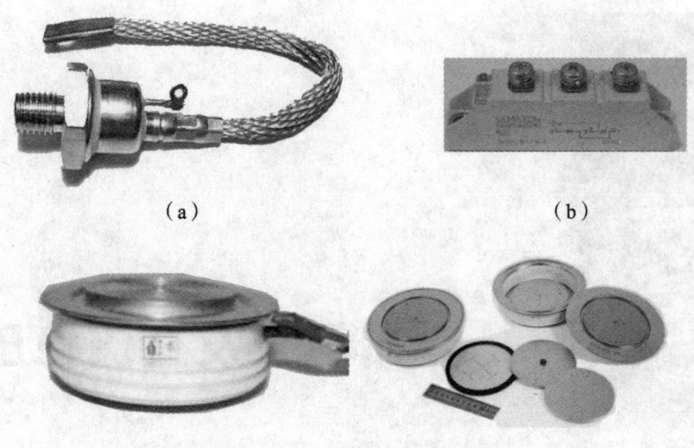
(a) (b) (c)

图 10-2　常用晶闸管的外形

(a) 螺栓型晶闸管；(b) 晶闸管模块；(c) 平板型晶闸管

二、工作原理

晶闸管的双晶体管模型及其工作原理如图 10-3 所示，由图可知：

$$I_{C1}=\alpha_1 I_A+I_{CBO1} \tag{10-1}$$

$$I_{C2}=\alpha_2 I_K+I_{CBO2} \tag{10-2}$$

$$I_K=I_A+I_G \tag{10-3}$$

$$I_A=I_{C1}+I_{C2} \tag{10-4}$$

式中　α_1、α_2——晶体管 T_1 和 T_2 的共基极电流增益；

I_{CBO1}、I_{CBO2}——T_1 和 T_2 的共基极漏电流。

由以上各式可得

$$I_A=\frac{\alpha_2 I_G+I_{CBO1}+I_{CBO2}}{1-(\alpha_1+\alpha_2)} \tag{10-5}$$

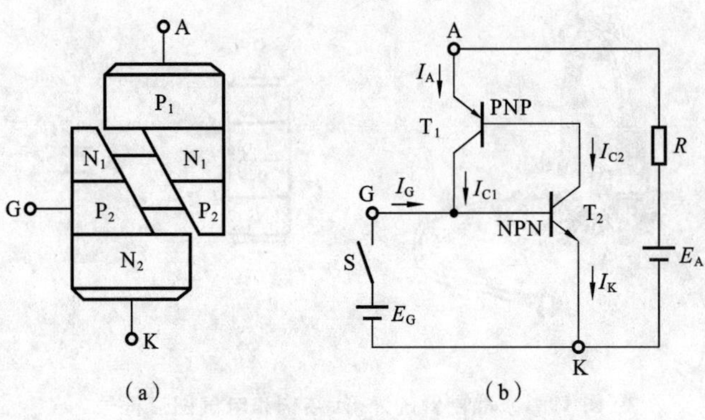

图 10-3　晶闸管的双晶体管模型及其工作原理

(a) 双晶体管模型；(b) 工作原理

在低发射极电流下晶体管的共基极增益 α 是很小的，而当发射极电流建立起来之后，α 将迅速增大。

阻断状态：$I_G=0$，$\alpha_1+\alpha_2$ 很小，流过晶闸管的漏电流稍大于两个晶体管漏电流之和。

导通状态：注入的触发电流使晶体管的发射极电流增大，以至 $\alpha_1+\alpha_2$ 趋近于1，流过晶闸管的电流 I_A 将趋近于无穷大，从而使晶闸管实现饱和导通。I_A 实际由外电路决定。

三、晶闸管的基本特性

承受反向电压时，不论门极是否有触发电流，晶闸管都不会导通。承受正向电压时，仅在门极有触发电流的情况下晶闸管才能开通。晶闸管一旦导通，门极就失去控制作用。要使晶闸管关断，只能使晶闸管的电流降到接近于零的某一数值以下 。

1. 静态特性

晶闸管的伏安特性如图 10-4 所示。

1）正向特性

当 $I_G=0$ 时，器件两端施加的是正向电压，只有很小的正向漏电流，晶闸管处于正向阻断状态。当正向电压超过正向转折电压 U_{bo} 时，漏电流急剧增大，器件导通。随着门极电流幅值的增大，正向转折电压降低。晶闸管本身的压降很小，在 1 V 左右，而 $I_{G2}>I_{G1}>I_G$。

2）反向特性

晶闸管的反向特性类似于二极管的反向特性。在反向阻断状态下，只有极小的反相漏电流流过。当反向电压达到反向击穿电压时，晶闸管可能发热损坏。

2. 动态特性

晶闸管的开通和关断过程波形如图 10-5 所示。

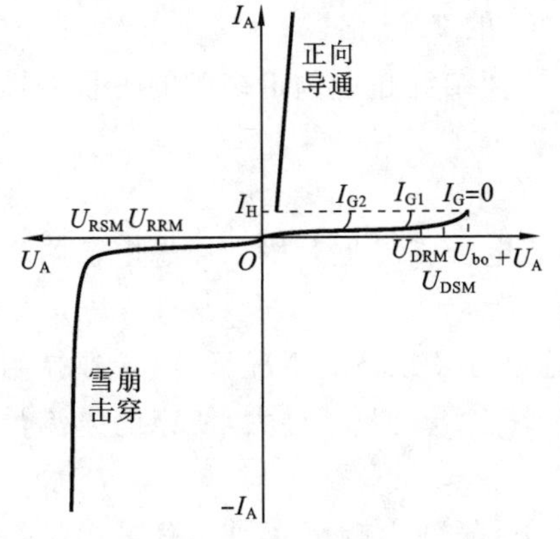

图 10-4 晶闸管的伏安特性

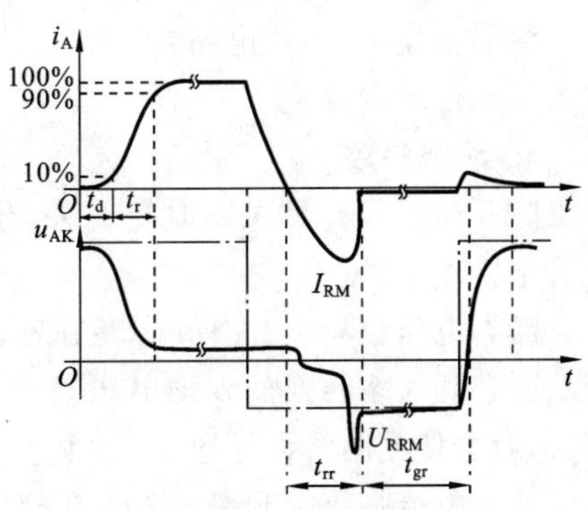

图 10-5 晶闸管的开通和关断过程波形

1）开通过程

延迟时间 t_d 为 0.5～1.5 μs。

上升时间 t_r 为 0.5～3 μs。

开通时间 t_{gt} 为延迟时间和上升时间之和，即

$$t_{gt}=t_d+t_r \tag{10-6}$$

2）关断过程

反向阻断恢复时间为 t_{rr}，正向阻断恢复时间 t_{gr}。

关断时间 t_q 为反向阻断恢复时间和正向阻断恢复时间之和，即

$$t_q=t_{rr}+t_{gr} \tag{10-7}$$

普通晶闸管的关断时间约几百微秒。

四、主要参数

1. 电压定额

断态重复峰值电压 U_{DRM}：在门极断路而结温为额定值时，允许重复加在器件上的正向峰值电压。

反向重复峰值电压 U_{RRM}：在门极断路而结温为额定值时，允许重复加在器件上的反向峰值电压。

通态(峰值)电压 U_T：晶闸管通以某一规定倍数的额定通态平均电流时的瞬态峰值电压。

2. 电流定额

通态平均电流 $I_{T(AV)}$：在环境温度为 40 ℃和规定的冷却状态下，稳定结温不超过额定结温时所允许流过的最大工频正弦半波电流的平均值。使用时应按有效值相等的原则来选取晶闸管。

维持电流 I_H：使晶闸管维持导通所必需的最小电流。

擎住电流 I_L：晶闸管刚从断态转入通态并移除触发信号后，能维持导通所需的最小电流。对同一晶闸管来说，通常 I_L 为 I_H 的 2～4 倍。

浪涌电流 I_{TSM}：由电路异常情况引起的，并使结温超过额定结温的不重复性最大正向过载电流。

3. 动态参数

除开通时间 t_{gt} 和关断时间 t_q 外，还有断态电压临界上升率和通态电流临界上升率。

断态电压临界上升率 du/dt：在额定结温和门极开路的情况下，不导致晶闸管从断态到通态转换的外加电压最大上升率。电压上升率过大，使充电电流足够大，就会使晶闸管误导通 。

通态电流临界上升率 di/dt：在规定条件下，晶闸管能承受而无有害影响的最大通态电流上升率。如果电流上升太快，可能造成局部过热而使晶闸管损坏。

第二节 直流电源电路

直流电源可以由直流发电机和各种电池提供，但比较经济实用的方法是利用具有单向导电性的电子器件将使用广泛的工频正弦交流电源转换成稳定的直流电源。

直流稳压电源由四个环节组成：电源变压器、整流电路、滤波电路、稳压电路。其组成结构框图如图 10-6 所示。

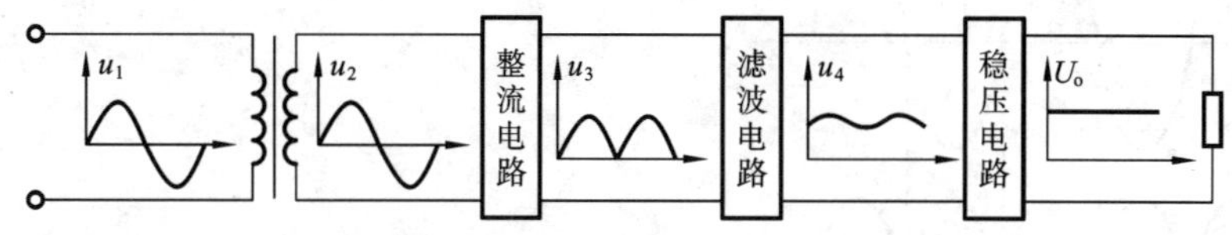

图 10-6 直流稳压电源的组成结构框图

(1) 电源变压器：将电网的交流电压 u_1 变为符合用电设备所需的低压交流电压 u_2。

(2) 整流电路：利用具有单向导电性的整流元件（如二极管、晶闸管等），将正负交替变化的正弦交流电压 u_2 变为单方向脉动的直流电压 u_3。

(3) 滤波电路：尽可能地将单向脉动直流电压 u_3 中的脉动部分（交流分量）减小，使输出电压成为比较平滑的直流电压 u_4。

(4) 稳压电路：清除电网波动及负载变化的影响，保持输出稳定的直流电压 U_o。

一、整流电路

整流电路是利用二极管的单向导电性，将交流电转变为脉动的直流电的电路。常见的整流电路有半波、全波、桥式和倍压整流电路。在分析时可将二极管当作理想元件处理，即二极管的正向导通电阻为零，反向电阻为无穷大。

1. 电路结构

单相桥式整流电路由整流变压器、四个整流二极管构成的整流桥、负载电阻构成，其组成电路如图 10-7 所示。

2. 工作原理

当变压器次级电压 u_2 为上正下负时，如图 10-8 所示，二极管 VD_1 和 VD_3 导通，VD_2 和 VD_4 截止，电流 i_1 的通路为 a 点→VD_1→R_L→VD_3→b 点，这时负载电阻 R_L 上得到一个正弦半波电压，如图 10-9 中 0～π 段所示。

当变压器次级电压 u_2 为上负下正时，如图 10-10 所示，二极管 VD_1 和 VD_3 反向截止，VD_2 和 VD_4 导通，电流 i_2 的通路为 b 点→VD_2→R_L→VD_4→a 点，同样，在负载电阻上得到一个正弦半波电压，输出波形如图 10-9 中 π～2π 段所示。

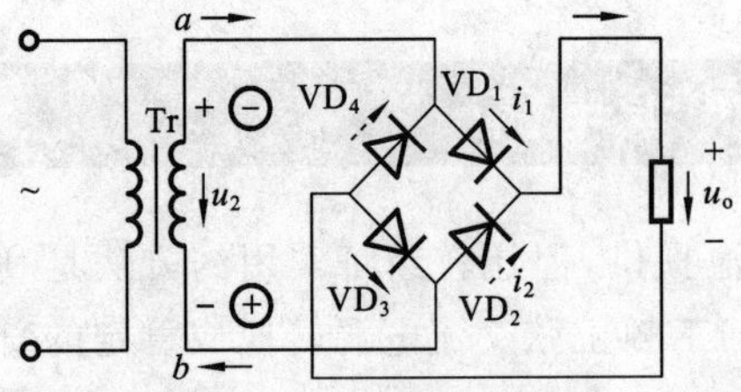

图 10-7 单相桥式整流电路

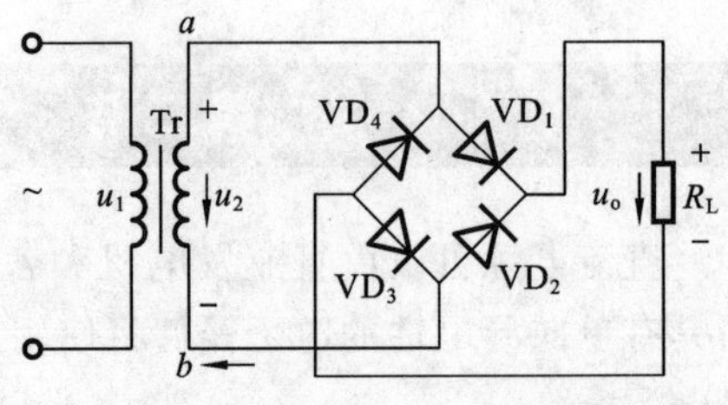

图 10-8 工作原理(u_2 上正下负)

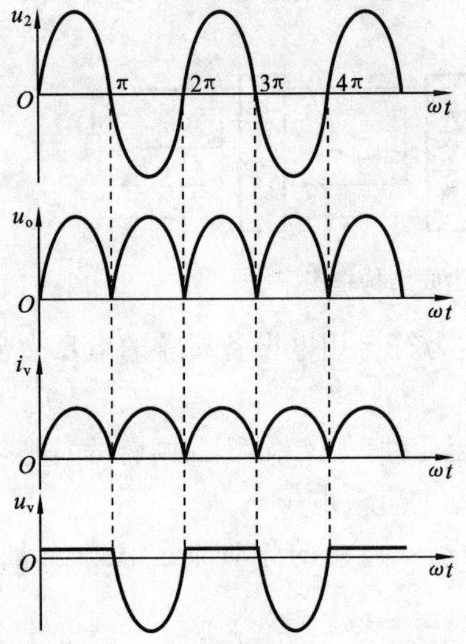

图 10-9 单相桥式整流电路输出波形

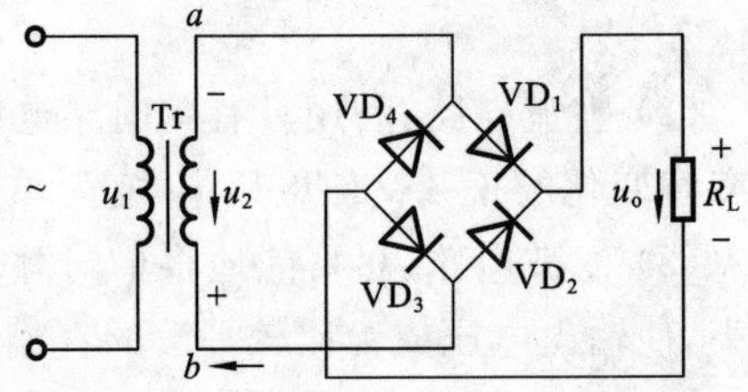

图 10-10 工作原理(u_2 上负下正)

注:单相桥式整流电路除管子所承受的最大反向电压不同于全波整流电路外,其他参数均与全波整流电路相同。

3. 负载上直流电压和直流电流的计算

由图 10-10 可知,桥式整流电路输出电压的平均值为

$$U_o = \frac{1}{\pi}\int_0^{\pi} \sqrt{2}U_2 \sin\omega t\, d(\omega t) = 0.9U_2$$

桥式整流电路通过负载电阻的直流电流 I_o 也增加一倍,即

$$I_o = \frac{U_o}{R_L} = 0.9\frac{U_2}{R_L}$$

流过每只二极管的电流平均值为负载电流的一半,即

$$I_D = \frac{I_o}{2} = 0.45\frac{U_2}{R_L}$$

4. 二极管的选择

1)二极管的平均电流 I_v

因为每两个二极管串联轮换导通半个周期,在一个周期内负载电阻均有电流流过,且方向相同,因此,每个二极管中流过的平均电流只有负载电流的一

半，即

$$I_V=\frac{I_o}{2}=0.45\frac{U_o}{R_L}$$

2）二极管承受的最高反向电压 U_{RM}

由图 10-7 可以看出，当 VD_1 和 VD_3 导通时，如果忽略二极管正向压降，此时 VD_2 和 VD_4 的阴极接近于 a 点，阳极接近于 b 点，二极管由于承受反向电压而截止，其最高反向电压为 U_2 的峰值，即

$$U_{RM}=\sqrt{2}U_2$$

为保证整流电路的工作安全，在选择二极管时，应保证二极管的最大整流电流 I_{OM} 大于二极管中流过的平均电流 I_D，二极管的反向工作电压峰值 U_{RM} 比二极管在电路中承受的最高反向电压 U_{DRM} 大 1 倍左右。

例 10-1 有一单相桥式整流电路，接到电压为 220 V 的正弦工频交流电源上，已知负载电阻 $R_L=50\ \Omega$，负载电压 $U_o=100$ V，根据电路要求选择整流二极管。

解 整流电流的平均值为

$$I_o=\frac{U_o}{R_L}=\frac{100}{50}\text{ A}=2\text{ A}$$

流过二极管的平均电流为

$$I_V=\frac{I_o}{2}=\frac{2}{2}\text{ A}=1\text{ A}$$

变压器二次侧电压有效值为

$$U_2=\frac{U_o}{0.9}=\frac{100}{0.9}\text{ V}=111\text{ V}$$

考虑到变压器二次侧绕组及二极管上的压降，变压器二次侧电压一般应比 U_2 高出 5%～10%，即

$$U_2'=111\times1.1\text{ V}\approx122\text{ V}$$

每只二极管截止时承受的最高反向电压为 $U_{RM}=\sqrt{2}U_2=172$ V。

因此可选用 2CZ12D 二极管，其最大整流电流为 3 A，反向工作电压峰值为 300 V。

二、滤波电路

滤波电路的功能是减小整流输出电压的脉动程度。从前面的分析可以看出，整流电路的输出电压虽然是单方向的直流电压，但是由于输入电网电压波动和负载变化时输出电压也随之变化，还是包含了很多脉动成分（交流分量），为了得到一个直流稳压电源，可以通过滤波电路去掉这些交流分量，使其变成比较平滑的电压、电流波形。常用的滤波电路有电容滤波器、电感滤波器和复式滤波

器等。

1. 电容滤波电路

1) 电容滤波电路的结构

如图 10-11 所示,电容滤波电路就是在原来整流电路的输出端与负载电阻并联一个足够大的电容而形成的,利用电容上电压不能突变的原理进行滤波。一般选用的是有极性的电解电容,在直流电路中注意电容极性不得反接。

2) 电容滤波器电路的工作原理

如图 10-11 所示,电容 C 并联在负载电阻 R_L 上,所以电容 C 两端的电压 u_C 就是负载两端的电压 u_o。交流电压 u_2 的波形如图 10-12(a)所示。假设电路恰恰在电压 u_2 由负到正过零的时刻接通,二极管将开始导通,电压通过二极管向电容 C 充电。由于二极管的正向电阻很小,所以充电时间常数很小,电压 u_o 将随电压 u_2 按正弦规律逐渐升高,如图 10-12(a)所示。当 u_2 增大到最大值时,u_C 也随之上升到最大值,然后 u_2 开始下降,u_C 也开始下降,但它们按不同规律下降。

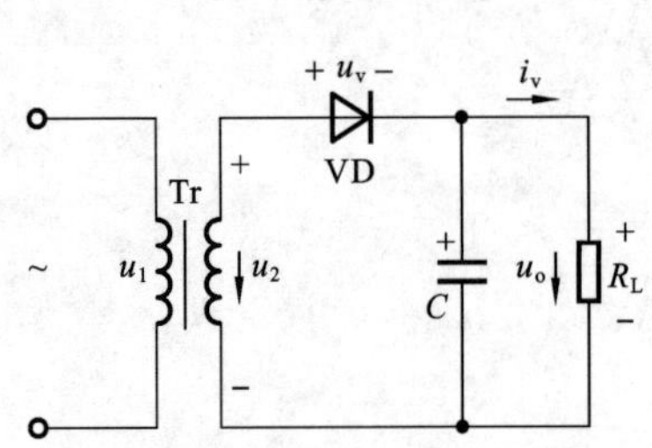

图 10-11　电容滤波器的电路结构

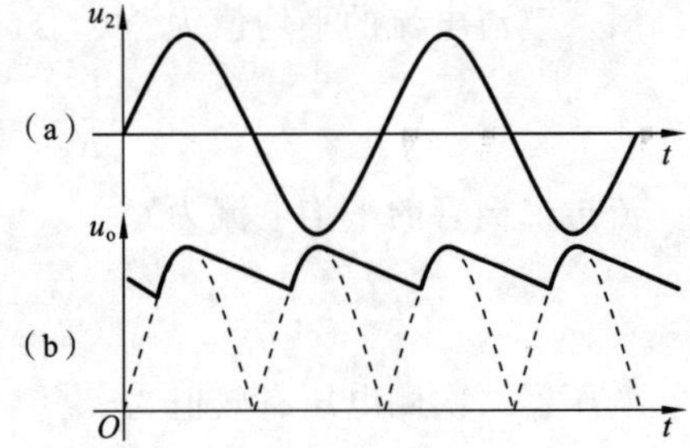

图 10-12　电容滤波器波形图

电容的不断充放电,使得输出电压的脉动性减小,并使输出电压的平均值有所提高。很显然,输出电压平均值 U_o 的大小与 R_L、C 的大小有关,R_L 愈大、C 愈大,电容放电愈慢,U_o 愈高。在极限情况下:当 $R_L=\infty$ 时,$U_o=U_C=U_2$,电容不再放电;当 R_L 很小时,C 放电很快,甚至与 U_2 同步下降,则 $U_o=0.9U_2$。可见电容滤波电路适用于负载较小的场合。

3) 电容滤波器的特点

(1) 电路简单,滤波效果较好,应用广泛。

(2) 输出电压平均值提高。因为电容的放电填补了整流波形的一部分空白,负载电压的平均值可按以下方式估算。

单相半波整流电容滤波:　$U_o=U_2$(半波)

单相桥式整流电容滤波:$U_o=1.2U_2$(全波)

(3) 整流二极管导通时间短,电流峰值电压大,易损坏二极管。由于二极管的导通时间短,而在一个周期内电容器的充电电荷等于放电电荷,即通过电容器

的平均电流为零。可见，在二极管导通期间，其电流 i_c 的平均值近似等于负载电流的平均值，因此电流的峰值大，有电压冲击，选择二极管时要考虑这个问题。

(4) 外特性较差(外特性软)，U_o 受负载影响大。当电路空载时，由于不存在放电回路，输出电压为$\sqrt{2}U_2$；随着输出电流的增大，电容放电的时间常数减小，放电加快，电压下降。因此，电容滤波器外特性较差，或者说带负载能力差，通常用于要求输出电压高、负载电流小且负载变化不大的场合。

通常时间常数为

$$\tau=R_LC\geqslant(3\sim5)\frac{T}{2}$$

例 10-2　有一单相桥式整流滤波电路，已知交流电源频率 $f=50$ Hz，负载电阻 $R_L=200\ \Omega$，要求直流输出电压 $U_o=30$ V，试选择整流二极管及滤波电容器。

解　(1) 整流二极管的正向平均电流为

$$I_D=\frac{I_o}{2}=\frac{U_o}{2R_L}=75\ \text{mA}$$

整流桥的输入电压为

$$U_2=\frac{U_o}{1.2}=25\ \text{V}$$

二极管反向工作电压为

$$U_{DRM}=\sqrt{2}U_2=35\ \text{V}$$

所以二极管的最大整流电流应不小于 75 mA，反向峰值工作电压应不大于 35 V。

(2) 选择滤波电容器。时间常数为

$$\tau=R_LC=5\times\frac{1/50}{2}\ \text{s}=0.05\ \text{s}$$

电容为

$$C=\frac{0.05}{R_L}=\frac{0.05}{200}\ \text{F}=250\ \mu\text{F}$$

所以，滤波电容器的电容值应不小于 250 μF。

例 10-3　有一单相桥式整流滤波电路，已知交流电源频率 $f=50$ Hz，该电源给一个额定电压为 30 V 的直流负载供电，求：

(1) 整流桥输入电压、二极管反向工作电压；

(2) 当负载电阻为 100 Ω 时的二极管平均工作电流；

(3) 当负载电阻为 100 Ω 和 200 Ω 时，分别该选择的滤波电容的大小(选 5 倍时间常数)。

解　(1) 整流桥的输入电压为

$$U_2=\frac{U_o}{1.2}=25\ \text{V}$$

二极管反向工作电压为

$$U_{\mathrm{DRM}}=\sqrt{2}U_2=35\ \mathrm{V}$$

(2) 当负载为 100 Ω 时,整流二极管的正向平均电流为

$$I_{\mathrm{D}}=\frac{I_{\mathrm{o}}}{2}=\frac{U_{\mathrm{o}}}{2R_{\mathrm{L}}}=150\ \mathrm{mA}$$

(3) 当负载为 100 Ω 时:

$$\tau=R_{\mathrm{L}}C=5\times\frac{1/50}{2}\ \mathrm{s}=0.05\ \mathrm{s}$$

$$C=\frac{0.05}{R_{\mathrm{L}}}=\frac{0.05}{100}\ \mathrm{F}=500\ \mu\mathrm{F}$$

当负载为 200 Ω 时:

$$C=\frac{0.05}{R_{\mathrm{L}}}=\frac{0.05}{200}\ \mathrm{F}=250\ \mu\mathrm{F}$$

2. 电感滤波电路

1) 电感滤波电路的结构

如图 10-13 所示,在整流电路和负载电阻之间串入一电感线圈,就构成了电感滤波器。它是利用电感元件的电流不能突变这一特性进行滤波的。

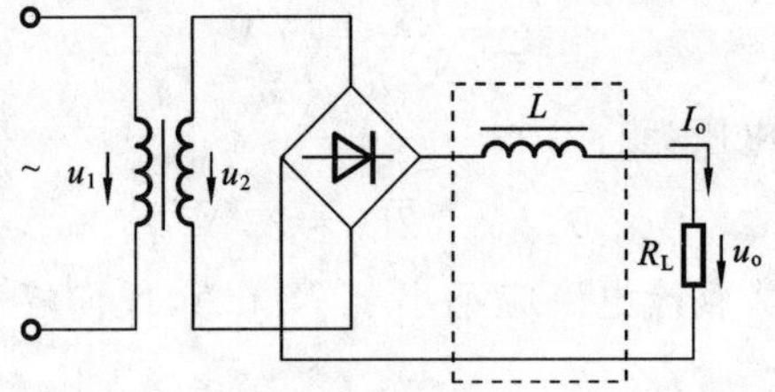

图 10-13 电感滤波电路的结构

2) 电感滤波电路的工作原理

当电感足够大时,整流电压的交流分量大部分降落在电感上,而直流分量则大部分降落在负载电阻上。忽略电感线圈的电阻和二极管的管压降,则电感滤波器的输出电压为

$$U_{\mathrm{o}}\approx 0.9U_2$$

3) 电感滤波电路的特点

虽然电感滤波电路对整流二极管没有电流冲击,带负载能力强,但为了使 L 值大,多用铁芯电感,使电感滤波器体积大、笨重和成本高,且输出电压的平均值 U_{o} 较低,元件本身的电阻还会引起直流电压损失和功率损耗,所以电感滤波适用于大电流或负载变化大的场合。

3. 复式滤波电路

为了进一步减小输出电压的脉动程度,可以用电容和铁芯电感组成各种复式滤波电路。如图 10-14 所示滤波电路,整流输出电压中的交流成分绝大部分

降落在电感上，电容 C 在交流电路中又近似于短路，故输出电压中交流成分很少，几乎是平滑的直流电压。

由于整流后先经电感 L 滤波，该电路总特性与电感滤波电路相近，故称之为电感型 LC 滤波电路，若将电容 C 平移到电感 L 之前，则为电容型 LC 滤波稳压电路。

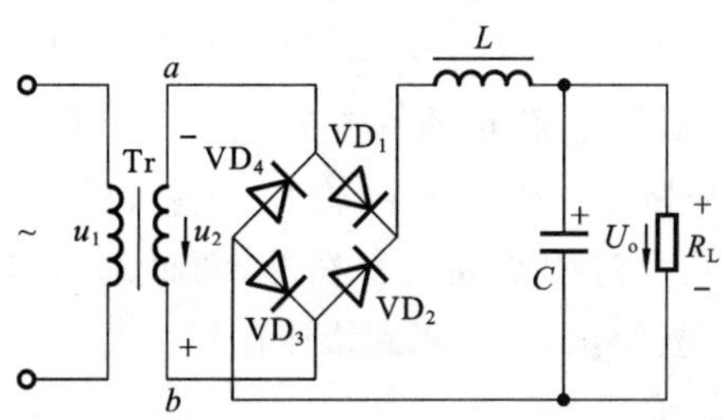

图 10-14 电感型 LC 滤波电路

三、稳压电路

由于输入电网电压的波动和负载变化，经整流滤波后的输出电压也会发生变化，为了得到一个稳定的直流电压，必须在整流滤波之后接入稳压电路。在小功率设备中常用的稳压电路有稳压管稳压电路、串联型稳压电路、集成稳压电路。

1. 稳压管稳压电路

1）稳压管稳压电路的结构

图 10-15 所示为硅稳压管组成的并联型稳压电路，由于二极管具有反向击穿特性，当电流变化时，二极管的管压降基本不变，从而组成稳压电路。

经整流滤波后得到的直流电压为稳压电路的输入电压 U_i，限流电阻 R 和稳压管 VD_Z 组成稳压电路，输出电压 $U_o=U_Z$。在这种电路中，无论是电网电压波动还是负载电阻 R_L 变化，稳压管稳压电路都能起到稳压作用，因为 U_Z 基本恒定，而 $U_o=U_Z$。

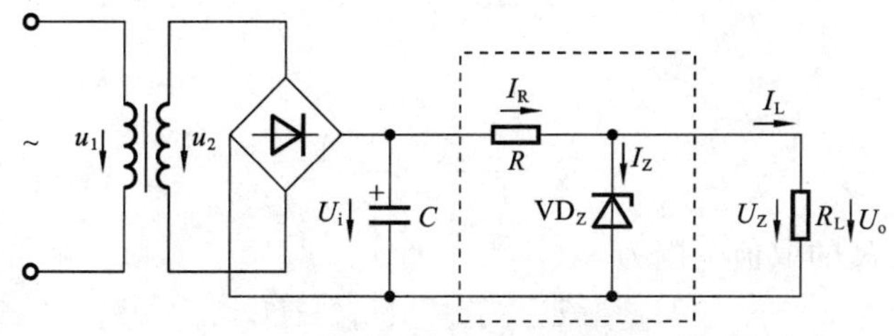

图 10-15 硅稳压管稳压电路结构

2）稳压管稳压电路的工作原理

输入电压为整流滤波后的电压，稳压管与负载并联，稳压管反向工作，使流过稳压管的电流不超过最大极限，同时当电网电压波动时，通过 R 上的压降调节,使输出电压基本不变。

(1) 设 R_L 不变,电网电压升高使 U_i 升高,导致 U_o 升高,而 $U_o=U_Z$。根据稳压管的特性,当 U_Z 升高一点时,I_Z 将会显著增加,这样必然使电阻 R 上的压降增大,吸收 U_i 的增加部分,从而保持 U_o 不变;反之亦然。

(2) 设电网电压不变,当负载电阻 R_L 阻值增大时,I_L 减小,限流电阻 R 上压降 U_R 将会减小。由于 $U_o=U_Z=U_i-U_R$,所以 U_o 升高,即 U_Z 升高,这样必然使 I_Z 显著增加。由于流过限流电阻 R 的电流为 $I_R=I_Z+I_L$,这样可以使流过 R 的电流基本不变,从而使压降 U_R 基本不变,则 U_o 也就保持不变;反之亦然。

在实际使用中,这两个过程是同时存在的,两种调整也同样存在,因而无论是电网电压波动还是负载变化,都能起到稳压作用。

3) 稳压电路参数的确定

(1) 限流电阻的计算　要使稳压电路输出稳定电压,必须保证稳压管正常工作。因此必须根据电网电压和负载电阻 R_L 的变化范围,正确地选择限流电阻 R 的大小。

从以下两个极限情况考虑。

当 U_i 为最小值、I_o 达到最大值,即 $U_i=U_{imin}$,$I_o=I_{omax}$ 时,$I_R=\frac{U_{imin}-U_Z}{R}$,则 $I_Z=I_R-I_{omax}$ 为最小值。为了让稳压管进入稳压区,此时 I_Z 值应大于 I_{Zmin},即

$$I_Z=\frac{U_{imin}-U_Z}{R}-I_{omax}>I_{Zmin}$$

则

$$R<\frac{U_{imin}-U_Z}{I_{Zmin}+I_{omax}}$$

当 U_i 达最大值、I_o 达最小值,即 $U_i=U_{imax}$,$I_o=I_{omin}$ 时,$I_R=\frac{U_{imax}-U_Z}{R}$,则 $I_Z=I_R-I_{omin}$ 为最大值。为了保证稳压管安全工作,此时 I_Z 值应小于 I_{Zmax},即

$$I_Z=\frac{U_{imax}-U_Z}{R}-I_{omin}<I_{Zmax}$$

则

$$R>\frac{U_{imax}-U_Z}{I_{Zmax}+I_{omin}}$$

所以限流电阻 R 的取值范围为

$$\frac{U_{imax}-U_Z}{I_{Zmax}+I_{omin}}<R<\frac{U_{imin}-U_Z}{I_{Zmin}+I_{omax}}$$

在此范围内选择一个电阻标准系列中的规格电阻。

(2) 确定稳压管参数,一般取:

$$U_Z=U_o,\quad I_{Zmax}=(1.5\sim3)I_{omax},\quad U_i=(2\sim3)U_o$$

(3) 稳压系数为

$$S_r \approx \frac{r_Z}{R}\frac{U_i}{U_Z}$$

式中　r_Z——二极管的等效电阻。

由此可见，r_Z 愈小，R 愈大，稳压系数愈大。

输出电阻为

$$r_o = r_Z /\!/ R = r_Z$$

2. 串联型稳压电路

前面介绍的稳压管稳压电路虽然具有电路简单、稳压效果好等优点，但允许负载电流变化的范围小，输出直流电压不可调，一般只作为基准电压来使用。为了克服稳压管稳压电路的缺陷，多采用串联型稳压电路，它也是集成稳压器的基础。

1）串联型稳压电路的结构

串联型稳压电路由取样环节、比较放大环节、基准电压环节和调整环节四部分组成，如图 10-16 所示。

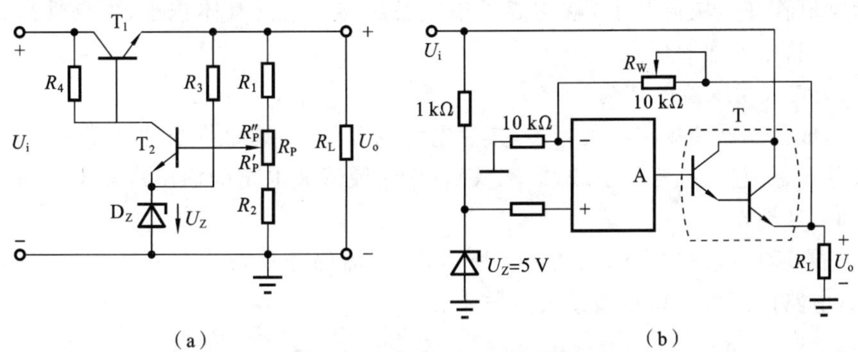

图 10-16　串联型稳压电路

(a) 分立元件的串联型稳压电路；(b) 运算放大器的串联型稳压电路

(1) 取样环节：由两个电阻 R_1、R_2 和一个电位器 R_P 串联组成分压器，并联在负载两端，由 R_2 给出反馈电压 U_f，用来反映输出电压 U_o 的变化量。

(2) 基准电压环节：电阻 R_3 和稳压管 D_Z 组成硅稳压管，向比较放大环节提供一个稳定的基准电压 U_{REF}。

(3) 比较放大环节：由电阻 R_4 和放大管 T_2 组成比较放大器，或由运算放大器实现。U_f 与 U_{REF} 的差值经放大后作为调整三极管 T 的输入信号，用来放大取样网络取出的输出电压与基准电压的差值。

(4) 调整环节：由调整管 T_1 和负载电阻 R_L 构成射极输出器，通过 U_{CE} 的变化保持 U_o 稳定。调整管必须工作在放大区。

2）串联型稳压电路的工作原理

串联型稳压电路的实质是利用电压串联负反馈来维持输出电压基本不变。

假设由于电源电压或负载电阻的变化，输出电压减小，则取样电压 U_f 也随之减小，由于 U_f 接在运算放大器的反相端，运算放大器输入端的差模电压增加，

运算放大器输出电压增加，调整管 T 基极电位升高，发射极电位也升高，输出电压增加，从而使得电压保持不变，达到稳压的效果。

输出电压可以通过下式计算得到：

$$U_f=\frac{R_2}{R_1+R_2}U_o=U_{REF}+(u_- - u_+)\approx U_{REF}$$

$$U_o\approx\frac{R_1+R_2}{R_2}U_{REF}$$

这个自动调整过程实际上是一负反馈过程。由图 10-16 可看出，引入的是串联电压负反馈，取样电压是正比于输出电压的反馈电压，基准电压可看作输入电压。所以，根据同相比例运算电路，改变基准电压或通过调节电位器，就可以改变和调节输出电压。

3. 集成稳压电路

采用半导体制造工艺将调整环节、比较放大环节、基准电源、取样环节、保护环节均制作在一块硅片上，就构成了集成稳压器。它具有体积小、可靠性高、使用灵活、价格低廉等优点。

1) 集成稳压器的结构

集成稳压器的规格种类繁多，具体电路也有差异，最简单的是三端固定输出集成稳压器，它只有三个引线端：输入端(接整流滤波电路的输出)，输出端(接负载)和公共地端。

三端稳压器的外形如图 10-17 所示，稳压器的硅片封装在普通功率管的外壳内，电路内部附有短路和过热保护环节。

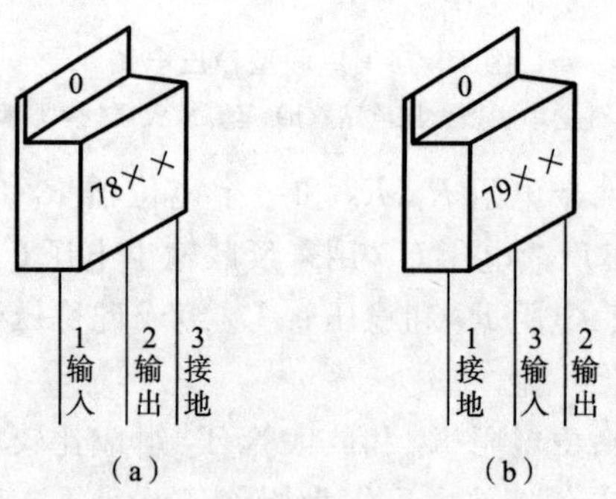

图 10-17 三端稳压器的外形

(*a*) W78××系列稳压器外形；(*b*) W79××系列稳压器外形

2) 三端集成稳压器的参数

常用的两个三端集成稳压器中，78××系列为正输出，79××系列为负输出，“××”代表输出电压值，有 5 V、6 V、8 V、9 V、10 V、12 V、15 V、18 V、24 V 等；输出电流有 0.1 A(78L××、79L××)、0.5 A (78M××、79M××)和1.5 A (78××、79××)三种。

如 W78M15 表示输出电压为＋15 V、输出电流为 0.5 A 的稳压器；W79M15 表示输出电压为－15 V、输出电流为 0.5 A 的稳压器。

3）三端集成稳压器的应用

（1）单电源稳压电路 W7805 三端集成稳压器的接线如图 10-18 所示，其输出电压为＋5 V。

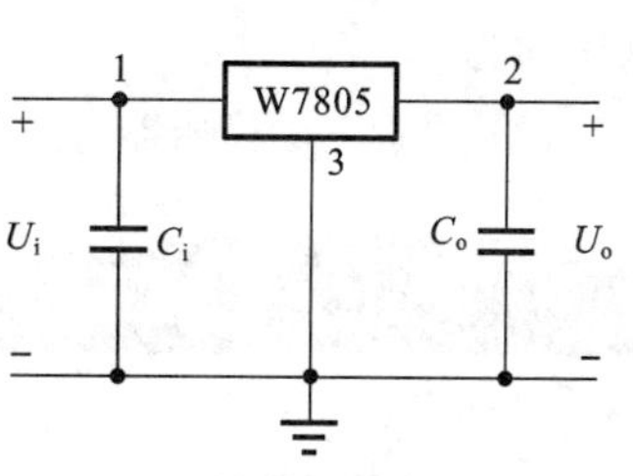

图 10-18 单电源稳压电路

（2）双电源稳压电路 图 10-19 所示为同时输出正、负电压的稳压电路，它使用 W7815 和 W7915，输出电压为±15V。

图 10-19 双电源稳压电路

（3）输出电压可调的稳压电路 在图 10-20 所示电路中，$U_o = U_{\times\times} + U_2$，而 $U_{\times\times}$ 为 W78××的固定输出电压，调节电位器 R_1 即可改变 U_2，从而实现输出电压调节。

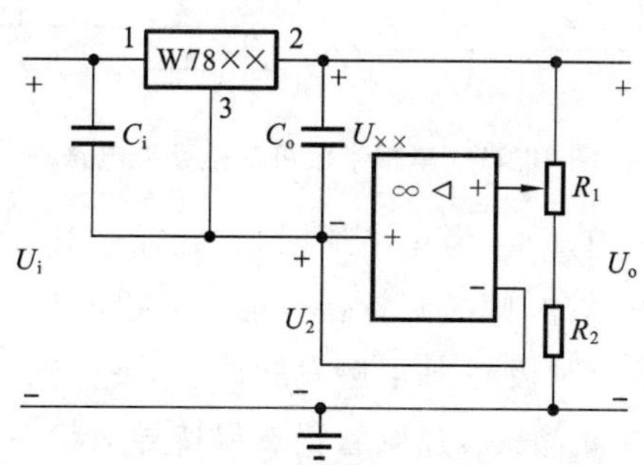

图 10-20 输出电压可调的稳压电路

4）三端集成稳压器的使用注意事项

（1）为防止自激振荡，在输入端一般要接一个 0.1～0.33 μF 的电容 C_i。

（2）为了消除高频噪声和改善输出的瞬态特性，即在负载电流变化时不致引起 U_o 较大的波动，输出端要接一个 1 μF 以上的电容 C_o。

（3）为了保证输出电压的稳定，输入、输出间的电压差应大于 2 V。但也不应太大，否则会使三端稳压器因功耗增大而发热。一般取 3～5 V。

（4）除 W7824(W7924)的最大输入电压为 40 V 外，其他稳压器的最大输入电压均为 35 V。

(5) 尽管三端稳压器有过载保护,但为了增大其输出电流,外部仍要加散热片。

第三节　晶闸管可控整流电路

一、单相可控整流电路

图 10-21 所示为一个最简单的单相半波可控硅整流电路,只用了一只晶闸管,线路简单,调整容易。其工作原理如下。

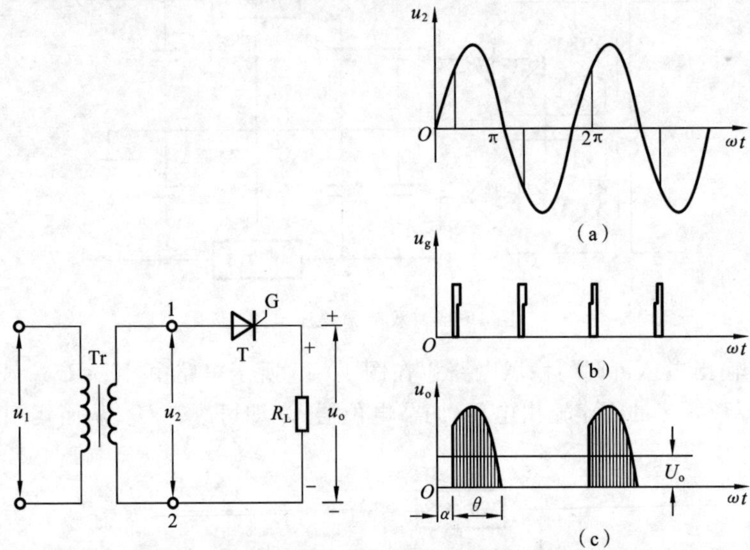

图 10-21　单相半波可控硅整流电路

在变压器的二次侧电压 u_2 为正半周时,加在晶闸管 T 两端的是正向电压,如果控制极上不加触发脉冲,则晶闸管处于正向阻断状态,负载 R_L 上 $u_o=0$。若在某一相位 $\omega t=\alpha$ 时给控制极 G 加上触发脉冲 u_g,使晶闸管导通,负载上可获得电压 u_o。即使触发脉冲 u_g 消失,晶闸管仍然保持导通状态。如果不计晶闸管上的正向压降,负载 R_L 上得到的电压为 u_2。设晶闸管正向阻断期间的电角度为 $0\sim\alpha$,α 称为控制角。晶闸管正向导通期间的电角度范围为 $\alpha\sim\pi$。用导通角 θ 来表示,显然 $\theta=\pi-\alpha$。在导通角 θ 范围内,负载电压 u_o 随输入电压 u_2 的变化而变化。到 $\omega t=\pi$ 时,$u_2=0$,晶闸管因电流小于维持电流而自行关断。

二、可控触发电路

1. 由单结晶体管组成的自振荡电路

由单结晶体管组成的自振荡电路如图 10-22 所示。电源电压 U_{BB} 通过 RC

对电容器 C 充电，电容器上的电压 u_C 便按指数曲线上升，当 $u_C=u_p$（峰点电压）时，单结晶体管 T 导通，因而 C 经 T 与 R_{B1} 回路放电，在 R_{B1} 上输出正脉冲 U_{B1}。当 u_C 下降至 u_T 时，单结晶体管封锁，以后上述过程循环出现。电容 C 上的电压呈锯齿状有规律地振荡，单结晶体管 B_1 极输出间隙性正脉冲 U_{B1}，它可直接加到晶闸管控制极上，或通过脉冲变压器耦合到控制极上。

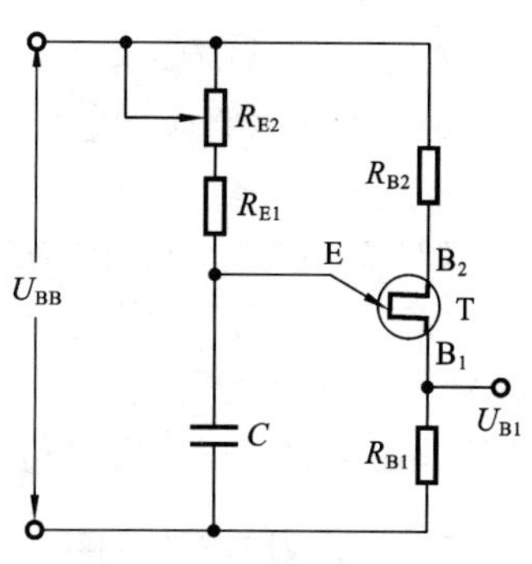

图 10-22　由单结晶体管组成的自振荡电路

调节电阻 R_{E2} 大小，可以改变电容 C 充电速度的快慢，因而改变第一个触发脉冲出现的时间，从而改变控制角 α 的大小。

2. 单结晶体管组成的触发电路

单结晶体管组成的触发电路如图 10-23 所示，它由整流、削波、放大、RC 回路及脉冲形成、输出等环节组成。其中三极管 T_1 起放大作用，T_2 相当于可变电阻，它与电容 C 一起组成充电回路，当控制信号 U_k 加入 T_1 的基极，其集电极电位随 U_k 的增大而减小时，T_2 的基极电流相应增大，T_2 导通程度随 T_1 的集电极电位的变化而改变，相当于 T_1 的内阻在改变，起到可变电阻的作用，从而改变电容器 C 的充电时间常数。由此可知，只要改变输入信号的 U_k 即可改变第一个脉冲发出的时间，从而达到移相的目的。

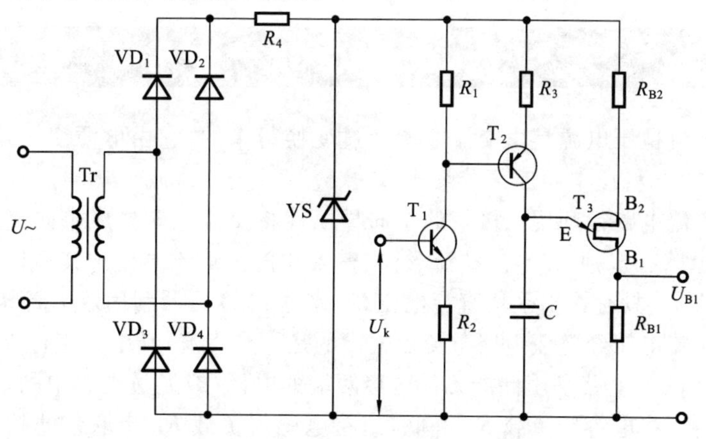

图 10-23　单结晶体管组成的触发电路

可控硅从截止到导通，不仅需要在阳极与阴极之间加上正向电压，还必须在控制极与阴极之间加上适当的正向控制信号。提供控制信号的电路称作触发电路。它的作用是：

（1）产生触发脉冲；

（2）使触发脉冲移相；

（3）使触发脉冲和主回路电源同步。

对触发电路的要求是：

(1) 触发电路应能输出足够功率的触发信号以保证可控硅可靠地触发；

(2) 不需要触发时，触发回路的漏电压应小于 0.15 V；

(3) 触发电压的上升前沿要陡，最好在 10 μs 以下，以保证有准确的助触发时间；

(4) 触发电压必须有足够的宽度。因为可控硅的开通时间一般在 6 μs 上下，故触发脉冲的宽度应大于 6 μs，否则在脉冲终止时，主回路电流还来不及上升到可控硅的维持电流，可控硅就已自行关断。

三、单相交流调压电路

在工业生产及日用电气设备中，有不少由交流电供电的设备采用控制交流电压来调节设备的工作状态，如加热炉的温度、灯光亮度、小型交流电动机转速的控制等。

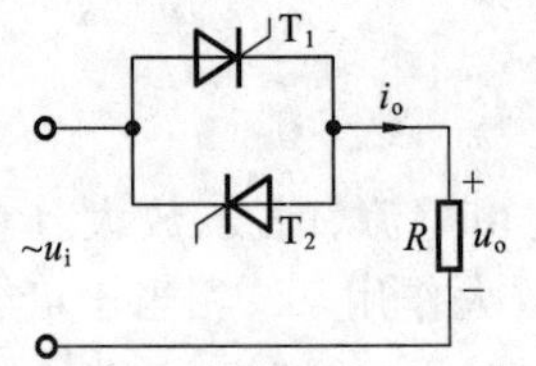

图 10-24　带电阻性负载时晶闸管单幅交流调压电路

交流调压电路通常使用晶闸管作为主开关器件。带电阻性负载时晶闸管单幅交流调压电路如图 10-24 所示。常用通断控制、相位控制来调节输出电压。

考虑带电阻负载时的情形。设控制晶闸管 T_1、T_2 连续导通 m 个电源周期，然后再关断 n 个周期，晶闸管控制角 α 为零。通过改变晶闸管导通与关断周期数的比例来改变输出电压。

本 章 小 结

(1) 直流稳压电源是由交流电源经过变换得来的，它由电源变压器、整流电路、滤波电路和稳压电路四部分组成。

(2) 整流电路是利用二极管的单向导电性将交流电转换成单向直流电的电路。整流电路有多种，有半波整流、桥式整流和倍压整流电路。其中桥式整流电路应用最多，它具有输出平均直流电压高、脉动小、变压器利用效率高等优点。

(3) 交流电压经整流电路整流后输出的是脉动直流，其中既有直流成分又有交流成分。滤波电路利用储能元件电容两端的电压(或通过电感中的电流)不能突变的特性，将电容与负载 R_L 并联(或将电感与负载 R_L 串联)，滤掉整流电路输出电压中的交流成分，保留其直流成分，达到平滑输出电压波形的目的。电容滤波电路适用于输出电压较高、负载电流较小且负载变化不大的场合。

(4) 常用的稳压电路有稳压管稳压电路、串联型稳压电路、集成稳压电路。

习　　题

10-1　开关稳压电源主要由______、______、______、______、误差放大器和

电压比较器等部分组成。

10-2 开关稳压电源的主要优点是______较高，具有很宽的稳压范围；其主要缺点是输出电压中含有较大的______。

10-3 直流电源中，除电容滤波电路外，其他形式的滤波电路包括______、______等。

10-4 在桥式整流电容滤波电路中：当滤波电容值增大时，输出直流电压______；当负载电阻值增大时，输出直流电压______。

10-5 功率较小的直流电源多数是将交流电经过______、______、______和______后获得的。

10-6 直流电源中的滤波电路用来滤除整流后单相脉动电压中的______成分，使之成为平滑的______。

10-7 CW7805 的输出电压为______，额定输出电流为______；CW79M24 的输出电压为______，额定输出电流为______。

10-8 开关稳压电源的调整管工作在______状态，脉冲宽度调制型开关稳压电源依靠调节调整管的______的比例来实现稳压。

10-9 串联型稳压电路中比较放大电路的作用是将______电压与______电压的差值进行______。

10-10 单相______电路用来将交流电压变换为单相脉动的直流电压。

10-11 串联型稳压电路由______、______、______和______等部分组成。

10-12 直流电源中稳压电路的作用是当______波动、______变化或______变化时，维持输出直流电压的稳定。

10-13 单相桥式整流电路中，若某一整流管发生开路、短路或反接三种情况，电路中将分别会发生什么问题？

10-14 图 10-25 中的各个元器件应如何连接才能得到对地为±15 V 的直流稳定电压？

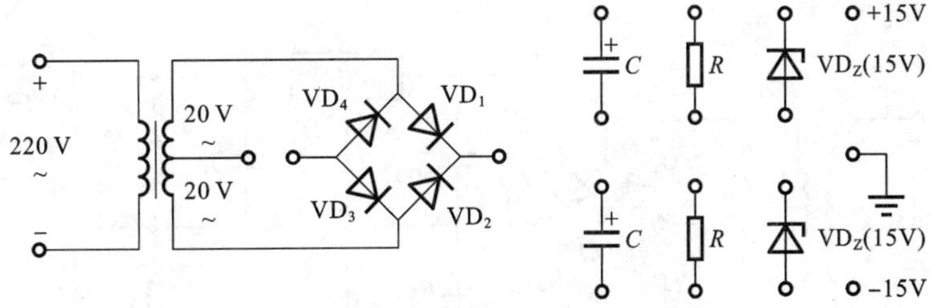

图 10-25 习题 10-14 图

10-15 图 10-26 所示是一个用三端集成稳压器组成的直流稳压电路，试说明各元器件的作用，并指出电路在正常工作时的输出电压值。

10-16 试指出图 10-27 所示的三个直流稳压电路是否有错误，如有错误请

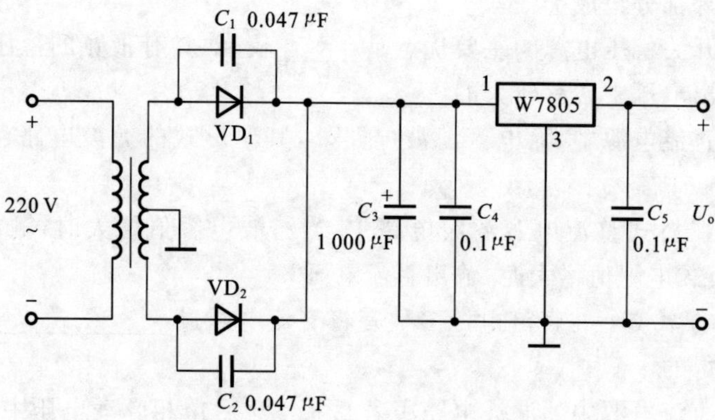

图 10-26　习题 10-15 图

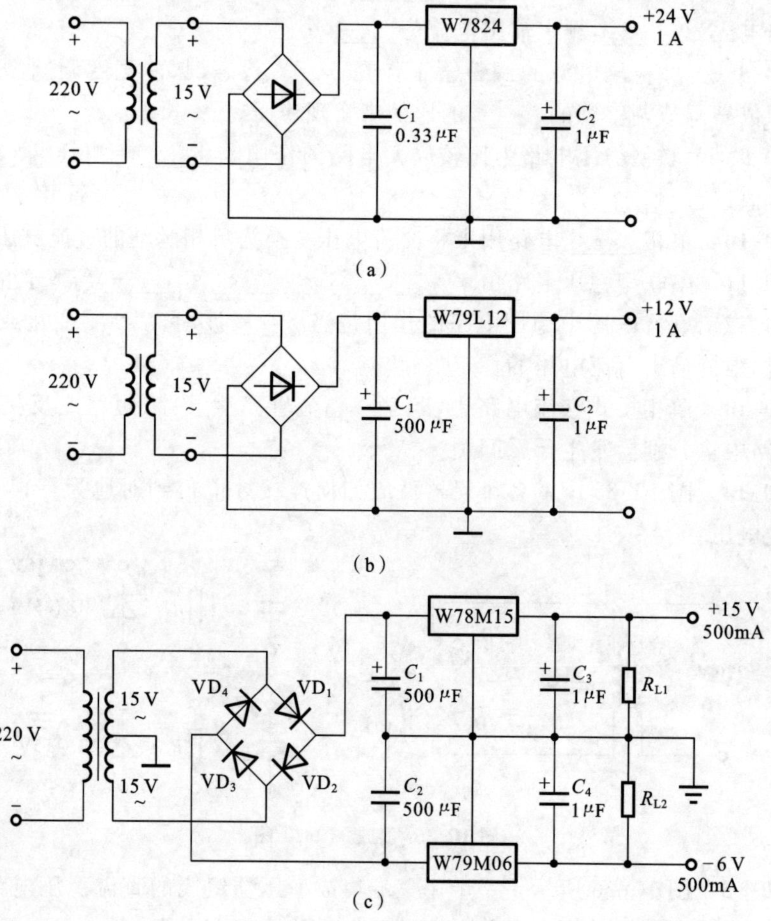

图 10-27　习题 10-16 图

加以改正。要求输出的电压和电流如图所示。

10-17　在图 10-28 所示电路中，已知 $u_2=20\sqrt{2}\sin\omega t(\mathrm{V})$，$U_o=6$ V，$R=1.2$ kΩ，$R_L=2$ kΩ，试求：

(1) S_1 打开、S_2 闭合时的 U_i 和 I_Z；

(2) S_1 和 S_2 都闭合时的 U_i 和 I_Z。

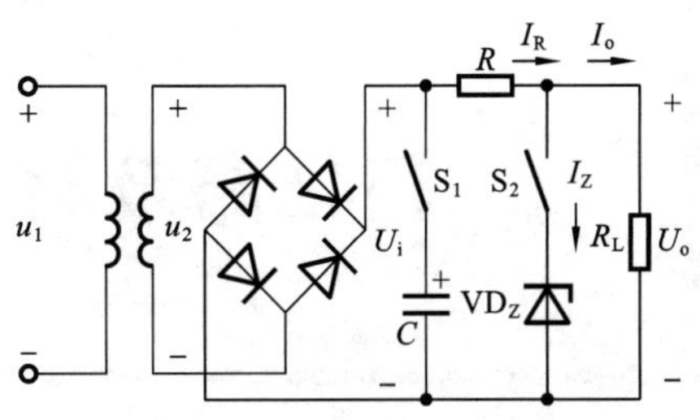

图 10-28　**习题** 10-17 **图**

10-18　在图 10-29 所示电路中，已知 $u_2=20$ V，$R_1=R_3=3.3$ kΩ，$R_2=5.1$ kΩ，$C=1\ 000$ μF，试求输出电压 U_o 的范围。

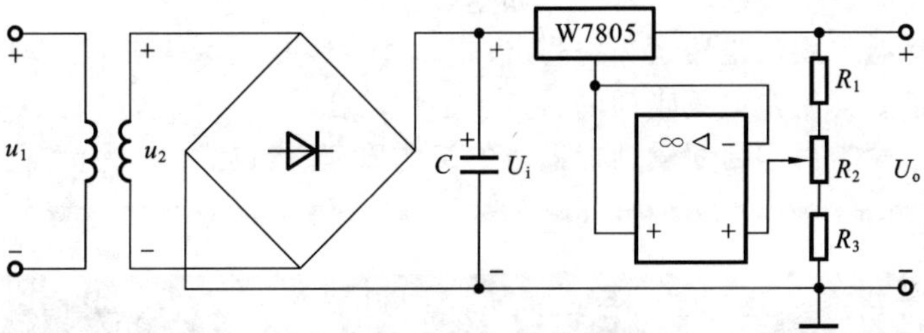

图 10-29　**习题** 10-18 **图**

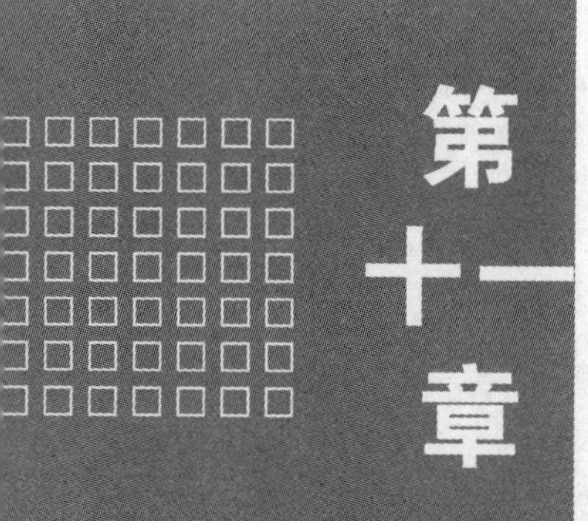

第十一章　门电路及组合逻辑电路

学习目标：

- ▶掌握常用数制的转换及逻辑函数的化简；
- ▶掌握组合逻辑电路的分析及设计方法；
- ▶熟悉逻辑代数的基本公式和定律；
- ▶熟悉常用门电路逻辑符号、逻辑功能及逻辑表达式；
- ▶了解常用集成逻辑门的特点和使用场合；
- ▶了解常用组合逻辑功能器件的工作原理、特点。

第一节　数制与编码

一、数制

数制是一种计数的方法。在日常生活中，人们习惯使用十进制计数，而在数字电路中经常使用的计数进制有二进制、八进制和十六进制。

1. 数的表示方法

1）十进制数

十进制数是用 0、1、2、3、4、5、6、7、8、9 十个数码，按照一定规律排列起来表示的数，其计数规律是“逢十进一”，即 9＋1＝10。十进制数是以 10 为基数的计数体制。在十进制数中，数码所处的位置不同，其所代表的数值是不同的。例如

$$(5345)_{10}=5\times10^3+3\times10^2+4\times10^1+5\times10^0$$

式中 10^3、10^2、10^1、10^0 称为对应数位的权，或称位权，它们都是基数 10 的幂。数码与权的乘积称为加权系数，如上述的 5×10^3、3×10^2、4×10^1、5×10^0。因此，十进制数的数值为各位加权系数之和。

2）二进制数

二进制数采用两个数码 0 和 1 来表示，即二进制数的每一位可能出现的数

码只有 0 和 1 两个。二进制数的计数规律是“逢二进一”，即 1+1=10(读作“壹零”)。二进制数是以 2 为基数的计数体制，各位的权都是 2 的幂，如二进制数

$$\begin{aligned}(11010)_2 &= 1\times 2^4+1\times 2^3+0\times 2^2+1\times 2^1+0\times 2^0\\ &= 16+8+0+2+0\\ &= (26)_{10}\end{aligned}$$

式中 2^4、2^3、2^2、2^1、2^0 称为对应数位的权，或称位权。因此，二进制数的各位加权系数的和就是其对应的十进制数。

3）八进制数

八进制是以 8 为基数的计数体制，采用 0、1、2、3、4、5、6、7 八个不同的数码，按照一定规律排列起来表示数的大小。八进制数的计数规律是“逢八进一”。各位的权都是 8 的幂，如八进制数

$$\begin{aligned}(437.25)_8 &= 4\times 8^2+3\times 8^1+7\times 8^0+2\times 8^{-1}+5\times 8^{-2}\\ &= 256+24+7+0.25+0.078125\\ &= (287.328125)_{10}\end{aligned}$$

式中 8^2、8^1、8^0、8^{-1}、8^{-2} 称为八进制数各位的权。

4）十六进制数

十六进制是以 16 为基数的计数体制。在十六进制中，采用 0、1、2、3、4、5、6、7、8、9、A(10)、B(11)、C(12)、D(13)、E(14)、F(15) 十六个不同的数码，它的进位规律是“逢十六进一”，各位的权都是 16 的幂，如十六进制数

$$\begin{aligned}(3AB.11)_{16} &= 3\times 16^2+10\times 16^1+11\times 16^0+1\times 16^{-1}+1\times 16^{-2}\\ &= 768+160+11+0.0625+0.0039\\ &= (939.0664)_{10}\end{aligned}$$

式中 16^2、16^1、16^0、16^{-1}、16^{-2} 称为十六进制数各位的权。

2. 数制间的数转换

1）二进制数转换为十进制数

在将二进制数转换成十进制数时，只要将二进制数按权展开，然后将各项数值按十进制数相加，便可得到等值的十进制数。

例 11-1　将二进制数 1110010 转换为十进制数。

解

$$\begin{aligned}(1110010)_2 &= 1\times 2^6+1\times 2^5+1\times 2^4+0\times 2^3+0\times 2^2+1\times 2^1+0\times 2^0\\ &= 64+32+16+0+0+2+0\\ &= (114)_{10}\end{aligned}$$

同理，若要将任意进制数 $(N)_R$ 转换为十进制数 $(N)_{10}$，只需将数 $(N)_R$ 写成按权展开的多项式表示式，并按十进制规则进行运算即可。

2）十进制数转换为二进制数

十进制数分整数部分和小数部分，因此，需将整数和小数分别进行转换，再将转换结果按顺序排列起来，这样才能得到该十进制数转换的完整结果。

(1) 十进制数的整数部分转换成二进制数采用“除 2 取余”法进行，具体做法是将整数部分逐次除以 2，依次记下余数，直到商为 0 为止。第一个余数为二进

制数的最低位,最后一个余数为最高位。

(2) 十进制数的小数部分转换成二进制数采用“乘 2 取整”法进行,具体做法是将小数部分连续乘以 2,取乘数的整数部分作为二进制数的小数。第一个整数为二进制数的最高位,最后一个整数为最低位。

例 11-2 将十进制数 23 转换成二进制数。

解 根据“除 2 取余”法,按如下步骤转换:

```
                              余数
2 | 23   -------------------- 1   ↑
  2 | 11 -------------------- 1   │ 读
    2 | 5 ------------------- 1   │ 取
      2 | 2 ----------------- 0   │ 顺
        2 | 1 --------------- 1   │ 序
            0
```

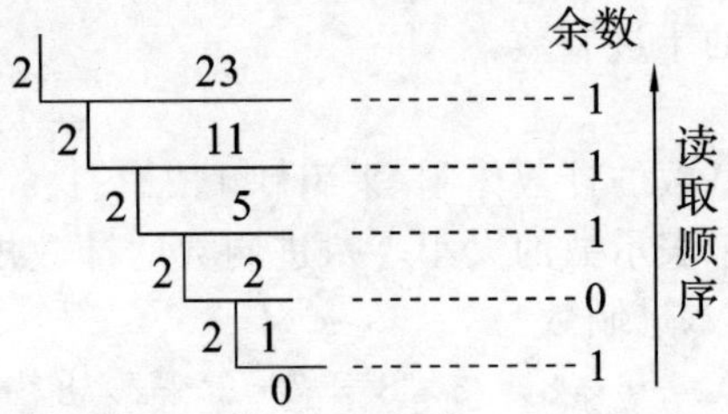

因此, $(23)_{10}=(10111)_2$

例 11-3 将十进制数 157.724 转换成二进制数。

解 根据整数部分“除 2 取余”法,按如下步骤转换:

```
                              余数
2 | 157  -------------------- 1   ↑
  2 | 78 -------------------- 0   │
    2 | 39 ------------------ 1   │ 读
      2 | 19 ---------------- 1   │ 取
        2 | 9 --------------- 1   │ 顺
          2 | 4 ------------- 0   │ 序
            2 | 2 ----------- 0   │
              2 | 1 --------- 1   │
                  0
```

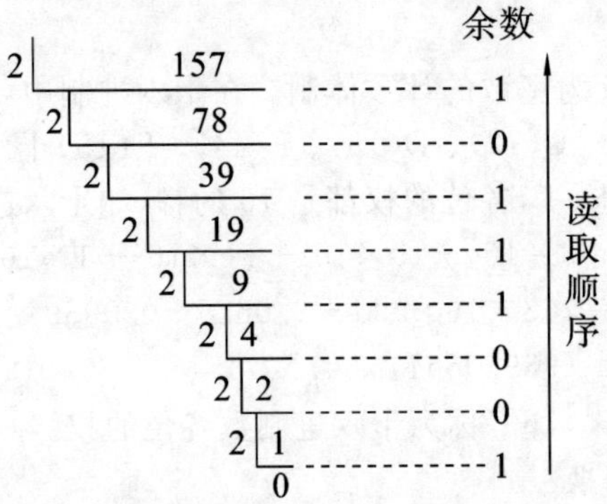

小数部分采用“乘 2 取整”法进行,即

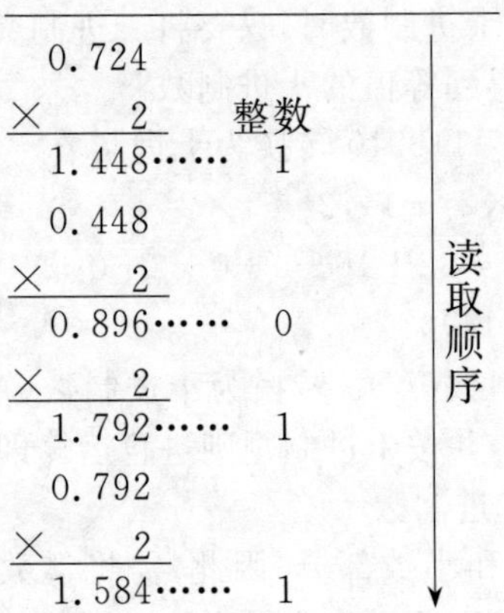

```
   0.724
×      2         整数
   1.448 ……      1     │
   0.448                │ 读
×      2                │ 取
   0.896 ……      0     │ 顺
×      2                │ 序
   1.792 ……      1     │
   0.792                │
×      2                │
   1.584 ……      1     ↓
```

$(0.724)_{10}=(0.1011)_2$

因此, $(157.724)_{10}=(10011101.1011)_2$

同理，若将十进制数转换成任意 R 进制数 $(N)_R$，则整数部分转换采用除 R 取余法，小数部分转换采用乘 R 取整法。

3）二进制数与八进制数、十六进制数之间的相互转换

八进制数和十六进制数的基数分别为 $8=2^3$ 和 $16=2^4$，所以 3 位二进制数恰好相当于 1 位八进制数，4 位二进制数相当于 1 位十六进制数，它们之间的相互转换是很方便的。

将二进制数转换成八进制数的方法是：从小数点开始，分别向左、向右，将二进制数按每 3 位一组分组（不足 3 位的补 0），然后用对应的八进制数来代替，再按顺序排列写出对应的八进制数。

二、编码

在数字系统中，不同的数码不仅可以表示数量的大小，而且可以表示不同事物或事物的不同状态。在用于表示不同事物的情况下，这些数码已经不再具有数量大小含义，而只是不同事物的代号，称为代码。如在开运动会时，每一位运动员都有一个编码，这个编码仅用来表示不同的运动员，它并不表示数值的大小。

为了便于记忆和查找，在编制代码时总要遵循一定的规则，这些规则就称为码制。将十进制数的 0～9 十个数字用二进制数表示的代码，称为二-十进制代码，又称 BCD 码（binary coded decimal）。

由于十进制数有十个不同的数码，因此，需用 4 位二进制数来表示。而 4 位二进制代码有十六种不同的组合，从中取出十种组合来表示 0～9 十个数可有多种方案，所以二-十进制代码也有多种方案。表 11-1 中列出了几种常用的二-十进制代码。

表 11-1　常用的二-十进制代码表

十进制数	有权码				无权码余 3BCD 码
	8421 码	5421 码	2421 (A) 码	2421 (B) 码	
0	0000	0000	0000	0000	0011
1	0001	0001	0001	0001	0100
2	0010	0010	0010	0010	0101
3	0011	0011	0011	0011	0110
4	0100	0100	0100	0100	0111
5	0101	1000	0101	1011	1000
6	0110	1001	0110	1100	1001
7	0111	1010	0111	1101	1010
8	1000	1011	1110	1110	1011
9	1001	1100	1111	1111	1100

1. 8421BCD **码**

8421BCD 码是一种应用十分广泛的代码，这种代码每位的权值是固定不变

的,为恒权码。它取了自然二进制数的前十种组合表示一位十进制数 0～9,即 0000(0)～1001(9),从高位到低位的权值分别为 8、4、2、1,去掉了自然二进制数的后六种组合 1010～1111。8421BCD 码每组二进制代码各位加权系数的和便为它所代表的十进制数。如 8421BCD 码 0101 按权展开为

$$0\times8+1\times4+0\times2+1\times1=5$$

所以,8421BCD 码 0101 表示十进制数 5。

2. 2421BCD 码和 5421BCD 码

2421BCD 码和 5421BCD 码为有权 BCD 码,它们从高位到低位的权值分别为 2、4、2、1 和 5、4、2、1,用 4 位二进制数表示十进制数,每组代码各位加权系数的和为该二进制数所表示的十进制数。如 2421(A) BCD 码 1110 按权展开为

$$1\times2+1\times4+1\times2+0\times1=8$$

所以,2421(A)BCD 码 1110 表示十进制数 8。

2421(A)BCD 码和 2421(B)BCD 码的编码状态不完全相同。由表 11.1 可看出:2421(B)BCD 码具有互补性,即 0 和 9、1 和 8、2 和 7、3 和 6、4 和 5,这 5 对代码互为反码。

对于 5421BCD 码,代码 1100 按权展开为

$$1\times5+1\times4+0\times2+0\times1=9$$

所以,5421BCD 码 1100 表示十进制数 9。

3. 余 3BCD 码

余 3BCD 码代码没有固定的权值,称为无权码。它是由 8421BCD 码的每个码组加 3 (0011)形成的,所以称为余 3BCD 码,它也是用 4 位二进制数表示一位十进制数。如 8421BCD 码 0111(7)加 0011(3)后,在余 3BCD 码中为 1010,表示十进制数 7。由表 11-1 可看出,在余 3BCD 码中,0 和 9、1 和 8、2 和 7、3 和 6、4 和 5,这 5 对代码也互为反码。

第二节　逻辑代数及应用

逻辑代数又称布尔代数或开关代数,是英国数学家乔治·布尔(George Boole)在 19 世纪中叶首先提出并用于描述客观事物逻辑关系的数学方法,后来被应用于继电器开关电路的分析和设计上,从而形成了二值开关代数,之后便更广泛地被用于数字逻辑电路和数字系统,成为逻辑电路分析和设计的有力工具,这就是现代的逻辑代数。

一、逻辑代数及其基本运算

1. 逻辑变量

在数字电路中,经常遇到晶体管的导通与截止、电平的高与低、脉冲的有与无、灯泡的亮与灭等现象。这说明,许多现象总是存在着对立的双方,往往采用

仅有两个取值的变量来描述这种相互对立的逻辑状态，这种二值变量就称为逻辑变量。

逻辑代数就是用以描述逻辑关系、反映逻辑变量运算规律的数学，它是按一定逻辑规律进行运算的。虽然逻辑代数和普通代数一样，也是用字母 A，B，C，D，…，X，Y，Z 来表示变量的，但逻辑代数中的变量取值只有 0 和 1，而且这里的 0 和 1 不代表数量的大小，而是表示两种不同的逻辑状态。例如：可以用 1 代表开关的接通，用 0 表示开关的关断；用 1 表示灯亮，用 0 表示灯灭；用 1 表示高电平，用 0 表示低电平。这是与普通代数明显的区别之一。

2. 基本逻辑运算

所谓逻辑是指“条件”与“结果”的关系。在数字电路中，利用输入信号来反映“条件”，用输出信号来反映“结果”，从而输入、输出之间就存在一定的因果关系，通常称为逻辑关系。逻辑关系可以用逻辑表达式来描述，所以数字电路又称为逻辑电路。

在逻辑代数中，最基本的逻辑关系有三种：与逻辑、或逻辑、非逻辑。相应地有三种基本逻辑运算：与运算、或运算、非运算。

1）与运算

与逻辑——只有当决定一件事情的条件全部具备之后，这件事情才会发生。通常把这种因果关系称为与逻辑。

如图 11-1 所示电路，若将开关闭合记为 1，断开记为 0，灯亮记为 1，灯灭记为 0，容易看出，该电路只有当两个开关都闭合（即 A、B 皆为 1）时，灯才亮（F 为 1），则对该电路工作状态的描述就可以用与运算表达，即

$$F=A\cdot B$$

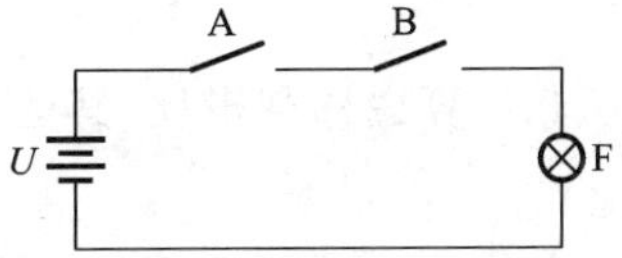

图 11-1　与运算电路

与运算也叫逻辑乘，或逻辑积，其运算符号为“·”或“×”，有时也可略去不写。与运算的逻辑表达式为

$$F=A\cdot B \tag{11-1}$$

或

$$F=A\times B$$

或

$$F=AB$$

表 11-2　与逻辑真值表

A	B	F
0	0	0
0	1	0
1	0	0
1	1	1

这里，A、B、F 都是逻辑变量，A、B 是进行与运算的两个变量，F 是运算结果。

把 A 和 B 两个逻辑变量的全部可能取值及进行运算的全部可能结果列成表，如表11-2所示，这样的表称为真值表。

2）或运算

或逻辑——在决定一件事情的几个条件中，只要有一个条件具备，这件事情

就会发生。通常把这种因果关系称为或逻辑。

如图 11-2 所示的电路,若将开关闭合记为 1,断开记为 0,灯亮记为 1,灯灭记为 0,可以看出,该电路只要有一个开关闭合(即 A 或 B 为 1)时,灯就亮(F 为 1),则该电路工作状态可以用“或”运算表达,即

$$F=A+B$$

或运算也称逻辑加,或逻辑和,其运算符号为“+”。或运算的逻辑表达式为

$$F=A+B \tag{11-2}$$

A 和 B 两个逻辑变量进行或运算的真值表如表 11-3 所示。

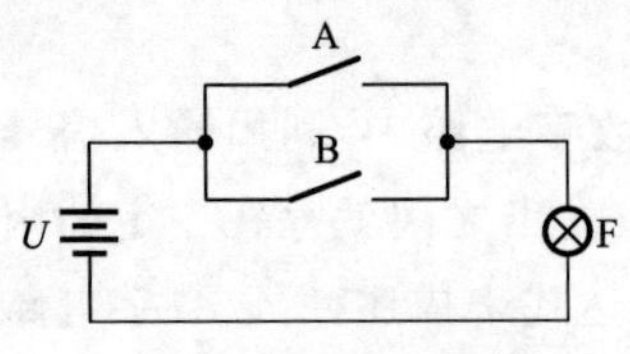

图 11-2　或逻辑电路

表 11-3　或逻辑真值表

A	B	F=A+B
0	0	0
0	1	1
1	0	1
1	1	1

3) 非运算

非逻辑——某事情发生与否,仅取决于一个条件,而且是该条件具备时事情不发生,条件不具备时事情才发生。

如图 11-3 所示的电路,当 A 闭合时,灯不亮,而当 A 不闭合时,灯亮,若用逻辑表达式来描述该电路的状态,则表达式为

$$F=\overline{A}$$

非运算也称逻辑反,其运算符号为“-”。非运算的逻辑表达式为

$$F=\overline{A} \tag{11-3}$$

A 代表进行非运算的变量,F 是运算结果。非运算的真值表如表 11-4 所示。

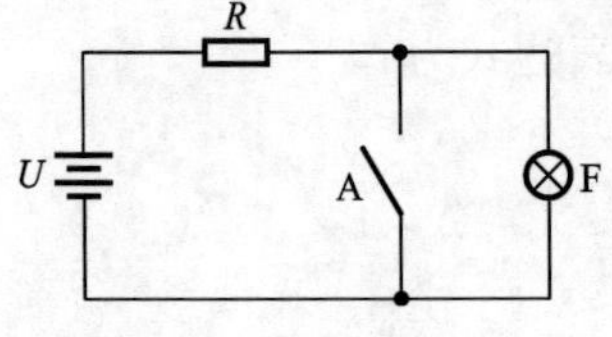

图 11-3　非逻辑电路

表 11-4　非逻辑真值表

A	$\overline{A}$
0	1
1	0

非运算的特点是:若 A 为 1,则 $\overline{A}$ 为 0;若 A 为 0,则 $\overline{A}$ 为 1。

二、逻辑代数的运算法则

1. 逻辑代数的基本定律

基本定律反映了逻辑运算的一些基本规律,只有掌握了这些基本定律才能正确地分析和设计出逻辑电路。逻辑代数基本定律如表 11-5 所示。

表 11-5　逻辑代数的基本定律

名　　称	定　　律	
0-1 律	$A\cdot 0=0$	$A+1=1$
自等律	$A\cdot 1=A$	$A+0=A$
互补律	$A\overline{A}=0$	$A+\overline{A}=1$
重叠律	$AA=A$	$A+A=A$
交换律	$AB=BA$	$A+B=B+A$
结合律	$A(BC)=(AB)C$	$A+(B+C)=(A+B)+C$
分配律	$A(B+C)=AB+AC$	$A+BC=(A+B)(A+C)$
反演律	$\overline{AB}=\overline{A}+\overline{B}$	$\overline{A+B}=\overline{A}\overline{B}$
吸收律	$A(A+B)=A$ $A(\overline{A}+B)=AB$ $(A+B)(\overline{A}+C)(B+C)=(A+B)(\overline{A}+C)$	$A+AB=A$ $A+\overline{A}B=A+B$ $AB+\overline{A}C+BC=AB+\overline{A}C$
对合律	$\overline{\overline{A}}=A$	—

例 11-4　证明吸收律 $A+\overline{A}B=A+B$。

证明　$A+\overline{A}B=A(B+\overline{B})+\overline{A}B=AB+A\overline{B}+\overline{A}B=AB+AB+A\overline{B}+\overline{A}B$

$$=A(B+\overline{B})+B(A+\overline{A})=A+B$$

表中的公式还可以用真值表来证明，即检验等式两边函数的真值表是否一致。

例 11-5　用真值表证明反演律$\overline{AB}=\overline{A}+\overline{B}$ 和$\overline{A+B}=\overline{A}\overline{B}$。

证明　分别列出两公式等号两边函数的真值表即可得证，如表 11-6 和表 11-7所示。

表 11-6　证明$\overline{AB}=\overline{A}+\overline{B}$

A	B	$\overline{AB}$	$\overline{A}+\overline{B}$
0	0	1	1
0	1	1	1
1	0	1	1
1	1	0	0

表 11-7　证明$\overline{A+B}=\overline{A}\overline{B}$

A	B	$\overline{A+B}$	$\overline{A}\overline{B}$
0	0	1	1
0	1	0	0
1	0	0	0
1	1	0	0

反演律又称摩根定律，是非常重要又非常有用的公式，它经常用于逻辑函数的变换，以下是它的两个常用变形公式：

$$AB=\overline{\overline{A}+\overline{B}},\quad A+B=\overline{\overline{A}\overline{B}} \tag{11-4}$$

2. 逻辑函数的代数化简法

1）逻辑函数式的常见形式

一个逻辑函数的表达式不是唯一的，可以有多种形式，并且能互相转换。常见的逻辑式主要有五种形式，即与或式、或与式、与非-与非式、或非-或非式、与或

非式,例如:

$$Y=AC+\bar{A}B \quad \text{与或式}$$
$$=(A+B)(\bar{A}+C) \quad \text{或与式}$$
$$=\overline{\overline{AC}\cdot\overline{\bar{A}B}} \quad \text{与非-与非式}$$
$$=\overline{\overline{A+B}+\overline{\bar{A}+C}} \quad \text{或非-或非式}$$
$$=\overline{A\bar{C}+\bar{A}\bar{B}} \quad \text{与或非式}$$

在上述多种表达式中,与或表达式是逻辑函数的最基本表达形式。因此,在化简逻辑函数时,通常是将逻辑式化简成最简与或表达式,然后再根据需要转换成其他形式。

2) 最简与或表达式的标准

(1) 与项最少,即表达式中“+”号最少。

(2) 每个与项中的变量数最少,即表达式中“· ”号最少。

3) 用代数法化简逻辑函数

用代数法化简逻辑函数,就是直接利用逻辑代数的基本公式和基本规则进行化简。代数法化简没有固定的步骤,常用的化简方法有以下几种。

(1) 并项法　运用公式 $A+\bar{A}=1$,将两项合并为一项,消去一个变量,如

$$Y=AB\bar{C}+ABC=AB(\bar{C}+C)=AB$$

(2) 吸收法　运用吸收律 $A+AB=A$ 消去多余的与项,如

$$Y=A\bar{B}+A\bar{B}(C+DE)=A\bar{B}$$

(3) 消去法　运用吸收律 $A+\bar{A}B=A+B$ 消去多余的因子,如

$$Y=AB+\bar{A}C+\bar{B}C=AB+(\bar{A}+\bar{B})C=AB+\overline{AB}C=AB+C$$

(4) 配项法　先通过乘以 $A+\bar{A}(=1)$或加上 $A\bar{A}(=0)$,增加必要的乘积项,再用以上方法化简,如

$$Y=AB+\bar{A}C+BCD=AB+\bar{A}C+BCD(A+\bar{A})$$
$$=AB+\bar{A}C+ABCD+\bar{A}BCD=AB+\bar{A}C$$

在化简逻辑函数时,要灵活运用上述方法,才能将逻辑函数化为最简。

下面再举几个例子加以说明。

例 11-6　化简逻辑函数 $Y=A\bar{B}+A\bar{C}+A\bar{D}+ABCD$。

解　$Y=A(\bar{B}+\bar{C}+\bar{D})+ABCD=A\,\overline{BCD}+ABCD=A(\overline{BCD}+BCD)=A$

例 11-7　化简逻辑函数 $Y=AD+A\bar{D}+AB+\bar{A}C+BD+A\bar{B}EF+\bar{B}EF$。

解　$Y=A+AB+\bar{A}C+BD+A\bar{B}EF+\bar{B}EF$　(利用 $A+\bar{A}=1$)

$=A+\bar{A}C+BD+\bar{B}EF$　(利用 $A+AB=A$)

$=A+C+BD+\bar{B}EF$　(利用 $A+\bar{A}B=A+B$)

例 11-8　化简逻辑函数 $Y=AB+A\bar{C}+\bar{B}C+\bar{C}B+\bar{B}D+\bar{D}B+ADE(F+G)$。

解　$Y=A\,\overline{\bar{B}C}+\bar{B}C+\bar{C}B+\bar{B}D+\bar{D}B+ADE(F+G)$　(利用反演律)

$=A+\overline{B}C+\overline{C}B+\overline{B}D+\overline{D}B+ADE(F+G)$　（利用 $A+\overline{A}B=A+B$）

$=A+\overline{B}C+\overline{C}B+\overline{B}D+\overline{D}B$　（利用 $A+AB=A$）

$=A+\overline{B}C(D+\overline{D})+\overline{C}B+\overline{B}D+\overline{D}B(C+\overline{C})$　（配项法）

$=A+\overline{B}CD+\overline{B}C\overline{D}+\overline{C}B+\overline{B}D+\overline{D}BC+\overline{D}B\overline{C}$

$=A+\overline{B}C\overline{D}+\overline{C}B+\overline{B}D+\overline{D}BC$　（利用 $A+AB=A$）

$=A+C\overline{D}(\overline{B}+B)+\overline{C}B+\overline{B}D$

$=A+C\overline{D}+\overline{C}B+\overline{B}D$　（利用 $A+\overline{A}=1$）

例 11-9　化简逻辑函数 $Y=A\overline{B}+B\overline{C}+\overline{B}C+\overline{A}B$。

解法 1　$Y=A\overline{B}+B\overline{C}+\overline{B}C+\overline{A}B+A\overline{C}$　（增加冗余项 $A\overline{C}$）

$=A\overline{B}+\overline{B}C+\overline{A}B+A\overline{C}$　（消去冗余项 $B\overline{C}$）

$=\overline{B}C+\overline{A}B+A\overline{C}$　（再消去冗余项 $A\overline{B}$）

解法 2　$Y=A\overline{B}+B\overline{C}+\overline{B}C+\overline{A}B+\overline{A}C$　（增加冗余项 $\overline{A}C$）

$=A\overline{B}+B\overline{C}+\overline{A}B+A\overline{C}$　（消去冗余项 $\overline{B}C$）

$=A\overline{B}+B\overline{C}+A\overline{C}$　（再消去冗余项 $\overline{A}B$）

通过以上的例题可知，逻辑函数的化简结果不是唯一的。公式化简法的优点是在某些情况下用起来很简便，特别是当变量较多时这一点体现得更加明显。公式化简法的缺点是：要求灵活运用逻辑代数的基本定律，由于化简过程因人而异，因而没有明确的、有规律的化简步骤，因此，不便于通过计算机自动实现逻辑函数的化简。此外，采用公式化简法有时也不容易判断化简结果是否最简。

三、逻辑函数的卡诺图化简法

卡诺图化简法是美国工程师卡诺（Karnaugh）发明的一种比代数法更简便、直观的化简逻辑函数的方法，它是一种图形法，所以称为卡诺图化简法。卡诺图实际上是真值表的一种特定的图示形式。它由若干个按一定规律排列起来的方块组成，也称真值图。

1. 最小项的定义与性质

1）最小项的定义

在 n 个变量的逻辑函数中，如果一个乘积项包含了所有的变量，而且每个变量都以原变量或反变量的形式作为一个因子出现一次，那么这样的乘积项就称为这些变量的一个最小项。n 变量逻辑函数的全部最小项共有 2^n 个。

例 11-10　三变量逻辑函数 $F=f(A,B,C)$ 的最小项共有 $2^3=8$ 个，列入表 11-8 中。

2）最小项的基本性质

下面以三变量为例说明最小项的性质。列出三变量全部最小项真值表，如表 11-9 所示。

表 11-8 例 11-10 的真值表

最 小 项	变 量 取 值			编 号
	A	B	C	
$\overline{A}\,\overline{B}\,\overline{C}$	0	0	0	m_0
$\overline{A}\,\overline{B}C$	0	0	1	m_1
$\overline{A}B\overline{C}$	0	1	0	m_2
$\overline{A}BC$	0	1	1	m_3
$A\overline{B}\,\overline{C}$	1	0	0	m_4
$A\overline{B}C$	1	0	1	m_5
$AB\overline{C}$	1	1	1	m_6
ABC	1	1	1	m_7

表 11-9 三变量全部最小项真值表

A	B	C	$\overline{A}\,\overline{B}\,\overline{C}$	$\overline{A}\,\overline{B}C$	$\overline{A}B\overline{C}$	$\overline{A}BC$	$A\overline{B}\,\overline{C}$	$A\overline{B}C$	$AB\overline{C}$	ABC
0	0	0	1	0	0	0	0	0	0	0
0	0	1	0	1	0	0	0	0	0	0
0	1	0	0	0	1	0	0	0	0	0
0	1	1	0	0	0	1	0	0	0	0
1	0	0	0	0	0	0	1	0	0	0
1	0	1	0	0	0	0	0	1	0	0
1	1	0	0	0	0	0	0	0	1	0
1	1	1	0	0	0	0	0	0	0	1
最小项编号			m_0	m_1	m_2	m_3	m_4	m_5	m_6	m_7

从表 11-8 可以看出最小项具有以下几个性质。

(1) 对于任意一个最小项,只有一组变量取值使它的值为 1,而其余各种变量取值均使它的值为 0。

(2) 不同的最小项,使它的值为 1 的那组变量取值也不同。

(3) 对于变量的任一组取值,任意两个最小项的乘积为 0。

(4) 对于变量的任一组取值,全体最小项的和为 1。

2. 逻辑函数的最小项表达式

任何一个逻辑函数表达式都可以转换为一组最小项之和,称为最小项表达式。

例 11-11 将逻辑函数 $F(A,B,C)=AB+\overline{A}C$ 转换成最小项表达式。

解 该函数为三变量函数,而表达式中每项只含有两个变量,不是最小项。要

变为最小项，就应补齐缺少的变量，办法为将各项乘以 1，如 AB 项乘以$(C+\overline{C})$。

$$
\begin{aligned}
F(A,B,C) &= AB+\overline{A}C = AB(C+\overline{C})+\overline{A}C(B+\overline{B}) \\
&= ABC+AB\overline{C}+\overline{A}BC+\overline{A}\,\overline{B}C \\
&= m_7+m_6+m_3+m_1
\end{aligned}
$$

为了简化，也可用最小项下标编号来表示最小项，故上式也可写为

$$F(A,B,C)=\sum m(1,3,6,7)$$

要把非“与-或”表达式的逻辑函数变换成最小项表达式，应先将其变成“与-或”表达式再转换。式中有很长的非号时，先把非号去掉。

3. 卡诺图

1）相邻最小项

如果两个最小项中只有一个变量不同，则称这两个最小项为逻辑相邻项，简称相邻项。如果两个相邻最小项出现在同一个逻辑函数中，可以合并为一项，同时消去互为反变量的那个量，如：

$$ABC+A\overline{B}C=AC(B+\overline{B})=AC$$

可见，利用相邻项的合并可以进行逻辑函数化简。卡诺图用小方格来表示最小项，一个小方格代表一个最小项，然后将这些最小项按照相邻性排列起来。即用小方格几何位置上的相邻性来表示最小项逻辑上的相邻性。卡诺图实际上是真值表的一种变形，一个逻辑函数的真值表有多少行，卡诺图就有多少个小方格。所不同的是真值表中的最小项是按照二进制加法规律排列的，而卡诺图中的最小项则是按照相邻性排列的。

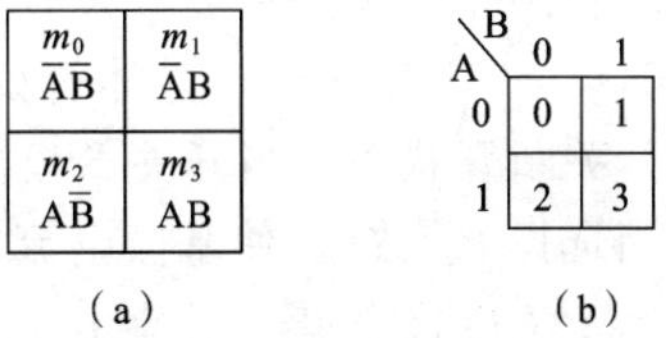

m_0 $\overline{A}\,\overline{B}$	m_1 $\overline{A}B$
m_2 $A\overline{B}$	m_3 AB

（a）

A \ B	0	1
0	0	1
1	2	3

（b）

图 11-4　两变量卡诺图

2）卡诺图的结构

两变量卡诺图如图 11-4 所示。

三变量卡诺图如图 11-5 所示。

四变量卡诺图如图 11-6 所示。

仔细观察可以发现，卡诺图具有很强的相邻性。首先是直观相邻性，只要小方格在几何位置上相邻（不管上下左右），它代表的最小项在逻辑上一定是相邻的。其次是对边相邻性，即与中心轴对称的左右两边和上下两边的小方格也具有相邻性。

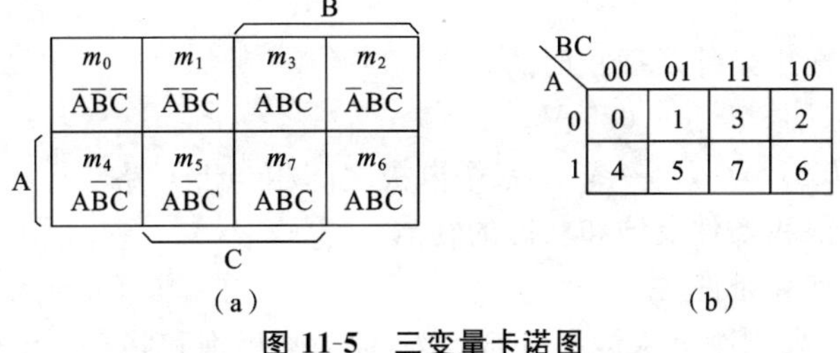

图 11-5　三变量卡诺图

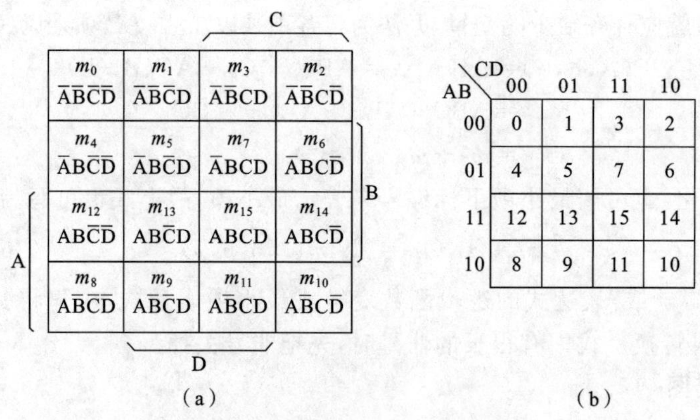

图 11-6　四变量卡诺图

第三节　晶体管的开关作用

晶体管有三种工作状态：放大、截止、饱和。在数字电路中，晶体管是最基本的开关元件，多数工作在饱和导通或截止这两种工作状态下，并在这两种工作状态之间进行快速转换，晶体管的这种工作状态通常称为开关工作状态。

一、晶体管的开关作用

在图 11-7(a)中，当开关 S 处于"1"位置时，$U_i=-3$ V，使得 $U_{BE}<0$，这时，$i_B\approx 0$，$i_C\approx 0$，$U_{CE}\approx V_{CC}$，晶体管处于截止工作状态，C、E 极之间近似于开路，相当于开关断开状态。当开关 S 投向"2"端时，$U_i=+3$ V，发射结正偏，$U_{BE}=0.7$ V，适当选择 R_B 数值，使基极电流 i_B 足够大，工作点从 A 点移到 B 点，如图 11-7(b)所示。集电极电流 i_C 限制在 $I_{C(sat)}\approx V_{CC}/R_C$ 上，$I_{C(sat)}$ 称为集电极饱和电流，晶体管的这种工作状态称为饱和工作状态。由于饱和时，集电极电流最大，而集电极电压很小，$U_{CE}\approx U_{CE(sat)}\approx 0.3$ V，所以，C、E 极之间等效电阻很小，近似于短路，相当于开关闭合。

由此可见，晶体管具有开关作用，截止时相当于开关断开，饱和时相当于开关闭合。

二、晶体管的开关条件和特点

1. 晶体管截止条件及截止时的特点

截止条件：$U_{BE}<U_{TN}=0.5$ V。

特点：$i_B\approx 0$，$i_C\approx 0$，$U_{CE}\approx V_{CC}$，三个电极之间相当于开路。

2. 晶体管饱和条件及饱和状态的特点

1) 晶体管饱和条件

晶体管由放大刚刚进入饱和时的状态，称为临界饱和状态。设这时的 $U_{CE}\approx$

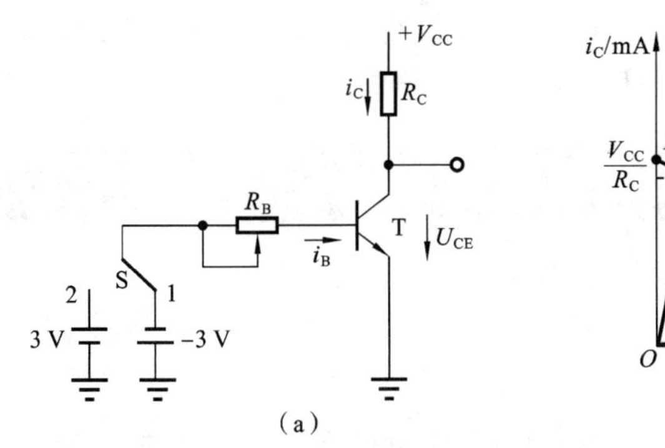

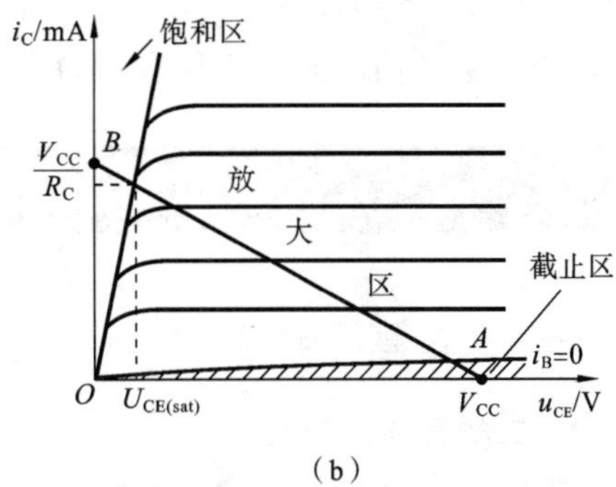

图 11-7 晶体管的开关作用

(a) 晶体管开关特性;(b) 工作状态

$U_{CE(sat)}$,$I_C \approx I_{C(sat)}$,$I_B \approx I_{B(sat)}$,称为临界饱和基极电流。

$$I_{C(sat)}=\frac{V_{CC}-U_{CE(sat)}}{R_C} \approx \frac{V_{CC}}{R_C} \tag{11-5}$$

而临界状态下,集电极电流 $I_{C(sat)}$ 仍可以由放大条件来决定,即

$$I_{C(sat)} \approx \beta I_{B(sat)} \tag{11-6}$$

所以

$$I_{B(sat)} \approx \frac{I_{C(sat)}}{\beta}=\frac{V_{CC}}{\beta R_C} \tag{11-7}$$

当 $I_B > I_{B(sat)}$ 时,晶体管进入饱和工作状态。$\frac{I_B}{I_{B(sat)}}$越大,则饱和程度越深(通常称 $S=\frac{I_B}{I_{B(sat)}}$为饱和深度)。因此,在数字电路的分析和估算中,将 $I_B \geqslant I_{B(sat)}$ 作为判别晶体管是否饱和导通的条件。

2) 晶体管饱和状态的特点

$U_{BE(sat)}=0.7$ V,$U_{CE(sat)} \leqslant 0.3$ V,$I_{C(sat)}=\frac{V_{CC}}{R_C}$,C、E 极之间相当于闭合的开关。

三、晶体管的开关参数

1. 饱和压降 $U_{BE(sat)}$、$U_{CE(sat)}$

晶体管工作在饱和导通状态下时,发射结正向压降 $U_{BE(sat)}$ 对于硅管约为 0.7 V,对于锗管约为 0.3 V。饱和导通时晶体管集电极-发射极之间的管压降 $U_{CE(sat)}$ 越小越好。一般小功率管 $U_{CE(sat)} \leqslant 0.3$ V,锗管 $U_{CE(sat)} \approx 0.1$ V。

2. 开启时间 t_{on} 和关闭时间 t_{off}

当输入是快速跳变信号时,用开启时间 t_{on} 表示输出电流波形的上升时间,用 t_{off} 表示输出电流波形的下降时间。手册上给出的参数都是在规定正向导通电流

和反向驱动电流条件下测得的,所以对于开关管的开关参数,一定要注意测试条件,因为参数的值与测试条件有密切关系。

第四节 基本逻辑门电路

一、二极管门电路

1. 二极管与门电路

图 11-8(a)所示为二输入端的与门电路,图 11-8(b)所示为逻辑符号,设输入高电平 $U_{IH}=3$ V,低电平 $U_{IL}=0$ V,二极管的正向压降 $U_D=0.7$ V。下面分析它的逻辑功能。

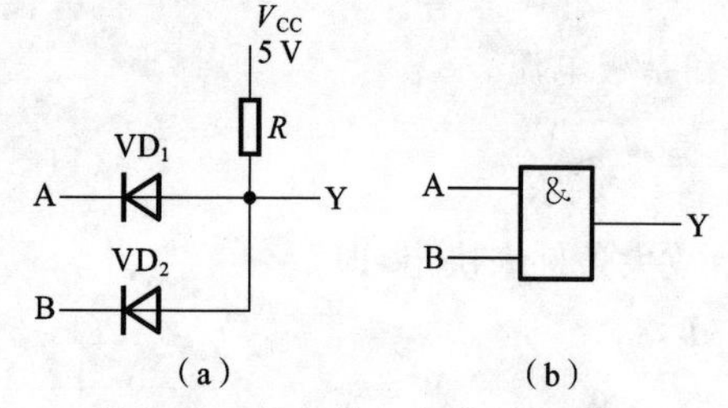

图 11-8 二极管与门的工作原理

(a) 电路图;(b) 逻辑符号

当输入 A=B=0 时,二极管 VD_1 和 VD_2 都导通,输出 Y=0.7 V,为低电平;

当输入 A=0 V、B=3 V 时,VD_1 优先导通,输出 Y=0.7 V,为低电平,使 VD_2 反偏截止;

当输入 A=3 V、B=0 V 时,VD_2 优先导通,输出 Y=0.7 V,为低电平,使 VD_1 反偏截止;

当输入 A=B=3 V 时,VD_1 和 VD_2 同时导通,输出 Y=3.7 V,为高电平。

上述 A、B 输入电压的各种不同组合和对应 Y 输出电压之间的关系如表 11-10所示。如高电平用逻辑 1 表示、低电平用逻辑 0 表示时,则表 11-10 可写成表 11-11 所示的真值表。由该表可以看出:当输入 A、B 中有低电平时,输出 Y 为低电平;当输入 A、B 均为高电平时,输出 Y 才为高电平。在表 11-11 中,A、B 为输入变量,Y 为输出逻辑函数。因此,与门的输出逻辑表达式为

$$Y=A\cdot B \tag{11-8}$$

表 11-10 与门输入和输出的逻辑电平

输入		输出
A/V	B/V	Y/V
0	0	0.7
0	3	0.7
3	0	0.7
3	3	3.7

表 11-11 与门的真值表

输入		输出
A	B	Y
0	0	0
0	1	0
1	0	0
1	1	1

2. 二极管或门电路

图 11-9(a)所示为二输入端的或门电路,图 11-9(b)所示为其逻辑符号。由图 11-9(a)可知:当输入 A、B 中有一个为高电平 3 V 时,输出 Y 便为高电平 2.3

V；只有当输入 A、B 都为低电平 0 V 时，输出 Y 才为低电平 0 V。因此，或门电路输入与输出间的关系如表 11-12 所示，其真值表如表 11-13 所示。由该表可知：当输入 A、B 中都为低电平时，输出 Y 才为低电平；当输入 A、B 中有高电平时，输出 Y 便为高电平。因此，或门的输出逻辑表达式为

$$Y=A+B \tag{11-9}$$

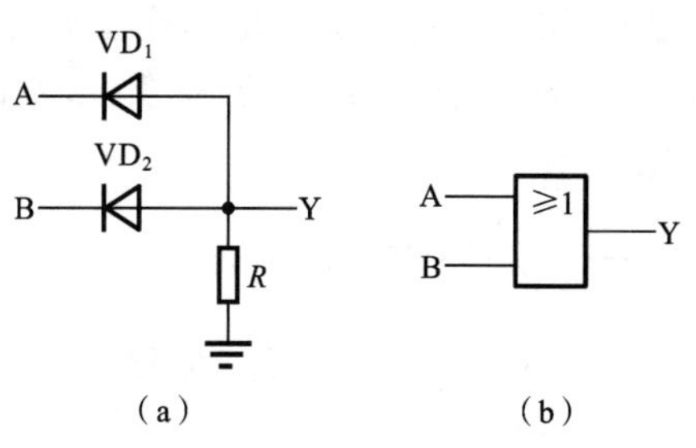

图 11-9　二极管或门的工作原理

(a) 电路图；(b) 逻辑符号

表 11-12　或门输入和输出的逻辑电平

输　入		输　出
A/V	B/V	Y/V
0	0	0
0	3	2.3
3	0	2.3
3	3	2.3

表 11-13　或门的真值表

输　入		输　出
A	B	Y
0	0	0
0	1	1
1	0	1
1	1	1

二、晶体管门电路

图 11-10(a)所示为非门电路，图 11-10(b)所示为其逻辑符号。由图 11-10(a)可知：当输入 A 为低电平时，基射间的电压 $u_{BE} \leqslant 0$ V，晶体管 T 截止，输出 Y 为高电平；当输入 A 为高电平时，合理选择 R_1 和 R_2，使晶体管 T 工作在饱和状态，输出 Y 为低电平。其真值表如表 11-14 所示。非门的输出逻辑表达式为

$$Y=\overline{A} \tag{11-10}$$

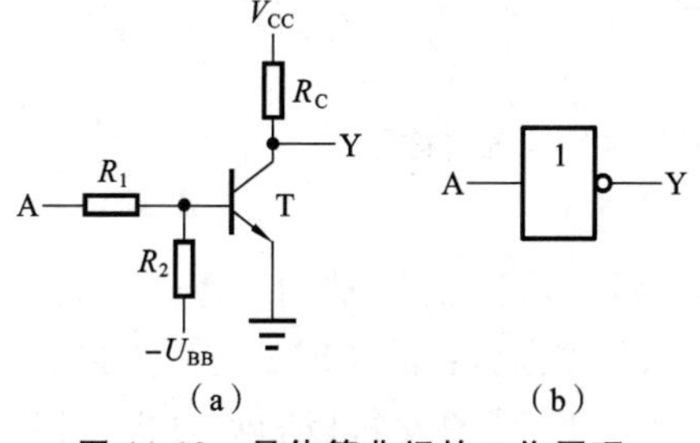

图 11-10　晶体管非门的工作原理

(a) 电路图；(b) 逻辑符号

表 11-14　非门真值表

输　入	输　出
A	Y
0	1
1	0

第五节　TTL 门电路

TTL(transistor-transistor logic)集成逻辑门电路是晶体管-晶体管逻辑门电

路的简称。TTL 集成电路具有结构简单、稳定可靠、工作速度范围很宽等优点，而且它的生产历史最长，品种繁多，所以 TTL 集成电路是被广泛应用的数字集成电路之一。

一、TTL 与非门

1. TTL 与非门的工作原理

1）电路结构

图 11-11(a)所示为 CT74S 肖特基系列 TTL(又称 STTL)与非门电路，图 11-11(b)所示为其逻辑符号。它主要由输入级、中间倒相级和输出级三部分组成。

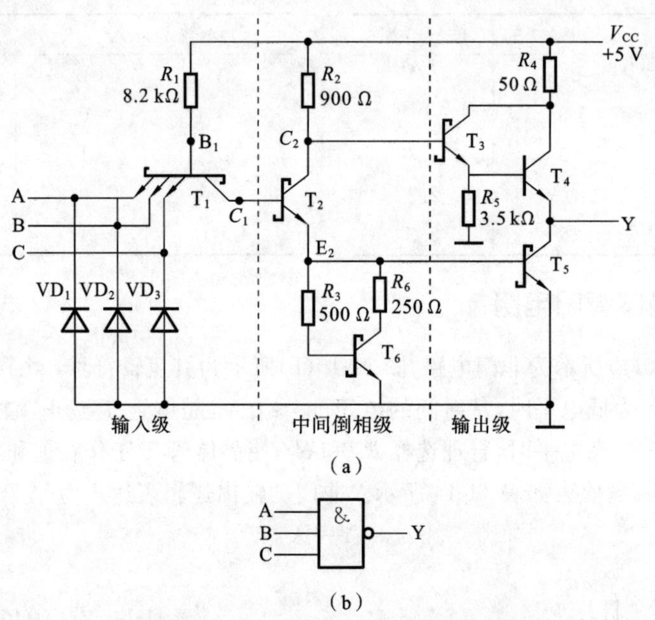

图 11-11 CT74S 系列与非门电路与逻辑符号

(a) 电路图；(b) 逻辑符号

输入级由多发射极三极管 T_1 和电阻 R_1 组成，实现了与非门的逻辑功能。

中间倒相放大级主要由 T_2 管和电阻 R_2、R_3 组成，它的作用是为后级提供较大的驱动电流，以增强输出级的负载能力，同时 T_2 管的发射极和集电极分别向输出级提供同相和反相的信号，以控制输出级工作。

输出级由三极管 T_3、T_4、T_5 和电阻 R_4、R_5 组成，T_3 管和 T_4 管为两级射极跟随器，T_5 是倒相器，倒相器和射极跟随器串接，组成推拉式的输出级，以提高 TTL 电路的开关速度和负载能力。

2）TTL 与非门的工作原理

当输入端 A、B、C 中有一个或数个为低电平 $U_{IL}=0.3$ V 时，电源 V_{CC} 经 R_1

向 T_1 提供基极电流，输入端接低电平 0.3 V 的发射结导通，T_1 基极电压 $u_{B_1}=u_{BE_1}+U_{IL}=(0.7+0.3)\ V=1\ V$，而要使 T_1 集电结、T_2 和 T_5 发射结导通，u_{B_1} 应不小于 1.8 V(抗饱和三极管基集间的正向压降为 0.4 V 左右)，因此，T_2 和 T_5 截止。这时，T_2 集电极电压 u_{C_2} 为高电平，$u_{C_2}=V_{CC}-i_{B_3}R_2\approx V_{CC}=5\ V$，使 T_3、T_4 导通，输出 u_o 为高电平 U_{OH}，其值为

$$u_o=U_{OH}=u_{C_2}-(u_{BE_3}+u_{BE_4})\approx[5-(0.7+0.7)]\ V=3.6\ V$$

由于 T_2 截止，使 T_1 集电极等效电阻非常大，因此，T_1 工作在深饱和状态，$u_{CE_1}=U_{CE(sat)}\approx 0.1\ V$，这时 $u_{B_2}=u_{C_1}=u_i+U_{CE(sat)}\approx(0.3+0.1)\ V=0.4\ V$。

当输入 A、B、C 都为高电平 3.6 V 时，电源 V_{CC} 经 R_1 和 T_1 的集电结向 T_2 提供较大的基极电流，使 T_2 和 T_5 工作在饱和导通状态，输出 u_o 为低电平 U_{OL}，其值为 $u_o=U_{OL}=U_{CE(sat)}\approx 0.3\ V$，这时 T_1 基极电压 u_{B_1} 上升为 T_1 集电结电压、T_2 与 T_5 发射极正向电压的和，即 $u_{B_1}=u_{BC_1}+u_{BE_2}+u_{BE_5}\approx(0.4+0.7+0.7)\ V=1.8\ V$。由于 T_1 发射极电压为 3.6 V，集电极电压 $u_{C_1}=u_{BE_2}+u_{BE_5}\approx 1.4\ V$，因此，发射结为反偏，集电结为正偏，使 T_1 工作在倒置状态，电流放大倍数很小，通常小于 0.02。

因 T_2 和 T_5 都工作在饱和状态，所以，T_2 集电极电压 u_{C_2} 为 $u_{C_2}=U_{CE_2(sat)}+U_{CE_5(sat)}\approx(0.3+0.7)\ V=1\ V$。它只能使 T_3 导通，而 T_4 则处于截止状态，相当于 T_5 有一个很大的集电极电阻，因此，T_5 处于饱和状态。

综上所述，对图 11-11(a)所示电路，如高电平用 1 表示，低电平用 0 表示，则可列出表 11-15 所示的真值表。由该表可知：当输入中有一个或数个为低电平 0 时，输出为高电平 1；只有当输入都为高电平 1 时，输出才为低电平 0，所以，图 11-20(a)所示电路为与非门，其输出逻辑表达式为

$$Y=\overline{ABC} \tag{11-11}$$

表 11-15　TTL 与非门的真值表

输　入			输　出
A	B	C	Y
0	0	0	1
0	0	1	1
0	1	0	1
0	1	1	1
1	0	0	1
1	0	1	1
1	1	0	1
1	1	1	0

2. TTL 与非门的电压传输特性

电压传输特性是指输出电压与输入电压之间的关系曲线。TTL 与非门电压传输特性曲线如图 11-12 所示，这条曲线反映了与非门的重要特性。由输入和输

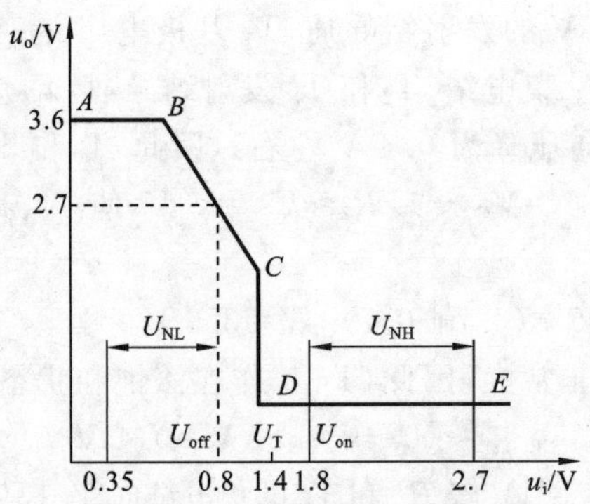

图 11-12　TTL 与非门电压传输特性

出电压变化的关系可以了解到 TTL 与非门电路在应用时的主要参数，如开门电平、关门电平、抗干扰能力等。

TTL 与非门电压传输特性曲线大致可分成以下四段。

AB 段：u_i 在 0～0.6 V 之间，属于低电平范围，T_2、T_5 处于截止状态，u_o 保持高电平 3.6 V。

BC 段：u_i 在 0.6～1.3 V 之间，在这个区间里，$U_{C_1}>0.7$ V（$U_{C_1}=u_i+U_{CES_1}$），T_2 开始导通（T_5 仍然截止），T_2 的集电极电流增大，引起 U_{C_2} 减小，输出电压 u_o 随之下降（$u_o=U_{C_2}-U_{BE_3}-U_{BE_4}$）。

CD 段：u_i 在 1.4 V 左右，这一段曲线很陡，u_i 略增加一些，u_o 迅速下降，这是因为当 u_i 增大到约 1.4 V 时，T_5 开始导通，T_4 趋于截止，u_i 略有增加，I_{B_5} 迅速增大，U_{C_2} 迅速下降，迫使 T_3、T_4 截止，并促使 T_5 很快进入饱和状态，这一段称为特性曲线的转折区。转折区中所对应的电压称为“门限电压”，用 U_T 表示。

DE 段：$u_i>1.4$ V，T_5 处于深度饱和状态，输出电压维持低电平不变。

结合电压传输特性，讨论 TTL 与非门的抗干扰能力问题。在集成门电路中，经常以噪声容限的数值来定量说明门电路抗干扰能力的大小。

由图 11-12 可知，在确保输出为高电平时，输入低电平可以有一个变化范围，同样，在确保输出为低电平时输入高电平也有一个变化范围，这个变化范围就是电路的抗干扰能力。

所谓关门电平，就是在保证输出为额定高电平（手册中规定为 2.7 V）条件下，允许的最大输入低电平值，用 U_{off} 表示；而在确保输出为额定低电平（手册中规定为 0.35 V）时所允许的最小输入高电平值称为开门电平，用 U_{on} 表示。

U_{on} 和 U_{off} 是门电路的重要参数，手册中规定 $U_{off}\geqslant0.8$ V，$U_{on}\leqslant1.8$ V。

如果前级输出的低电平为 U_{OL}、高电平为 U_{OH}，对应为本级输入低电平为 U_{IL}、高电平为 U_{IH}，则输入低电平时的噪声容限为

$$U_{NL}=U_{off}-U_{IL} \tag{11-12}$$

将 $U_{off}=0.8$ V，$U_{IL}=0.35$ V 代入上式得

$$U_{NL}=(0.8-0.35)\ \text{V}=0.45\ \text{V}$$

这说明 TTL 与非门在正常输入低电平为 0.35 V 的情况下允许叠加一个噪声（或干扰）电压，只要干扰电压的幅值不超过 0.45 V，电路仍能正常工作。

输入高电平时的噪声容限为

$$U_{NH}=U_{IH}-U_{on} \tag{11-13}$$

当 $U_{IH}=2.7$ V，$U_{on}=1.8$ V 时，$U_{NH}=0.9$ V，这表明，在输入高电平时，只要

干扰电压的幅值不超过 0.9 V，输出就能保持正确的逻辑值。

3. TTL 与非门的主要参数

从使用的角度说，除了解门电路的电路原理、逻辑功能外，还必须了解门电路的主要参数的定义和测试方法，并根据测试结果判断器件性能的好坏。下面在讨论电压传输特性的基础上，讨论 TTL 与非门的几个主要参数。

1）输出高电平 U_{OH}

输出高电平是指当输入端有一个（或几个）接低电平，输出端空载时的输出电平。U_{OH}的典型值为 3.5 V，标准高电平 $U_{SH}=2.4$ V。

2）输出低电平 U_{OL}

输出低电平是指输入全为高电平时的输出电平，对应图 11-12 中 D 点右边平坦部分的电压值，标准低电平 $U_{SL}=0.4$ V。

3）输入端短路电流 I_{IS}

当电路任一输入端接"地"，而其余端开路时，流过这个输入端的电流称为输入短路电流 I_{IS}。I_{IS}构成前级负载电流的一部分，因此应尽量小。

4）扇出系数 N

扇出（fan-out）系数是指电路带负载的个数。它表示与非门输出端最多能与几个同类的与非门连接，典型电路的扇出系数 $N>8$。

5）空载功耗

与非门的空载功耗是与非门空载时的电源总电流 I_{CL} 与电源电压 U_{CC} 的乘积。输出为低电平时的功耗称为空载导通功耗 P_{on}，输出为高电平时的功耗称为空载截止功耗 P_{off}。P_{on} 总比 P_{off} 大。

6）开门电平 U_{on}

在额定负载下，确保输出为标准低电平 U_{SL} 时的输入电平称为开门电平。它表示使与非门开通时的最小输入电平。

7）关门电平 U_{off}

关门电平是指输出电平上升到标准高电平 U_{SH} 时的输入电平。它表示使与非门关断所需的最大输入电平。

8）高电平输入电流 I_{IH}

输入端有一个接高电平，其余接"地"的反向电流称为高电平输入电流（或输入漏电流），它构成前级与非门输出高电平时的负载电流的一部分，此值越小越好。

9）平均传输延迟时间 t_{pd}

在与非门输入端加上一个方波电压，输出电压较输入电压有一定的时间延迟。如图 11-13 所示，从输入波形上升沿的中点到输出波形下降沿的中点之间的时间延迟称为导通延迟时间 $t_{d(on)}$，从

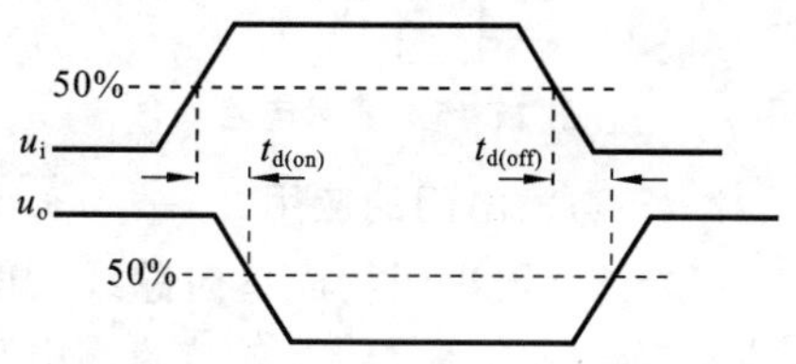

图 11-13　平均传输延迟时间的定义

输入波形下降沿中点到输出波形上升沿中点之间的时间延迟称为截止延迟时间 $t_{d(off)}$。平均传输延迟时间定义为

$$t_{pd}=\frac{t_{d(on)}+t_{d(off)}}{2} \tag{11-14}$$

此值表示电路的开关速度，越小越好。

二、其他功能的TTL门电路

1. OC门的应用

(1) 实现线与。图11-14所示为两个OC与非门输出端相连后经电阻 R_L 接电源 V_{CC} 的电路。由该图可得 $Y_1=\overline{AB}$、$Y_2=\overline{CD}$，输出 $Y=Y_1\cdot Y_2$。因此，图中 Y_1 和 Y_2 都为高电平时，输出Y才为高电平，否则，输出Y为低电平。这种连接方式称为线与，在逻辑图输出线连接处用矩形框表示。由图11-14可得输出Y的逻辑表达式为

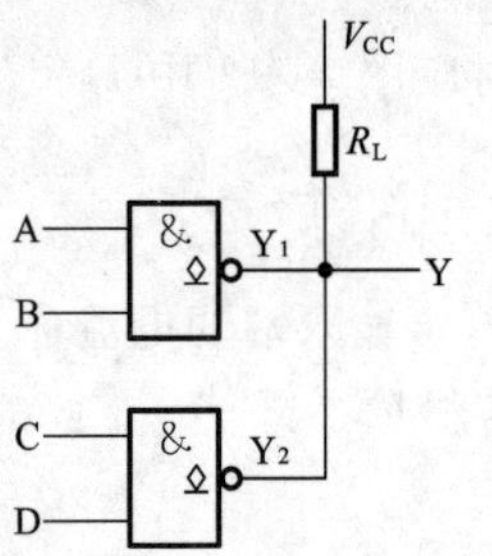

图11-14 用OC门实现线与

$$Y=\overline{AB}\cdot\overline{CD}=\overline{AB+CD} \tag{11-15}$$

由式(11-15)可看出：两个或多个OC与非门线与后可实现与或非逻辑功能。

(2) 驱动显示器。图11-15所示为用OC门驱动发光二极管的显示电路。该电路只有在输入都为高电平时，输出才为低电平，发光二极管导通发光，否则，输出高电平，发光二极管熄灭。

OC门还常用来驱动继电器电路。

(3) 实现电平转换。图11-16所示为由OC门组成的电平转换电路，输入A、B的信号来自TTL与非门的输出电平。它输出的高电平可以适应下一级电路对高电平的要求，输出的低电平仍为0.3 V。

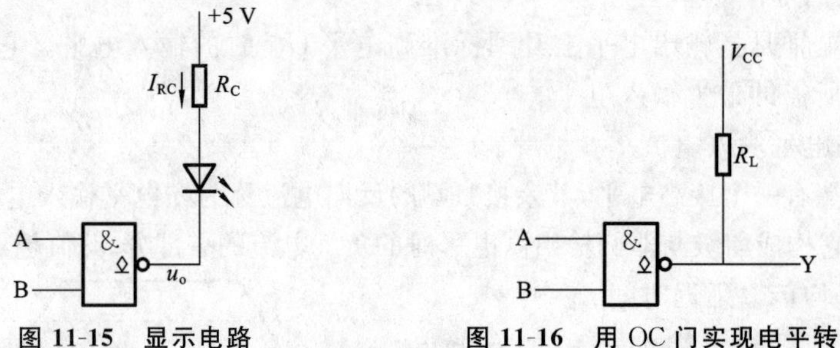

图11-15 显示电路　　图11-16 用OC门实现电平转换

2. 三态输出门的应用

(1) 三态输出门构成单向总线。图11-17所示为由三态输出门构成的单向总线。当 EN_1、EN_2、EN_3 轮流为高电平1，且任何时刻只能有一个三态输出门工作时，输入信号 A_1B_1、A_2B_2、A_3B_3 轮流以与非关系将信号送到总线上，而其他三

态输出门由于 EN=0 而处于高阻状态。

(2) 用三态输出门构成双向总线。图 11-18 所示为由三态输出门构成的双向总线。当 EN=1 时,G_2 输出呈高阻态,G_1 工作,输入数据 D_o 经 G_1 反相送到总线上;当 EN=0 时,G_1 输出呈高阻态,G_2 工作,总线上的数据 D_i 经 G_2 反相输出 $\overline{D}_i$。可见,通过 EN 的不同取值可控制数据的双向传输。

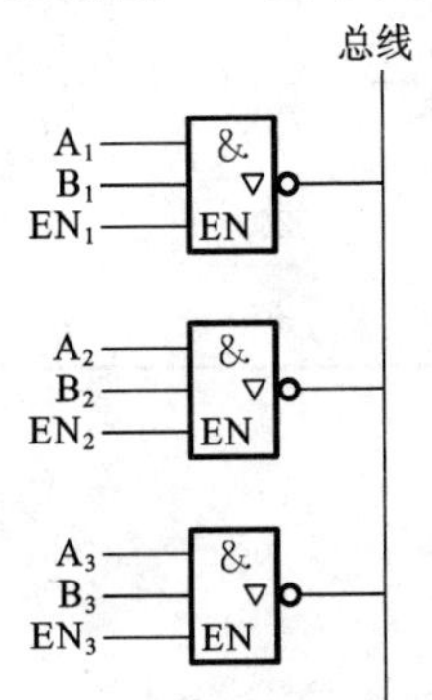

图 11-17　用三态输出门构成单向总线

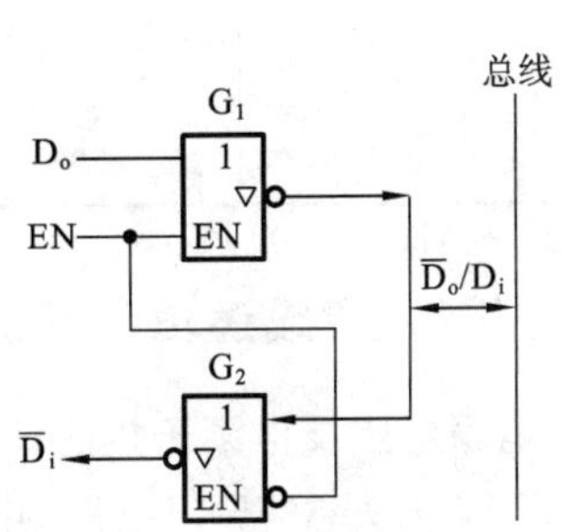

图 11-18　用三态输出门构成双向总线

三、TTL 数字集成电路系列

1. CT54 系列和 CT74 系列

考虑到国际上通用标准型号和我国现行国家标准,根据工作温度的不同和电源电压允许工作范围的不同,我国 TTL 数字集成电路分为 CT54 系列和 CT74 系列两大类。它们的工作条件如表 11-16 所示。

表 11-16　CT54 系列和 CT74 系列的对比

参　数	CT54 系列			CT74 系列		
	最小	一般	最大	最小	一般	最大
电源电压/V	4.5	5.0	5.5	4.75	5	5.25
工作温度/℃	−55	25	125	0	25	70

CT54 系列和 CT74 系列具有完全相同的电路结构和电气性能参数。所不同的是 CT54 系列 TTL 集成电路更适合在温度条件恶劣、供电电源变化大的环境中工作,常用于军品;而 CT74 系列 TTL 集成电路更适合在常规条件下工作,常用于民品。

2. TTL 集成门电路的子系列

抗饱和 TTL 电路是目前传输速度较高的一类 TTL 电路。这种电路采用肖特基势垒二极管 SBD 钳位方法来达到抗饱和的效果 ,一般称为 SBDTTL 电路(简称 STTL 电路),其传输速度远比基本 TTL 电路高。

除典型的肖特基(STTL)电路外,尚有低功耗肖特基(LSTTL)、先进的肖特基(ASTTL)、先进的低功耗肖特基(ALSTTL)电路等,它们是在 TTL 工艺的发展过程中逐步形成的,其技术参数各有特点。它们的性能比较如表 11-17 所示。

表 11-17　TTL 门电路的子系列性能比较

类型 / 参数	基本的 TTL 电路 (74 系列)	肖特基 TTL 电路 (74S 系列)	低功耗肖特基 TTL 电路 (74S 系列)	先进的肖特基 TTL 电路 (74AS 系列)	先进的低功耗肖特基 TTL 电路 (74ALS 系列)
t_{pd}/ns	10	3	9	1.5	4
P_D/mW	10	20	2	20	1
D_P/pJ	100	60	18	30	4

四、TTL 集成逻辑门的使用注意事项

1. 电源电压及电源干扰的消除

对于 54 系列 TTL 门电路,电源电压的变化应满足 5×(1±10%) V 的要求,对于 74 系列 TTL 门电路,应满足 5×(1±5%) V 的要求,电源的正极和地线不可接错。为了防止外来干扰通过电源串入电路,需要对电源进行滤波,通常在印制电路板的电源输入端接入 10～100 μF 的电容进行滤波,在印制电路板上,每隔 6～8 个门加接一个 0.01～0.1 μF 的电容对高频进行滤波。

2. 输出端的连接

具有推拉输出结构的 TTL 门电路的输出端不允许直接并联使用。输出端不允许直接接电源 V_{CC}或直接接地。使用时,输出电流应小于产品手册上规定的最大值。三态输出门的输出端可并联使用,但在同一时刻只能有一个门工作,其他门输出处于高阻状态。集电极开路门输出端可并联使用,但公共输出端和电源 V_{CC}之间应接负载电阻 R_L。

3. 闲置输入端的处理

TTL 集成门电路使用时,闲置输入端(不用的输入端)一般不悬空,主要是防止干扰信号从悬空输入端引入电路。对于闲置输入端的处理以不改变电路逻辑状态及工作稳定为原则。常用的方法有以下几种。

(1) 与非门的闲置输入端可直接接电源电压 V_{CC},或通过 1～10 kΩ 的电阻接电源 V_{CC},如图 11-19(a)和图 11-19(b)所示。

(2) 如前级驱动能力允许,可将闲置输入端与有用输入端并联使用,如图 11-19(c)所示。

(3) 在外界干扰很小时,与非门的闲置输入端可以剪断或悬空,但不允许接开路长线,以免引入干扰而产生逻辑错误,如图 11-19(d)所示。

(4) 或非门不使用的闲置输入端应接地,如图 11-19(e)所示;与或非门中不使用的与门至少有一个输入端接地,如图 11-19(f)所示。

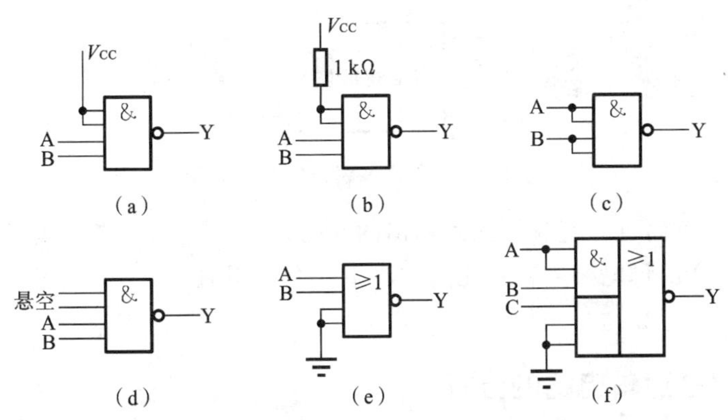

图 11-19　与非门和或非门闲置输入端的处理

(a) 直接接 $+V_{CC}$；(b) 通过电阻接 V_{CC}；

(c) 和有用输入端并联；(d) 悬空或剪断；(e)、(f) 接地

4. 电路安装接线和焊接时应注意的问题

(1) 连线要尽量短，最好用绞合线。

(2) 整体接地要好，地线要粗、短。

(3) 焊接的烙铁功率最好不大于 25 W，使用中性焊剂，如松香酒精溶液，不可使用焊油。

(4) 由于集成电路外引线间距离很近，焊接时焊点要小，不得将相邻引线短路，焊接时间要短。

(5) 印制电路板焊接完毕后，不得浸泡在有机溶液中清洗，只能用少量酒精擦去外引线上的助焊剂和污垢。

5. 调试中应注意的问题

(1) CT54/CT74 和 CT54H/CT74H 系列的 TTL 电路，其输出高电平不小于 2.4 V，输出低电平不大于 0.4 V。CT54S/CT74S 和 CT54LS/CT74LS 系列的 TTL 电路，其输出的高电平不小于 2.7 V，输出的低电平不大于 0.5 V。上述 4 个系列输入的高电平不小于 2.4 V，低电平不大于 0.8 V。

(2) 当输出高电平时，输出端不能碰地；输出低电平时，输出端不能碰电源 $V_{CC}=5$ V，否则输出管会烧坏。

第六节　组合逻辑电路的分析

在数字系统中，根据逻辑功能的不同特点，电路可以分成两大类，一类为组合逻辑电路(简称组合电路)，另一类为时序逻辑电路(简称时序电路)。组合逻辑电路在逻辑功能上的特点是任意时刻的输出仅仅取决于该时刻的输入，与电路原来的状态无关。组合逻辑电路的示意图如图 11-20 所示。

根据组合逻辑电路的上述特点，它在电路结构上只能由逻辑门电路组成，不

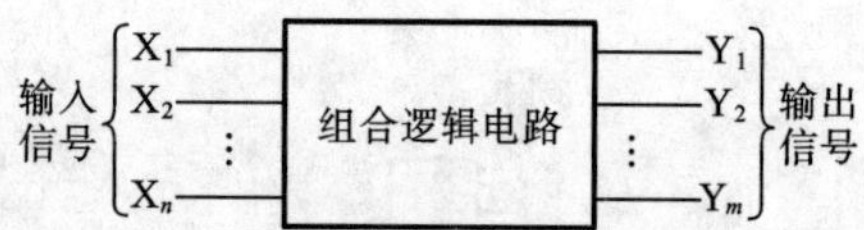

图 11-20　组合逻辑电路的示意图

会有记忆单元，而且只有从输入到输出的回路，没有从输出反馈到输入的回路。

描述组合逻辑电路逻辑功能的方法主要有逻辑表达式、真值表、卡诺图和逻辑图。

一、组合逻辑电路的分析

组合逻辑电路的分析主要是根据给定的逻辑图，找出输出信号与输入之间的关系，从而确定它的逻辑功能。

1. 基本分析方法

(1) 根据给定的逻辑电路，从输入端开始，逐级推导出输出端的逻辑函数表达式。

(2) 利用公式法化简逻辑函数表达式，列出真值表。

(3) 确定其逻辑功能。

2. 分析举例

例 11-12　分析图 11-21 所示逻辑电路的功能。

解　(1) 写出输出逻辑函数表达式为

$$Y_1 = A \oplus B$$

$$Y = Y_1 \oplus C = A \oplus B \oplus C = \overline{A}\overline{B}C + \overline{A}B\overline{C} + A\overline{B}\overline{C} + ABC \tag{11-16}$$

(2) 列出逻辑函数的真值表。将输入 A、B、C 取值的各种组合代入式(11-16)中，求出输出 Y 的值。由此可列出表 11-18 所示的真值表。

(3) 逻辑功能分析。由表 11-18 可以看出：在输入 A、B、C 三个变量中，有奇数个 1 时，输出 Y 为 1，否则 Y 为 0。因此，图 11-21 所示电路为三位判奇电路，又称为奇校验电路。

表 11-18　例 11-2 的真值表

输入			输出
A	B	C	Y
0	0	0	0
0	0	1	1
0	1	0	1
0	1	1	0
1	0	0	1
1	0	1	0
1	1	0	0
1	1	1	1

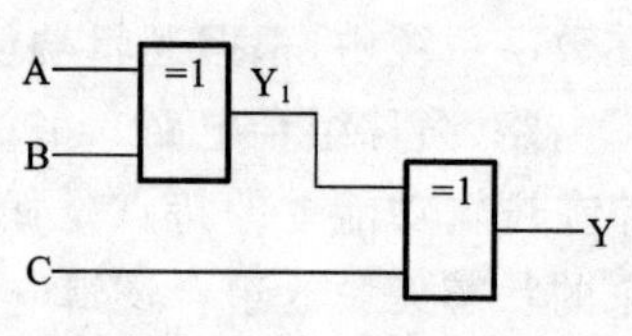

图 11-21　例 11-12 的逻辑电路

二、组合逻辑电路的设计

组合逻辑电路设计的目的是根据功能要求设计最佳电路。

1. 基本设计方法

(1) 根据设计要求确定输入、输出变量的个数,并进行逻辑赋值(即确定 0 和 1 代表的含义)。

(2) 根据逻辑功能要求列出真值表。

(3) 根据真值表写出输出逻辑函数表达式,并进行化简。

(4) 根据最简输出逻辑函数式画逻辑图。

2. 设计举例

例 11-13　设计一个 A、B、C 三人表决电路。当表决某个提案时,多数人同意,提案通过,同时 A 具有否决权。用与非门实现。

解　(1) 根据设计要求确定输入、输出变量的个数,并进行逻辑赋值,列出真值表。设 A、B、C 三人表决同意提案时用 1 表示,不同意时用 0 表示;Y 为表决结果,提案通过用 1 表示,通不过用 0 表示,同时还应考虑 A 具有否决权。由此可列出表 11-19 所示的真值表。

(2) 将输出逻辑函数化简后,变换为与非表达式。

$$
\begin{aligned}
Y &= A\bar{B}C + AB\bar{C} + ABC = (A\bar{B}C + ABC) + (AB\bar{C} + ABC) \\
&= AC(\bar{B} + B) + AB(\bar{C} + C) \\
&= AC + AB
\end{aligned}
\tag{11-17}
$$

将式(11-17)变换为与非表达式,即

$$Y_1 = \overline{\overline{AC + AB}} = \overline{\overline{AC} \cdot \overline{AB}} \tag{11-18}$$

(3) 根据输出逻辑函数画逻辑图。由式(11-18)可画出如图 11-22 所示的逻辑图。

表 11-19　例 11-13 的真值表

输入			输出
A	B	C	Y
0	0	0	0
0	0	1	0
0	1	0	0
0	1	1	0
1	0	0	0
1	0	1	1
1	1	0	1
1	1	1	1

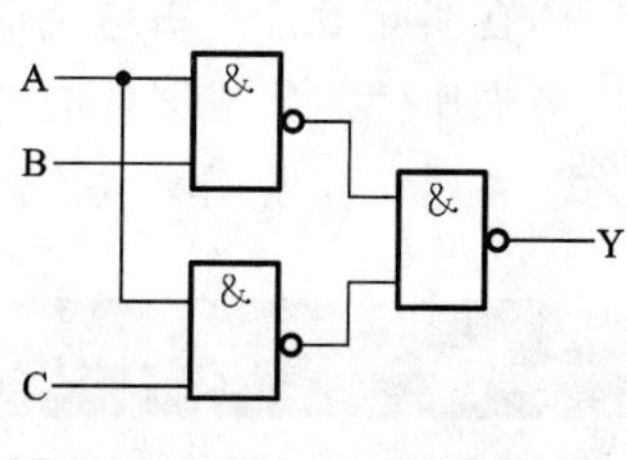

图 11-22　例 11-13 的逻辑电路

例 11-14　设计一个电话机信号控制电路。电路有 I_0(火警)、I_1(盗警)和 I_2(日常业务)三种输入信号,通过排队电路分别输出为 L_0、L_1、L_2,在同一时间只能有一个信号通过。如果同时有两个以上信号出现时,应首先接通火警信号,其次为盗警信号,最后是日常业务信号。试按照上述轻重缓急设计该信号控制电路。要求用集成门电路 7400(每片含 4 个二输入端与非门)实现。

解 (1) 列真值表。对于输入,设有信号为逻辑“1”,没信号为逻辑“0”。对于输出,设允许通过为逻辑“1”,不允许通过为逻辑“0”。由此可列出表 11-20 所示的真值表。

表 11-20 例 11-14 的真值表

输	入		输	出	
I_0	I_1	I_2	L_0	L_1	L_2
0	0	0	0	0	0
1	×	×	1	0	0
0	1	×	0	1	0
0	0	1	0	0	1

(2) 由真值表写出各输出的逻辑表达式:

$$L_0 = I_0$$

$$L_1 = \overline{I_0} I_1$$

$$L_2 = \overline{I_0}\,\overline{I_1} I_2$$

这三个表达式已是最简,不需化简,但需要用非门和与门实现,且 L_2 需用三输入端与门才能实现,故不符合设计要求。

(3) 根据要求,将以上逻辑表达式转换为与非表达式:

$$L_0 = I_0$$

$$L_1 = \overline{\overline{\overline{I_0} I_1}}$$

$$L_2 = \overline{\overline{\overline{I_0}\,\overline{I_1} I_2}} = \overline{\overline{\overline{\overline{I_0}\,\overline{I_1}}} \cdot I_2}$$

(4) 画出逻辑图如图 11-23 所示,可用两片集成与非门 7400 来实现。

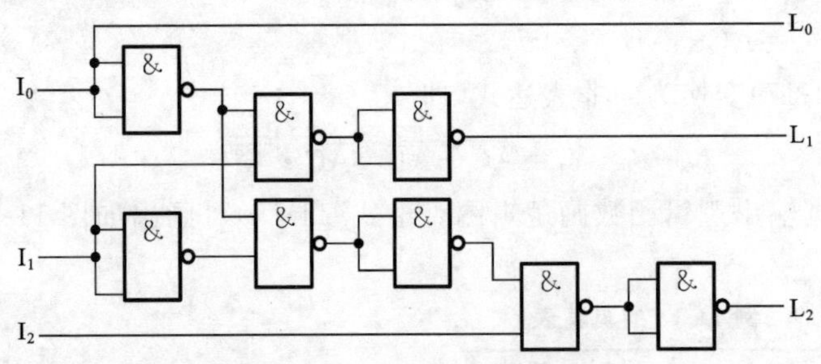

图 11-23 例 11-14 的逻辑电路

可见,在实际设计逻辑电路时,有时并不是表达式最简单,就能满足设计要求,还应考虑所使用集成器件的种类,将表达式转换为能用所要求的集成器件实现的形式,并尽量使所用集成器件最少。

第七节 常用集成组合电路

一、编码器

将具有特定意义的信息编成相应二进制代码的过程,称为编码。实现编码功能的逻辑电路称为编码器，其输入为被编信号，输出为二进制代码。编码器有二进制编码器、二-十进制编码器和优先编码器。

1. 二进制编码器

将输入 $N=2^n$ 个信号用 n 位二进制编码输出的逻辑电路称为编码器。若编码器输入为四个信号，输出为两个代码，则称为 4 线-2 线编码器。

例 11-15 设计一个 4 线-2 线编码器。

解 (1) 确定输入、输出变量个数。由题意知输入为 I_0、I_1、I_2、I_3 四个信号，输出为 Y_1、Y_0。根据输入信号编码要求的唯一性，即当输入某个信号要求编码时，其他三个输入不能有编码要求，假设 I_0 为高电平时要求编码，对应 Y_1Y_0 为 00，同理，I_1 为高电平时对应 Y_1Y_0 为 01，I_2 为高电平时对应 Y_1Y_0 为 10，I_3 为高电平时对应 Y_1Y_0 为 11。

(2) 列出真值表，如表 11-21 所示。

表 11-21 2 位二进制编码器真值表

输入				输出	
I_0	I_1	I_2	I_3	Y_1	Y_0
1	0	0	0	0	0
0	1	0	0	0	1
0	0	1	0	1	0
0	0	0	1	1	1

(3) 根据真值表写出逻辑表达式：

$$Y_1=I_2+I_3 \qquad (11\text{-}19)$$

$$Y_0=I_1+I_3 \qquad (11\text{-}20)$$

根据式(11-19)、式(11-20)画出 2 位二进制编码器逻辑图，如图 11-24 所示。

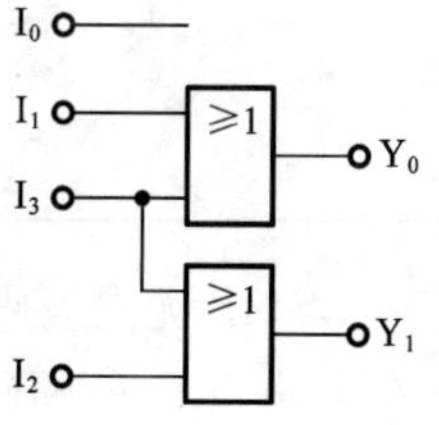

图 11-24 4 线-2 线编码器

由表 11-21 所示二进制编码器真值表可以看出，当输入信号同时出现两个或两个以上要求编码时，该二进制编码器逻辑电路将出现编码错误，此时，应使用二进制优先编码器。下面以 3 位优先编码器为例说明优先编码器的设计原理。

2. 集成 8 线-3 线优先编码器

优先编码器是指当输入信号同时出现几个要求编码时，编码器选择优先级最高的输入信号输出其编码。8 线-3 线优先编码器常见型号有 74LS148，表 11-22所示为其真值表，其引脚排列如图 11-25 所示。图中，$\overline{ST}$为优先编码器的选通输入端，$\bar{I}_0\sim\bar{I}_7$ 为 8 个输入信号端，输入低电平表示该信号有编码要求；$\overline{Y}_{EX}$为优先扩展输出端，$\overline{Y}_S$ 为选通输出端，$\overline{Y}_0\sim\overline{Y}_2$ 是 3 位二进制反码输出端。表 11-22 输入栏中：第一行表示，当$\overline{ST}=1$ 时，集成 8 线-3 线优先编码器禁止编

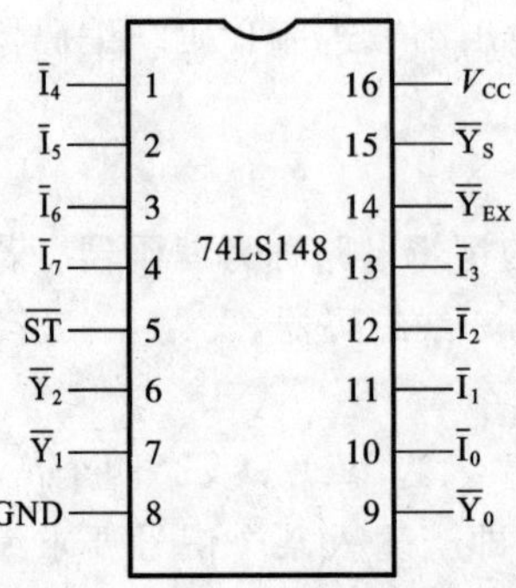

图 11-25 74LS148 引脚排列图

码输出，此时 $\overline{Y}_{EX}Y_S=11$；第二行则说明当$\overline{ST}=0$ 时，允许编码器编码，但由于输入信号 $\overline{I}_7\overline{I}_6\overline{I}_5\overline{I}_4\overline{I}_3\overline{I}_2\overline{I}_1\overline{I}_0=11111111$，8 个输入信号无一个信号有编码要求，此时状态输出端 $\overline{Y}_{EX}\overline{Y}_S=10$，从第三行开始到最后一行表示$\overline{ST}=0$ 有效，且输入信号至少有一个有编码要求时，$\overline{Y}_{EX}Y_S=01$，$\overline{Y}_2$、$\overline{Y}_1$、$\overline{Y}_0$ 输出要求编码的输入信号中优先级最高的编码，$\overline{ST}$、$\overline{Y}_{EX}$、Y_S 在芯片扩展时作为控制端使用。

表 11-22　集成 8 线-3 线优先编码器的真值表

输入									输出				
$\overline{ST}$	$\overline{I}_7$	$\overline{I}_6$	$\overline{I}_5$	$\overline{I}_4$	$\overline{I}_3$	$\overline{I}_2$	$\overline{I}_1$	$\overline{I}_0$	$\overline{Y}_2$	$\overline{Y}_1$	$\overline{Y}_0$	$\overline{Y}_{EX}$	Y_S
1	×	×	×	×	×	×	×	×	1	1	1	1	1
0	1	1	1	1	1	1	1	1	1	1	1	1	0
0	0	×	×	×	×	×	×	×	0	0	0	0	1
0	1	0	×	×	×	×	×	×	0	0	1	0	1
0	1	1	0	×	×	×	×	×	0	1	0	0	1
0	1	1	1	0	×	×	×	×	0	1	1	0	1
0	1	1	1	1	0	×	×	×	1	0	0	0	1
0	1	1	1	1	1	0	×	×	1	0	1	0	1
0	1	1	1	1	1	1	0	×	1	1	0	0	1
0	1	1	1	1	1	1	1	0	1	1	1	0	1

74LS148 优先编码器可以多级连接实现扩展功能，具体步骤如下。

(1) 确定 $\overline{I}_{15}$ 的编码优先级最高，$\overline{I}_{14}$ 次之，依次类推，$\overline{I}_0$ 最低。

(2) 用一片 74LS148 作为高位片，$\overline{I}_8\sim\overline{I}_{15}$ 作为该片的信号输入；另一片 74LS148 作为低位片，$\overline{I}_0\sim\overline{I}_7$ 作为该片的信号输入。

(3) 根据编码优先级顺序，高位片的选通输入端作为总的选通输入端，低位片的选通输入端接高位片的选通输出端，高位片的 $\overline{Y}_{EX}$端作为 4 位编码的最高位输出，低位片的 Y_S 作为总的选通输出端。两片的 $\overline{Y}_{EX}$信号相与作为总的优先扩展输出端。

如图 11-26 所示为两片 74LS148 扩展的一个 16 线-4 线优先编码器，可以看出当高位片$\overline{ST}_2=0$ 时，允许高位片对输入 $\overline{I}_8\sim\overline{I}_{15}$ 编码，$\overline{Y}_{S2}=1$，$\overline{ST}_1=1$，低位片禁止编码。但若 $\overline{I}_8\sim\overline{I}_{15}$ 都是高电平，即高位无编码请求，则$\overline{ST}_1=0$ 允许低位片对输入 $\overline{I}_0\sim\overline{I}_7$ 编码。显然，高位片的编码优先级别高于低位片。

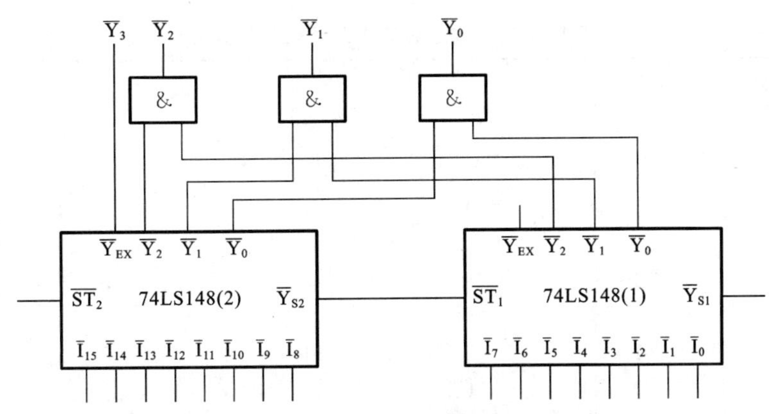

图 11-26　16 线-4 线优先编码器

二、译码器及显示电路

1. 译码器

译码是编码的逆过程，即将每一组输入二进制代码“翻译”成为一个特定的输出信号。实现译码功能的数字电路称为译码器。译码器分为变量译码器和显示译码器。

下面以 3 线-8 线二进制译码器为例，说明二进制译码器的设计原理。

1）3 线-8 线二进制译码器

假设输入信号为二进制原码，输出信号为低电平有效，3 线-8 线二进制译码器输入的 3 位二进制代码为 A_2、A_1、A_0；2^3 个输出信号为 $\overline{Y}_0 \sim \overline{Y}_7$。任何时刻二进制译码器的输出信号只允许一个输出信号有效。根据设计要求，列出真值表如表 11-23 所示。

2）集成 3 线-8 线译码器

将设计好的 3 线-8 线译码器封装在一个集成芯片上，便成为集成 3 线-8 线译码器，图11-27所示为集成 3 线-8 线译码器 74LS138 图形符号，相应的真值表如表 11-24 所示。

S_1、$\overline{S}_2$、$\overline{S}_3$ 为输入选通控制端，当 $S_1\overline{S}_2\overline{S}_3 = 100$ 时，才允许集成 3 线-8 线二进制译码器进行译码，这三个控制端可以作为译码器的扩展端使用。

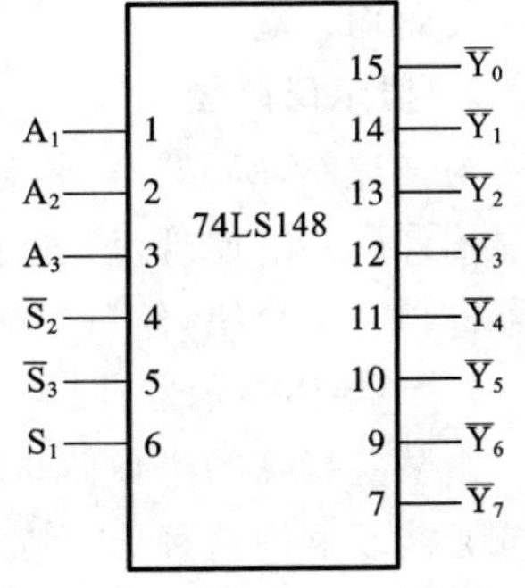

图 11-27　集成 3 **线**-8 **线译码器** 74LS138 **图形符号**

下面以用集成 3 线-8 线二进制译码器构成的 4 线-16 线译码器为例，说明译码器的扩展方法。

（1）确定译码器的个数：由于输出有 16 个信号，至少需要两个 3 线-8 线二进制译码器。

表 11-23 3 线-8 线二进制译码器真值表

输入			输出							
A_2	A_1	A_0	$\overline{Y}_0$	$\overline{Y}_1$	$\overline{Y}_2$	$\overline{Y}_3$	$\overline{Y}_4$	$\overline{Y}_5$	$\overline{Y}_6$	$\overline{Y}_7$
0	0	0	0	1	1	1	1	1	1	1
0	0	1	1	0	1	1	1	1	1	1
0	1	0	1	1	0	1	1	1	1	1
0	1	1	1	1	1	0	1	1	1	1
1	0	0	1	1	1	1	0	1	1	1
1	0	1	1	1	1	1	1	0	1	1
1	1	0	1	1	1	1	1	1	0	1
1	1	1	1	1	1	1	1	1	1	0

表 11-24 集成 3 线-8 线二进制译码器真值表

输入					输出							
S_1	$\overline{S}_2+\overline{S}_3$	A_2	A_1	A_0	$\overline{Y}_0$	$\overline{Y}_1$	$\overline{Y}_2$	$\overline{Y}_3$	$\overline{Y}_4$	$\overline{Y}_5$	$\overline{Y}_6$	$\overline{Y}_7$
1	0	0	0	0	0	1	1	1	1	1	1	1
1	0	0	0	1	1	0	1	1	1	1	1	1
1	0	0	1	0	1	1	0	1	1	1	1	1
1	0	0	1	1	1	1	1	0	1	1	1	1
1	0	1	0	0	1	1	1	1	0	1	1	1
1	0	1	0	1	1	1	1	1	1	0	1	1
1	0	1	1	0	1	1	1	1	1	1	0	1
1	0	1	1	1	1	1	1	1	1	1	1	0
0	×	×	×	×	1	1	1	1	1	1	1	1
×	1	×	×	×	1	1	1	1	1	1	1	1

(2) 扩展后输入的二进制代码有四个,除了使用芯片原有的三个二进制代码输入端作为低 3 位代码输入端外,还需要在三个选通控制端中选择一个作为最高位代码输入端。

2. 显示译码器

与二进制译码器不同,显示译码器是用来驱动显示器件的译码器。而要分析显示译码器的原理,应先了解显示器件类型及工作原理。下面先对常用的显示器件做一下介绍,然后对显示译码器的设计原理进行分析。

1) 半导体显示器件

由某些特殊的半导体材料做成的 PN 结,在外加一定的电压时,能将电能转化成光能。利用这种 PN 结发光特性制作的显示器件,称为半导体显示器件。常用半导体显示器件有单个的发光二极管及由多个发光二极管组成的 LED 数码管,如图 11-28 所示。

半导体显示器件工作时,发光二极管需要一定大小的工作电压及电流。一般地，发光二极管的工作电压为1.5～3 V，工作电流为几毫安到十几毫安，视型号不同而有所不同。驱动电路可以由门电路构成，也可以由三极管电路构成。如图11-29所示，调整电阻R的大小，可以改变发光二极管VD的亮度，使发光二极管正常工作。

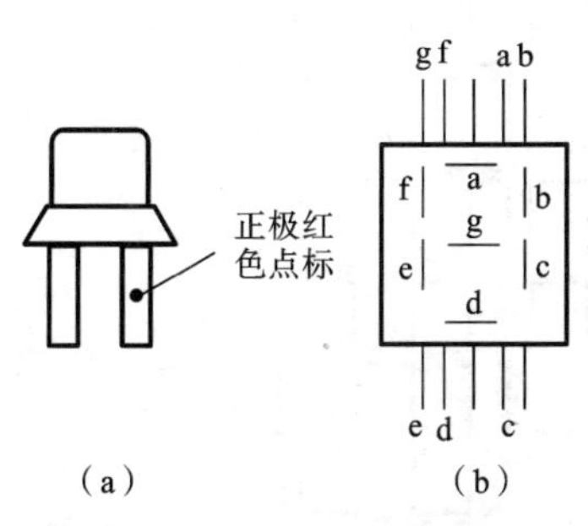

图11-28 半导体显示器件

(a) 发光二极管；

(b) LG5611B型数码管引脚功能

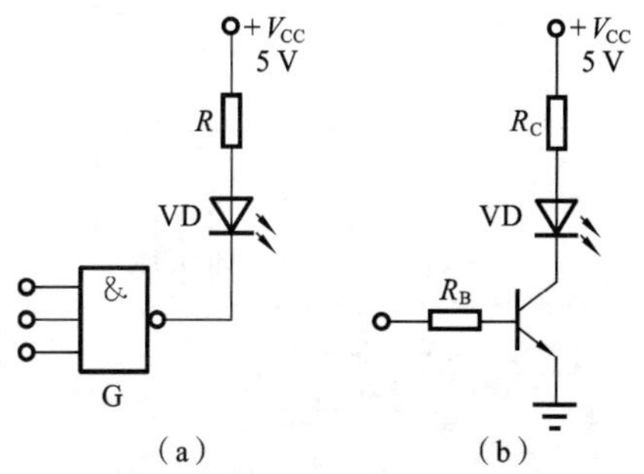

图11-29 半导体显示器件驱动电路

(a) 集成与非门驱动电路；

(b) 半导体三极管驱动电路

LED数码管有共阴极数码管与共阳极数码管两种。如图11-30所示，在构成显示译码器时：对于LED共阳极数码管，要使某段发亮，该段应接低电平；对于LED共阴极数码管，要使某段发亮，该段应接高电平。

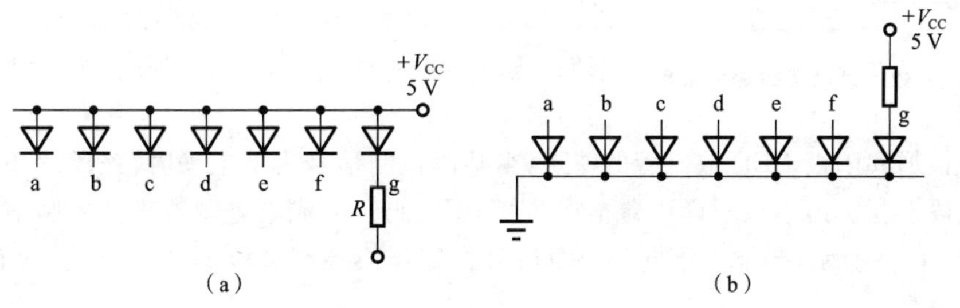

图11-30 LED数码管的接法

(a) 共阳极数码管；(b) 共阴极数码管

半导体显示器件的优点是体积小、工作可靠、寿命长、响应速度快、亮度高、颜色丰富。它的主要缺点是工作电流大，每个字段的工作电流约为10 mA。

2) 液晶显示器件

液晶显示器件(LCD)是一种平板薄型显示器件。由于它的驱动电压低，工作电流非常小，与CMOS电路结合可以构成微功耗系统，广泛应用在电子钟表、电子计算机、各种仪器和仪表中。

液晶是一种介于晶体和液体之间的化合物，常温下既具有液体的流动性和连续性，又具有晶体的某些光学特性。液晶显示器件本身不发光，但在外加电场作用下，可产生光电效应，调制外界光线使不同的部位显现反差，从而达到显示目的。液晶显示器件由一个公共极和构成七段字形的七个电极构成。图 11-31(a)所示为字段 a 的液晶显示器件交流驱动电路，图 11-31(b)所示为产生交流电压的工作波形。当 a 为低电平时，液晶两端不形成电场，无光电效应，该段不发光；当 a 为高电平时，液晶两端形成电场，有光电效应，该段发光。

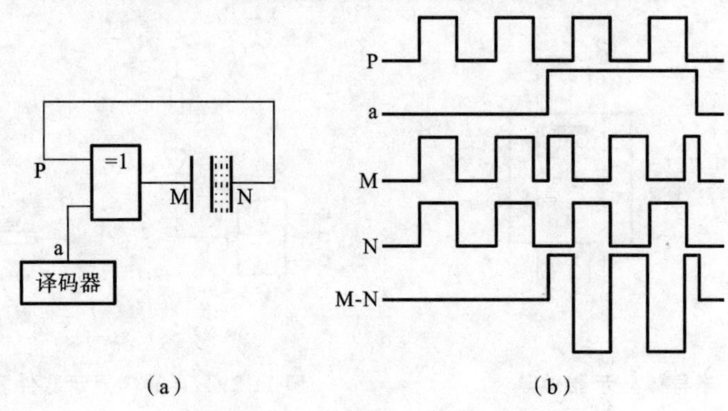

图 11-31　液晶显示器件驱动电路

(a) 液晶显示器件交流驱动电路；(b) 工作电压波形

图 11-32　显示译码器方框图

3）显示译码器

现以驱动共阳极 LED 数码管的 8421BCD 码七段显示译码器为例，说明显示译码器的设计原理。如图 11-32 所示，显示译码器的输入信号为 8421 码，输出为对应下标的数码管七段控制信号。

根据共阳极 LED 数码管的特点，当某段控制信号为低电平时，该段发亮，否则该段不亮。由于显示译码器是将 8421BCD 码转换成十进制数显示控制信号，如图 11-33 所示，当输入不同的 BCD 码时，输出应控制每段 LED 数码管按下列方式发亮。

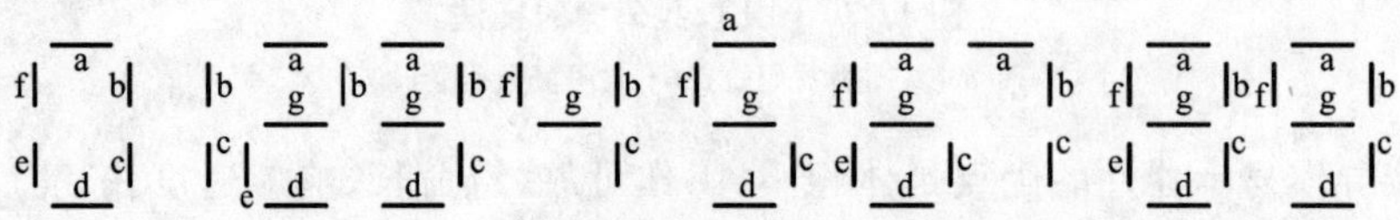

图 11-33　BCD 码所对应的 10 个十进制数显示形式

根据图 11-33 列出相应的真值表，如表 11-25 所示。

根据共阳极数码管发光原理，译码器输出信号为低电平时，才能使数码管发光。因此，LED 数码管的阳极接电源正极，阴极接译码器输出信号。由于 LED 数码管发光需要有一定的工作电流，显示译码器输出信号必须要有足够的带灌电流负载的能力，以驱动 LED 相应的段发光。在译码器的输出端需串联一个限流电阻 R。具体电路如图 11-34 所示。

表 11-25　8421BCD 码七段显示译码器真值表

输入				输出							字形
A_3	A_2	A_1	A_0	Y_a	Y_b	Y_c	Y_d	Y_e	Y_f	Y_g	
0	0	0	0	0	0	0	0	0	0	1	0
0	0	0	1	1	0	0	1	1	1	1	1
0	0	1	0	0	0	1	0	0	1	0	2
0	0	1	1	0	0	0	0	1	1	0	3
0	1	0	0	1	0	0	1	1	0	0	4
0	1	0	1	0	1	0	0	1	0	0	5
0	1	1	0	0	1	0	0	0	0	0	6
0	1	1	1	0	0	0	1	1	1	1	7
1	0	0	0	0	0	0	0	0	0	0	8
1	0	0	1	1	1	1	1	0	1	1	9

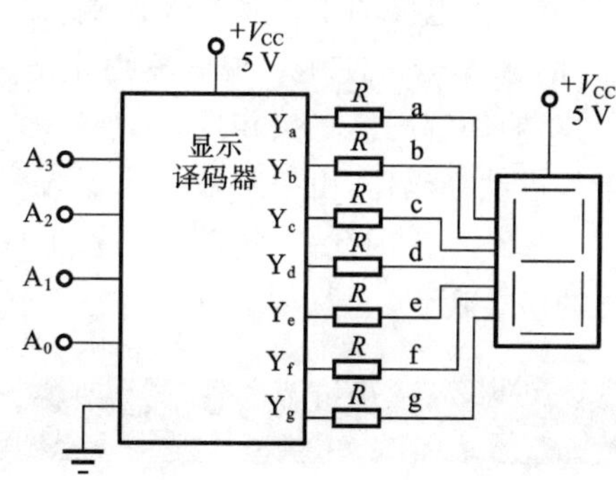

图 11-34　显示译码器与共阳极显示器的连接图

4）集成显示译码器

由于显示器件种类较多，因此集成显示译码器种类也有很多。在使用译码器时，应根据显示器件的类型，选择不同的显示译码器，具体集成显示译码器的介绍，请参照有关集成电路资料。

本章小结

（1）逻辑代数是用来描述逻辑关系、反映逻辑变量运算规律的数学。逻辑变量是用来表示逻辑关系的二值量，它的取值只有 0 和 1 两种，它们代表逻辑状态而不是数量。基本的逻辑关系有与、或、非逻辑三种。

（2）逻辑函数通常有四种表示方式，即真值表、逻辑表达式、卡诺图及逻辑图,它们之间可以相互转换。

(3) 在数字集成电路中,常用的门电路有与非门、或非门、与或门、异或门、三态门等。门电路是组成各种复杂逻辑电路的基础,掌握常用门电路的逻辑功能和外部电气特性对学习和使用数字电路是很有帮助的。TTL 集成逻辑门电路主要由输入级、中间倒相级和输出级三部分组成。

(4) 组合逻辑电路是由各种门电路组成的没有记忆功能的电路,它的特点是任一时刻的输出信号只取决于该时刻输入信号的取值组合,而与电路原来所处的状态无关。组合逻辑电路的分析方法是根据给定的逻辑电路逐级写出输出逻辑表达式,然后进行必要的化简,在获得最简逻辑函数后,再进行功能判别。如果有困难,则可先列出该函数的真值表,再确定组合逻辑电路的功能。组合逻辑电路的设计方法是根据设计要求设定输入变量和输出函数,列出反映设计要求的真值表,再根据真值表写出输出逻辑函数式,用卡诺图或代数法进行化简,并变换成所要求的形式,最后画出最简的逻辑电路。

(5) 本节讨论的编码器、译码器是常用的中规模集成逻辑部件,为增加使用的灵活性和便于扩展,在多数中规模集成组合逻辑电路中都设置了使能端(或称选通端、控制端等),它既可作为电路的工作状态控制端,又可作为输出信号的选通信号端,还可作为信号的输入端来使用。编码器用于将输入的电平信号编成二进制代码,而译码器的功能和编码器正好相反,它是将输入的二进制代码译成相应的电平信号。对于二进制译码器,由于其输出为输入变量的全体最小项,而且每一个输出函数为一个最小项。因此,二进制译码器辅以门电路后,很适合用于实现单输出或多输出的组合逻辑函数。

习　题

11-1　将下列十进制数转换为二进制数。

(1) $(154.25)_{10}$　　(2) $(174)_{10}$　　(3) $(81.39)_{10}$

11-2　将下列二进制数转换为十进制数、八进制数、十六进制数。

(1) $(11010.011)_2$　　(2) $(101110.011)_2$　　(3) $(0.001011)_2$

11-3　将下列各进制数按权展开。

(1) $(451.235)_{10}$　　(2) $(10110.0101)_2$　　(3) $(78A.35)_{16}$

11-4　按要求完成下列转换。

(1) $(154)_{10}=(\qquad\qquad)_{8421BCD}$

(2) $(74)_{10}=(\qquad\qquad)_2$

(3) $(0110\ \ 1000\ \ 0101)_{8421BCD}=(\qquad)_{10}$

(4) $(11110011)_2=(\qquad)_{10}$

11-5　求下列 BCD 码代表的十进制数。

(1) $(100010010110.00011001)_{8421BCD}$

(2) $(100010011010.01011001)_{余3BCD}$

11-6　利用逻辑函数的基本公式和定理证明下列等式。

(1) $AB+\bar{A}C+\bar{B}C=AB+C$

(2) $A\bar{B}+BD+\bar{A}D+DC=A\bar{B}+D$

(3) $BC+D+\bar{D}(\bar{B}+\bar{C})(AD+B)=B+D$

(4) $ABC+\bar{A}\,\bar{B}\,\bar{C}=\overline{A\bar{B}+B\bar{C}+C\bar{A}}$

(5) $ABC+A\bar{B}\,\bar{C}+\bar{A}B\bar{C}+\bar{A}\,\bar{B}C=A\oplus B\oplus C$

11-7　利用公式法化简下列函数。

(1) $F=A+\overline{\bar{B}+\overline{CD}}+\overline{\overline{AD}+\bar{B}}$

(2) $F=\overline{AB\bar{C}}+A+B+C$

(3) $F=(\bar{A}+\bar{B}+\bar{C})(B+\bar{B}C+\bar{C})(\bar{D}+DE+\bar{E})$

(4) $F=A\bar{B}(C+D)+D+\bar{D}(A+B)(\bar{B}+\bar{C})$

11-8　根据真值表 11-26 写出逻辑函数的逻辑表达式。

表 11-26　真值表

A	B	C	F
0	0	0	1
0	0	1	0
0	1	0	0
0	1	1	0
1	0	0	0
1	0	1	0
1	0	0	1
1	1	1	0

11-9　用与非门实现下列逻辑函数。

(1) $F_1(A,B,C,D)=\sum m(0,5,7,10,11,12,13,14,15)$

(2) $F_2=AB+\bar{B}\bar{C}+A\bar{C}+AB\bar{C}+\bar{A}\,\bar{B}\,\bar{C}\,\bar{D}$

(3) $F_3=\overline{AB\bar{C}+A\bar{B}C+\bar{A}BC}$

(4) $F_4=A\,\overline{BC}+\overline{\overline{A\bar{B}}+BC+\bar{A}\,\bar{B}}$

11-10　试画出下列逻辑函数的逻辑图。

(1) $F_1=(A\bar{B}C+\bar{A}C\bar{D})A\bar{C}D$

(2) $F_2=AB+BC+\bar{C}D$

(3) $F_3=(A\oplus B)\overline{AB+\bar{A}\,\bar{B}}+AB$

(4) $F_4=\overline{\overline{AB}+(C+D)}$

11-11　试写出图 11-35 所示逻辑图的逻辑函数表达式。

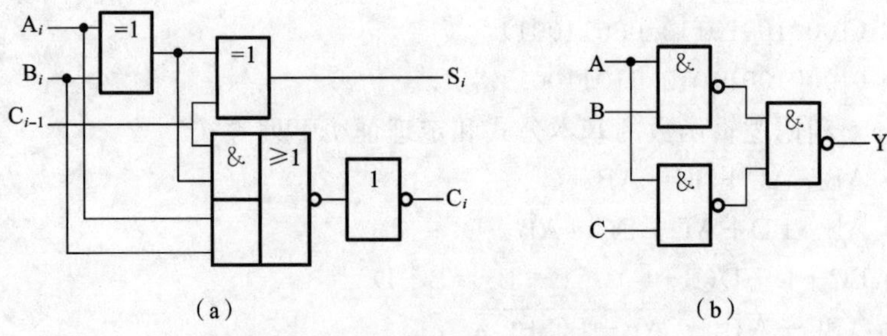

图 11-35　习题 11-11 逻辑图

11-12　半导体二极管的开关条件是什么？导通和截止时各有什么特点？半导体三极管的开关条件是什么？饱和导通和截止时各有什么特点？

11-13　在图 11-36 所示 TTL 的电路中，已知关门电阻 $R_{off}=700\ \Omega$，开门电阻 $R_{on}=2.3\ \mathrm{k\Omega}$，试判别哪些电路输出高电平 1，哪些电路输出低电平 0。

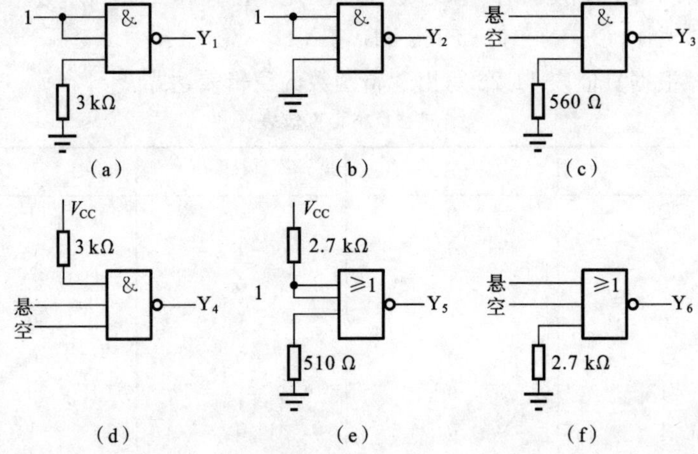

图 11-36　习题 11-13 图

11-14　试判断图 11-37 所示 TTL 门电路输出与输入之间的逻辑关系哪些是正确的，哪些是错误的，并将解法错误的予以改正。

11-15　试判断图 11-38 所示 TTL 三态输出门电路能否按要求的逻辑关系正常工作，如有错误，请改正。

11-16　试分析图 11-39 所示电路的逻辑表达式，并列出真值表，说明其功能。

11-17　试用二输入与非门和反相器设计一个四变量的奇偶校验器，即当 4 变量中有奇数个“1”输入时，输出为 1，否则为 0。

11-18　用与非门设计一个四人表决电路。对于某一个提案，如赞成时，可按一下每人前面的电钮；不赞同时，不按电钮。表决结果用指示灯指示，灯亮表示多数人同意，提案通过；灯不亮，提案被否决。设计一个能实现上述要求的表决电路。

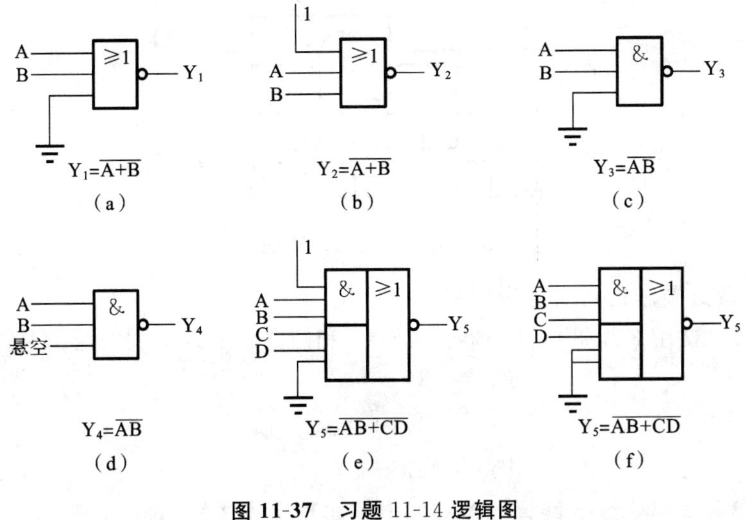

图 11-37　习题 11-14 逻辑图

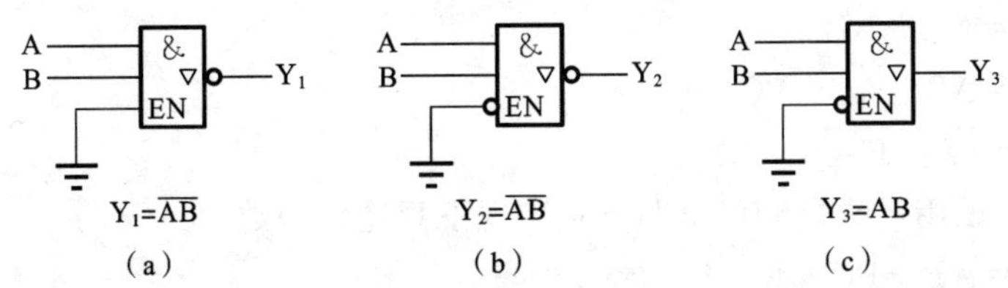

图 11-38　习题 11-15 图

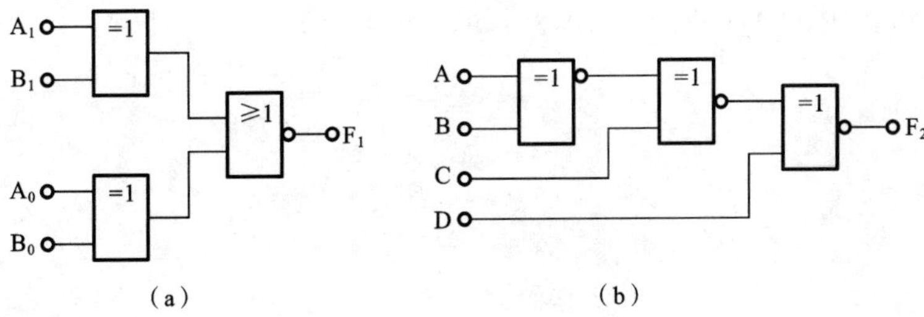

图 11-39　习题 11-16 图

11-19　试设计一个组合电路，该电路有三个输入 A、B、C，一个输出 F。当下面条件有任意一个成立时，F 都等于 1，否则为 0。

(1) 所有输入为 0；

(2) 没有一个输入为 0；

(3) 有奇数个输入为 0。

11-20　设计一个路灯控制电路。要求在四个不同的地方都能独立控制电灯的亮和灭。当一个开关动作后灯亮，则另一个开关动作后灯灭。设计一个能实现此要求的组合逻辑电路。

11-21　已知输入 A、B、C 和输出 Y 的波形如图 11-40 所示，试用最少的与非

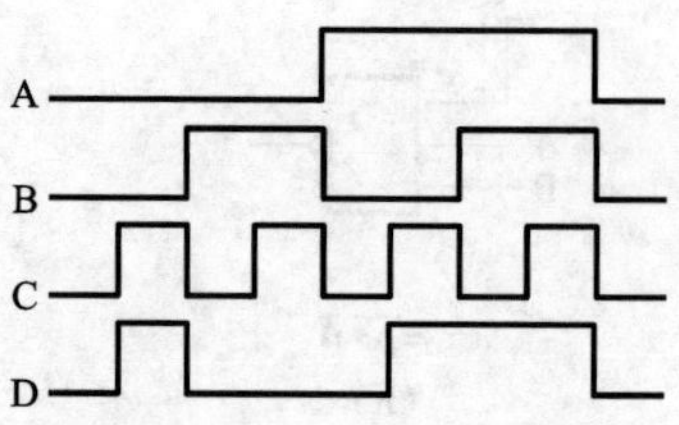

图 11-40　习题 11-21 图

门设计实现此要求的组合逻辑电路。

11-22　试用 3 线-8 线译码器 74LS138 和门电路实现下面的输出逻辑函数：

$$\begin{cases} Y_1 = AC \\ Y_2 = \overline{ABC} + A\overline{B}\,\overline{C} + BC \\ Y_3 = AB\overline{C} + \overline{B}\,\overline{C} \end{cases}$$

11-23　试用 3 线-8 线译码器和门电路实现下列逻辑函数。

(1) $Y = \overline{A}\,\overline{B} + AB\overline{C}$

(2) $Y = AB + AC + BC$

(3) $Y = \overline{(A+B)(\overline{A}+C)}$

11-24　试用译码器和门电路分别实现下列逻辑函数。

(1) $Y = \overline{A}\,\overline{B} + BC + A\overline{C}$

(2) $Y = AB\overline{C} + \overline{B}\,\overline{D} + \overline{A}C\overline{D} + AB\overline{C}D$

(3) $Y(A,B,C,D) = \sum m(0,3,7,9,11,14,15)$

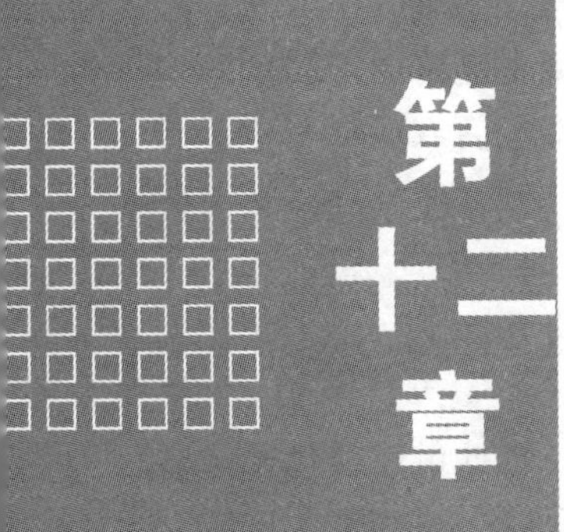

触发器及时序逻辑电路

学习目标：

▶掌握触发器的基本结构及工作原理，掌握触发器的逻辑功能；

▶掌握集成计数器的逻辑功能，并能够利用集成计数器进行任意进制计数器设计；

▶熟悉常用的几种脉冲单元电路，熟悉 555 定时器的使用方法；

▶了解 AD 转换器及 DA 转换器的作用及工作原理。

第一节 触发器及其应用

时序逻辑电路由触发器和组合逻辑电路组成，它的输出不仅与当时的输入状态有关，而且还与电路原来的状态(触发器的状态)有关，即时序逻辑电路具有记忆功能。组合电路的基本单元是门电路，而时序电路的基本单元是触发器。

触发器是具有记忆功能的基本逻辑电路，其实质是能够存储一个“0”或“1”的基本存储单元，它有 0 和 1 这两个稳定的状态。在输入信号消失后，触发器所置的状态能够保持不变。触发器是构成时序逻辑电路的基本逻辑部件，常用的有 RS 触发器、JK 触发器、D 触发器、T 触发器等。

一、基本 RS 触发器

如图 12-1 所示，将两个与非门的输出端、输入端相互交叉耦合连接，就构成了基本 RS 触发器。它有两个输入端 R_D、S_D 和两个输出端 Q、$\overline{Q}$。一般情况下，Q、$\overline{Q}$ 是互补的，即输出端 Q 和 $\overline{Q}$ 的逻辑状态相反。通常用 Q 端的状态来表示触发器的状态：当 $Q=1,\overline{Q}=0$ 时，称触发器为 1 状态或置位状态；当 $Q=0,\overline{Q}=1$ 时，称触发器为 0 状态或复位状态。

基本 RS 触发器的逻辑功能分析如下。

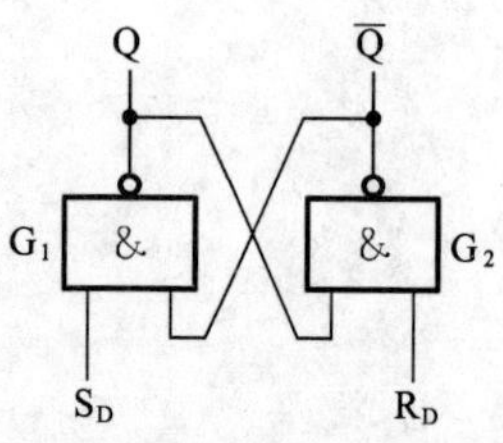

图 12-1　基本 RS 触发器逻辑电路

(1) $R_D=1, S_D=1$ 时　设触发器处于 0 态，即 $Q=0, \overline{Q}=1$。根据触发器的逻辑电路图，此时 $Q=0$ 反馈到门 G_2 的输入端，从而保证了 $\overline{Q}=1$；而 $\overline{Q}=1$ 反馈到门 G_1 的输入端，与 $S_D=1$ 共同作用，又保证了 $Q=0$。因此触发器仍保持原来的 0 态。

设触发器处于 1 态，即 $Q=1$、$\overline{Q}=0$。$\overline{Q}=0$ 反馈到门 G_1 的输入端，从而保证了 $Q=1$；而 $Q=1$ 反馈到门 G_2 的输入端，与 $R_D=1$ 共同作用，又保证了 $\overline{Q}=0$。因此触发器仍保持原来的 1 态。可见，当 R_D 和 S_D 均为高电平时，无论 Q 端原状态为 0 还是 1，触发器都具有保持的功能，即触发器具有记忆 0 或 1 的功能，因此触发器可以用来存放一位二进制数。

(2) $R_D=0, S_D=1$ 时　当 $R_D=0$ 时，无论触发器原来的状态如何，都有 $\overline{Q}=1$。这时门 G_1 的两输入端都为 1，则有 $Q=0$，所以触发器置为 0 态。触发器置 0 后，只要 S_D 保持高电平，无论 R_D 变为 1 还是仍为 0，触发器仍保持 0 态，因而 R_D 端称为置 0 端或复位端。

(3) $R_D=1, S_D=0$ 时　因 $S_D=0$，无论 $\overline{Q}$ 的状态如何，都有 $Q=1$，所以触发器被置为 1 态。触发器置 1 后，只要保持 R_D 为高电平，即使 S_D 由 0 跳变为 1，触发器仍保持 1 态，因而 S_D 端称为置 1 端或置位端。

(4) $R_D=0, S_D=0$ 时　无论触发器原来的状态如何，只要 R_D、S_D 同时为 0，都有 $Q=\overline{Q}=1$，不符合 Q 和 $\overline{Q}$ 为相反的逻辑状态的要求。一旦 R_D 和 S_D 由低电平同时跳变为高电平，由于门的传输延迟时间不同，触发器的状态就会不确定，因此在使用中禁止这种情况发生。

综上所述得到基本 RS 触发器的逻辑状态表，如表 12-1 所示。

表 12-1　基本 RS 触发器的逻辑状态表

S_D	R_D	Q^n	Q^{n+1}	功　能
1	0	0	0	置 0(复位)
		1	0	
0	1	0	1	置 1(置位)
		1	1	
1	1	0	0	保持
		1	1	
0	0	0	×	不稳定状态
		1	×	

由表 12-1 可知，触发器的新状态 Q^{n+1}（次态）不仅与输入状态有关，也与触发器原来的状态 Q^n（也称现态或初态）有关。

可见，基本 RS 触发器的特点如下：

(1) 有两个互补的输出端，有 0 和 1 两个稳态；

(2) 有复位(Q=0)、置位(Q=1)、保持原状态三种功能；

(3) R_D 为复位输入端，S_D 为置位输入端，电路为低电平有效；

(4) 由于反馈线的存在，无论是复位还是置位，有效信号只需作用很短一段时间。

基本 RS 触发器的逻辑符号如图 12-2 所示，输入端靠近方框处画有“o”，其含义是低电平来置位或复位。有的基本 RS 触发器采用正脉冲或高电平来置位或复位，其逻辑符号中输入端靠近方框处没有“o”。

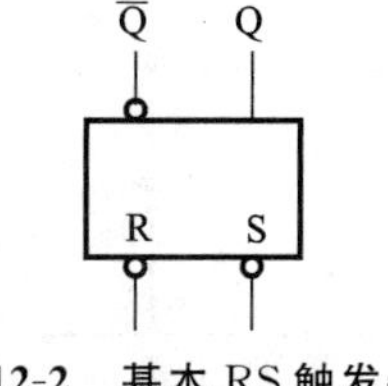

图 12-2　基本 RS 触发器的逻辑符号

二、钟控 RS 触发器

基本 RS 触发器虽然具有置 0、置 1 和记忆功能，但其输出状态受输入状态的直接控制。而在实际应用中，触发器的输入端除 R、S 端外，还有一个时钟控制端 CP，只有在 CP 端上出现时钟脉冲时，触发器的状态才能变化。具有时钟脉冲控制功能的 RS 触发器，其状态的改变与时钟脉冲同步，称为钟控 RS 触发器。

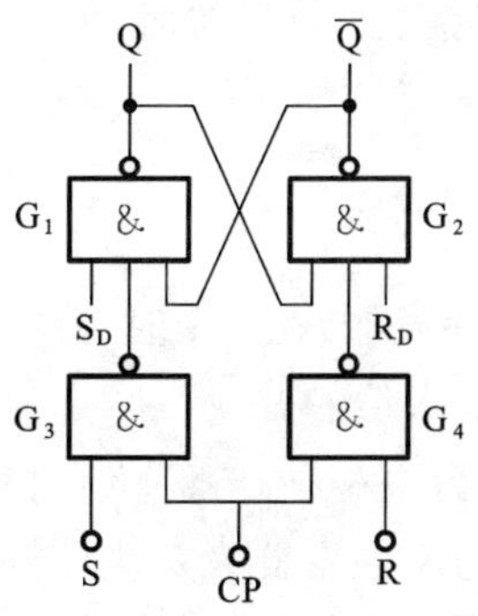

图 12-3　钟控 RS 触发器的逻辑电路

1. 电路结构及原理

钟控 RS 触发器的逻辑电路如图 12-3 所示，上面的两个与非门 G_1、G_2 构成基本 RS 触发器；下面的两个与非门 G_3、G_4 组成控制电路，通常称为控制门，以控制触发器状态的翻转时刻；R 和 S 为控制端(输入端)；CP 为时钟脉冲输入端；R_D 为直接复位端或直接置 0 端，S_D 为直接置位端或置 1 端，它们不受时钟脉冲 CP 的控制，一般用在工作之初预先使触发器处于某一给定状态，在工作过程中不用它们。

由图可知，当 CP 端处于低电平，即 CP=0 时，G_3、G_4 门将封锁。这时不论 R 和 S 端输入何种信号，G_3、G_4 门输出均为 1，基本 RS 触发器的状态不变。当 CP 端处于高电平，即 CP=1 时，G_3、G_4 门打开，输入信号通过 G_3、G_4 门的输出去触发基本 RS 触发器。

2. 钟控 RS 触发器的逻辑关系

当 CP=0 时，控制门 G3、G4 关闭，都输出 1。这时，不管 R 端和 S 端的信号如何变化，触发器的状态都保持不变。当 CP=1 时，G3、G4 打开，R、S 端的输入信号通过这两个门，使基本 RS 触发器的状态翻转，此时其输出状态才由 R、S 端的输入信号决定。这种触发器称为电平触发器，数字集成电路手册及外文资料中常称之为锁存器。

可见,钟控RS触发器的状态转换分别由R、S信号和CP信号控制,其中,R信号、S信号控制状态转换的方向,即转换为何种状态;CP信号控制状态转换的时刻,即何时发生转换,如表12-2所示。Q^n表示在CP作用前触发器的状态,Q^{n+1}表示在CP作用后触发器的状态。

表12-2 钟控RS触发器CP=1时的功能表

R	S	Q^n	Q^{n+1}	功 能
0	0	0 1	0 1	保持原状态
0	1	0 1	1 1	置1(置位) 输出状态与S相同
1	0	0 1	0 0	置0(复位) 输出状态与S相同
1	1	0 1	× ×	不稳定状态

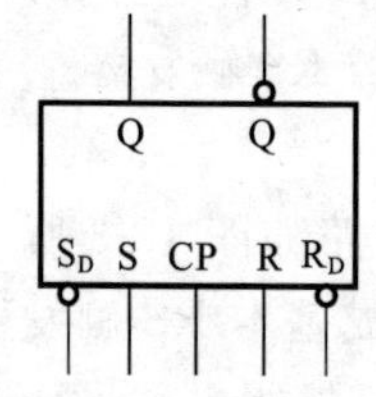

图12-4 钟控RS触发器的逻辑符号

钟控RS触发器的逻辑符号如图12-4所示,注意:S_D、R_D分别是直接置1端、直接置0端,与时钟脉冲无关,正常使用时,S_D、R_D接高电平。

三、JK触发器

钟控RS触发器属于电平触发器,在一个时钟周期内的整个高电平期间都能接收输入信号并改变状态,由此可能使触发器在一个时钟脉冲下两次或多次翻转,称为空翻。空翻将使时序电路不能按时钟节拍工作,造成系统的误动作。可采用JK触发器来解决该问题。JK触发器只在时钟脉冲的上升沿或下降沿到来时接收输入信号,进行状态转换,而其他时刻不受影响。

1. JK触发器的电路组成

JK触发器由两个钟控RS触发器组成。一个直接接收输入信号,称为主触发器;另一个接收主触发器的输出信号,称为从触发器。通过一个非门将两个触发器的时钟脉冲端连接起来,就构成了主从型结构。时钟脉冲的前沿使主触发器翻转,而时钟脉冲的后沿使从触发器翻转,两级触发器的时钟信号互补,从而能有效地避免空翻。

图12-5所示为JK触发器的逻辑电路及图形符号,它与RS触发器的逻辑功能基本相同,不同之处是JK触发器没有约束条件,在J=K=1时,每输入一个时钟脉冲,触发器就向相反的状态翻转一次。

工作原理:当时钟脉冲到来,即CP=1时,与非门的输出为0,从触发器的状

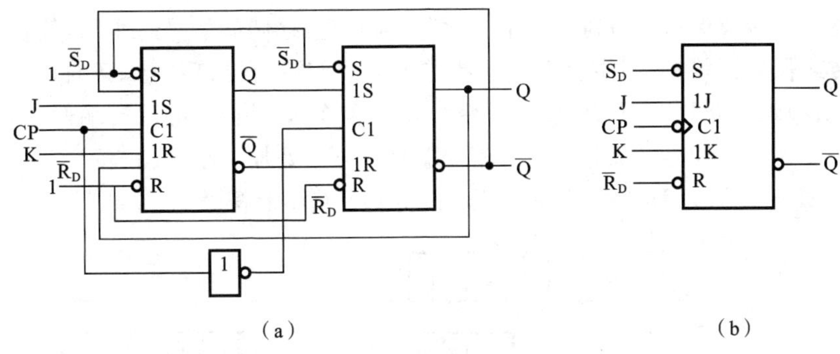

图 12-5　JK 触发器的逻辑电路及图形符号

(a) 逻辑电路；(b) 图形符号

态保持不变，这时主触发器是否翻转，由它在时钟脉冲为低电平时的状态(图中 $S=\overline{Q}$，$R=Q$)以及 J、K 输入端的状态而定。把 CP 从 1 跳变为 0 前一瞬间的输出状态送到从触发器，使两者状态保持一致。

例如：主触发器为 1 态，当非门的输出跳变为 1 时，由于从触发器的 S=1 和 R=0，故从触发器也处于 1 态。

2. JK 触发器的逻辑功能

(1) J=1，K=1 时　设时钟脉冲到来之前，即 CP=0 时，触发器的初始状态为 0 态，这时主触发器的 $S=\overline{Q}=1$，$R=Q=0$；当时钟脉冲到来后，即 CP= 1 时，由于主触发器的 J=1、K=1、S=1、R=0，故主触发器翻转为 1 态；当 CP 从 1 跳变为 0 时，由于从触发器的 S=1 和 R =0，从触发器翻转为 1 态。反之，设主触发器的 S=0 和 R=1，当 CP=1 时，主触发器翻转为 0 态，当 CP 跳变为 0 时，从触发器也翻转为 0 态。

可见，JK 触发器在 J=K=1 的情况下，来一个时钟脉冲，就翻转一次，这表明，在这种情况下，触发器具有计数功能。

(2) J=0，K=0　设触发器的初始状态为 0 态。当主触发器 CP=1 时，由于主触发器的 J=0、K=0，主触发器的状态保持不变，当 CP 跳变为 0 时，由于主触发器的输出状态不变，从触发器的输出也保持不变。同理，初始状态为 1 也有同样的结果。

(3) J=1，K=0　设触发器的初始状态为 0 态，当主触发器 CP =1 时，由于主触发器的 J=1、K=0、S =1、R =0，主触发器翻转为 1 态；当 CP 负跳变时，由于从触发器的 S=1、R =0，从触发器也翻转为 1 态。如果初始状态为 1 态，主触发器由于 S =0、R =1，当 CP =1 时，保持原状态不变；从触发器由于 S=1、R = 0，当 CP 负跳变时，也保持 1 态不变。

(4) J=0，K=1　无论触发器原来处于什么状态，下一个状态一定是 0 态。

综上所述，JK 触发器在 CP=1 时，把输入信号暂时存储在主触发器中，为从触发器的翻转或保持做好准备；当 CP 跳变为 0 时，存储的信号起作用，使从触发器翻转或保持原状态，但主触发器的状态不会改变，不会出现“空翻”的现象。此外，主从型触发器具有在 CP 从 1 跳变为 0 时翻转，即时钟脉冲后沿触发的特点。后沿触发在图形符号中通过在 CP 输入端靠近方框处加一小圆圈表示。

图 12-6 所示为 JK 触发器的波形图、功能表及图形符号。

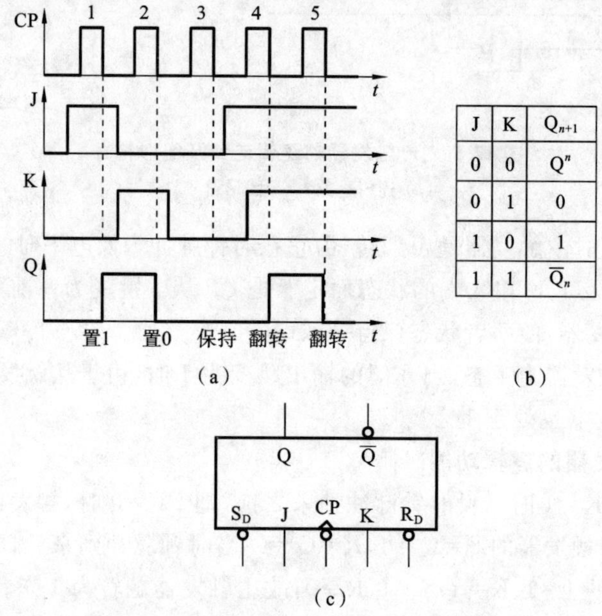

J	K	Q_{n+1}
0	0	Q^n
0	1	0
1	0	1
1	1	$\overline{Q}_n$

图 12-6　JK 触发器的波形图、功能表及图形符号

(a) 波形图；(b) 功能表；(c) 图形符号

注意：电路符号中脉冲 CP 处的三角符号加“o”表示下降沿触发或后沿触发；只有三角符号表示上升沿触发或前沿触发。

例 12-1　设 JK 触发器的初始状态为 0，已知输入 J、K 的波形图如图 12-7 所示，画出输出 Q 的波形图。

解　在画主从触发器的波形图时，应注意以下两点：

(1) 触发器的触发翻转发生在时钟脉冲的触发沿(这里是下降沿)；

(2) 在 CP=1 期间，如果输入信号的状态没有改变，判断触发器次态的依据是时钟脉冲下降沿前一瞬间输入端的状态。

输出 Q 的波形图如图 12-7 中 Q 波形所示。

例 12-2　下降沿触发的 JK 触发器的 CP 和 J、K 波形如图 12-8 所示，设触发器的初始状态为 0，画出触发器输出端 Q 的波形。

解　触发器为下降沿触发，首先在脉冲 CP 波形上找出下降沿，然后根据此时 J、K 的取值，对照逻辑状态表得出输出 Q 的状态，其他时刻输出均保持原态。

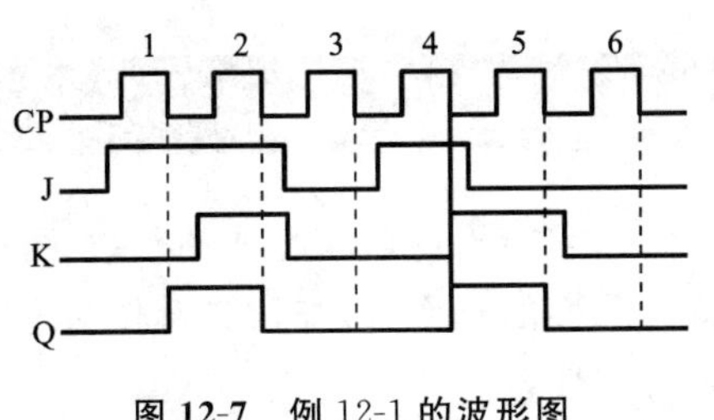

图 12-7　例 12-1 的波形图

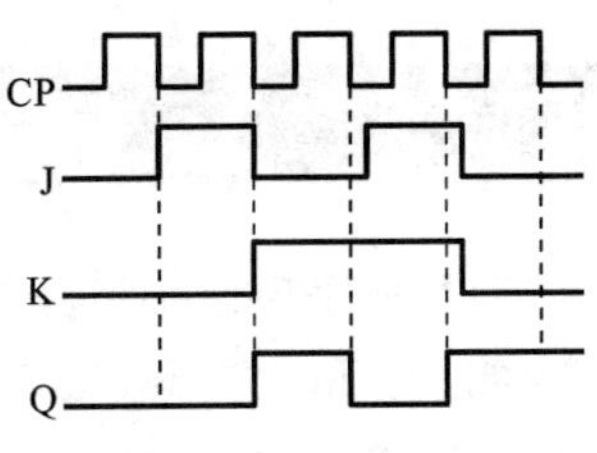

图 12-8　例 12-2 的波形图

四、D 触发器

主从 JK 触发器存在的主要问题是一次变化现象。边沿 D 触发器不仅将触发器的触发翻转控制在 CP 触发沿到来的一瞬间，而且将接收输入信号的时间也控制在 CP 触发沿到来的前一瞬间。因此，边沿 D 触发器既没有空翻现象，也没有一次变化问题，从而大大提高了触发器工作的可靠性和抗干扰能力。

D 触发器只有一个触发输入端 D，逻辑关系非常简单。图 12-9 所示为维持阻塞型 D 触发器的逻辑符号及功能表，该触发器为上升沿触发。

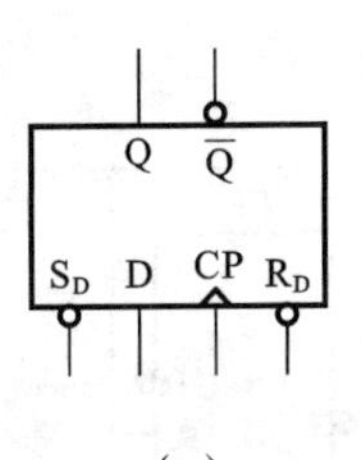

(a)

D	Q_n	Q_{n+1}	功能说明
0	0	0	输出状态与D状态相同
0	1	0	
1	0	1	
1	1	1	

(b)

图 12-9　维持阻塞型 D 触发器的逻辑符号及功能表

(a) 逻辑符号；(b) 功能表

逻辑功能：D 触发器的功能表如图 12-9 所示。当 D=0 时，在时钟脉冲 CP 上升沿到来时，输出状态 $Q_{n+1}=0$；当 D=1 时，在 CP 上升沿到来时，输出状态 $Q_{n+1}=1$。可见，D 触发器的输出状态仅取决于 CP 到达前 D 输入端的状态，而与触发器现态无关，即 $Q_{n+1}=DQ_n$。

例 12-3　在图 12-9 所示的 D 触发器上，CP 和 D 波形如图 12-10 所示，设触发器的初始状态为 0，画出触发器输出端 Q 的波形。

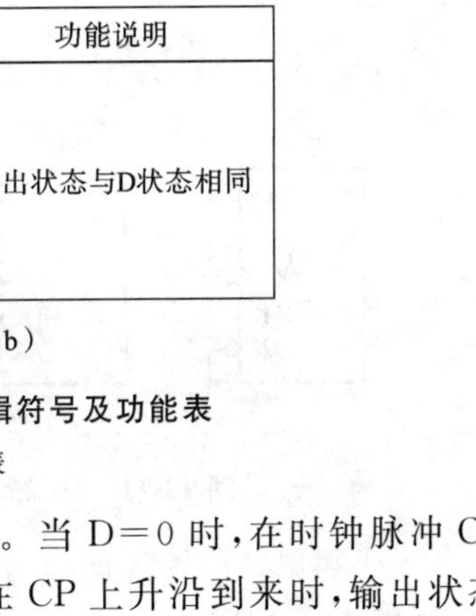

解　触发器为上升沿触发，首先在脉冲 CP 波形上找出上升沿，然后根据此时 D 的取值，对照逻辑状态表得出输出 Q 的状态，其他时刻输出均保持原态。

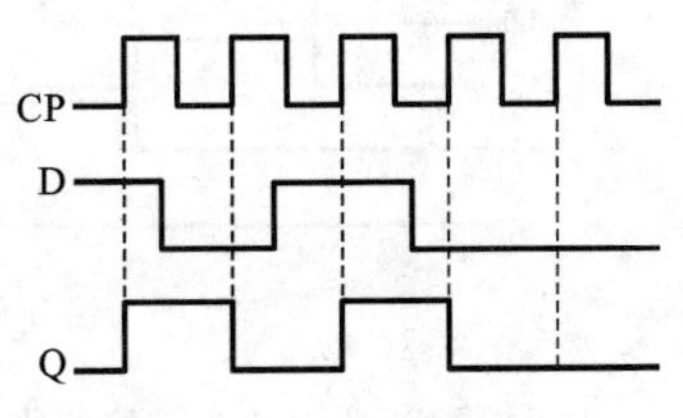

图 12-10　例 12-3 的波形

第二节　集成计数器

计数器是数字电路中最基本的部件之一，它能累计输入脉冲的个数，可以进行加法计数，也可以进行减法计数。当输入脉冲的频率一定时，又可作为定时器使用。以进制来分，有二进制计数器和十进制计数器等。

一、二进制计数器

由于双稳态触发器具有 0 和 1 两种状态，而二进制也只有 0 和 1 两个数码，所以一个触发器可以代表一位二进制数，N 个触发器可以表示 N 位二进制数。二进制计数器分为二进制加法计数器和二进制减法计数器，按照时钟脉冲 CP 的连接方式又分同步计数器和异步计数器。

1. 异步二进制计数器

图 12-11 所示为由 JK 触发器组成的 4 位异步二进制加法计数器。最低位触发器 FF_0 的时钟脉冲输入端接计数脉冲 CP，其他触发器的时钟脉冲输入端接相邻低位触发器的 Q 端。

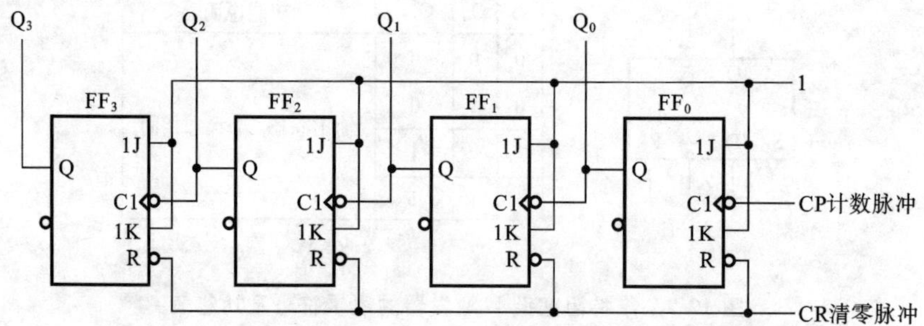

图 12-11　JK 触发器组成的 4 位异步二进制加法计数器

由于该电路的连线简单且规律性强，只需做简单的分析就可画出时序波形图，如图 12-12 所示。

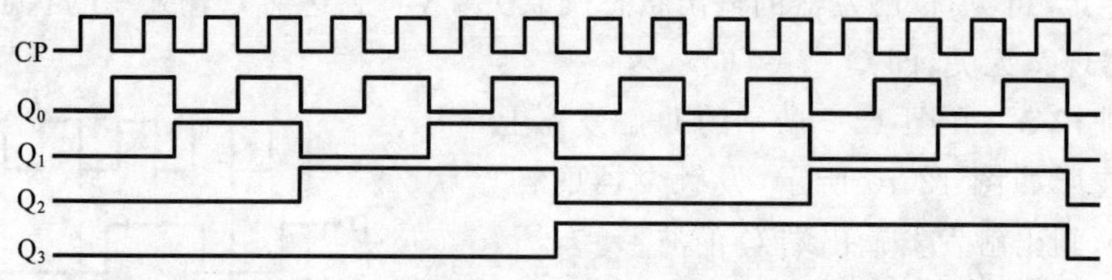

图 12-12　时序波形图

从时序图可以看出，Q_0、Q_1、Q_2、Q_3 的周期分别是计数脉冲 CP 周期的 2 倍、4 倍、8 倍、16 倍，也就是说，Q_0、Q_1、Q_2、Q_3 分别对 CP 波形进行了二分频、四分频、八分频、十六分频，因而计数器也可作为分频器。

4 位异步二进制加法计数器状态图如图 12-13 所示，从初态 0000（由清零脉冲所置）开始，每输入一个计数脉冲，计数器的状态按二进制加法规律加 1，所以该计数器是 4 位二进制加法计数器。又因为该计数器有 0000～1111 共 16 个状态，所以也称为十六进制加法计数器或模 16（$M=16$）加法计数器。

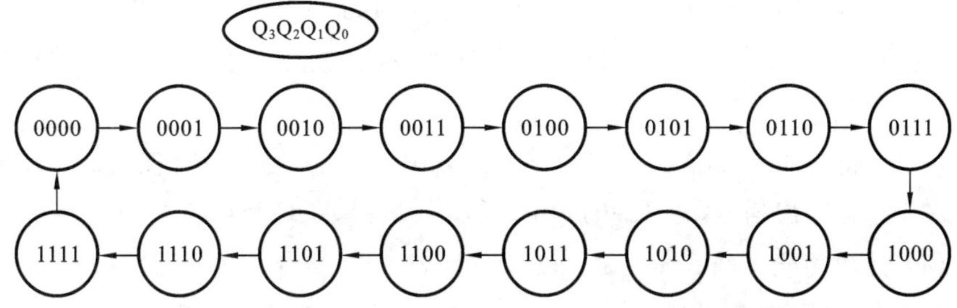

图 12-13　4 位异步二进制加法计数器状态图

异步二进制计数器结构简单，改变级联触发器的个数，可以很方便地改变二进制计数器的位数，n 个触发器构成 n 位二进制计数器或 $2n$ 分频器。

2. 同步二进制计数器

若计数器的输出端在计数脉冲到来之后同时完成状态的变换则称同步计数器。显然，同步计数器的工作速度高于异步计数器。

图 12-14 所示为同步二进制计数器 74LS161 的逻辑符号及功能表。

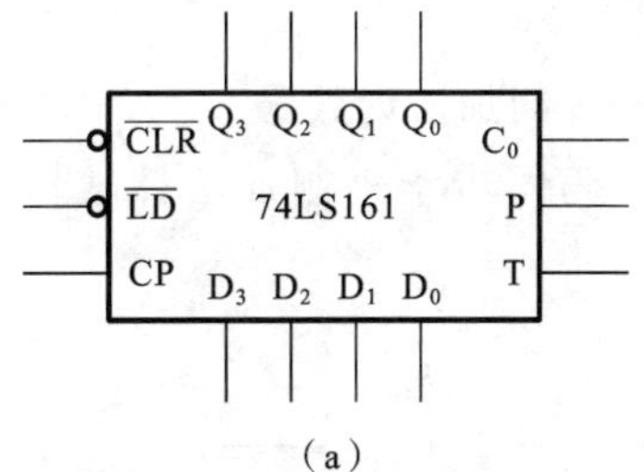

（a）

P	T	$\overline{LD}$	$\overline{CLR}$	CP	功能
1	1	1	1	↑	计数
×	×	0	1	↑	并行输入
0	1	1	1	×	保持
×	0	1	1	×	保持（$C_0=0$）
×	×	×	0	×	清零

（b）

图 12-14　同步二进制计数器 74LS161 的逻辑符号及功能表

（a）逻辑符号；（b）功能表

CP 是时钟脉冲信号端，$\overline{CLR}$是异步清零端，$\overline{LD}$是同步置数控制端，P 和 T 为计数允许控制端，D_0～D_3 为并行数据输入端，Q_0～Q_3 为数据输出端，C_0 为进位输出端。

由功能表可以看出该芯片具有以下功能。

(1) 清零功能　只要$\overline{CLR}=0$,计数器就会异步清零,即输出状态立刻变为“0000”。

(2) 同步并行置数功能　当$\overline{CLR}=1$、$\overline{LD}=0$时,在CP上升沿作用下,并行输入数据$D_0 \sim D_3$进入计数器,使计数器的输出端状态为$Q_3Q_2Q_1Q_0=D_3D_2D_1D_0$。

(3) 保持功能　当$\overline{CLR}=1$、$\overline{LD}=1$时,若$P \cdot T=0$,则计数器保持原来状态不变。对于进位输出信号,若$T=0$,则$C_0=0$,若$T=1$,则$C_0=Q_3 \cdot Q_2 \cdot Q_1 \cdot Q_0$。

(4) 计数功能　当$\overline{CLR}=1$、$\overline{LD}=1$时,若$P=T=1$,则在时钟脉冲CP上升沿的连续作用下,计数器输出$Q_3Q_2Q_1Q_0$的状态按0000→0001→0010→0011→0100→0101→0110→0111→1000→1001→1010→1011→1100→1101→1110→1111→0000的次序循环变化,完成十六进制加法计数。并且当计数器计到1111时,进位输出端C_0输出为1,其他情况下C_0输出为0。

二、十进制计数器

为符合人们的日常习惯,常常在某些场合采用十进制计数器,如采用8421BCD码表示十进制数。计数时,在计数器为1001(9)之后再来一个脉冲应变为0000,即每10个脉冲循环。

1. 8421BCD码同步十进制加法计数器

图12-15为8421BCD码同步十进制加法计数器的逻辑图,其功能表如表12-3所示。

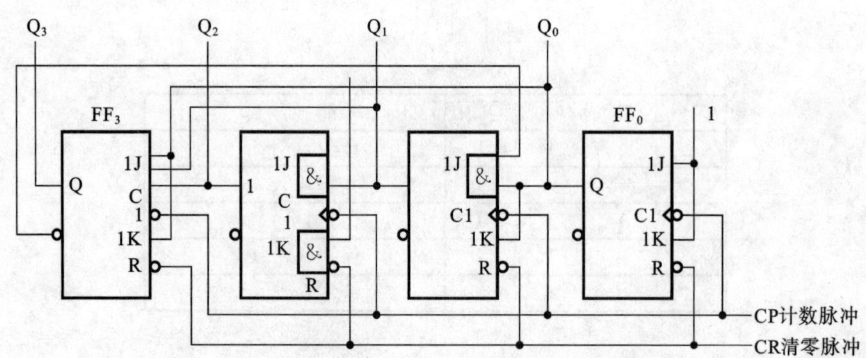

图12-15　8421BCD码同步十进制加法计数器的逻辑图

2. 异步二-五-十进制计数器74LS90

图12-16所示为74LS90的逻辑符号,该集成芯片可看做两个独立的计数器。

表 12-3 8421BCD码同步十进制加法计数器功能表

计数脉冲数	现态				次态				十进制数
	Q_3^n	Q_2^n	Q_1^n	Q_0^n	Q_3^{n+1}	Q_2^{n+1}	Q_1^{n+1}	Q_0^{n+1}	
0	0	0	0	0	0	0	0	1	0
1	0	0	0	1	0	0	1	0	1
2	0	0	1	0	0	0	1	1	2
3	0	0	1	1	0	1	0	0	3
4	0	1	0	0	0	1	0	1	4
5	0	1	0	1	0	1	1	0	5
6	0	1	1	0	0	1	1	1	6
7	0	1	1	1	1	0	0	0	7
8	1	0	0	0	1	0	0	1	8
9	1	0	0	1	0	0	0	0	9

计数器Ⅰ是由一个触发器构成的1位二进制计数器，其时钟脉冲端为 CP_0，状态输出端为 Q_0；计数器Ⅱ是由三个触发器构成的五进制异步计数器，其时钟脉冲端为 CP_1，状态输出端为 Q_3、Q_2、Q_1。这两部分可以单独使用，也可以连接起来使用。

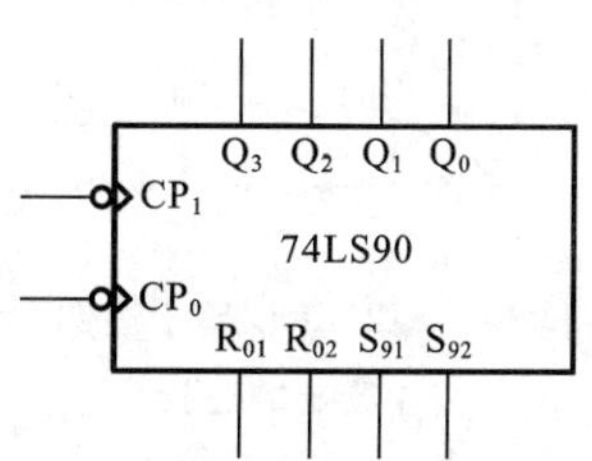

图 12-16 74LS90 的逻辑符号

74LS90 的逻辑功能表如表 12-4 所示。

表 12-4 74LS90 的逻辑功能表

74LS90 的逻辑功能表								
CP	R01	R02	S91	S92	Q_0	Q_1	Q_2	Q_3
×	1	1	0	×	0	0	0	0
×	1	1	×	0	0	0	0	0
×	0	×	1	1	1	0	0	1
×	×	0	1	1	1	0	0	1
↓	×	0	×	0	计数			
↓	0	×	×	0				
↓	0	×	0	×				
↓	×	0	0	×				

由功能表可以看出该电路具有以下功能。

(1) 清零功能 当 $S_9=S_{91}\cdot S_{92}=0$、$R_0=R_{01}\cdot R_{02}=1$ 时，计数器异步清零，

即计数器的输出状态为 $Q_3Q_2Q_1Q_0=0000$。

(2) 置 9 功能　当 $S_9=S_{91}\cdot S_{92}=1$、$R_0=R_{01}\cdot R_{02}=0$ 时,计数器异步置 9,即计数器的输出状态为 $Q_3Q_2Q_1Q_0=1001$。

(3) 计数功能　当 $S_9=S_{91}\cdot S_{92}=0$、$R_0=R_{01}\cdot R_{02}=0$ 时,根据连接方式不同,可分别实现二进制、五进制、十进制计数器。

电路分析如下。

(1) 若把时钟脉冲 CP 接在 CP_0 端,即 $CP_0=CP$,并把 Q_0 与 CP_1 从外部连接起来,即 $CP_1=Q_0$,则在时钟脉冲 CP 下降沿的连续作用下,计数器输出 $Q_3Q_2Q_1Q_0$ 的状态按 0000→0001→0010→0011→0100→0101→0110→0111→1000→1001→0000 的次序循环变化,完成十进制加法计数(又称 8421BCD 码十进制计数器),其连接如图 12-17 所示。

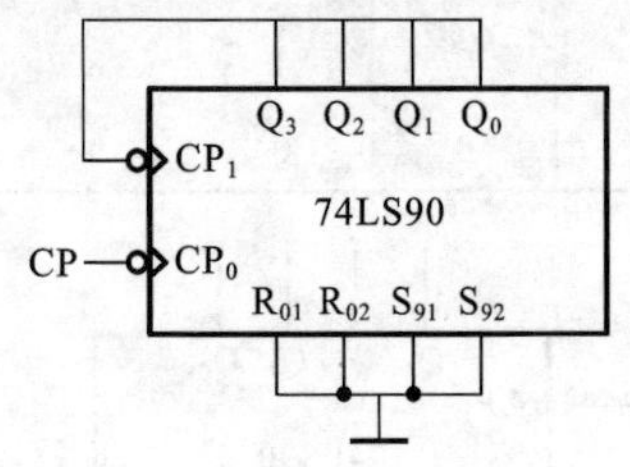

图 12-17　8421BCD 码十进制计数器的连接

(2) 如果仅将时钟脉冲 CP 接在 CP_0 端,即 $CP_0=CP$,而 Q_0 与 CP_1 不从外部连接起来,那么电路只有 Q_0 对应的触发器工作,此时电路为 1 位二进制计数器。

(3) 如果仅将时钟脉冲 CP 接在 CP_1 端,即 $CP_1=CP$,计数器Ⅰ不工作,计数器Ⅱ计数,其状态转换规律($Q_3Q_2Q_1$)为 000→001→010→011→100→000。

(4) 若把时钟脉冲 CP 接在 CP_1 端,即 $CP_1=CP$,且把 Q_3 与 CP_0 从外部连接起来,即 $CP_0=Q_3$,按此种接法得到的计数器为 5421BCD 码十进制计数器。其计数规律($Q_0Q_3Q_2Q_1$)为 0000→0001→0010→0011→0100→1000→1001→1010→1011→1100→0000。

三、用中规模集成计数器构成任意进制计数电路

由前面的学习可知,一片 74LS90 最多可记 10 个状态,称 74LS90 的模值 $N=10$;一片 74LS161 最多可记 16 个状态,则 74LS161 的模值 $N=16$。用 74LS90、74LS161 就可构成任意进制的计数器。

如果所要设计的计数器的模值为 M,$M\leqslant 10$(或 $M\leqslant 16$),就可以用一片 74LS90(或一片 74LS161)实现;如果 $M>10$($M>16$),就需要把两片或两片以上的芯片通过一定方式连接起来(称为级联)来实现。比如两片 74LS90 可以构成一百进制,如果想实现二十四进制,就需要两片 74LS90。

1. $N>M$

因为芯片本身的模值 N 大于所要设计的模值 M,所以可以利用芯片的清零端或置数端跳过多余的状态来实现。

1) 反馈置零法(反馈复位法)

从芯片的输出端引出状态反馈去控制芯片的清零端,强迫计数器停止当前计数并清零,以实现计数值从 0 到 M_i 的 M 进制计数器。

例 12-4 用 74LS90 构成七进制计数器。

解 首先将 74LS90 接成 8421BCD 码十进制计数器。$M=7$ 的二进制代码为 0111,由于 74LS90 是高电平复位,应采用与逻辑反馈,反馈置 0 的逻辑表达式为 $C_r=Q_2Q_1Q_0$,将与门的输出 C_r 接到直接复位端 R_{01}、R_{02}。

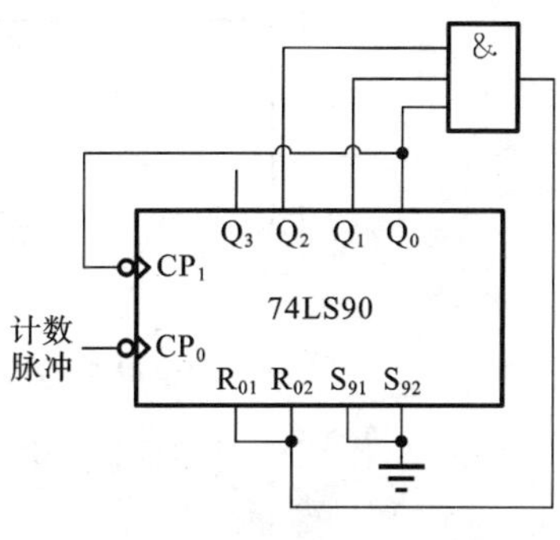

图 12-18 用 74LS90 构成七进制计数器

接线图如图 12-18 所示,其状态循环为:

0000→0001→0010→0011→0100→0101→0110→(0111)

说明:循环中有 0111 状态出现,但持续时间极短,因为一旦 $C_r=1$,输出将立即置"0"。0111 状态称为过渡状态,它不在有效循环内,但它又是不可缺少的。

2) 反馈置数法

利用 74LS161 的并行输入端和置数控制端 $\overline{LD}$ 跳过多余的状态。从 74LS161 的功能表可以看出,当 $\overline{CLR}=1$,$\overline{LD}=0$ 时,从芯片的输出端引出状态反馈去控制芯片的置数端,强迫计数器停止当前计数,并当 CP 上升沿到来时,数据端的数据 $D_3D_2D_1D_0$ 赋给输出端,以实现计数值从 $D_3D_2D_1D_0$ 开始的 M 个状态。

例 12-5 用 74LS161 构成七进制计数器,要求采用反馈置数法来实现。

解 数据端可以从 0000→…→1111,16 个状态中任选 1 个。假设 $D_3D_2D_1D_0=1011$,所要设计的计数器是七进制计数器,则状态循环为:1011→1100→1101→1110→1111→0000→0001。

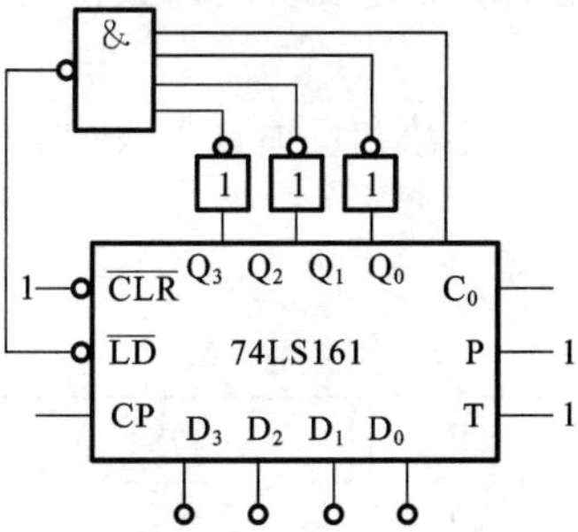

0001 为反馈状态,当输出端的状态为 0001 时,置数端的状态为 0,此时停止计数,再来一个 CP 上升沿,数据端的数据赋给输出端,输出端的状态变为 1011,置数端的状态为 1,再来一个 CP 上升沿,计数器又开始计数,直到反馈状态 0001 再次出现,如图 12-19 所示。

图 12-19 用 74LS161 构成七进制计数器

2. $N<M$

首先把多个计数器级联,然后采用整体置 0 或置数的方式形成 M 进制的计数器。

例 12-6 用 74LS90 构成一个五十四进制计数器。

解 (1) 首先用 74LS90 构成一百进制计数器,如图 12-20 所示。

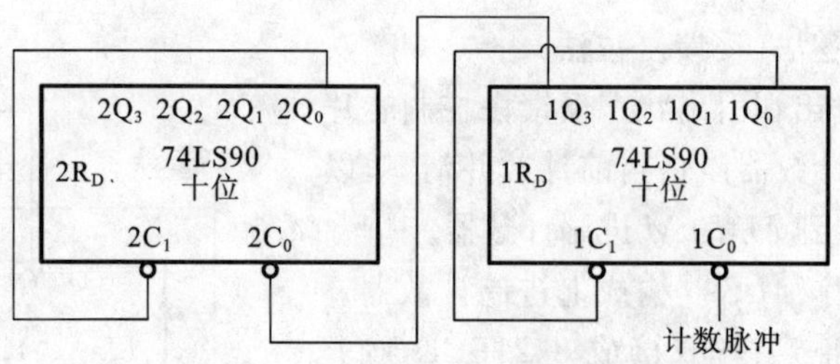

图 12-20 用 74LS90 构成一百进制计数器

(2) 再利用清零端跳过多余的状态，得到 $M=54$ 的计数器，如图 12-21 所示。

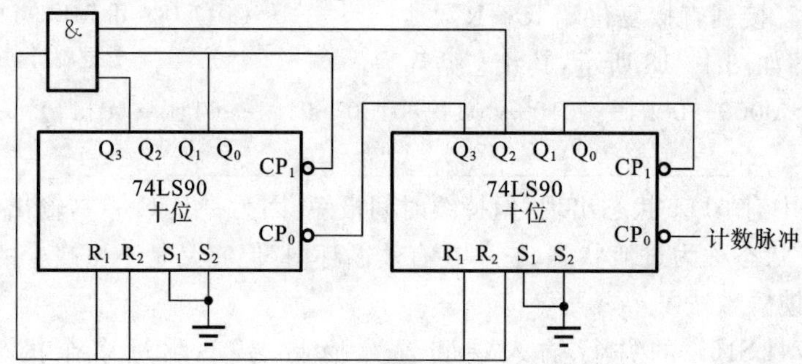

图 12-21 用 74LS90 构成五十四进制计数器

上述连接方法称为整体反馈置零法，其原理与前面介绍的反馈置零法相同。也可以用具有置数功能的 74LS161，采用整体反馈置数的方法构成五十四进制计数器，其原理与上面介绍的反馈置数法相同。对几个芯片进行级联时，需注意每个芯片的计数脉冲是上升沿触发还是下降沿触发，以确定后一级计数器的翻转时刻。

例 12-7 试用 74LS161 和门电路分别采用反馈置零法和反馈置数法构成十进制计数器。

解 74LS161 功能表如表 12-5 所示。

表 12-5 74LS161 功能表

P	T	$\overline{LD}$	$\overline{CLR}$	CP	功能
1	1	1	1	↑	计数
×	×	0	1	↑	并行输入
0	1	1	1	×	保持
×	0	1	1	×	保持($C_0=0$)
×	×	×	0	×	清零

(1) 反馈置零法 由 74LS161 的功能表知，清零端$\overline{CLR}=0$ 时计数器清零，这种清零方式为异步清零方式，不需要时钟信号配合。计数到 1010 时，清零端置零，

状态 1010 存在时间极短，所以不必将其作为输出状态。电路设计如图 12-22 所示。

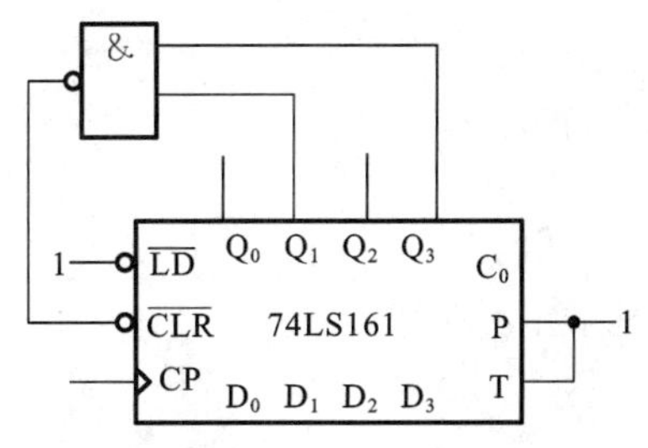

图 12-22　反馈置零法电路设计

输出状态循环为 0000→0001→0010→0011→0100→0101→0110→0111→1000→1001→(1010)。

(2) 反馈置数法　利用置数控制端$\overline{LD}$和数据端 D_3、D_2、D_1、D_0，数据端的数据可以取 0000～1111 中任意一个，假设取 0000，由 74LS161 的功能表知，置数端$\overline{LD}$=0 计数器置数，这种置数方式为同步置数方式，需要时钟信号配合。所以，计数到 1001 时，将置数端置零，状态 1001 将作为计数器计数的一个输出状态存在。设计电路如图 12-23 所示。

输出状态循环为 0000→0001→0010→0011→0100→0101→0110→0111→1000→1001。

假设数据端给定是 0010，计数到 1011 时置数即可，设计电路如图 12-24 所示。

输出状态循环为 0010→0011→0100→0101→0110→0111→1000→1001→1010→1011。

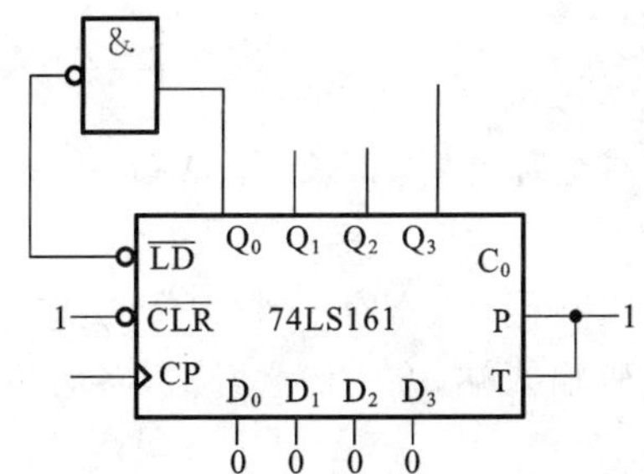

图 12-23　反馈置数法电路设计一

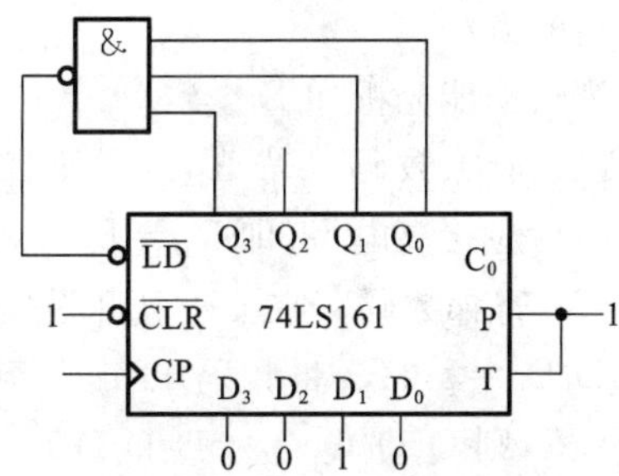

图 12-24　反馈置数法电路设计二

第三节　寄　存　器

寄存器是数字测量和数字控制系统中常用的部件，用来暂时存放数据或指令。寄存器由若干触发器组成，因触发器有 0 和 1 两个稳定状态，所以一个触发器可以寄存 1 位二进制数码，寄存 n 位二进制数，则需 n 个触发器。

寄存器有数码寄存器和移位寄存器两种。数码寄存器具有暂时存放数码的功能，根据需要可将存放的数码随时取出；移位寄存器不仅能寄存数码，而且具有移位功能，即在移位脉冲的作用下，寄存器中数码的各位依次向左(或向右)移动。

一、数据寄存器

图 12-25 所示为由 D 触发器组成的 4 位数码寄存器，它采用了并行输入、并

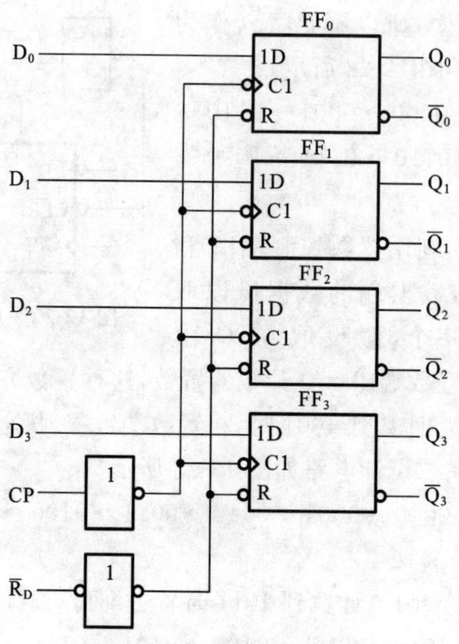

图 12-25　数码寄存器

行输出的方法。

逻辑功能分析如下。

(1) 清除数码　若 $\overline{R}_D=0$,则四个触发器全部清零,即 $Q_3Q_2Q_1Q_0=0000$。在清零后应接高电平,即 $\overline{R}_D=1$。

(2) 寄存数码　在 CP 上升沿寄存器接收数码,要寄存一个 4 位二进制数 $D_3D_2D_1D_0=1101$。将数码 1101 加到对应数码输入端,在 CP 上升沿,各触发器 $Q_{n+1}=D$,则 $Q_3Q_2Q_1Q_0=D_3D_2D_1D_0=1101$。

(3) 保存数码　当 CP 处于低电平,即 CP=0 时,各触发器处于保持状态,$Q_3Q_2Q_1Q_0$ 数值不变。

二、移位寄存器

移位寄存器不仅具有存放数码的功能,而且还有移位的功能,即每当一个时钟脉冲到来时触发器的状态向左或向右移一位。如图 12-26 所示为由 D 触发器组成的 4 位单向右移寄存器。数码由 D_I 输入,由 D_O 输出,它采用了串行输入和

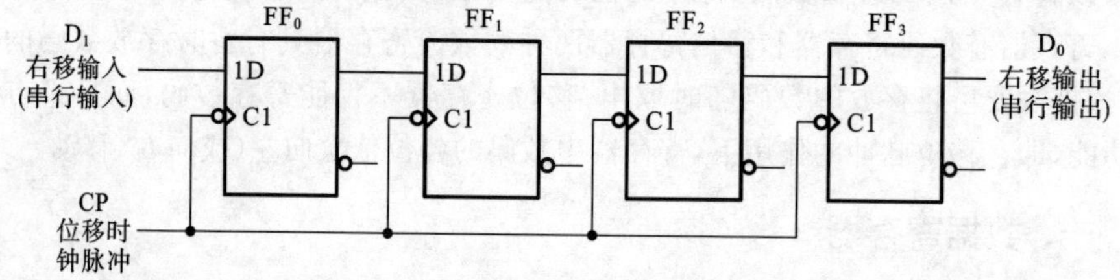

图 12-26　由 D 触发器组成的 4 位单向右移寄存器

串行输出的方法。

从 D_1 端串行输入 4 位二进制数 $A_3A_2A_1A_0$（如 1101），在 CP 脉冲作用下，寄存器中数码的移动情况如表 12-6 所示。

表 12-6　移位寄存器状态表

移位脉冲个数	移位寄存器状态				工作过程
	Q_3	Q_2	Q_1	Q_0	
0	0	0	0	0	清零
1	0	0	0	1	右移 1 位
2	0	0	1	1	右移 2 位
3	0	1	1	0	右移 3 位
4	1	1	0	1	右移 4 位

第四节　脉冲单元电路

获得脉冲信号的方法主要有两种，一种是利用多谐振荡器直接产生符合要求的矩形脉冲，如触发器的时钟脉冲 CP 等；另一种是通过整形电路对已有的波形进行整形、变换，使之符合系统的要求。

施密特触发器和单稳态触发器是两种不同用途的脉冲波的整形、变换电路。施密特触发器主要用于将变化缓慢的或快速变化的非矩形脉冲变换成上升沿和下降沿都很陡峭的矩形脉冲，而单稳态触发器则主要用于将宽度不符合要求的脉冲变换成宽度符合要求的矩形脉冲。

555 定时器电路是一种多用途集成电路，只要外部配接少量阻容元件就可构成施密特触发器、单稳态触发器和多谐振荡器等，使用方便、灵活。因此，其在波形变换与产生、测量控制、家用电器等方面都有着广泛的应用。

一、脉冲信号

从广义上讲，凡不具有连续正弦波形状的信号，几乎都可以统称为脉冲信号。最常见的脉冲波形是方波和矩形波，如图 12-27 所示。

实际脉冲电压波形从零值跃升到最大值，或从最大值降到零值时，都需要经历一定的时间，一般用上升时间 t_r 和下降时间 t_f 表示。图 12-28 所示为矩形脉冲信号的实际波形图。

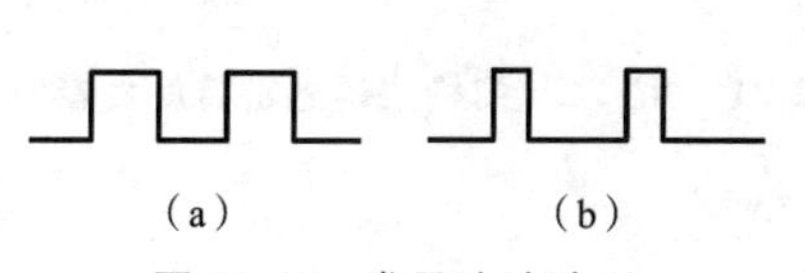

图 12-27　常见脉冲波形

(a) 方波；(b) 矩形波

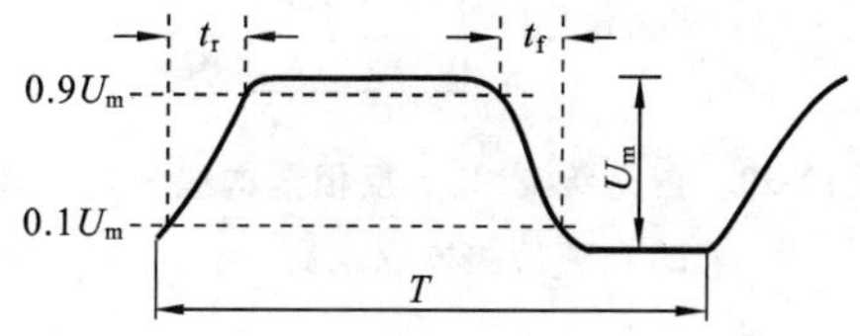

图 12-28　矩形脉冲信号的实际波形图

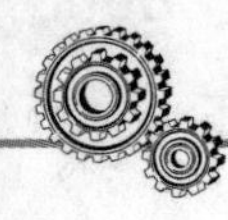

二、集成门构成的脉冲单元电路

常用的脉冲单元电路有施密特触发器、单稳态触发器和多谐振荡器电路。脉冲单元电路可由集成逻辑门构成。

1. 施密特触发器电路

1）施密特触发器电路特点

施密特触发器电路是脉冲波形变换中经常使用的一种电路。它有两种稳定工作状态，触发器电路处于哪一种工作状态，取决于输入信号电平的高低。当输入信号由低电平逐步上升到上限触发电平（U_{T+}）时，电路状态发生一次转换；当输入信号由高电平逐步下降到下限触发电平（U_{T-}）时，电路状态又会发生转换。两次状态转换时的输入电平值是不同的。施密特触发器电压传输特性如图 12-29 所示。施密特触发器的上限触发电平 U_{T+} 和下限触发电平 U_{T-} 的差值称为施密特触发器的回差电压 ΔU_T。在脉冲与数字技术中，施密特触发器电路常用于波形变换、脉冲整形及脉冲幅度鉴别等。

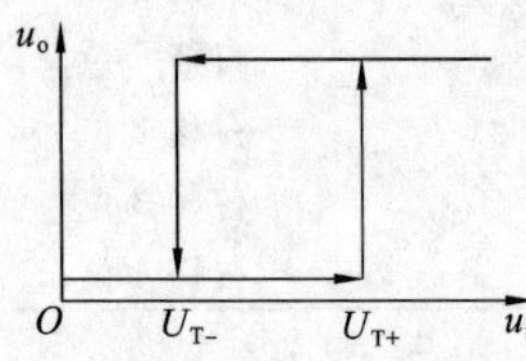

图 12-29　施密特触发器电压传输特性

2）用两级 CMOS 反相器构成的施密特触发器电路

用两级 CMOS 反相器构成的施密特触发器电路如图 12-30 所示。设 CMOS 电源为 U_{DD}，阈值电压为 $U_{GS(th)}=\frac{1}{2}U_{DD}$，则施密特触发器的上限触发电平 U_{T+}、下限触发电平 U_{T-} 和回差电压 ΔU_T 分别为

$$U_{T-}=\left(1-\frac{R_1}{R_2}\right)U_{GS(th)}$$

$$U_{T+}=\frac{R_1+R_2}{R_2}U_{GS(th)}=\left(1+\frac{R_1}{R_2}\right)U_{GS(th)}$$

$$\Delta U_T=U_{T+}-U_{T-}=2\,\frac{R_1}{R_2}U_{GS(th)}$$

改变电阻 R_1 和 R_2 的大小，可以调整回差电压值的大小。

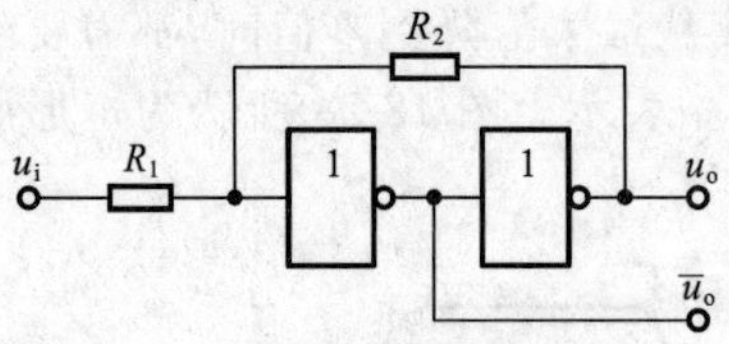

图 12-30　用两级 CMOS 反相器构成的施密特触发器电路

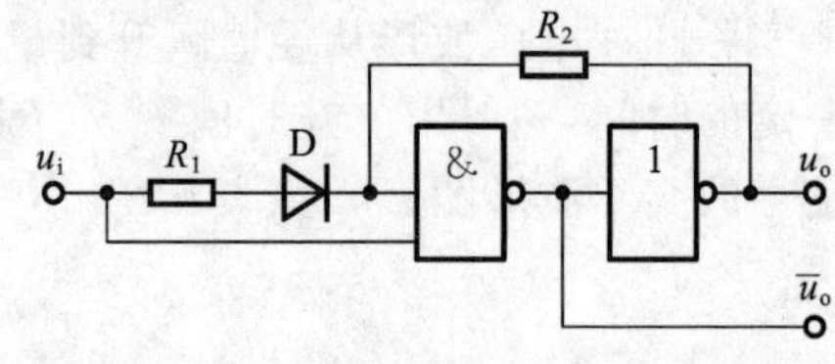

图 12-31　用 TTL 门构成的施密特触发器电路

3）用 TTL 门构成的施密特触发器电路

用 TTL 门构成的施密特触发器电路如图 12-31 所示。设 TTL 阈值电平为

U_{th}，则施密特触发器的上限触发电平 U_{T+}、下限触发电平 U_{T-} 和回差电压 ΔU_T 分别为

$$U_{T-}=U_{th}$$

$$U_{T+}=\frac{R_1+R_2}{R_2}U_{th}+U_D$$

$$\Delta U_T=U_{T+}-U_{T-}=\frac{R_1}{R_2}U_{th}+U_D$$

改变电阻 R_1 和 R_2 的大小，可以调整回差电压值的大小。

4）集成施密特触发器电路

在集成门电路中，有带施密特触发器输入的反相器和与非门，带施密特触发器的反相器逻辑符号如图 12-32 所示。

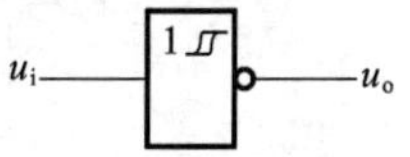

图 12-32 带施密特触发器的反相器逻辑符号

2. 单稳态触发器电路

1）单稳态触发器电路特点

单稳态触发器电路是广泛应用于脉冲整形、延时和定时的电路，它有稳态和暂稳态两种不同的工作状态。在外界触发脉冲的作用下，能从稳定状态翻转到暂稳态，暂稳态维持一段时间后，电路又自动地翻转到稳态。暂稳态维持时间的长短取决于电路本身的参数，与外界触发脉冲无关。

2）集成门构成的单稳态触发器电路

（1）微分型单稳态触发器电路　微分型单稳态触发器电路及其输出波形如图 12-33 所示。触发器由两个 TTL 与非门组成。其中 R_i、C_i 构成输入端微分电路，R、C 构成微分型定时电路。其输出脉宽 t_w 取决于 R、C 充电速度，近似估算公式为

$$t_w \approx 0.7(R_o+R)C, \quad R_o=100\ \Omega$$

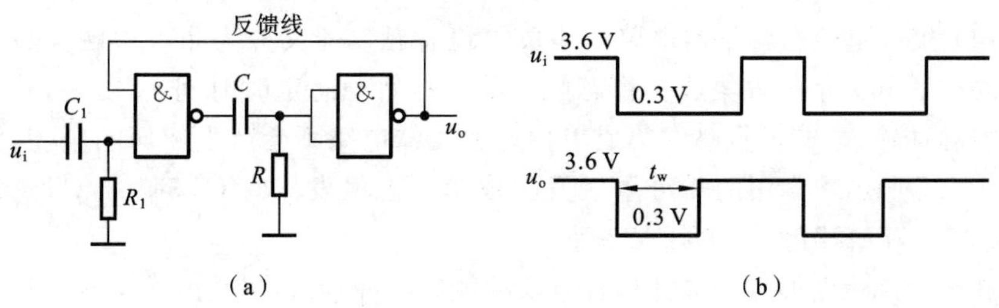

图 12-33 微分型单稳态触发器电路及其输出波形

在定时电路中，为了调整 t_w，通常用改变 C 来做粗调，改变 R 来做微调。R 值选取范围为 $64\ \Omega < R < 0.91\ k\Omega$。

（2）积分型单稳态触发器电路　积分型单稳态触发器电路及其输出波形如图 12-34 所示，此电路要求输入 u_i 比输出 u_o 脉冲宽。如果要求在输入窄的触发

脉冲时能够得到较宽的输出脉冲，可以采用如图 12-35 所示的电路，这时输入与输出均为负脉冲。

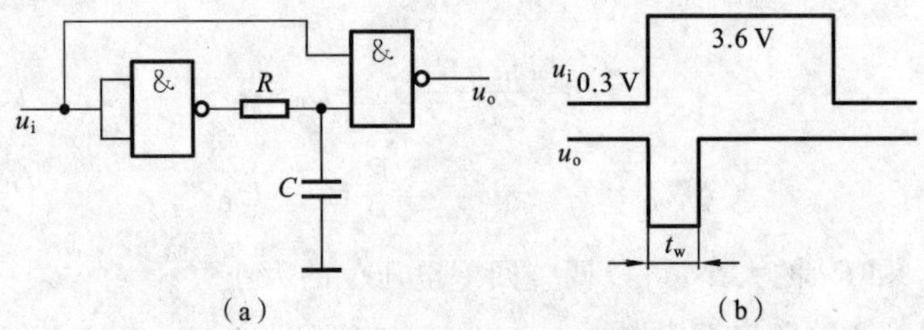

图 12-34　积分型单稳态触发器电路及其输出波形

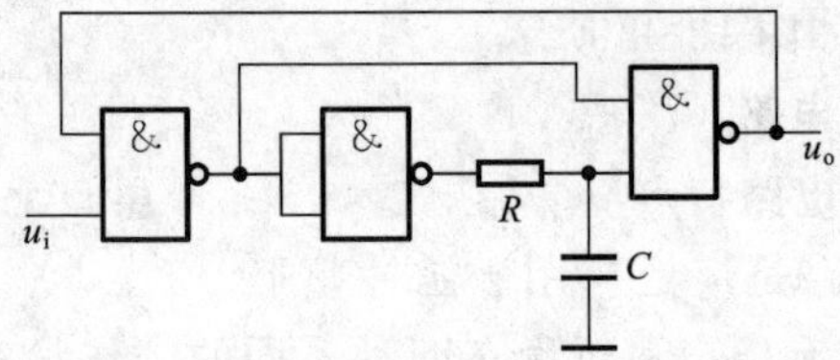

图 12-35　宽脉冲输出电路

(3) 施密特触发器构成的单稳态触发器电路　利用 CMOS 施密特触发器的回差特性，可以方便地构成单稳态触发器电路，如图 12-36 所示。

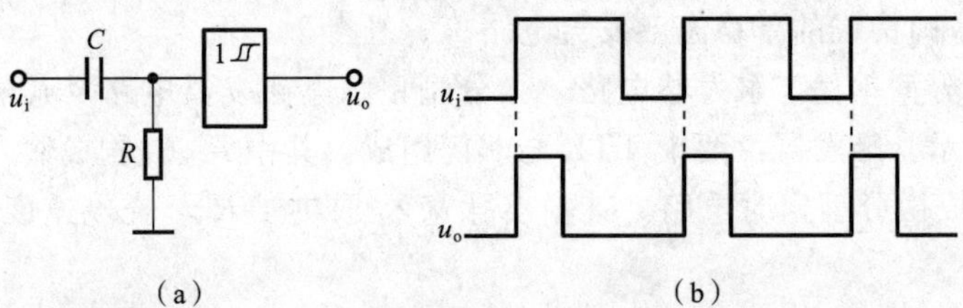

图 12-36　施密特触发器构成的单稳态触发器电路及其输出波形

(4) 集成单稳态触发器电路　集成单稳态触发器又分为非可重触发集成单稳态触发器和可重触发集成单稳态触发器。在暂稳态定时时间 t_w 之内，若有新的触发脉冲输入，非可重触发集成单稳态触发器电路不会产生任何响应，其波形如图 12-37 所示。常用的非可重触发集成单稳态触发器有 CT54121/CT74121、CT54221/CT74221、CC74HC123 等。

在暂稳态定时时间 t_w 之内，若有新的触发脉冲输入，可重触发集成单稳态触发器电路可被新的输入脉冲重新触发，其波形如图 12-38 所示。常用的可重触发集成单稳态触发器有 CT54122/CT74122、CT54123/CT74123、CC14528、CC14538 等。

3. 多谐振荡器电路

多谐振荡器是一种自激振荡器，在接通电源后，不需要外加触发信号，能自动地产生矩形脉冲。多谐振荡器是常用的矩形脉冲产生电路。

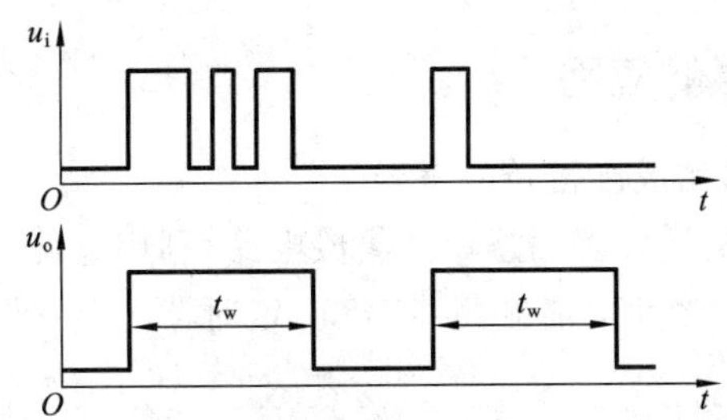

图 12-37　非可重触发集成单稳态触发器电路波形

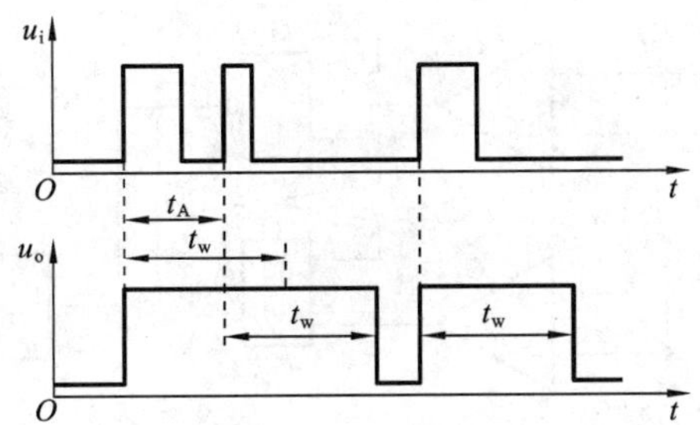

图 12-38　可重触发集成单稳态触发器电路波形

多谐振荡器有电容正反馈多谐振荡器、带 RC 定时电路的环形振荡器、施密特触发器构成的多谐振荡器和晶体稳频的多谐振荡器等类型，其电路如图 12-39 所示。如果对频率稳定性要求不高且要求的振荡频率较低，可采用前三种主要依靠电容 C 充放电构成的多谐振荡器。在这类多谐振荡器中，可以调节振荡器的输出频率，一般用电容 C 做粗调，电阻 R 做微调。在多谐振荡器的频率稳定度要求较高的情况下，通常采用晶体稳频的多谐振荡器。

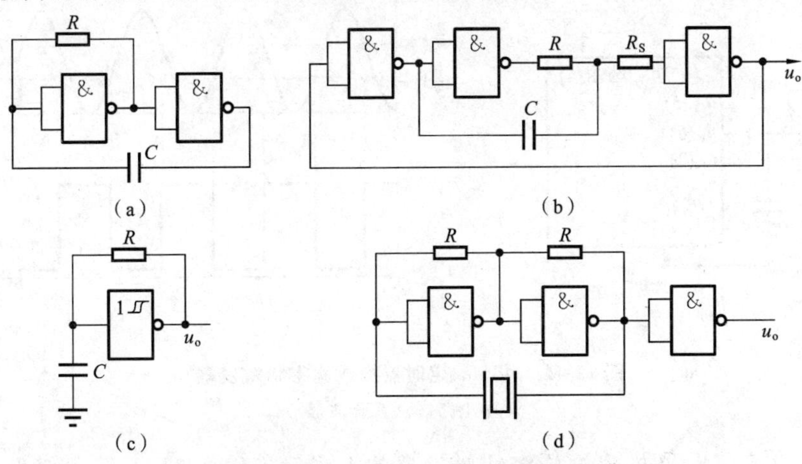

图 12-39　四种多谐振荡器电路

(a) 电容正反馈多谐振荡器电路；(b) 带 RC 定时电路的环形振荡器电路；(c) 施密特触发器构成的多谐振荡器电路；(d) 晶体稳频的多谐振荡器电路

三、555 定时器的应用

1. 用 555 定时器构成施密特触发器

555 定时器电路是一种多用途单片集成电路，利用它可以极方便地构成施密特触发器、单稳态触发器和多谐振荡器。555 定时器电路如图 12-40 所示。

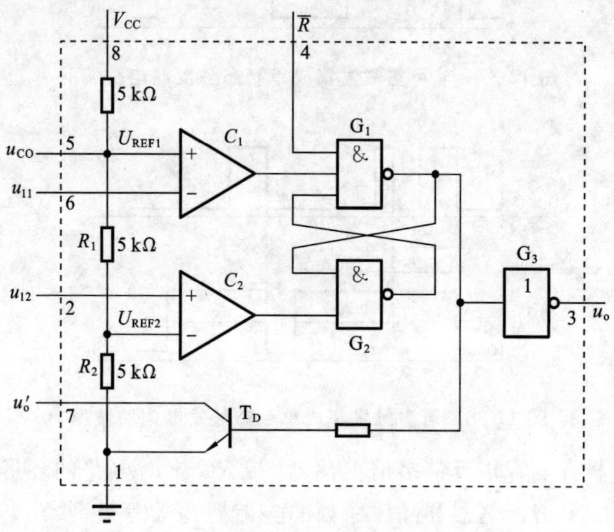

图 12-40　555 定时器电路

用 555 定时器构成施密特触发器的电路如图 12-41(a)所示。图中 0.01 μF 电容起滤波作用，以提高比较器参考电压的稳定性。其工作波形如图 12-41(b)所示。

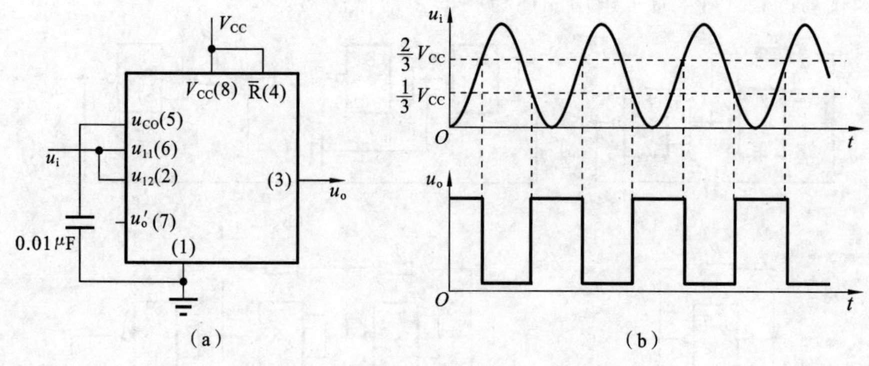

图 12-41　用 555 定时器构成施密特触发器

(a) 电路；(b) 工作波形

用 555 定时器构成的施密特触发器的上限触发电平 U_{T+}、下限触发电平 U_{T-} 和回差电压 ΔU_T 分别为

$$U_{T+}=\frac{2}{3}V_{CC}$$

$$U_{T-}=\frac{1}{3}V_{CC}$$

$$\Delta U_{T}=\frac{1}{3}V_{CC}$$

2. 用555定时器构成单稳态触发器

用555定时器构成单稳态触发器的电路如图12-42(a)所示，电阻 R 和电容 C 构成积分型单稳态触发器，其工作波形如图12-42(b)所示。

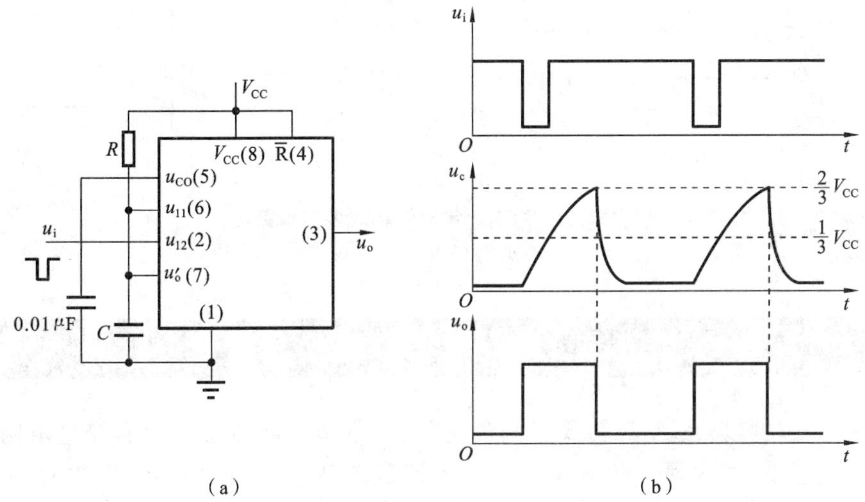

图12-42 用555定时器构成单稳态触发器

(a) 电路；(b) 工作波形

暂稳态的持续时间主要取决于外接电阻 R 和电容 C，输出脉冲的宽度 t_w 为

$$t_w=RC\ln\frac{V_{CC}}{V_{CC}-\frac{2}{3}V_{CC}}=1.1RC$$

3. 555定时器构成多谐振荡器

用555定时器构成自激多谐振荡器的电路如图12-43(a)所示，其工作波形如图12-43(b)所示。

在电容 C 充电时，暂稳态持续时间为

$$t_{w1}=0.7(R_1+R_2)C$$

在电容 C 放电时，暂稳态持续时间为

$$t_{w2}=0.7R_2C$$

因此，电路输出矩形脉冲的周期和占空比分别为

$$T=t_{w1}+t_{w2}=0.7(R_1+2R_2)C$$

$$q=\frac{t_{w1}}{T}=\frac{R_1+R_2}{R_1+2R_2}$$

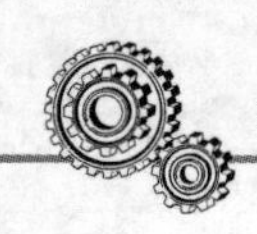

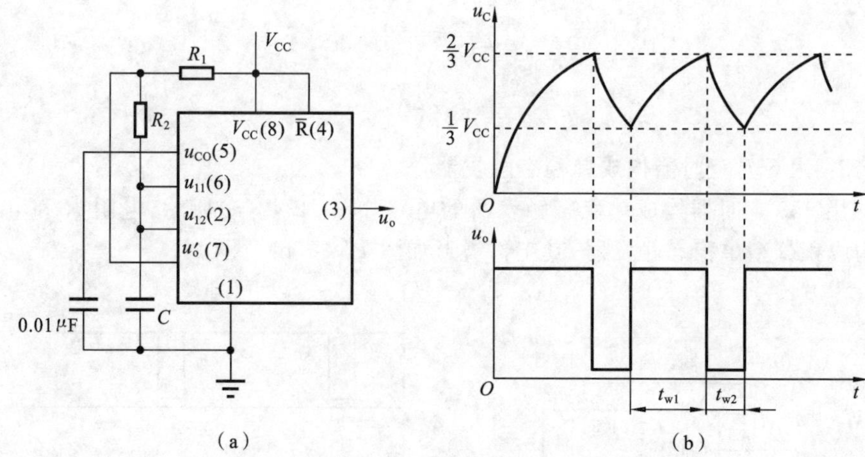

图 12-43　用 555 定时器构成多谐振荡器

(a) 电路；(b) 工作波形

第五节　D/A、A/D 转换器简介

D/A 转换器及 A/D 转换器的种类很多，本节主要讲述常用的权电阻网络 D/A 转换器、逐次逼近型 A/D 转换器和双积分型 A/D 转换器，并讲述 D/A 转换器和 A/D 转换器的技术指标及应用。

一、数/模转换器

1. 数/模转换器的基本概念

把数字信号转换为模拟信号称为数-模转换，简称 D/A(digital to analog)转换，实现 D/A 转换的电路称为 D/A 转换器，或写为 DAC(digital-analog converter)。

随着计算机技术的迅猛发展，人类从事的许多工作，从工业生产的过程控制、生物工程到企业管理、办公自动化、家用电器等各行各业，几乎都要借助于数字计算机来完成。但是，计算机是一种数字系统，它只能接收、处理和输出数字信号，而数字系统输出的数字量必须还原成相应的模拟量，才能实现对模拟系统的控制。D/A 转换技术是数字电子技术非常重要的组成部分。

D/A 转换器的种类很多，常用的包括权电阻网络 D/A 转换器、倒 T 形电阻网络 D/A 转换器、权电流型 D/A 转换器及权电容网络 D/A 转换器等几种类型。

2. 权电阻网络 D/A 转换器

1) 工作原理

权电阻网络 D/A 转换器的基本原理如图 12-44 所示。这是一个 4 位权电阻网络 D/A 转换器。它由权电阻网络电子模拟开关和放大器组成。该电阻网络的电阻值是按 4 位二进制数的位权大小来取值的，低位最高(2^3R)，高位最低

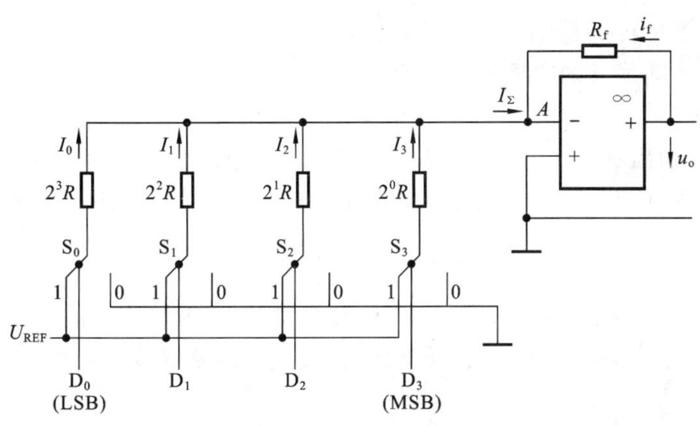

图 12-44 权电阻网络 D/A 转换器的基本原理图

(2^0R)，从低位到高位依次减半。S_0、S_1、S_2 和 S_3 为四个电子模拟开关，其状态分别受 D_0、D_1、D_2 和 D_3 四个数字输入信号控制。代码 D_i 为 1 时开关 S_i 连到 1 端，连接到参考电压 U_{REF} 上，此时有一支路电流 I_i 流向放大器的 A 节点。D_i 为 0 时开关 S_i 连到 0 端直接接地，节点 A 处无电流流入。运算放大器为一反馈求和放大器，此处我们将它近似看作理想运算放大器。因此，可得到流入节点 A 的总电流为

$$i_{\sum} = I_0 + I_1 + I_2 + I_3 = \sum I_i = \left(\frac{1}{2^3R}D_0 + \frac{1}{2^2R}D_1 + \frac{1}{2^1R}D_2 + \frac{1}{2^0R}D_3\right)U_{REF}$$

$$= \frac{U_{REF}}{2^3R}(2^3D_3 + 2^2D_2 + 2^1D_1 + 2^0D_0) \tag{12-1}$$

可得出结论：$i_{\sum}$ 与输入的二进制数成正比，故此网络可以实现从数字量到模拟量的转换。

另一方面，对通过运算放大器的输出电压，有以下同样的结论。

运算放大器输出为

$$u_o = -i_{\sum}R_f \tag{12-2}$$

将式(12-1)代入式(12-2)，得

$$u_o = -\frac{U_{REF}}{2^3R}\frac{1}{2}R(2^3D_3 + 2^2D_2 + 2^1D_1 + 2^0D_0)$$

$$= -\frac{U_{REF}}{2^4}(2^3D_3 + 2^2D_2 + 2^1D_1 + 2^0D_0)$$

将上述结论推广到 n 位权电阻网络 D/A 转换器，输出电压的公式可写成：

$$u_o = -\frac{U_{REF}}{2^n}(2^{n-1}D_{n-1} + 2^{n-2}D_{n-2} + \cdots + 2^1D_1 + 2^0D_0)$$

权电阻网络 D/A 转换器的优点是电路简单，电阻使用量少，转换原理容易掌握；其缺点是所用电阻依次相差一半，需要转换的位数越多，电阻差别就越大，在集成制造工艺上就越难以实现。为了克服这个缺点，通常采用 T 形或倒 T 形

电阻网络 D/A 转换器。

3. D/A 转换器的主要技术指标

(1) 分辨率　分辨率反映了 D/A 转换器输出最小电压的能力。它是指 D/A 转换器模拟输出所产生的最小输出电压 U_{LSB}(对应的输入数字量仅最低位为 1)与最大输出电压 U_{FSR}(对应的输入数字量各有效位全为 1)之比，即

$$分辨率=\frac{U_{LSB}}{U_{FSR}}=\frac{1}{2^n-1}$$

式中，n 表示输入数字量的位数。可见，分辨率与 D/A 转换器的位数有关，位数 n 越大，能够分辨的最小输出电压变化量就越小，即分辨最小输出电压的能力也就越强。

例如：$n=8$ 时，D/A 转换器的分辨率为

$$分辨率=\frac{1}{2^8-1}=0.003\ 9$$

而当 $n=10$ 时，D/A 转换器的分辨率为

$$分辨率=\frac{1}{2^{10}-1}=0.000\ 978$$

很显然，10 位 D/A 转换器的分辨率比 8 位 D/A 转换器的分辨率高得多。但在实践中我们应该记住，分辨率是一个设计参数，不是测试参数。

(2) 转换精度　转换精度是指 D/A 转换器实际输出的模拟电压值与理论输出模拟电压值之间的最大误差。显然，这个差值越小，电路的转换精度越高。但转换精度是一个综合指标，包括零点误差、增益误差等，不仅与 D/A 转换器中的元件参数的精度有关，而且还与环境温度、求和运算放大器的温度漂移以及转换器的位数有关。故而要获得较高精度的 D/A 转换结果，一定要正确选用合适的 D/A 转换器的位数，同时还要选用低漂移、高精度的求和运算放大器。一般情况下要求 D/A 转换器的误差小于 $U_{LSB}/2$。

(3) 转换时间　转换时间是指 D/A 转换器从输入数字信号开始到输出模拟电压或电流达到稳定值时所用的时间。即转换器的输入变化为满度值(输入由全 0 变为全 1 或由全 1 变为全 0)时，其输出达到稳定值所需的时间，也称建立时间。转换时间越小，工作速度就越高。

二、模/数转换器

1. 模/数转换器的基本概念

把模拟信号转换为数字信号称为模-数转换，简称 A/D(analog to digital)转换。实现 A/D 转换的电路称为 A/D 转换器，或写为 ADC(analog-digital converter)。D/A 及 A/D 转换在自动控制和自动检测等系统中应用非常广泛。实际应用中用到大量的连续变化的物理量，如温度、流量、压力、图像、文字等信号，需要经过传感器变成电信号，但这些电信号是模拟量，它必须变成数字量才能在

数字系统中进行加工、处理。因此，A/D 转换技术也是数字电子技术非常重要的组成部分，在自动控制和自动检测等系统中应用非常广泛。

A/D 转换器是模拟系统和数字系统之间的接口电路，A/D 转换器在进行转换期间，要求输入的模拟电压保持不变，但在 A/D 转换器中，因为输入的模拟信号在时间上是连续的，而输出的数字信号是离散的，所以进行转换时只能在一系列选定的瞬间对输入的模拟信号进行采样，然后再把这些采样值转化为输出的数字量，一般来说，转换过程包括采样、保持、量化和编码四个步骤。

1）采样和保持

采样（又称抽样或取样）是周期性地获取模拟信号样值的过程，即将时间上连续变化的模拟信号转换为时间上离散、幅度上等于采样时间内模拟信号大小的模拟信号，即转换为一系列等间隔的脉冲。其采样原理如图 12-45(a)所示。

图 12-45 中，u_i 为模拟输入信号，u_S 为采样脉冲，u_o 为取样后的输出信号。

采样电路实质上是一个受采样脉冲控制的电子开关电路，其工作波形如图 12-47(b)所示。在采样脉冲 u_S 有效期（高电平期）内，采样开关 S 闭合接通，使输出电压等于输入电压，即 $u_o = u_i$；在采样脉冲 u_S 无效期（低电平期）内，采样开关 S 断开，输出电压等于 0，即 $u_o = 0$。因此，每经过一个采样周期，在输出端便得到输入信号的一个采样值。u_S 按照一定频率 f_S 变化时，输入的模拟信号就被采样为一系列的样值脉冲。采样频率 f_S 越高，在时间一定的情况下采样到的样值脉冲越多，因此输出脉冲的包络线就越接近于输入的模拟信号。

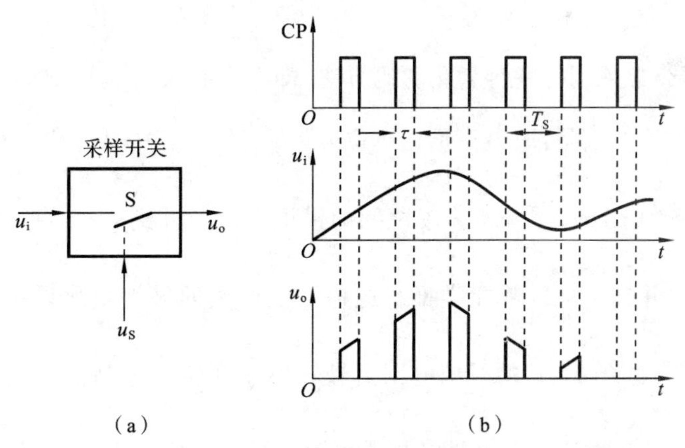

图 12-45 采样原理及工作波形

(a) 采样原理；(b) 工作波形

为了不失真地用采样后的输出信号 u_o 来表示输入模拟信号 u_i，采样频率 f_S 必须满足：采样频率不小于输入模拟信号最高频率分量的两倍，即 $f_S \geqslant 2f_{max}$（此式就是广泛使用的采样定理公式）。其中，f_{max} 为输入信号 u_i 的上限频率（即最高次谐波分量的频率）。

2）量化和编码

输入的模拟信号经采样-保持电路后，得到的是阶梯形模拟信号，它们是连续模拟信号在给定时刻上的瞬时值，但仍然不是数字信号。必须进一步将阶梯形模拟信号的幅度等分成 n 级，并给每级规定一个基准电平值，然后将阶梯电平分别归并到最邻近的基准电平上。这个过程称为量化。量化中采用的基准电平称为量化电平，采样保持后未量化的电平 u_o 值与量化电平 u_q 值之差称为量化误差 δ，即 $\delta=u_o-u_q$。量化的方法一般有两种：只舍不入法和有舍有入法（或称四舍五入法）。通常将用二进制数码来表示各个量化电平的过程称为编码。此时把每个样值脉冲都转换成与它的幅度成正比的数字量，才算全部完成了模拟量到数字量的转换。

只舍不入的方法是：取最小量化单位 $\Delta=U_m/2^n$，其中，U_m 为模拟电压最大值，n 为数字代码位数。将 $0\sim\Delta$ 之间的模拟电压归并到 $0\cdot\Delta$，把 $\Delta\sim2\Delta$ 之间的模拟电压归并到 $1\cdot\Delta$，依此类推。这种方法产生的最大量化误差为 Δ。比如，将 0～1 V 的模拟电压信号转换成三位二进制代码，有 $\Delta=\frac{1}{2^3}\text{V}=\frac{1}{8}\text{V}$，那么 $0\sim\frac{1}{8}\text{V}$ 之间的模拟电压归并到 $0\cdot\Delta$，用 000 表示，$\frac{1}{8}\sim\frac{2}{8}\text{V}$ 之间的模拟电压归并到 $1\cdot\Delta$，用 001 表示，依此类推，直到将 $\frac{7}{8}\sim1\text{ V}$ 之间的模拟电压归并到 $7\cdot\Delta$，用 111 表示，此时最大量化误差为 $\frac{1}{8}\text{V}$。该方法简单易行，但量化误差较大，为了减小量化误差，通常采用另一种量化编码方法，即有舍有入法。

有舍有入的方法是：取最小量化单位 $\Delta=\frac{2U_m}{2^{n+1}-1}$，其中，$U_m$ 仍为模拟电压最大值，n 为数字代码位数。将 $0\sim\frac{\Delta}{2}$ 之间的模拟电压归并到 $0\cdot\Delta$，把 $\frac{\Delta}{2}\sim\frac{3\Delta}{2}$ 之间的模拟电压归并到 $1\cdot\Delta$，依此类推。这种方法产生的最大量化误差为 $\frac{1}{2}\Delta$。用此法重做上例，将 0～1 V 的模拟电压信号转换成 3 位二进制代码，有 $\Delta=\frac{2}{15}\text{V}$，那么将 $0\sim\frac{1}{15}\text{V}$ 之间的模拟电压归并到 $0\cdot\Delta$，用 000 表示，把 $\frac{1}{15}\sim\frac{3}{15}\text{V}$ 之间的模拟电压归并到 $1\cdot\Delta$，用 001 表示，依此类推，直到将 $\frac{13}{15}\sim1\text{ V}$ 之间的模拟电压归并到 $7\cdot\Delta$，用 111 表示，很明显此时最大量化误差为 $\frac{1}{15}\text{V}$。这比采用只舍不入方法时的最大量化误差 $\frac{1}{8}\text{V}$ 明显减小了（减小了近一半）。因而在实际中广泛采用

有舍有入的方法。当然，无论采用何种划分量化电平的方法，都不可避免地存在量化误差，量化级分得越多（即 A/D 转换器的位数越多），量化误差就越小，但同时输出二进制数的位数就越多，要实现这种量化的电路将更加复杂。因而在实际工作中，并不是量化级分得越多越好，需根据实际要求，合理地选择 A/D 转换器的位数。图 12-46 所示为两种不同量化编码方法的比较。

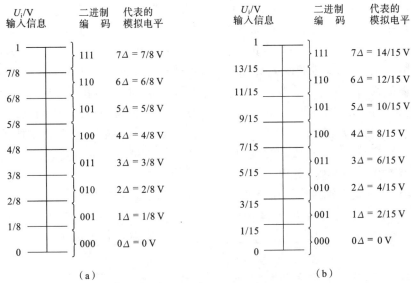

(a)

U_i/V 输入信息	二进制编码	代表的模拟电平
1～7/8	111	$7\Delta = 7/8$ V
7/8～6/8	110	$6\Delta = 6/8$ V
6/8～5/8	101	$5\Delta = 5/8$ V
5/8～4/8	100	$4\Delta = 4/8$ V
4/8～3/8	011	$3\Delta = 3/8$ V
3/8～2/8	010	$2\Delta = 2/8$ V
2/8～1/8	001	$1\Delta = 1/8$ V
1/8～0	000	$0\Delta = 0$ V

(b)

U_i/V 输入信息	二进制编码	代表的模拟电平
1～13/15	111	$7\Delta = 14/15$ V
13/15～11/15	110	$6\Delta = 12/15$ V
11/15～9/15	101	$5\Delta = 10/15$ V
9/15～7/15	100	$4\Delta = 8/15$ V
7/15～5/15	011	$3\Delta = 6/15$ V
5/15～3/15	010	$2\Delta = 4/15$ V
3/15～1/15	001	$1\Delta = 2/15$ V
1/15～0	000	$0\Delta = 0$ V

图 12-46 两种量化编码方法的比较

(a) 只舍不入法；(b) 有舍有入法

3）A/D 转换器的分类

目前 A/D 转换器的种类虽然很多，但从转换过程来看，可以归结成两大类，一类是直接 A/D 转换器，另一类是间接 A/D 转换器。在直接 A/D 转换器中，输入模拟信号不需要中间变量就直接被转换成相应的数字信号输出，如计数型 A/D转换器、逐次逼近型 A/D 转换器和并联比较型 A/D 转换器等，其特点是工作速度高，转换精度容易保证，调准也比较方便。而在间接 A/D 转换器中，输入模拟信号先被转换成某种中间变量（如时间、频率等），然后中间变量被转换为最后的数字量，如单次积分型 A/D 转换器、双积分型 A/D 转换器等，其特点是工作速度较低，但转换精度可以做得较高，且抗干扰性能强，一般在测试仪表中用得较多。我们将 A/D 转换器的分类归纳如下：

- A/D 转换器
  - 直接型
    - 并联比较型
    - 反馈比较型
      - 计数型
      - 逐次逼近型
  - 间接型
    - 电压时间变换（U-T）型——积分型
    - 电压频率变换（U-F）型

下面将以最常用的两种 A/D 转换器(逐次逼近型 A/D 转换器、双积分型 A/D转换器)为例,介绍 A/D 转换器的基本工作原理。

逐次逼近型 A/D 转换器又称逐次渐近型 A/D 转换器,是一种反馈比较型 A/D 转换器。逐次逼近型 A/D 转换器进行转换的过程类似于天平称物体质量的过程:天平的一端放着被称的物体,另一端加砝码,各砝码的质量按二进制关系设置,后一个比前一个质量小一半。称量时,把砝码从大到小依次放在天平上,与被称物体比较,如砝码不如物体重,则将该砝码予以保留,反之去掉该砝码,多次试探,经天平比较加以取舍,直到天平基本平衡,称出物体的质量为止。这样就可以一系列二进制码的质量之和表示被称物体的质量。例如设物体质量为 11 g,砝码的质量分别为 1 g、2 g、4 g 和 8 g。称量时,物体在天平的一端,在另一端先将 8 g 的砝码放上,它比物体轻,该砝码予以保留,将被保留的砝码记为 1,不被保留的砝码记为 0。然后将 4 g 的砝码放上,现在砝码总和比物体重,该砝码不予保留(记为 0),依此类推,将得到的物体质量用二进制数表示为 1011。用表 12-7 表示整个称量过程。

利用上述天平称量物体质量的原理可构成逐次逼近型 A/D 转换器。

逐次逼近型 A/D 转换器结构框图如图 12-47 所示。其包括四个部分:电压比较器、D/A 转换器、逐次逼近寄存器和顺序脉冲发生器及相应的控制逻辑。

表 12-7　用逐次逼近法称量物体过程表

顺序	砝码/g	比较	砝码取舍
1	8	$8<11$	取(1)
2	4	$12>11$	舍(0)
3	2	$10<11$	取(1)
4	1	$11=11$	取(1)

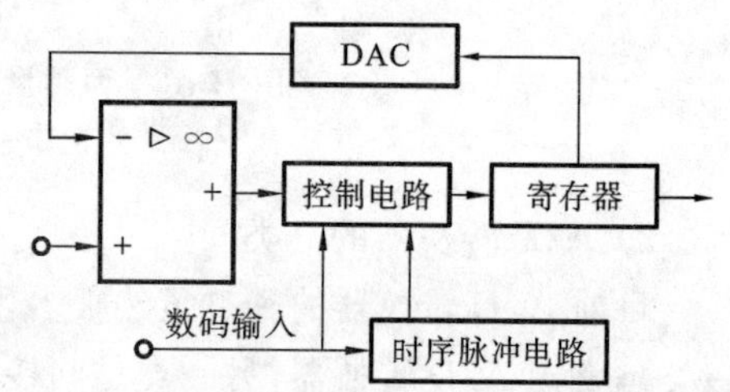

图 12-47　逐次逼近型 A/D 转换器结构框图

逐次逼近型 A/D 转换器将大小不同的参考电压与输入模拟电压逐步进行比较,比较结果以相应的二进制代码表示。转换开始前先将寄存器清零,即送给 D/A 转换器的数字量为 0,三个输出门 G_7、G_8、G_9 被封锁,没有输出。转换控制信号有效(为高电平)时开始转换,在时钟脉冲作用下,顺序脉冲发生器发出一系列节拍脉冲,寄存器受顺序脉冲发生器及控制电路的控制,逐位改变其中的数码。首先控制逻辑将寄存器的最高位置为 1,使其输出为 100……00。这个数码被 D/A 转换器转换成相应的模拟电压 u_o,送到比较器与待转换的输入模拟电压 u_i 进行比较。若 $u_o>u_i$,说明寄存器输出数码过大,故将最高位的 1 变成 0,同时将次高位置 1;若 $u_o\leqslant u_i$,说明寄存器输出数码还不够大,则应将这一位的 1 保留。数码的取舍通过电压比较器的输出经控制器来完成。按上述方法对下一位进行比较,确定该位的 1 是否保留,直到最低位为止。此时寄存器里保留下来的

数码即为所求的输出数字量。

2. A/D 转换器的主要技术指标

1）分辨率

A/D 转换器的分辨率是指 A/D 转换器对输入模拟信号的分辨能力，即 A/D 转换器输出数字量的最低位变化一个数码时，对应的输入模拟量的变化量。常以输出二进制码的位数 n 来表示，即

$$分辨率=\frac{u_{\mathrm{i}}}{2^n}$$

式中　u_{i}——输入的满量程模拟电压；

　　n——A/D 转换器的位数。

显然 A/D 转换器的位数越多，可以分辨的最小模拟电压的值就越小，也就是说 A/D 转换器的分辨率就越高。

例如：当 $n=8$，$u_{\mathrm{i}}=5$ V 时，A/D 转换器的分辨率为$\frac{5}{2^8}$ V=19.53 mV；当 $n=10$，$u_{\mathrm{i}}=5$ V 时，A/D 转换器的分辨率为$\frac{5}{2^{10}}$V=4.88 mV。

由此可知，同样输入情况下，10 位 A/D 转换器的分辨率明显高于 8 位 A/D 转换器的分辨率。

实际工作中经常用 A/D 转换器的位数来表示 A/D 转换器的分辨率。和 D/A转换器一样，A/D 转换器的分辨率也是一个设计参数，不是测试参数。

2）转换速度

转换速度是指完成一次 A/D 转换所需的时间。转换时间是从模拟信号输入开始，到输出端得到稳定的数字信号所经历的时间。转换时间越短，说明转换速度越高。并联型 A/D 转换器的转换速度最高，约为数十纳秒；逐次逼近型转换速度次之，约为数十微秒；双积分型 A/D 转换器的转换速度最慢，约为数十毫秒。

3）相对精度

在理想情况下，所有的转换点应在一条直线上。相对精度是指 A/D 转换器实际输出数字量与理论输出数字量之间的最大差值。一般用最低有效位 LSB 的倍数来表示。如果相对精度不大于 LSB 的一半，就说明实际输出数字量与理论输出数字量的最大差值不超过 LSB 的一半。

三、常用集成 A/D 转换器简介

ADC0809 是一种逐次逼近型 A/D 转换器。它是采用 CMOS 工艺制成的 8 位 8 通道 A/D 转换器，采用 28 只引脚的双列直插封装，其原理图和引脚图如图 12-48 所示。

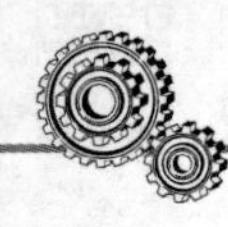

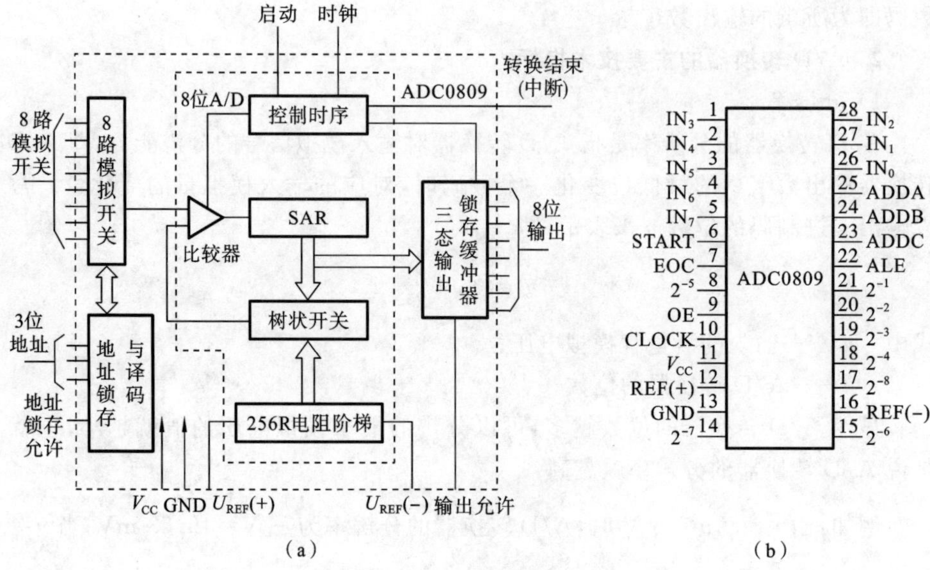

图 12-48　ADC0809 原理图和引脚图

(a) 原理图；(b) 引脚图

表 12-8　通道选择表

地 址 输 入			选中通道
ADDC	ADDB	ADDA	
0	0	0	IN_0
0	0	1	IN_1
0	1	0	IN_2
0	1	1	IN_3
1	0	0	IN_4
1	0	1	IN_5
1	1	0	IN_6
1	1	1	IN_7

ADC0809 有三个主要组成部分：256 个电阻组成的电阻阶梯及树状开关、逐次比较寄存器 SAR 和比较器。电阻阶梯和树状开关是 ADC0809 的一个特点。它的另一个特点是，含有一个 8 通道单端信号模拟开关和一个地址译码器。地址译码器选择 8 个模拟信号之一送入 A/D 转换器进行 A/D 转换，因此适用于数据采集系统。表 12-8 所示为通道选择表。

ADC0809 各引脚功能如下。

(1) $IN_0 \sim IN_7$ 是 8 路模拟信号输入端。

(2) ADDA、ADDB、ADDC 为地址选择端。

(3) $2^{-1} \sim 2^{-8}$ 为变换后的数据输出端。

(4) START(6 脚)是启动输入端。

(5) ALE(22 脚)是通道地址锁存输入端。当 ALE 上升沿到来时，地址锁存器可对 ADDA、ADDB、ADDC 进行锁定。下一个 ALE 上升沿允许通道地址更新。实际使用中，要求 A/D 在转换器开始转换之前就锁存地址，所以通常将 ALE 和 START 端连在一起，使用同一个脉冲信号，上升沿锁存地址，下降沿则启动转换。

(6) OE(9 脚)为输出允许端,它控制 A/D 转换器内部三态输出缓冲器。

(7) EOC(7 脚)是转换结束信号,由 A/D 转换器内部控制逻辑电路产生。EOC=0 表示转换正在进行,EOC=1 表示转换已经结束。因此 EOC 信号可作为微机的中断请求信号或查询信号。显然只有当 EOC=1 时,才可以让 OE 为高电平,这时读出的数据才是正确的转换结果。

本章小结

(1) 触发器电路是具有记忆功能的基本逻辑电路,其实质是能够存储一个“0”或“1”的基本存储单元,它有 0 和 1 这两个稳定的状态。在输入信号消失后,触发器所置成的状态能够保持不变,它是构成时序逻辑电路的基本逻辑部件。常用的触发器有 RS 触发器、JK 触发器、D 触发器、T 触发器等。

(2) 计数器是数字电路中最基本的部件之一,它能累计输入脉冲的个数,可以进行加法计数,也可以进行减法计数。当输入脉冲的频率一定时,又可作为定时器使用。以进制来分,计数器有二进制计数器和十进制计数器等。

(3) 寄存器有数码寄存器和移位寄存器两种。数码寄存器具有暂时存放数码的功能,根据需要可将存放的数码随时取出;移位寄存器不仅能寄存数码,而且具有移位功能,即在移位脉冲的作用下,寄存器中数码的各位依次向左(或向右)移动。

(4) 施密特触发器和单稳态触发器是两种不同用途的脉冲波形的整形、变换电路。施密特触发器主要用于将变化缓慢的或快速变化的非矩形脉冲变换成上升沿和下降沿都很陡峭的矩形脉冲,而单稳态触发器则主要用于将宽度不符合要求的脉冲变换成宽度符合要求的矩形脉冲。

(5) D/A 转换器包括权电阻网络 D/A 转换器、倒 T 形电阻网络 D/A 转换器等,A/D 转换器包括逐次逼近型 A/D 转换器、双积分型 A/D 转换器等。

习 题

12-1 若同步 RS 触发器的初始状态 Q=1,$\overline{Q}$=0,试根据图 12-49 所示 CP、R、S 端的信号波形,画出 Q 和 $\overline{Q}$ 的波形。

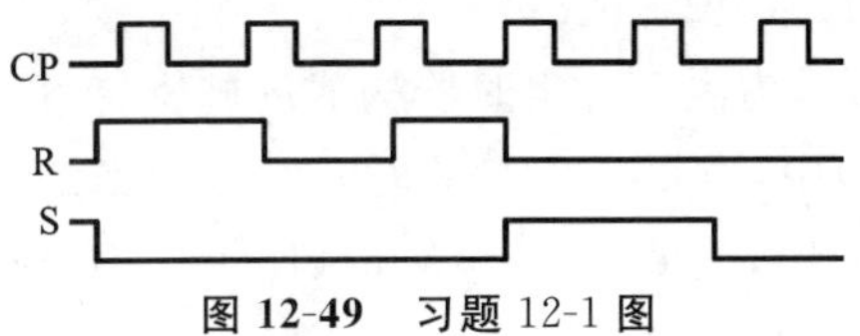

图 12-49 习题 12-1 图

12-2 JK 触发器的初态 Q=1,CP 的上升沿触发。试根据图 12-50 所示输入波形,画出输出 Q 的波形。

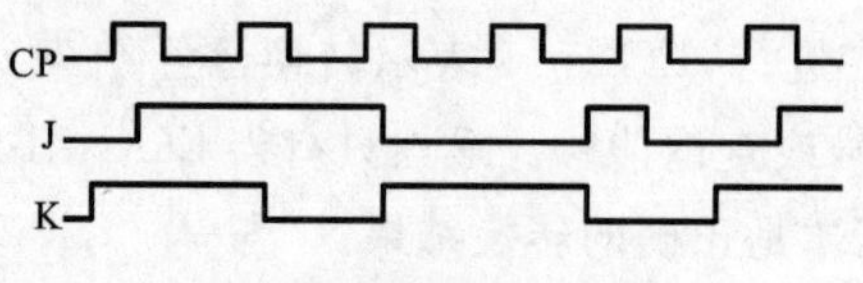

图 12-50 习题 12-2 图

12-3 图 12-51 中各触发器的初始状态 Q=0,试画出在 CP 脉冲作用下,各触发器 Q 端的电压波形。

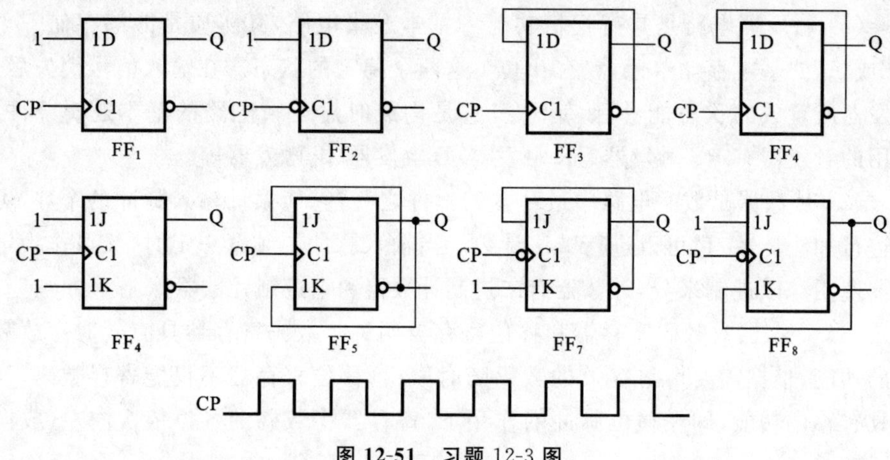

图 12-51 习题 12-3 图

12-4 用异步清零法将集成计数器 74161 连接成下列计数器:

(1) 十进制计数器;

(2) 二十进制计数器。

12-5 用同步置数法将集成计数器 74161 连接成下列计数器:

(1) 九进制计数器;

(2) 十二进制计数器。

12-6 试用反馈复位法将 7490 集成计数器连接成下列计数器:

(1) 七进制计数器(8421BCD 码);

(2) 82 进制计数器(5421BCD 码)。

12-7 试用两片 74194 连接成 8 位双向移位寄存器。

12-8 图 12-52 所示电路为可变进制计数器。试分析当控制变量 A 为 1 和 0 时,电路各为几进制计数器。

12-9 图 12-53 所示为由 555 定时器构成的施密特触发器电路。

(1) 在图 12-53(a)中,当 $U_{DD}=15$ V 时,U_+、U_- 及 ΔU 各为多少?

(2) 在图 12-53(b)中,当 $U_{DD}=15$ V 时,$U_{\infty}=5$ V 时,U_+、U_- 及 ΔU 各为多少?

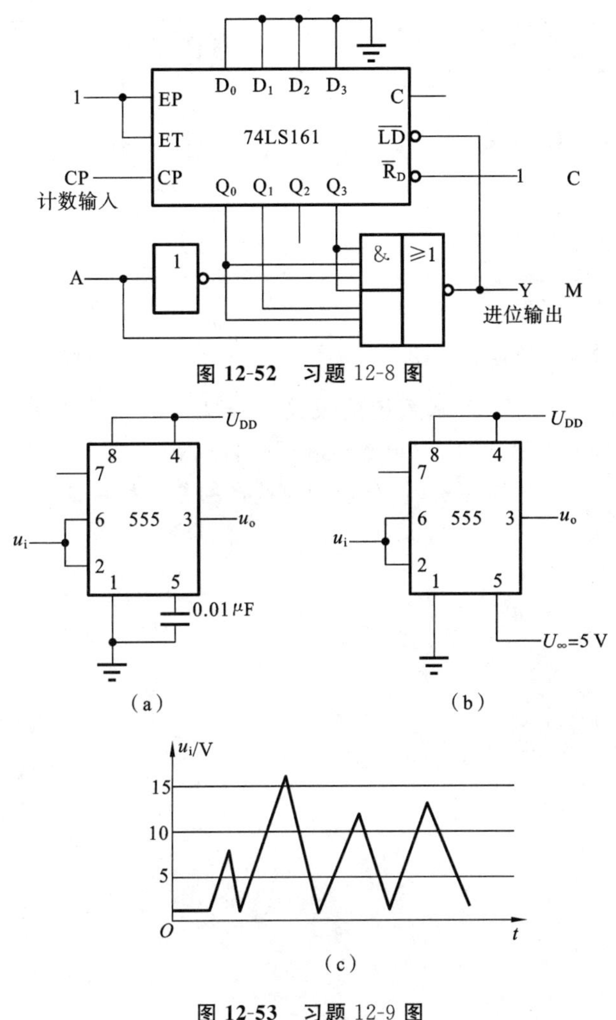

图 12-52　习题 12-8 图

图 12-53　习题 12-9 图

(3) 将图 12-53(c)中给定的电压信号加到图 12-53(a)、(b)中，试画出输出电压的波形。

12-10　在图 12-54 所示的由 555 定时器构成的单稳态触发器中：

(1) 要求输出脉冲宽度为 1 s 时，定时电阻 $R=11\ \text{k}\Omega$，试计算定时电容 C；

(2) 当 $C=6\ 200\ \text{pF}$ 时，要求脉冲宽度为 150 μs，试计算定时电阻 R。

12-11　在图 12-55 所示电路中，已知 $R_1=1\ \text{k}\Omega$，$R_2=8.2\ \text{k}\Omega$，$C=0.4\ \mu\text{F}$。试求脉冲宽度 t_w、振荡周期 T、振荡频率 f 和占空比 D。

12-12　某 D/A 转换器的最小分辨电压 $U_{LSB}=4$ mV，最大满刻度输出电压 $U_{om}=10$ V，求该转换器输入二进制数字量的位数。

12-13　在 10 位二进制数 D/A 转换器中，已知其最大满刻度输出模拟电压 $U_{om}=5$ V，求其最小分辨电压 U_{LSB} 和分辨率。

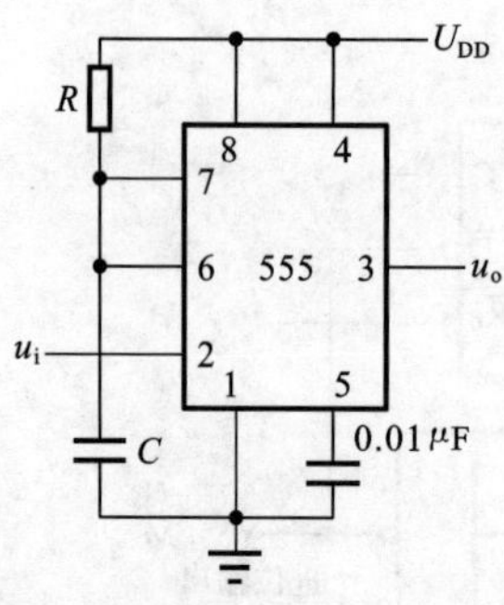

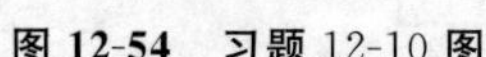
图 12-54 习题 12-10 图

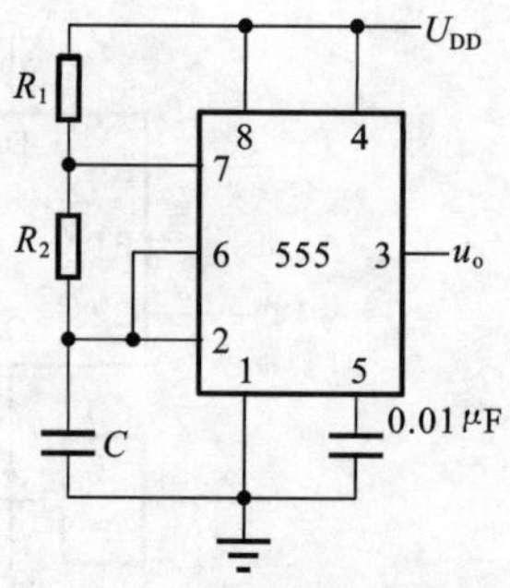

图 12-55 习题 12-11 图

12-14 某位移闭环控制系统的反馈电压为 0～5 V,最小可分辨电压为 2.5 mV,位移控制范围为 0～200 mm,控制精度为 0.2 mm。现选用集成 A/D 转换器 AD574,试通过查阅资料,分析判定选择的参数是否合适。

参 考 文 献

[1] 金东琦. 电工电子技术[M]. 南京：南京大学出版社，2011.

[2] 席时达. 电工技术[M]. 北京：高等教育出版社，2010.

[3] 汪临伟. 电工与电子技术[M]. 北京：清华大学出版社，2005.

[4] 周定文，付植桐. 电工技术[M]. 北京：高等教育出版社，2009.

[5] 俞礼钧. 电工与电子技术基础[M]. 武汉：华中科技大学出版社，2008.

[6] 邹建华，彭宽平，姜新桥. 电工电子技术基础[M]. 2版. 武汉：华中科技大学出版社，2009.

[7] 林平勇，高嵩. 电工电子技术(少学时)[M]. 北京：高等教育出版社，2007.

[8] 阎石. 数字电子技术基础[M]. 5版. 北京：高等教育出版社，2006.

[9] 陈万忠. 电工电子技术基础[M]. 吉林：东北师范大学出版社，2006.

[10] 邱敏，刘文清. 电工电子技术与实训[M]. 北京：中国轻工业出版社，2005.

[11] 杨志忠. 数字电子技术[M]. 2版. 北京：高等教育出版社，2006.

[12] 贾端红，袁洪岭. 电工技术[M]. 北京：中国农业大学出版社，2004.

[13] 孙骆生. 电工学基本教程[M]. 北京：高等教育出版社，2003.

[14] 付植桐. 电工技术[M]. 北京：清华大学出版社，2001.

[15] 秦曾煌. 电工学[M]. 北京：高等教育出版社，1999.

[16] 张忠夫. 机电传动与控制[M]. 北京：机械工业出版社，2005.

[17] 刘光源. 电工实用手册[M]. 北京：中国电力出版社，2001.

[18] 姚海彬. 电工技术[M]. 北京：高等教育出版社，1999.

[19] 易沅屏. 电工学[M]. 北京：高等教育出版社，1993.

[20] 李敬梅. 电力拖动控制线路与技能训练[M]. 4版. 北京：中国劳动社会保障出版社，2007.